中国互联网发展报告
2017

中国互联网协会
中国互联网络信息中心 编

电子工业出版社
Publishing House of Electronics Industry
北京·BEIJING

内 容 简 介

《中国互联网发展报告 2017》客观、忠实地记录了 2016 年中国互联网行业的发展状况，对中国互联网发展环境、资源、重点业务和应用、主要细分行业和重点领域的发展状况进行总结、分析和研究，既有宏观分析和综述，也有专项研究。报告内容丰富、重点突出、数据翔实、图文并茂，对互联网相关从业者具有重要的参考价值。

图书在版编目（CIP）数据

中国互联网发展报告. 2017 / 中国互联网协会，中国互联网络信息中心编. —北京：电子工业出版社，2017.8

ISBN 978-7-121-32352-2

Ⅰ. ①中⋯　Ⅱ. ①中⋯ ②中⋯　Ⅲ. ①互联网络－研究报告－中国－2017　Ⅳ. ①TP393.4

中国版本图书馆 CIP 数据核字（2017）第 181919 号

责任编辑：徐蔷薇　　特约编辑：劳嫦娟
印　　刷：涿州市京南印刷厂
装　　订：涿州市京南印刷厂
出版发行：电子工业出版社
　　　　　北京市海淀区万寿路 173 信箱　邮编 100036
开　　本：787×1092　1/16　印张：27.75　字数：711 千字
版　　次：2017 年 8 月第 1 版
印　　次：2017 年 8 月第 1 次印刷
定　　价：1280.00 元

凡所购买电子工业出版社图书有缺损问题，请向购买书店调换。若书店售缺，请与本社发行部联系，联系及邮购电话：（010）88254888，88258888。

质量投诉请发邮件至 zlts@phei.com.cn，盗版侵权举报请发邮件至 dbqq@phei.com.cn。

本书咨询联系方式：xuqw@phei.com.cn。

《中国互联网发展报告 2017》
编辑委员会名单

顾 问

胡启恒　　中国工程院院士

主任委员

邬贺铨　　中国工程院院士、中国互联网协会理事长

编辑委员会委员（按姓氏笔画排序）

丁　磊　　网易公司首席执行官、中国互联网协会副理事长

于慈珂　　国家版权局版权管理司司长、中国互联网协会常务理事

马化腾　　腾讯公司首席执行官兼董事会主席、中国互联网协会副理事长

毛　伟　　北龙中网董事长、中国互联网协会副理事长

卢　卫　　中国互联网协会秘书长

石现升　　中国互联网协会副秘书长

田舒斌　　新华网总裁、中国互联网协会副理事长

刘　冰　　中国互联网络信息中心副主任

刘九如　　电子工业出版社副社长兼总编辑

刘正荣　　新华社秘书长

李国杰　　中国工程院院士

李彦宏　　百度公司董事长兼首席执行官、中国互联网协会副理事长

李晓东　　中国互联网络信息中心主任

吴建平　　中国工程院院士、中国教育和科研计算机网网络中心主任、中国互联网协会副理事长

沙跃家　　　中国移动通信集团公司副总裁、中国互联网协会副理事长

张朝阳　　　搜狐公司董事局主席兼首席执行官、中国互联网协会副理事长

陈忠岳　　　中国电信集团公司副总经理、中国互联网协会副理事长

邵广禄　　　中国联合网络通信集团有限公司副总经理

赵志国　　　工业和信息化部网络安全管理局局长

侯自强　　　中国科学院原秘书长

钱华林　　　中国互联网络信息中心首席科学家

高卢麟　　　中国互联网协会副理事长

高新民　　　中国互联网协会副理事长

黄澄清　　　中国互联网协会副理事长

曹国伟　　　新浪公司董事长

曹淑敏　　　中国互联网协会副理事长

韩　夏　　　工业和信息化部信息通信管理局局长、中国互联网协会副理事长

雷震洲　　　中国信息通信研究院教授级高工

廖方宇　　　中国科学院计算机网络信息中心主任、中国互联网协会副理事长

总 编 辑

卢 卫

副总编辑

石现升　刘 冰

编 辑

王 朔　刘 鑫　陆希玉　李美燕　刘 辉　孙立远

撰稿人（按章节排序）：

侯自强	王 朔	李佳丽	郝丽阳	闫 辰	孟 蕊	禹 桢	李 原
汤子健	苏 嘉	聂秀英	杨 波	殷 红	钮 艳	傅志华	张 欢
张长春	杨 植	秦 英	许超然	黄开德	蔡冠祥	王晓尘	于佳宁
狄前防	李建华	王 欣	西京京	叶如诗	谢程利	李美燕	裴 宏
冯 飞	吴 艳	刘 仁	陈 婕	娄 宁	严寒冰	丁 丽	李 佳
狄少嘉	徐 原	何世平	温森浩	李志辉	姚 力	张 洪	朱芸茜
郭 晶	朱 天	高 胜	胡 俊	王小群	张 腾	吕利锋	何能强
李 挺	陈 阳	李世淙	徐 剑	王适文	刘 婧	饶 毓	肖崇蕙
贾子骁	张 帅	吕志泉	韩志辉	马莉雅	徐丹丹	雷 君	邱乐晶
王江波	钟 睿	陈逸舟	刘 辉	张 鹏	王会娥	苗 权	赵亚利
刘叶馨	韩兴霞	于 莹	张文娟	蔡利丽	郑炜康	谭淑芬	黄国锋
高 爽	张宇鹏	陈磊华	吕森林	任 艳	任 兵	张长春	李志强
毕 涛	刘 树	龙晓蕾	张校康	张宏宾			

前　言

　　《中国互联网发展报告 2017》按期与读者见面了，我们感到由衷的高兴和欣慰。自 2002 年开始，中国互联网协会联合中国互联网络信息中心（CNNIC），每年组织编撰出版一卷《中国互联网发展报告》（以下简称《报告》），真实记录每个年度中国互联网行业的发展状况。

　　回顾 2016 年全年，我国互联网基础设施建设投入持续规模增长，各项基础资源发展情况良好，各种网络应用继续稳步发展，新技术、新应用、新升级层出不穷，微博、微信影响力令人刮目，网络文化建设稳步推进，各类专业网络信息服务保持持续发展，移动互联网发展突飞猛进，云计算、物联网等新兴领域从战略部署走向实施，互联网的影响力与日俱增。

　　《中国互联网发展报告 2017》尽可能客观、忠实地记录和描绘 2016 年中国互联网行业的发展轨迹，期望能够为互联网管理部门、从业企业和有关单位以及专家学者提供翔实的数据、专业的参考和借鉴。

　　结构上，本卷《报告》分为综述篇、资源与环境篇、应用与服务篇、附录篇四篇，共 32 章，力求保持《报告》结构的延续性。

　　内容上，本卷《报告》主要对 2016 年中国互联网发展环境、资源、重点业务和应用、主要细分行业和重点领域的发展状况进行总结、分析和研究；既有对 2016 年全年互联网发展情况的宏观分析和综述，也有着重对互联网细分业务和典型应用发展状况的关注和研究，内容丰富，重点突出，数据翔实，图文并茂，是一本对互联网从业者具有重要参考价值的工具书。

　　本年度《报告》的编写工作继续得到了政府、科研机构、企业等社会各界的关心、支持和参与，来自工业和信息化部、中国科学院、国家计算机网络应急技术处理协调中心、工业和信息化部信息通信研究院、工业和信息化部信息中心、艾瑞咨询集团、阿里巴巴、中国互联网协会、中国互联网络信息中心（CNNIC）等诸多部门和单位的 93 位专家和研究人员参与了《报告》的撰写工作，编委会各位编委对《报告》内容进行了认真和严格的审核，一如既往地给予充分鼓励和支持，保障了《报告》的质量和水平。在此，编辑部谨向为本《报告》贡献了精彩篇章的各位撰稿人，向支持本《报告》编写出版工作的各有关单位和社会各界表示诚挚的谢意。

由于我们的力量和水平有限,《报告》中难免会存在一些缺陷甚至错误,恳请广大专家和读者予以批评指正,以便在今后的编撰工作中及时改进,使《中国互联网发展报告》的质量和价值不断得到提升。

《中国互联网发展报告 2017》编委会
2017 年 7 月

目　录

第一篇　综　述　篇

第二篇 资源与环境篇

第三篇　应用与服务篇

第四篇　附　录

第一篇

综述篇

 2016 年中国互联网发展综述

 2016 年国际互联网发展综述

第1章　2016年中国互联网发展综述

1.1　中国互联网发展概况

1.1.1　网民

截至 2016 年年底，我国网民规模达 7.31 亿人，全年共计新增网民 4299 万人。互联网普及率为 53.2%，较 2015 年年底提升 2.9 个百分点（见图 1.1）。

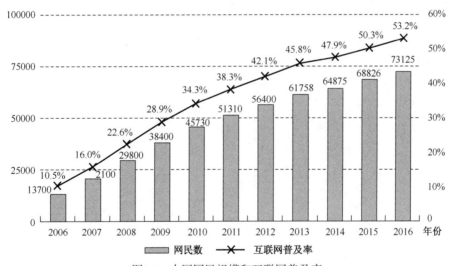

图1.1　中国网民规模和互联网普及率

我国网民规模经历近 10 年的快速增长后，人口红利逐渐消失，网民规模增长率趋于稳定。

我国手机网民规模达 6.95 亿人，较 2015 年年底增加 7550 万人。网民中使用手机上网人群的占比由 2015 年的 90.1% 提升至 95.1%，提升 5 个百分点（见图 1.2）。

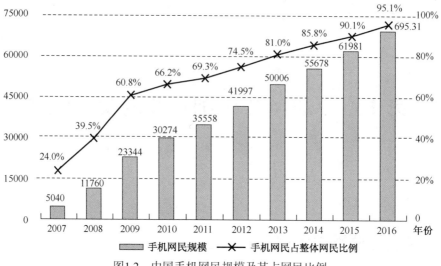

图1.2　中国手机网民规模及其占网民比例

2016 年，移动互联网发展依然是带动网民增长的首要因素。我国新增网民中使用手机上网的群体占比达到 80.7%，较 2015 年增长 9.2 个百分点，使用台式电脑的网民占比下降 16.5 个百分点。同时，新增网民年龄呈现两极化趋势，19 岁以下、40 岁以上人群占比分别为 45.8% 和 40.5%，互联网向低龄、高龄人群渗透明显。

2016 年我国农村网民占比为 27.4%，规模为 2.01 亿人，较 2015 年年底增加 526 万人，增幅为 2.7%；城镇网民占比 72.6%，规模为 5.31 亿人，较 2015 年年底增加 3772 万人，增幅为 7.7%（见图 1.3）。

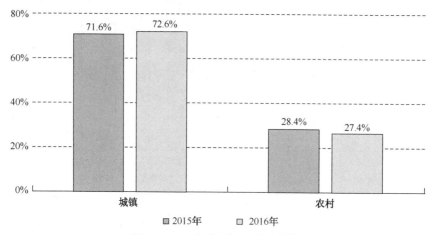

图1.3　2016年中国网民城乡结构

我国农村网民规模持续增长，但城乡互联网普及差异依然较大。截至 2016 年年底，我国城镇地区互联网普及率为 69.1%，农村地区互联网普及率为 33.1%，城乡普及率差异较 2015 年的 34.2% 扩大为 36.0%。

1.1.2　基础资源

全球 IPv4 地址数已于 2011 年 2 月分配完毕，自 2011 年开始我国 IPv4 地址总数基本维持不变，截至 2016 年年底，共计有 33810 万个。我国 IPv6 地址数量为 21188 块/32，年增长 2.9%。

我国域名总数增至 4228 万个，年增长 36.3%。其中 ".CN" 域名总数为 2061 万，年增长 25.9%，占中国域名总数比例为 48.7%。

中国网站数量为 482 万个，年增长 13.9%。中国网页数量为 2360 亿个，年增长 11.2%。其中，静态网页数量为 1761 亿人，占网页总数量的 74.6%；动态网页数量为 599 亿人，占网页总量的 25.4%。

中国国际出口带宽为 6640291Mbps，年增长 23.1%（见图 1.4）；互联网宽带接入端口数量达到 6.9 亿个，年增长 19.8%；移动通信基站新增 92.6 万个，总数达 559 万个；4G 基站新增 86.1 万个，总数达 263 万个。

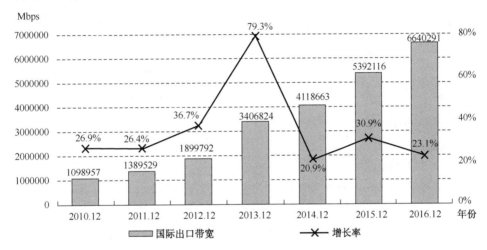

资料来源：CNNIC 中国互联网络发展状况统计调查。　　　　　　　　　　　　　　2016.12

图1.4　中国国际出口宽带及其增长率

1.1.3　互联网经济市场规模

根据艾瑞统计数据显示，截至 2016 年年底，中国 PC 和移动网络经济市场营收规模分别为 8352.7 亿元和 7437.4 亿元。中国 PC 网络经济营收规模远高于移动网络，但 2011 年至 2016 年期间，二者的营收规模差距逐渐拉近，预计 2017 年年底移动网络经济市场营收规模将反超 PC 市场营收规模。而 2016 年移动网络经济市场营收规模增长率迎来拐点，增长率首次呈现下滑趋势，71.2% 的增长率仅为 2015 年同期的一半，移动网络经济热度逐渐趋于平稳（见图 1.5）。

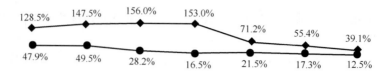

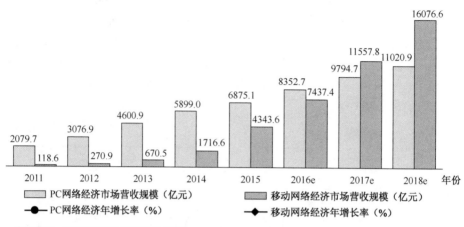

资料来源：根据艾瑞统计及预测模型所得。

图1.5　中国PC和移动互联网经济市场营收规模及增长率

截至 2016 年年底，我国境内外上市互联网企业数量达到 91 家，总体市值为 5.4 万亿元。其中腾讯公司和阿里巴巴公司的市值总和超过 3 万亿元，两家公司作为中国互联网企业的代表，占中国上市互联网企业总市值的 57%。中国互联网上市企业市值分布如图 1.6 所示。

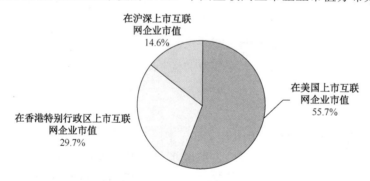

资料来源：CNNIC 中国互联网络发展状况统计调查。　　　　　　　　　　　　　2016.12

图1.6　中国互联网上市企业市值分布

1.2　中国互联网应用服务发展概况

1.2.1　移动互联网

2016 年，中国移动互联网市场规模增速明显放缓，增长率为 71.5%，总量达到 52817.1 亿元。移动购物仍然为市场主要驱动力，在移动互联网市场份额中依然保持绝对优势，占比达到 68.7%。而移动生活服务市场受 O2O 寒潮影响，在移动互联网市场份额中有所下滑，占比仅为 18.4%，较 2015 年下降 0.2 个百分点。其中，移动旅游、移动出行、移动招聘、移动教育及移动医疗均实现 70% 以上的高增长，而移动团购市场的增长率仅为 15.2%。在移动娱乐市场份额中，移动游戏依然保持绝对优势，占比达到 76.4%。

2016 年手机 APP 应用越发集中，网民日均常用 APP 不超过 10 个，其中应用率最高的 5 款 APP 依次为微信、QQ、淘宝、手机百度和支付宝（见图 1.7）。

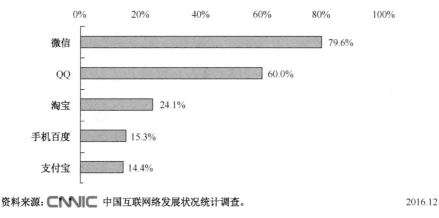

图1.7　2016年移动网民APP应用排行

从使用时长看，前五类是即时通信、微博社交、综合电商、综合资讯和网络直播（见图 1.8）。其中网络直播成为 2016 年互联网发展的新亮点，在娱乐、电商、企业和政务各方面都有应用。

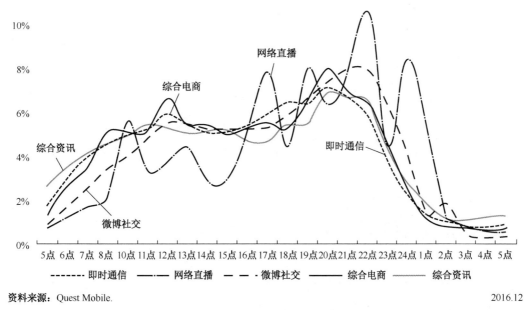

图1.8　五类APP用户使用时段分布

1.2.2 电子商务

根据《2016 年度中国电子商务市场数据监测报告》数据显示，截至 2016 年年底，中国电子商务交易额达 22.97 万亿元，同比增长 25.5%。B2B 市场交易额 16.7 万亿元，同比增长 20.14%；网络零售市场交易额 5.3 万亿元，同比增长 39.1%，网络零售占社会消费品零售总额比重的 14.95%，较 2015 年的 12.7%，增幅提高了 2.2 个百分点；跨境电商市场交易规模达 6.7 万亿元，同比增长 24%，其中出口跨境电商市场交易规模 5.5 万亿元，进口跨境电商市场交易规模 1.2 亿元。

2016 年，移动网购交易规模达到 44726 亿元，相较于 2015 年的 20184 亿元，同比增长 121.6%；农村网购市场规模达 4823 亿元，同比增长 36.6%；生鲜电商的整体交易额约为 913 亿元，较 2015 年的 542 亿元增长了 80%；生活服务电商交易额达 9700 亿元；在线餐饮外卖市场呈爆炸式发展，交易规模约为 1524 亿元，相较于 2015 年的 459 亿元提升了 232%。

2016 年，中国网络购物用户规模达到 5 亿人，相比 2015 年的 4.6 亿人，同比增长 8.6%。

1.2.3 互联网金融

2016 年，我国互联网支付和移动支付用户数分别达到 4.9 亿和 4.5 亿户，中国第三方 PC 端互联网支付交易规模为 19 万亿元，同比增长 62.2%，而第三方移动支付交易规模达到 38 万亿元，同比增长 215.4%。PC 端交易量向移动端交易的转移趋势日益显著（见图 1.9）。

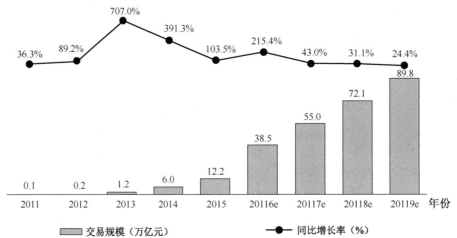

注：1. 统计企业类型中不含银行和中国银联，仅指第三方支付企业；2. 自2014年第3季度开始不再计入短信支付交易规模，历史数据已做删减处理；3. 自2016年第1季度开始计入C端用户主动发起的虚拟账户转账交易规模，历史数据已做增加处理；4. 艾瑞根据最新掌握的市场情况，对历史数据进行修正。
资料来源：艾瑞综合企业及专业访谈，根据艾瑞统计模型核算和预估数据。

图1.9　中国第三方移动支付交易规模

2016 年移动支付的重点是个人应用，据艾瑞观察在全国主要一线城市中，餐饮、商超、娱乐等线下重点行业的移动支付比例已超过现金及银行卡。一些小商店和商贩也开始使用移动支付。支付宝和微信与银行卡捆绑移动支付等同于刷卡，但商户不需要 POS 机，用户也方便。这种银行卡与虚拟并存的发展趋势，银行业将进入账号双轨制时代。2016 年是线下移动支付真正意义上的元年。中国第三方支付交易规模结构如图 1.10 所示。

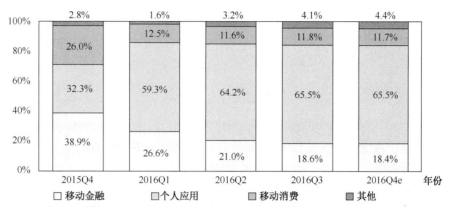

注：1. 统计企业类型中不含银行和中国银联，仅指第三方支付企业；2. 自2014年第3季度开始不再计入短信支付交易规模，历史数据已做删减处理；3. 自2016年第1季度开始计入C端用户主动发起的虚拟账户转账交易规模，历史数据已做增加处理；4. 艾瑞根据最新掌握的市场情况，对历史数据进行修正。
资料来源：艾瑞综合企业及专业访谈，根据艾瑞统计模型核算及预估数据。

图1.10　中国第三方支付交易规模结构

2016 年我国网络理财和信贷用户规模分别达到 4.4 亿人和 1.5 亿人。基金电子商务交易规模达到 13 万亿元，较 2015 年同比增长 80.9%，整体 P2P 交易市场规模达到 15000 亿元，较 2015 年增幅为 70.8%，众筹整体交易规模约为 47 亿元，增幅为 64%。

1.2.4　网络视频

2016 年，中国在线视频市场规模为 609 亿元，同比增长 55.9%（见图 1.11）。2016 年用户付费占比为 19.3%，发展速度超 2015 年预期，广告仍然为收入的主要来源，占比为 54.9%。2016 年，移动端广告市场规模已达总体规模的 61.7%，收入高达 206 亿元。

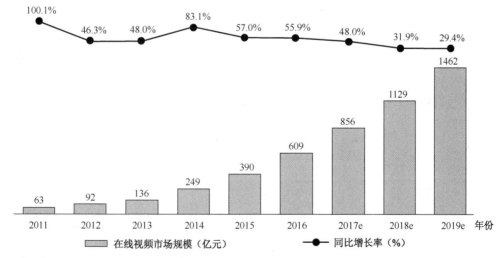

资料来源：综合企业财报及专家访谈，根据艾瑞统计模型核算，仅供参考。

图1.11　2011—2019年中国在线视频行业市场规模

2016 年，网络视频行业依旧未能摆脱对资本和流量的诉求，马太效应越发凸显。无论在 PC 端还是在移动端，行业的角逐主要在爱奇艺、优酷、腾讯视频之间展开。泛娱乐板块闭环逐渐形成，垂直细分领域焕发生机。短视频具有长度短、传播快、生产简单、门槛低以及社交媒体属性，满足人们之间展示与分享诉求，发展迅速。社交与媒体相融合，移动视频直播迎来大爆发。

1.2.5 网络广告

2016 年，中国网络广告市场规模达 2902.7 亿元，同比增长 32.9%，较 2015 年增速有所放缓，但仍保持高位（见图 1.12）。移动广告市场规模达 1750.2 亿元，同比增长 75.4%，移动广告的整体市场增速远高于网络广告市场增速。

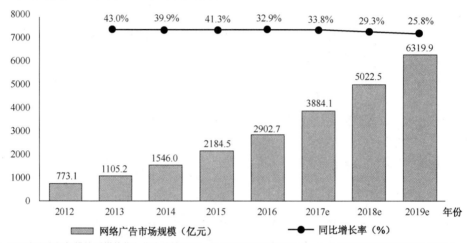

注：1. 网络广告市场规模按照媒体收入作为统计依据，不包括渠道代理商收入；2. 此次统计数据包含搜索联盟的联盟广告收入，也包含搜索向其他媒体网站的广告分成。
资料来源：根据企业公开财报、行业访谈及艾瑞统计预测模型估算。

图 1.12 2012—2019 年中国网络广告市场规模

2016 年，网络广告在五大媒体广告收入中的占比已达到 68%，居媒体形式首位。受网民人数增长，数字媒体使用时长增长、网络视听业务快速增长等因素推动，未来几年，报纸、杂志、电视广告收入将继续下滑，而网络广告收入将保持较快速度增长。

基于大数据积累，结合用户属性、地理位置等指标而升级的精准化投放技术，不断提高移动广告的投放效率；同时基于用户观看内容而生的原生广告形式兴起，降低了广告对于用户体验的影响，进一步拓展广告形式和广告位资源，移动广告技术的不断迭代带来了移动广告市场规模的持续高速增长。

1.2.6 搜索引擎

2016 年，我国搜索引擎用户规模达 6.02 亿人，使用率为 82.4%，用户规模较 2015 年年底增加 3615 万人，增长率为 6.4%。手机搜索用户数达 5.75 亿人，使用率为 82.7%，用户规模较 2015 年年底增加 9727 万人，增长率为 20.4%。

2016 年，中国搜索引擎市场整体规模达 821.2 亿元，同比增长 5.0%，增速相比于 2015 年大幅下降。中国移动搜索引擎市场规模达 491 亿元，同比增长 24.3%。一方面，移动搜索流量保持高速增长、移动搜索商业化进程深入推进，各大搜索引擎营销服务商的移动营收贡献占比持续上升；另一方面，移动搜索营销也在一定程度上受到广告市场政策收紧的影响，整体规模出现增长放缓的趋势。

搜索引擎市场相对成熟，网民红利消失导致流量增长放缓，影响以关键字为主的广告收入增长放缓。此外，由于搜索引擎的互联网流量入口地位，对于搜索引擎服务兼顾商业价值与社会价值提出了较高的要求，受"魏则西事件"的影响，搜索引擎广告位减少以及广告主的重新审核都对市场收入造成了负面影响。

1.2.7　网络游戏

截至 2016 年年底，中国网络游戏整体市场规模达到 1501.6 亿元，增长率为 10.3%；移动游戏市场规模达 652.74 亿元，环比增长率为 20.5%；客户端游戏市场规模达 604.8 亿元，环比增长率为 3.85%；网页游戏市场规模达 244.04 亿元，环比增长率为 2.72%。

2016 年，网络游戏用户规模达到 4.17 亿人，占整体网民的 57.0%，较 2015 年增长 2556 万人。手机网络游戏用户规模较 2015 年年底明显提升，达到 3.52 亿人，较 2015 年年底增长 7239 万人，占手机网民的 50.6%。

在网络游戏市场结构上，客户端游戏占比为 40.3%，网页游戏占比为 16.2%，而移动游戏占比则达到了 43.5%。与 2015 年相比，客户端游戏和网页游戏的占比均有小幅的下降，而移动游戏占比则上升了 3.7%。从整体上看，移动游戏在 2016 年实现了对客户端游戏的超越，市场结构从以客户端游戏为主转变为以移动游戏为主，预计移动游戏的占比将持续上升，移动游戏将成为网络游戏发展的核心引擎。

1.2.8　社交网络平台

2016 年，社交网络应用用户规模达 6.66 亿人，较 2015 年增长 6.8%，占网民总体的 91.1%，居各类互联网应用之首。其中手机社交网络应用用户 6.38 亿人，较 2015 年增长 8078 万人，占手机网民的 91.8%。微信、QQ 与新浪微博在设备覆盖与用户黏性方面均处于较为领先的地位，月度独立设备数与使用时间占比均超过 10%。通过拓展服务内容再次获得蓬勃发展，个人即时通信的差异化更加显著。

微信将连接用户购物、出行等生活服务需求以及提供支付能力作为主要发展方向，而 QQ 致力于连接年轻用户的阅读、音乐等娱乐需求。此外，以陌生社交作为核心功能的陌陌通过引入直播服务实现了快速发展。

在企业服务方面，基于工作场景定制的移动即时通信产品成为厂商竞争的重要领域。与办公自动化系统（OA）、客户关系管理系统（CRM）和企业云服务进行融合，可以有效提升团队工作效率。BAT 均进入这一领域并且向海外扩张。用友在业内首次提出企业互联网从社交协同开始，通过用友大中型企业及组织社交与协同服务平台，无缝连接员工、客户、消费者、供应商与合作伙伴乃至产业链上下游社会资源，构建企业社交化业务，实现内外部协同，打造企业互联新生态。

1.3 中国互联网新技术发展情况

1.3.1 云计算

云计算如今已成为提升信息化服务水平、打造数字经济新动能的重要支撑。2016 年，中国企业云服务市场规模超过了 500 亿元，预计未来几年仍将保持约 30%的年复合增长率。

各种业务（O2O、电商、游戏、社交、政务、教育、医疗、金融、工业）都开始向云迁移，最"难"的业务也开始了云迁移。视频为当前公有云的热点。而互联网原生行业如网络游戏等，私密性要求相对较低、弹性强且并发量大，是最早着手云迁移的或直接采用公有云模式的行业。网络金融作为银行系统的核心业务，对稳定性及私密性具有较高要求，存在迁移难度大等问题，因此更多采用混合云模式。视频业务带宽的不断升级，需要 CDN 加速，随着移动终端的普及和交互方式的改变，公有云是更佳方案。 客户希望能在同一个平台上得到更多的服务，大数据、人工智能、物联网和区块链技术要素和相应产业要素需要相互促进和融合。目前来看，大数据与云计算平台融合得最为深入，人工智能（尤其是深度学习）为当前发力点，物联网和区块链已有少量服务商开始布局。

中科睿光开发和发布的 Cloudview SVM Edition 系列国产云计算操作系统，基于 VMware 开源技术同时吸收曙光云计算管理系统上已实现的存储虚拟化、网络虚拟化等多项先进技术，集虚拟化和云计算管理平台于一体，包含虚拟化管理软件 CloudVirtual 6.5 和云计算管理平台 CloudManager 3.0 两个国产化子产品，符合中国云计算国家标准，是一款安全可控的云计算产品解决方案。

1.3.2 大数据

2016 年，我国大数据产业市场规模仍保持超高速增长。众多应用领域中，电子商务、电信领域应用成熟度较高，政府公共服务、金融等领域市场吸引力最大，具有发展空间。我国大数据企业有三类：数据资源型、技术拥有型和应用服务型。数据资源型企业即先天拥有或者以汇聚数据资源为目标的企业如大互联网公司 BAT 和电信运营商等。技术拥有型企业是开发数据采集、存储、分析以及可视化工具的企业，包括软、硬件企业和解决方案商，如华为、用友、联想、浪潮、曙光等。应用服务型企业是为客户提供云服务和数据服务的企业。我国大数据产业集聚区主要位于经济比较发达的地区，北京、上海、广东是发展的核心地区，形成了比较完整的产业业态，且产业规模仍在不断扩大。此外，以贵州、重庆为中心的大数据产业圈虽然地处西南地区，但仍依托政府的政策引导，积极引进相关企业及核心人才，力图占领大数据产业制高点，带动区域经济新发展。

面对云计算和大数据技术不断增长的数据处理需求，现有的数据中心基础设施存在灵活性不够、TCO 过高的瓶颈，"池化、弹性、软件定义"将是未来数据中心基础设施的发展方向，华为与 Intel 联合发布了支持 Intel RSD（Rack Scale Design）架构的服务器。基于资源池化的理念，将 CPU、内存、PCIe、存储等资源进行机柜级组合调度，并依托 Redfish™管理接口，能大幅提升数据中心的资源利用率和灵活性。华为 FusionServer E9000 融合架构刀片服务器、FusionServer X6800 高密度服务器，成为率先支持 Intel RSD 架构的产品。

1.3.3　人工智能

从产业角度而言，人工智能是包括计算能力、数据采集处理、算法研究、商业智能、应用服务构建在内的产业生态系统。人工智能的价值在于提升效率，改变生产方式。随着环境数据和行为数据的持续被采集，企业数据化水平将影响运营效率和决策效果。

目前，视觉、语音识别的识别率已超过 95%，感知层基础技术基本具备，互联网发展积累的海量数据已经能够支持目前的技术需求，使用云计算+大规模 GPU 并行计算的解决方案已经较为成熟。对于未来，参考 Gartner 技术曲线，语音翻译等应用化技术还需时间成熟，行为、环境等更全面数据还需要物联网的发展和普及，高性能芯片还需发展，感知智能技术应用普及还需要 5～10 年。

为促进人工智能技术发展，发改委启动建设三个国家工程实验室，分别是深度学习技术及应用国家工程实验室，类脑智能技术及应用国家工程实验室，以及虚拟现实/增强现实技术及应用国家工程实验室。

2014 年以后，中国在涉及"深度学习"和"深度神经网络"方面被引用的期刊论文数量已经超过美国，中国拥有世界领先的语音和视觉识别技术和人工智能研究能力。此外，百度的 Deep Speech 2 已达到 97%的识别正确率，被《麻省科技评论》评为 2016 年十大突破科技之一。

1.3.4　物联网

2016 年，中国物联网整体市场规模达到 9300 亿元，同比增长 24.0%。目前我国物联网及相关企业超过 3 万家，其中，中小企业占比超过 85%，已初步形成环渤海、长三角、泛珠三角以及中西部地区四大区域集聚发展的空间格局，已有 4 家国家级物联网产业发展示范基地和多个物联网产业基地。物联网的强劲发展，创造了巨大的产业机遇和市场空间，为我国经济和各产业的持续稳定增长提供了新动力。

在国家相关政策的大力扶持下，我国物联网技术研发水平和创新能力显著提高，适应产业发展的标准体系初步形成，物联网规模应用不断拓展，泛在安全的物联网体系基本成型。物联网产业发展以技术创新为首要驱动力，其技术核心要素主要包含传感技术、LPWAN 技术和标识与解析技术。

传感器能够感受到被测量的信息，并能将感受到的信息按一定规律变换成电信号或者其他所需的信息形式输出，以满足信息的传输、处理、存储、显示、记录和控制等要求。中国已经拥有常规类型的传感器约 7000 种，而 90%以上的高端传感器仍严重依赖进口，数字化、智能化、微型化传感器严重欠缺。受传感器巨大前景的影响，中国的传感器企业也在不断增多。在相关技术方面，我国企业已基本具备了中、低端传感器的研发能力，并逐渐在向高端领域拓展。

低功耗广域网（Low-Power Wide-Area Network，LPWAN）是当今全球物联网领域的一大研究热点，面向物联网低成本、低功耗、远距离、大量连接的需求，目前已在全球范围内形成多个技术阵营，包括窄带物联网（Narrow-Band Internet of Things，NB-IoT）、超远距离广域网（Long Range Wide-Area Network，LoRaWAN）、Sigfox、Weightless 等。目前，各技术在标准化的同时，均已在全球范围内展开商业化部署，其中 NB-IoT 和 LoRaWAN 两项技术在中国物联网技术中占据主导地位。

针对目前我国物联网标识技术标准不统一、缺乏物联网标识管理体系，无法实现跨系统、跨行业、跨平台的信息共享和互联互通的现状，国家发展改革委员会批复建设国家物联网标识管理公共服务平台（NIOT）。经过三年的建设，2016 年平台通过验收，提供标识注册、异构解析与发现等物联网基础资源服务，实现各物联网应用间信息的互联互通，满足政府监管层面的需求，支持公众物联网信息查询，支撑物联网示范工程和物联网大规模产业化应用。

1.3.5　区块链

2016 年 12 月，中国人民银行的基于区块链的数字票据平台、数字货币系统上线部署，并与试点银行进行了网络联通。由央行发行的法定数字货币已在该平台试运行。中国央行将成为全球首个发行数字货币并开展真实应用的中央银行，率先探索了区块链的实际应用。

区块链的开放分类账可以减少信息的不对称性，其应用不止比特币和金融业，区块链与信息中心网络 ICN 和物联网结合有着广阔的发展空间，可以改变世界。采用区块链实行分布式管理和计费，就不再需要安置中央控制管理计费系统的核心网。5G 网络不再需要自己专门的核心网，可以实现彻底的移动和固网融合。在物联网方面，区块链可以在一个低成本、高效率网络中安全无错误地对接数千个物联网设备，例如，在制造工厂中监控生产过程。在区块链网络中分布式一致认证可以限制黑客入侵。

1.4　中国互联网资本市场发展情况

2016 年 9 月 20 日，国务院印发的《国务院关于促进创业投资持续健康发展的若干意见》进一步明确了天使投资的地位以及将针对天使投资制定相应的税收支持政策。此外，政府天使投资引导基金规模的扩大，进一步盘活和鼓励社会资本与早期投资机构的对接，帮助早期投资机构降低了融资成本，更好地为小企业"大"作为提供发展资金。

2016 年，中国早期投资机构新募集 127 只基金，总计共募得 169.62 亿元。2016 年共发生 2051 起早期投资案例，披露投资金额约为 122.40 亿元。退出案例有 221 起，其中新三板退出 92 起，股权转让 96 起。

根据 CVSource 统计显示，2016 年互联网行业 VC/PE 融资案例 1622 起，环比下降 28.1%，融资规模为 238.39 亿美元，环比下降 26.99%。并购方面，2016 年互联网行业并购交易宣布 797 起，环比下降 20.3%，宣布交易总规模达 339.62 亿美元，环比下降 35.34%。并购交易完成 564 起，完成规模达 186.36 亿美元，交易数量、总规模及交易均值与 2015 年相比均无明显起伏。IPO 方面，2016 年国内互联网行业上市中企 7 家，IPO 融资规模为 5.14 亿美元，环比基本持平。自 2015 年以来，受 IPO 暂停、股市震荡等影响，互联网行业 IPO 受到不小的冲击。2016 年 IPO 数量及 IPO 融资规模更是触及 6 年来最低谷。但纵观全行业来看，2016 年互联网行业融资总规模占全行业的 20.98%，融资案例数量占全行业的 35.35%，占据了整个市场的核心地位。

1.5　中国互联网信息安全与治理

2016 年，中国互联网网络安全状况总体平稳，网络安全产业快速发展，网络安全防护能力得到提升，网络安全国际合作进一步加强。但随着网络空间战略地位的日益提升，世界主要国家纷纷建立网络空间攻击能力，国家级网络冲突日益增多，我国网络空间面临的安全挑战日益复杂。

2016 年，移动互联网恶意程序捕获数量、网站后门攻击数量以及安全漏洞收录数量较 2015 年有所上升，而木马和僵尸网络感染数量、拒绝服务攻击事件数量、网页仿冒和网页篡改页面数量等均有所下降。

2016 年是我国网络安全领域各项技术的转型之年，第一，在网站的安全防护上，其中最大的特征就是从倚重个别设备、单一技术的单点防御逐步转型为多点联动的立体化安全防御。第二，以众测为代表的网站安全模式创新，是较早之前纯公益开放征集漏洞模式的一种完善和升级。第三，以"端+云"应用感知的协同创新，为增强 Web 应用安全提供了新的解决思路和方向，特别是 RASP 技术。第四，以互联网开放数据挖掘为代表的威胁新动向，成为 Web 安全技术研究的新趋势。2016 年中国互联网安全大会的主题是"协同联动，共建安全+命运共同体"。协同联动的具体含义至少包括以下三个方面：数据协同、产业协同和智能协同。大会总结了四个互联网安全趋势：协同联动将成为安全行业新风向，工业互联网安全可控再度备受关注，大数据分析技术在安全领域持续升温，安全人才培养逐渐成为业内焦点。

1.6　互联网+与产业融合

2016 年，《中国制造 2025》与"互联网+"行动计划相结合共同推动了产业互联网的蓬勃发展。以大数据、云计算、移动互联网、物联网为代表的新一代信息通信技术与经济社会各领域全面深度融合，催生了很多新产品、新业务、新模式。制造业是国民经济的主体，是实施"互联网+"的主战场。"互联网+"行动计划、《中国制造 2025》等一系列战略性、指导性文件的出台，充分说明了制造业与互联网的全面融合已成为大势所趋。

2016 年 2 月，由工业、信息通信业、互联网等领域百余家单位共同发起成立了工业互联网产业联盟。会员数量突破 300 家，设立了多个工作组，分别负责产业需求、技术标准、应用推广、安全保障、国际合作等工作，已经发布了多项研究成果。通过了《工业互联网体系架构（版本 1.0）》，明确网络、数据和安全是体系架构的三大核心，给出了实施建议。设立了 8 个验证示范平台，包括生产质量管理、工业网络互联与数据采集、城镇智慧供水、云制造服务、AiBed 养老监护、机床云制造平台安全互联、三一智能服务和工业互联网网络架构等。

2016 年 8 月，发改委发布《关于请组织申报"互联网+"领域创新能力建设专项的通知》。未来 2～3 年，建成一批"互联网+"创新平台。在促进传统行业融合互联网方面，包括智能化协同制造技术及应用国家工程实验室、农产品质量安全追溯技术及应用国家工程实验室、物流信息互通共享技术及应用国家工程实验室、互联网医疗救治技术及应用国家工程实验室、互联网教育关键技术及应用国家工程实验室五大类国家工程实验室。

1.7 互联网对中国经济社会的影响

在2016年11月召开的第三届世界互联网大会上，习近平总书记讲话指出："互联网是我们这个时代最具发展活力的领域。互联网快速发展，给人类生产生活带来深刻变化，也给人类社会带来一系列新机遇新挑战。互联网发展是无国界、无边界的，利用好、发展好、治理好互联网必须深化网络空间国际合作，携手构建网络空间命运共同体。"

在"互联网+"的推动下，我国互联网对社会经济、政治的影响进一步扩大。以互联网、移动互联网、云计算、大数据、人工智能为平台的新平台经济正在呈现，开始塑造出一个新的产业组织和新的经济形态。创造一个全新的数字经济，即数字经济发展的2.0的新时代。其三个主要特征是平台化、数据化和普惠化。平台化：云计算平台以公用设施模式提供物联网、大数据和人工智能的处理能力，大大降了使用新技术发展各种新应用的门槛和成本，为实现普惠化提供了基础。

新零售驱动以渠道推动的前端的改革，从而影响整个商业模式的变化。2016年3月，阿里平台销售总额超越沃尔玛，当年突破3万亿元，通过阿里平台，千万小商家实现了相当于4000家大型商场的销售体量。因为平台产生消费增量而带动的上游生产制造与批发增量、物流增量等所产生的税收贡献初步估计超过了2000亿元。2015年，阿里平台总体为社会创造了3083万个就业机会。

随着中国网络零售业务的持续高速发展，作为电子商务核心支撑业务的物流快递业亦迎来爆炸式发展。在电商的带动下，加之近年来国家对物流快递行业的政策支持，2016年中国快递业务量已达312.8亿件，较2015年同比增长51.3%，业务量已跃居世界第一。在快递业务收入方面，2016年全国快递业务收入已达3974.4亿元，较2015年的2769.6亿元增长43.5%，相较于2007年的342亿元，其业务收入翻了十倍有余。

2016年，全国农产品电子商务持续呈现快速增长态势。中央和地方政府纷纷出台扶持政策，电商企业积极布局，为传统农产品营销注入现代元素，在减少农产品流通环节、促进产销衔接和公平交易、增加农民收入等方面优势明显。全国农产品电商平台已逾3000家，农产品生产、加工、流通等各类市场主体都看好网络销售，农产品网上交易量迅猛增长。

分享经济通过互联网整合碎片化资源，除物质分享外，知识、技能、体验等方面的分享，大大提升了就业岗位与就业市场的匹配度，孕育着更加自由的就业形态。经测算数据显示，分享经济就业弹性系数明显高于传统产业部门。在经济新常态与技术进步带来的双重就业压力下，分享经济提供了大量灵活的就业岗位。根据滴滴出行公布的报告显示，2016年，滴滴出行平台提供了1750万个灵活就业机会，其中238.4万人来自去产能行业，占14%，有200多万名司机每天可以从平台获取160元以上的收入。在房屋住宿领域，小猪、途家、住百家等几大平台带动直接和间接就业人数超过200万人。在生活服务领域，大型外卖平台注册的配送员就超过百万人。

基于实名制的认证推广，城市居民可以在手机上办理生活缴费、查询公积金账单、车辆违章查询、交罚单、出入境进度查询、法律咨询、图书馆服务等多项线上便民服务。据统计，300多城市推出了互联网政务服务，服务用户超过1亿人，给居民的生活带来了极大的便利。

（侯自强、王朔）

第 2 章　2016 年国际互联网发展综述

2.1　国际互联网发展概况

互联网引领全球信息技术革命，加速向经济社会各领域渗透融合，不断催生新产品、新业务、新模式、新业态，世界各国纷纷推出互联网发展战略以释放数字红利。

2.1.1　网民

根据国际电信联盟（ITU）发布的 2016 年度报告《衡量信息社会报告》显示，全球网民日益增多，截至 2016 年年底，全球网民总规模已达 34 亿人，相当于全球人口的 46%，网络渗透率达 47.1%。网民最多的国家是中国，40% 的中国人都使用网络，约 5.4 亿人。位居第二的是美国，81% 的美国人使用互联网服务，超过 2.85 亿人。排名第三的是印度，有 1.37 亿网民。根据 KPCB 发布的互联网趋势报告，印度网民规模达 2.77 亿人，较 2015 年增长 40%，超过美国成为全球第二大互联网市场，仅次于中国。移动蜂窝的用户数量几乎与地球上的人口总数相同，且 95% 的全球人口居住在有移动蜂窝信号覆盖的地方。

2.1.2　基础资源

1. 域名

根据威瑞信（VeriSign，Inc.）发布的 2016 年度《域名行业简报》显示，截至 2016 年年底，全球顶级域名（Top-Level Domains，TLD）的总注册数量达到近 3.293 亿个，.com 域名的注册总数为 1.269 亿个，.net 域名的注册总数为 1530 万个。

2. IPv4 地址分配情况

根据中国教育和科研计算机网（CERNET）2016 年年报，2016 年全球 IPv4 地址分配数量为 578B。获得 IPv4 地址数量列前三位的国家/地区，分别为美国 256B，摩洛哥 48B，塞舌尔 33B。

亚太地区 APNIC，欧洲地区 RIPE NCC，拉美地区 LACNIC，北美地区 ARIN 的 IPv4 地址池相继耗尽，仅非洲地区 AFRINIC 能正常分配，所以 2016 年全球 IPv4 地址分配数量远低于往年。2016 年获得地址较多的国家/地区，依次是美国、摩洛哥、塞舌尔、中国、巴西、南非、印度、埃及、肯尼亚、阿尔及利亚等（见表 2.1）。

表 2.1 2014—2016 年 IPv4 地址分配情况对比（/16）

年份	2014	2015	2016
排名	976	983	578
1	US 374	US 568	US 256
2	BR 167	EG 113	MA 48
3	MA 40	SC 32	SC 33
4	CO 33	ZA 31	CN 20
5	ZA 26	TN 28	BR 19
6	EG 24	BR 22	ZA 18
7	CN 23	CN 20	IN 16
8	CA 23	IN 19	EG 16
9	KE 22	CA 17	KE 16
10	MU 18	GH 9	DZ 16

资料来源：CERNET。

值得一提的是，美国、中国等国家在其所属地区 IPv4 地址耗尽后，仍能获得较多的 IPv4 地址，这得益于 IPv4 地址的转让交易。2016 年亚太地区 IPv4 地址空间转让交易有 607 条记录，其中跨地区记录有 84 条，其中从北美转移到亚太 55 条，从欧洲转移到亚太 3 条，从亚太转移到欧洲 14 条，从亚太转移到北美 12 条。有 458 条记录的转让交易是发生在国家/地区内部，比如日本有 227 条、印度 91 条、澳大利亚 29 条、巴基斯坦 18 条、中国境内 17 条，等等。

截至 2016 年年底，全球 IPv4 地址分配总数为 3 642 966 200，折合 217A+35B+64C，IPv4 地址分配总数排名前 10 位的国家/地区如表 2.2 所示。

表 2.2 IPv4 地址分配总数排名前 10 位的国家/地区

排名	国家/地区	地址总数（个）	折合（A+B+C）
1	美国	1612845568	96A+34B+18C
2	中国	338097920	20A+38B+247C
3	日本	203259648	12A+29B+127C
4	英国	122022168	7A+69B+233C
5	德国	119310464	7A+28B+136C
6	韩国	112427008	6A+179B+128C
7	巴西	83063296	4A+243B+114C
8	法国	80272432	4A+200B+220C
9	加拿大	70286592	4A+48B+125C
10	意大利	54005056	3A+56B+13C

资料来源：CERNET。

3. IPv6 地址分配情况

2016 年全球 IPv6 地址分配数量为 25293*/32，与 2015 年相比，略有增多，2016 全年获得 IPv6 地址分配数量较多的国家/地区，依次是英国、德国、荷兰、美国、俄罗斯、法国、巴西、西班牙、意大利、中国（见表 2.3）。

表 2.3　2014—2016 年 IPv6 地址分配情况对比（/32）

年份	2014	2015	2016
排名	17912	20230	25293
1	US 4930	ZA 4441	GB 9587
2	CN 2128	CN 1797	DE 1511
3	GB 1125	GB 1277	NL 1305
4	BR 865	DE 1269	US 1135
5	RU 754	NL 1010	RU 1005
6	DE 746	RU 864	FR 926
7	NL 738	BR 755	BR 732
8	FR 454	ES 716	ES 702
9	IT 412	IT 707	IT 687
10	CH 393	US 660	CN 597

资料来源：CERNET。

截至 2016 年年底，全球 IPv6 地址申请（/32 以上）总计 24150 个，分配地址总数为205734*/32，IPv6 地址分配总数排名前 10 位的国家/地区如表 2.4 所示。

表 2.4　IPv6 地址分配总数排名前 10 位的国家/地区

排名	国家/地区	地址数（/32）	申请数（个）
1	美国	42891	4818
2	中国	21189	1216
3	德国	16031	1639
4	英国	15013	1501
5	法国	11407	849
6	日本	9380	510
7	澳大利亚	8859	1013
8	意大利	7119	613
9	欧盟	6343	66
10	韩国	5238	148

资料来源：CERNET。

根据 APNIC Labs 提供的全球 IPv6 用户数（估计）及 IPv6 用户普及率的报告，截至 2016 年年底，全球 IPv6 用户数排名前十位的国家/地区，依次是美国、印度、德国、日本、英国、巴西、法国、加拿大、比利时、中国，中国 IPv6 用户数排在第 10 位。而全球 IPv6 用户普及率排在前十位的国家/地区，依次是比利时、德国、瑞士、希腊、卢森堡、美国、葡萄牙、英国、秘鲁、爱沙尼亚，中国 IPv6 用户普及率排在第 57 位。

4. 4G 网络情况

2016 年，全球 4G 网络覆盖日趋完善，日本和韩国等地已经接近全覆盖。4G 网络覆盖率韩国位居第一，日本紧随其后，其他依次为以色列、澳大利亚和新加坡。4G 网络覆盖较为不完善地区，主要集中在印度、伊拉克、乌克兰等移动通信产业不太发达的地区。

新加坡 2016 年公布的全新服务质量标准规定，从 7 月 1 日起，运营商须确保户外 4G 网络覆盖率超过 95%，2017 年 7 月 1 日提高至 99%。英国移动龙头 EE 的 4G 网覆盖了英国 60% 的大陆地域，2017 年将达到 92%。

同时，4G 的盈利能力也日渐凸显。LTE 已成为历史上部署最快的移动通信网络，2016 年全球活跃 4G 网络达 428 个，用户突破 10 亿。2016 年美国、日本和韩国这些成熟市场的收入绝大部分来自 4G LTE 业务。中国也为 4G 做出了巨大贡献——超过美国成为全球最大的 4G 市场，2016 年有过半收入来自 4G LTE。

5. 5G 网络发展现状

经过几年积淀，5G 关注热度持续高涨。2016 年跨地区合作大规模展开，且围绕实际应用的试验遍地开花，频谱规划也有了突破性进展。根据此前预期，5G 服务将在 2020 年推出，但已有多家运营商将这一时间点提前。即使是在拉美地区，虽然 4G 网络仍在部署，但运营商们已开始积极备战 5G。2016 年年底，AT&T 推出了美国首例 5G 试验服务，基于毫米波技术，速率可达 14.4Gbps，可以说是 5G 年鉴上的一件大事。日本的 DoCoMo 也将推出 5G 试验网。目前看来，运营商们普遍看好 5G 在电子医疗和车联网等领域的应用。

政府层面对 5G 也日趋重视。2016 年，美国高调宣布开放高频频段用于 5G，开了全球之先河，并启动国家级 5G 研发；欧盟也公布了 5G 行动计划，2018 年将进行预商用测试，并提出了频谱规划时间表。类似的行动见于全球，很多国家目前正在抓紧制订 5G 计划。

2.2 国际互联网应用发展情况

2.2.1 电子商务

根据 eMarketer 的数据显示，2016 年全球电商销售额达 1.915 万亿美元，其中北美地区占 4233.4 亿美元，并预计到 2020 年期间零售电商增长率达两位数。美国"黑色星期五"约 36% 的在线交易额来自移动端，中国阿里巴巴 2016 年"双 11"促销单日交易额高达 1207 亿元，其中无线交易额占比高达 81.87%。

2.2.2 社交媒体

根据 We Are Social 发布的"2016 年数字报告"显示，全球社交媒体用户达 23.1 亿人，相当于全球人口的 31%；手机用户达到 37.9 亿人，相当于全球人口的 51%；移动社交媒体用户 19.7 亿人，占全球人口的 27%。然而，一些国家 Facebook 使用量出现了下降趋势，特别是在非洲。显著下降的国家包括中非共和国，Facebook 月活跃用户年降幅为 30%；西撒哈拉下降 24%；津巴布韦下降 16%。除非洲外，摩纳哥活跃 Facebook 用户也下降 15%；塞尔维亚 Facebook 用户下降了 10%。然而，Facebook 仍然主宰全球社交媒体平台。

根据 Statista 的数据显示，Facebook 依旧为社交媒体平台霸主，占据 18%的市场份额，比最接近的竞争对手 WhatsApp 还高出 7%。排在之后的就是亚太地区最流行的平台：QQ（9%），微信（8%）及 QZone（7%）。这三个主营亚太地区的平台都有超过 6 亿活跃用户。随后则是西方为主的社交媒体平台 Tumblr（6%），Instagram（4%）以及 Twitter（4%），百度贴吧排名第十位，新浪已经跌出前十以微弱优势排在 Line 之前。

2.2.3 搜索引擎

根据市场研究公司 Net Applications 数据显示，截至 2016 年 4 月，全球第一大搜索引擎 Google 的份额已突破 70%，升至 71.44%，环比上月增加 3.65%，涨势喜人。而排名第 2、3、4 位的搜索引擎 Bing、百度与 Yahoo-Global，份额却无一例外遭到明显蚕食，依次跌至 12.36%、7.29%、7.18%。其中，百度的份额较上月缩小 1.57%，降幅最明显。

2.2.4 移动支付

根据 Strategy Analytics 移动支付服务数据显示，全球移动支付用户规模将在 2016 年年底突破 10 亿人，相当于 20%的独立移动用户。移动支付业务的蓬勃发展受以下因素驱动：在新兴市场中使用基础金融服务的需求；已有移动支付服务的日渐成熟，比如东部非洲的 M-PESA，MTN Money 和 Easypaisa；社交平台与支付融合，尤其是微信、BBM Money，以及 Facebook Messenger。如今移动支付业务不仅仅局限于个人之间的汇款和充值这些基础用例，还包括更广的移动支付服务，如水电费支付、工资、奖金、商家支付以及国际汇款。

2.2.5 直播平台

随着互联网的迅速发展，移动端及网络环境的优化以及更强的用户参与感，直播在这两年开始迅速"走火"。据 Facebook 统计数据显示，每天都有 5 亿名用户在 Facebook 网站上收看视频，用户们对于直播视频的评论数量要比普通视频多 10 倍。

2.2.6 虚拟现实

2016 年，备受期待的三大高端虚拟现实产品 Oculus Rift、HTC Vive 以及 PlayStation VR 均正式上市发售。VR 在社交网络、视频、电商、游戏、直播等各个领域的应用价值获得认可，使得互联网应用 VR 成为可能。数据分析公司 SuperData 在 12 月 22 日发布报告表示，2016 年全球 VR 总产值约为 27 亿美元。谷歌 Cardboard 类年销量约为 8440 万台，三星 Gear VR 约为 231.6 万台，索尼 PSVR 约为 74.5 万台，HTC Vive 约为 45 万台，Oculus Rift 约为 35.5 万台，谷歌 Daydream View 约为 26 万台，但是其销售量大大低于市场的预期。

VR 消费者内容在 2016 年得到了长足的发展。根据 YiVian 对 Oculus Home、Steam、Viveport 以及 PlayStation Store 四个内容分发平台的统计数据，消费者内容（游戏+应用）在 2015 年仅为 213 款，而到 2016 年年底这个数据达到了 2378 款，翻了 11 倍，增长率高达 1016%。当然，市场上的 VR 内容不止这个数，还有很多内容面向商业用户，以及一些特殊的狭隘消费市场。

2.3 国际互联网投融资并购

2016 年 IPO 数量持续走低，美国中概股迎来私有化退市高峰。同时，新型企业发展速度加快，市场竞争日趋激烈，大投资、大并购、大整合的时代特征进一步深化，互联网资本进入豪门时代。

自 2014 年迎来互联网企业 IPO 高峰以来，2015 年全球互联网 IPO 进入低潮期，2016 年延续了这一趋势，全年仅有 Line、51Talk、美图、Trivago 等少数几家中小规模的互联网公司 IPO。2016 年，以中概股为代表的在美上市企业纷纷退市，中国互联网企业的市场多面向大陆地区，由于 A 股的上市门槛较高，早年纷纷赴美上市。随着互联网企业的成熟，逐步走出一条独特发展道路，A 股更加渴望吸引互联网公司。因此，退市后回归 A 股将成为它们的重要选择。

2.3.1 互联网产业投融资情况

根据 Sirris.be 调查结果显示，2016 年互联网产业投资总额达 170 亿美元，交易数量超过 1650 笔，范围涉及 31 个国家。欧洲各大企业的投资总额达到 40 亿美元，至少包括 292 笔交易。虽然欧洲科技行业的发展主要还是偏向 B2B，但是 CVC 的投资相对平衡，其中 B2B 占 51%，B2C 占 49%。

目前，欧洲 CVC 市场正在蓬勃发展，其中法国和英国表现最佳。欧洲许多初创企业借助这一机会获取资金支持。与此同时，大型公司也能够借助初创企业，踏上一个全新的研发层级，在原有业务基础之上进行创新。总而言之，在未来的几年中，欧洲 CVC 的发展前景较为光明，对科技行业和投资领域也会产生越来越重要的影响。

在国内，截至 2016 年年底，托比网企业数据库收录 2016 年度全年 B2B 平台融资事件 188 起，与 2015 年度全年 205 起相比，同比下降 8.2%；2016 年度全年 B2B 平台融资金额估算超过 170.7 亿元人民币（其中并不包括 12 起未透露获投金额的融资平台），与 2015 年度全年融资金额 116.2 亿元人民币（其中并不包括 9 起未透露资本金额的融资平台）相比，同比增长 46.9%。

据统计，2016 年度中国互联网金融投融资市场发生的投融资案例共计 459 起，完成融资的企业数为 427 家，融资金额约为 901 亿元人民币，其中 28 家企业完成两轮融资，2 家企业甚至在一年之内完成三轮融资。相较于 2015 年度互联网金融投融资金额约为 493 亿元人民币（实际全年投融资金额为 944 亿元人民币，但其中中国邮政储蓄银行于 2015 年 12 月获得战略投资 451 亿元，统计时将其作为特殊事件排除），2016 年度的互联网金融市场投融资规模增长达 182% 以上。

2.3.2 IT 产业并购情况

2016 年互联网企业并购持续活跃，数十亿美元级的投资并购案例有多起，涉及微软、腾讯、Verizon 等公司（见表 2.5）。

表 2.5　2016 年国际互联网行业主要投资并购情况

序号	投资并购方	被投方		交易金额
		企业	所处行业	（亿美元）
1	微软	LinkedIn	社交	262
2	腾讯	Supercell	网游	86
3	Verizon	雅虎（核心业务）	门户网站	48
4	沃尔玛	Jet.com	电商	33
5	Salesforce	Demandware	电商解决方案	28
6	携程	Skyscanner	在线旅游	17.4
7	Vista Equity	Cvent	云端会议管理	16.5
8	Cinven 和 CPPIB	Hotelbeds	酒店预订	13
9	阿里巴巴蚂蚁金服	饿了么	在线外卖	12.5
10	阿里巴巴	Lazada	电商	10

资料来源：腾讯研究院。

1. 微软宣布 262 亿美元收购 LinkedIn

6 月 13 日，微软公司宣布已同意以 262 亿美元现金收购全球最大职业社交网站领英。这是 2016 年互联网行业最大的一笔并购案，也是微软迄今为止进行的最大规模并购交易，将融合微软快速增长的企业云计算服务和领英的职业社交网络。根据协议，微软将为每股领英股票支付 196 美元，较该股上周五收盘价溢价 49.5%。微软表示，计划发行新债券为此项交易融资，并预计此项交易将使其 2017 财年剩余时间的每股盈利减少约 1%。

2. 腾讯斥资 86 亿美元收购芬兰手游开发商 Supercell 84.3%的股权

6 月 21 日，腾讯发布公告称，经与芬兰手游开发商 Supercell 协商后，收购 Supercell 84.3%的股权，该交易金额预计为 86 亿美元。Supercell 的估值在这几年期间不断上涨，凸显出手机游戏行业的强劲增长势头。2015 年，该公司的估值大约为 52.5 亿美元，总营收达到 21.1 亿美元，实现盈利 6.93 亿美元，几乎比上一年增长了 2/3。外媒分析称，腾讯收购 Supercell 将巩固其 PC 和手机游戏行业全球领导者的地位。

3. Verizon 正式宣布收购雅虎核心业务

7 月 25 日，Verizon 正式发表声明宣布，以 48.3 亿美元的现金收购雅虎的核心业务，包括互联网业务、电子邮件服务以及雅虎品牌。同时表示，雅虎公司剩下的部分将变成一个上市投资公司，并更名为 RemainCo，该公司将具有雅虎剩余的全部资产，包括在阿里巴巴持有的 15%股份，35.5%的雅虎日本股份和一些非核心专利资产，总计约 410 亿美元。整个收购计划于 2017 年第一季度完成。

4. 沃尔玛完成收购 Jet.com

10 月 1 日，沃尔玛宣布以 33 亿美元的价格收购互联网零售商及电子商务网站 Jet.com，以此来提升和强化公司的电子商务能力。收购 Jet.com 有望让沃尔玛获得机会来整合和协调 Jet.com 在线业务部门的各种资源及人才，并进一步帮助沃尔玛与强敌亚马逊展开竞争。

5. Salesforce 28 亿美元收购 Demandware

6 月 1 日，全球领先的客户关系管理（CRM）软件服务提供商 Salesforce 宣布，以 28 亿美元收购电子商务解决方案提供商 Demandware，对团队协作应用软件 Quip、营销数据初创企业 Krux 的收购额均超过 7 亿美元。这是 Salesforce 历史上最大一笔并购交易，预计将于 2017 财年第二季度完成。交易完成后，Salesforce 2017 财年营收有望增加 1 亿美元至 1.2 亿美元。

6. 携程 17.4 亿美元收购英国 Skyscanner 航班搜索

11 月 25 日，据国外媒体报道，携程旅行网将以 17.4 亿美元的协议收购英国知名旅行和预订网站天巡网（Skyscanner），于 2016 年年底进行主要的现金交易，这标志着携程业务将要延伸到国际市场。

7. Vista Equity 耗资 16.5 亿美元收购 Cvent

4 月 18 日晚间据《市场观察》报道，云端会议管理公司 Cvent 表示，公司已同意被私募股权公司 Vista Equity Partners 收购，交易价值约 16.5 亿美元。

8. Cinven 与 CPPIB 达成协议收购 Hotelbeds

欧洲私募股权投资公司 Cinven 与加拿大退休金计划投资委员会（CPPIB）于 2016 年 4 月 28 日宣布，双方对收购 Hotelbeds Group 一事已达成协议。Hotelbeds 是一家西班牙的全球旅游服务供应商，总企业价值为 11.65 亿欧元（折合 13 亿美元），负责 Tui Group 酒店预订业务。

9. 阿里巴巴挺进东南亚 10 亿美元收购当地电商 Lazada

4 月 12 日，澎湃新闻获悉，阿里巴巴拟以大约 10 亿美元的价格收购东南亚电商平台 Lazada 的控股股权。阿里巴巴将投资约 5 亿美元购入 Lazada 新发行的股份，并从 Lazada 的现有股东手中收购股权，总计投资约 10 亿美元。在另一份声明中，英国最大的超市运营商乐购宣布，已同意将 Lazada 约 8.6% 的股权作价 1.29 亿美元售予阿里巴巴。

10. 滴滴收购优步中国

8 月 1 日，滴滴出行正式宣布与 Uber 全球达成战略协议，滴滴出行将收购优步中国的品牌、业务、数据等全部资产并在中国大陆运营。这一里程碑式的交易标志着中国共享出行行业进入崭新的发展阶段。据悉，双方达成战略协议后，滴滴出行和 Uber 全球将相互持股，成为对方的少数股权股东。Uber 全球将持有滴滴 5.89% 的股权，相当于 17.7% 的经济权益，优步中国的其余中国股东将获得合计 2.3% 的经济权益。

2.4 国际互联网安全发展情况

据赛迪智库显示，展望 2016 年，各国之间的网络安全合作将进一步提升，全球爆发大规模网络冲突的风险将进一步增加，中国在网络空间的影响力将进一步加大，我国网络安全产业迎来爆发式增长机遇，网络安全技术、人才等能力建设将进一步加强。同时，我国也必须处理好网络安全战略不明确、网络信任体系建设滞后、网络安全基础能力薄弱、网络攻防技术能力不足等问题，加强我国网络安全建设。各国围绕互联网关键资源和网络空间国际规则的角逐将更加激烈，工业控制系统、智能技术应用、云计算、移动支付领域面临的网络安全风险进一步加大，黑客组织和网络恐怖组织等非国家行为体发起的网络安全攻击将持续增加，影响力和破坏性显著增强，我国网络安全形势更加严峻。

2016 年国际网络安全事件频发，在前 10 个月，全球已约有 3000 起公开的数据泄露事件，22 亿条记录被披露，已经超过 2015 年全年记录。例如，美国民主党委员会的信息系统可能遭到俄罗斯攻击，致使总统候选人希拉里的邮件泄露，直接影响到美国大选的进程与结果。

2.4.1　各国政府主要网络安全政策

从国内来看，我国密集出台法律政策全面加强网络安全。3 月 17 日，"十三五"规划发布，网络安全和信息化工作在"十三五"规划中得到全面加强。7 月 27 日，中共中央办公厅、国务院办公厅印发《国家信息化发展战略纲要》。11 月 7 日，十二届全国人大常委会第二十四次会议经表决，通过了《中华人民共和国网络安全法》，将于 2017 年 6 月 1 日起正式施行。这是中国第一部关于网络安全的基础性法律，明确了网络空间主权的原则，网络产品和服务提供者的安全义务和网络运营者的安全义务，完善了个人信息保护规则，建立了关键信息基础设施安全保护制度，确立了关键信息基础设施重要数据跨境传输的规则。12 月 27 日，经中央网络安全和信息化领导小组批准，国家互联网信息办公室发布《国家网络空间安全战略》（以下简称《战略》），标志着我国国家网络强国顶层设计的基本完备，宣告了我国政府将更加开放和自信地推动网络强国的建设和网络空间的治理。《战略》阐明了中国关于网络空间发展和安全的重大立场和主张，明确了战略方针和主要任务，是指导国家网络安全工作的纲领性文件。

国际方面，2 月 9 日，美国政府发布了《网络安全国家行动计划》（CNAP）。该计划是美国政府七年来的经验总结，吸纳了来自网络安全趋势、威胁、入侵等方面的教训。5 月 4 日，欧盟正式颁布《一般数据保护条例》（GDPR）（以下简称《条例》）。该《条例》将取代实施了 20 年的《1995 年数据保护指令》，在新的技术、经济和社会环境下保护欧洲公民的隐私权。7 月 6 日，欧盟立法机构正式通过首部网络安全法《网络与信息系统安全指令》，指令旨在"促进各成员国之间的合作，制定基础服务运营商和数字服务供应商应遵守的安全义务"。为实现这一目标，该指令要求运营商采取相关措施，对网络安全风险进行管理，并就安全事件进行汇报。此外，该法要求成员国制定网络安全国家战略，要求加强成员国间合作与国际合作，要求在网络安全技术研发方面加大资金投入与支持力度。7 月 12 日，欧盟正式批准了欧美间数据条约"隐私盾协议"（Privacy Shield），取代原有的"避风港协议"。新的协议将为跨大西洋两岸的数据传输中的个人隐私保护提供新的规范。11 月 1 日，英国公布了新一轮"国家网络安全战略"。新的网络安全战略包含三大要点：防御、威慑和发展。

2.4.2　国际网络安全事件

回顾这一年发生的重大网络安全事件，黑客关注的不仅仅是各种核心数据的窃取，更多的是针对一些关键性基础设施，政府、金融机构、能源行业都成了黑客攻击新的目标。

1. 雅虎两次账户信息泄露

2016 年陷入收购漩涡的雅虎，先后在 9 月份证实至少 5 亿用户信息在 2014 年被窃，涉及用户姓名、电子邮箱、电话号码、出生日期和部分登录密码。随后 12 月再次证实 2013 年有超过 10 亿条账户信息、账户密码和个人信息一并在泄露之列，而且与 2014 年遭窃的数据不同。先是 5 亿，后是 10 亿，雅虎两次信息失窃已经刷新了人类大规模数据泄露的新纪录，堪称数据泄露之最牛企业。该起事件导致雅虎被威瑞森 48 亿美元收购一事的搁置，甚至可能会撤销。

2. 物联网 Mirai 僵尸网络攻击发威

10 月 21 日，美国多个城市出现互联网瘫痪情况，包括 Twitter、Shopify、Reddit 等在内的大量互联网知名网站数小时无法正常访问。其中，为上述众多网站提供域名解析服务的美国 Dyn 公司称，公司遭到大规模的"拒绝访问服务（DDoS）"攻击。后据调查，这是 Mirai 僵尸网络发动的攻击。Mirai 僵尸网络中包含了大量可联网设备，如监控摄像头、路由器以及智能电视等。由于此次攻击中有大约 60 万台的物联网设备参与到 Mirai 僵尸网络大军中，成为大规模物联网设备首次参与企业级攻击的一个关键案例。

3. 美国国家安全局被黑，顶尖黑客工具打包售卖

8 月，黑客组织"影子经济人"盗取了美国国家安全局大量黑客工具和漏洞利用代码，并以 6.11 亿美元的价格在网上售卖。这些工具被安全专家证实，可突破思科、Juniper、飞塔等一流安全厂商的防火墙。该起事件，堪比 2015 年 Hacking Team 黑客工具被盗一事，全球的网络安全厂商和企业都不得不检查和更新自身的产品或防护措施。

2.5 国际互联网治理

2.5.1 IANA 管理权成功转移

经过互联网全球社群 2 年多的努力，2016 年 10 月 1 日，IANA 移交顺利完成，NTIA 退出了对 IANA 的监管。这结束了美国单边管理 IANA 的格局，国际互联网治理迈进了新阶段。职能管理权的移交对国际互联网治理具有积极的意义，将推动互联网基础资源管理国际化的进程，有利于弥合发展中国家和发达国家之间的数字鸿沟。

2.5.2 联合国互联网治理论坛

联合国第 11 届互联网治理论坛（IGF）于 2016 年 12 月 6 日在墨西哥的哈利斯科城开幕。本届联合国互联网治理论坛的主题是"促进包容和可持续增长"，将重点讨论如何利用互联网更好地促进包容和可持续发展。

在为期 4 天的论坛上，来自全球各地的 3000 多名代表讨论了如何解决数字时代面临的多种挑战，包括确保让所有人都能平等获得上网渠道，受益于互联网带来的好处。其中有来自各国政府、国际组织、私营部门和科技界的技术领袖、公民社会以及学术界的代表，还讨论了与互联网相关的多个话题，包括多样性、青年与性别问题、网上的人权和言论自由、网络安全、关键互联网资源、互联网治理能力建设和新出现的问题等。

2.5.3　世界互联网大会

2016 年 11 月 16 日，第三届世界互联网大会在浙江省乌镇开幕，大会主题为"创新驱动，造福人类——携手共建网络空间命运共同体"。11 月 17 日下午举行"互联网全球治理论坛"。该论坛已连续三年登上乌镇峰会的舞台，其宗旨是致力于增进中外网络治理理论与实践交流，探讨建立包容互信的治理模式。在前两届研讨成果基础的基础上，本届治理论坛以描绘全球互联网发展与创新带来巨大成就的全景图为切入点，深入探讨了互联网基础设施建设与技术发展趋势以及通过合作创新优化公共政策等，实现互联网的可持续发展。来自 12 个国家和地区的 28 位专家出席论坛并发言，共议治理发展之道，发展是全人类的共同愿景，治理是全人类的共同事业，跨国跨界，携手合作，治理好，发展好，共创人类共同体的美好未来。

2.5.4　联合国信息社会世界峰会（WSIS）

2016 年 5 月 2—6 日，由 ITU、联合国教科文组织主办的"信息社会世界峰会"在日内瓦举办。作为信息通信技术促发展领域规模最大的全球盛会，此论坛是一个独特的全球平台和信息社会世界峰会进程的组成部分，也是互联网治理演进过程中的第二个标志性事件，是互联网治理演进的一个重要转折点。国际电联秘书长赵厚麟指出，要建设真正意义上的包容性数字化经济，重点向发展中国家以及边缘化社区提供公平且价格可承受的信息通信技术接入是关键。信息社会世界峰会就是开展信息通信技术促发展领域务实工作的地方，它汇聚了全世界的多领域利益攸关方，分享最佳方案，建立合作伙伴关系。

（刘聪伦、李佳丽）

第二篇

资源与环境篇

 2016 年中国互联网基础资源发展情况

 2016 年中国互联网络基础设施建设情况

 2016 年中国互联网泛终端发展状况

 2016 年中国云计算发展状况

 2016 年中国大数据发展状况

 2016 年中国物联网发展状况

 2016 年中国人工智能发展状况

 2016 年中国智慧城市发展状况

 2016 年中国分享经济发展状况

 2016 年中国网络资本发展状况

 2016 年中国互联网企业发展状况

 2016 年中国互联网政策法规建设状况

 2016 年中国网络知识产权保护发展状况

 2016 年中国网络信息安全情况

 2016 年中国互联网治理状况

第 3 章　2016 年中国互联网基础资源发展情况

3.1　网民

3.1.1　网民规模

1. 总体网民规模

截至 2016 年 12 月，我国网民规模达约 7.31 亿人，全年共计新增网民 4299 万人。互联网普及率为 53.2%，较 2015 年年底提升 2.9 个百分点（见图 3.1）。

资料来源：CNNIC 中国互联网络发展状况统计调查。　　　　　　　　　　　　　　2016.12

图3.1　中国网民规模和互联网普及率

我国网民规模经历近 10 年的快速增长后，人口红利逐渐消失，网民规模增长率趋于稳定。2016 年，中国互联网行业整体向规范化、价值化发展。首先，国家出台了多项政策加快推动互联网各细分领域有序健康发展，完善互联网发展环境；其次，网民人均互联网消费能力逐步提升，在网购、O2O、网络娱乐等领域人均消费均有增长，网络消费增长对国内生产总值增长的拉动力逐步显现；最后，互联网发展对企业影响力提升，随着"互联网+"的贯彻落实，传统企业互联网化步伐进一步加快。

移动互联网发展依然是带动网民增长的首要因素。2016 年，我国新增网民中使用手机上网的群体占比达到 80.7%，较 2015 年增长 9.2 个百分点，使用台式电脑的网民占比下降 16.5 个百分点（见图 3.2）。同时，新增网民年龄呈现两极化趋势，19 岁以下、40 岁以上人群占比分别为 45.8% 和 40.5%，互联网向低龄、高龄人群渗透明显。

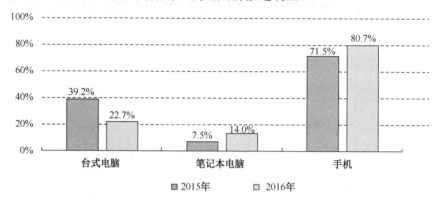

资料来源：CNNIC 中国互联网络发展状况统计调查。 2016.12

图3.2 新网民互联网接入设备使用情况

2. 手机网民规模

截至 2016 年 12 月，我国手机网民规模达 6.95 亿，较 2015 年年底增加 7550 万人。网民中使用手机上网人群的占比由 2015 年的 90.1% 提升至 95.1%，提升 5 个百分点，网民手机上网比例在高基数基础上进一步攀升（见图 3.3）。

资料来源：CNNIC 中国互联网络发展状况统计调查。 2016.12

图3.3 中国手机网民规模及其占网民比例

移动互联网发展推动消费模式共享化、设备智能化和场景多元化。首先，移动互联网发展为共享经济提供了平台支持，网约车、共享单车和在线短租等共享模式的出现，进一步减少了交易成本，提高了资源利用效率；其次，智能可穿戴设备、智能家居、智能工业等行业的快速发展，推动了智能硬件通过移动互联网互联互通，"万物互联"时代到来；最后，移动互联网用户工作场景、消费场景向多元化发展，线上线下不断融合，推动不同使用场景细化，同时推动服务范围向更深更广扩散。

3. 分省网民规模

截至 2016 年 12 月，中国大陆 31 个省、自治区、直辖市中网民数量超过千万规模的有26 个，与 2015 年持平。其中，网民规模增速排名靠前的省份为江西省和安徽省，增长率分别为 15.7% 和 13.6%。

随着各省、直辖市、自治区对"互联网+"行动的推进，各省份互联网普及率均有上升，普及率增长最多的为江西省，较 2015 年年底增长 5.9 个百分点。但由于各地经济发展水平、互联网基础设施建设方面存在差异，数字鸿沟现象依然存在。我国各地区互联网发展水平与经济发展速度关联度较高，普及率排名靠前的省份主要集中在华东地区，而普及率排名靠后的省份主要集中在西南地区（见表 3.1）。

表 3.1　2016 年中国内地分省网民规模及互联网普及率

省份	网民数（万人）	2016 年 12 月互联网普及率	2015 年 12 月互联网普及率	网民规模增速	普及率排名
北京	1690	77.8%	76.5%	2.6%	1
上海	1791	74.1%	73.1%	1.0%	2
广东	8024	74.0%	72.4%	3.3%	3
福建	2678	69.7%	69.6%	1.1%	4
浙江	3632	65.6%	65.3%	1.0%	5
天津	999	64.6%	63.0%	4.5%	6
辽宁	2741	62.6%	62.2%	0.4%	7
江苏	4513	56.6%	55.5%	2.2%	8
山西	2035	55.5%	54.2%	3.0%	9
新疆	1296	54.9%	54.9%	2.7%	10
青海	320	54.5%	54.5%	0.8%	11
河北	3956	53.3%	50.5%	6.0%	12
山东	5207	52.9%	48.9%	8.7%	13
陕西	1989	52.4%	50.0%	5.5%	14
内蒙古	1311	52.2%	50.3%	4.1%	15
海南	470	51.6%	51.6%	0.9%	16
重庆	1556	51.6%	48.3%	7.6%	17
湖北	3009	51.4%	46.8%	10.5%	18
吉林	1402	50.9%	47.7%	6.7%	19
宁夏	339	50.7%	49.3%	3.7%	20
黑龙江	1835	48.1%	44.5%	7.5%	21
西藏	149	46.1%	44.6%	5.5%	22
广西	2213	46.1%	42.8%	8.8%	23

续表

省份	网民数（万人）	2016 年 12 月互联网普及率	2015 年 12 月互联网普及率	网民规模增速	普及率排名
江西	2035	44.6%	38.7%	15.7%	24
湖南	3013	44.4%	39.9%	12.2%	25
安徽	2721	44.3%	39.4%	13.6%	26
四川	3575	43.6%	40.0%	9.7%	27
河南	4110	43.4%	39.2%	11.0%	28
贵州	1524	43.2%	38.4%	13.2%	29
甘肃	1101	42.4%	38.8%	9.6%	30
云南	1892	39.9%	37.4%	7.4%	31
全国	73125	53.2%	50.3%	6.2%	—

4. 农村网民规模

截至 2016 年 12 月，我国农村网民占比为 27.4%，规模为 2.01 亿人，较 2015 年年底增加 526 万人，增幅为 2.7%；城镇网民占比 72.6%，规模为 5.31 亿人，较 2015 年年底增加 3772 万人，增幅为 7.7%（见图 3.4）。

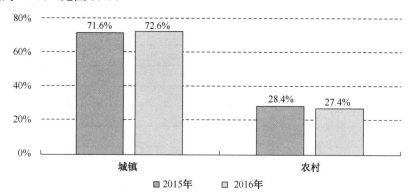

资料来源：CNNIC 中国互联网络发展状况统计调查。 2016.12

图3.4 中国网民城乡结构

我国农村网民规模持续增长，但城乡互联网普及差异依然较大。截至 2016 年 12 月，我国城镇地区互联网普及率为 69.1%，农村地区互联网普及率为 33.1%，城乡普及率差异较 2015 年的 34.2%扩大为 36.0%。我国农村网民在即时通信、网络娱乐等基础互联网应用使用率方面与城镇地区差别较小，即时通信、网络音乐、网络游戏应用上的使用率差异在 4 个百分点左右；但在网购、支付、旅游预订类应用上的使用率差异达到 20 个百分点以上，这一方面说明娱乐、沟通类基础应用依然是拉动农村人口上网的主要应用，另一方面也显示农村网民在互联网消费领域潜力仍有待挖掘。

5. 非网民现状分析

农村人口是非网民的主要组成部分。截至 2016 年 12 月，我国非网民规模为 6.42 亿人，其中城镇非网民占比为 39.9%，农村非网民占比为 60.1%。

上网技能缺失以及文化水平限制仍是阻碍非网民上网的重要原因。调查显示，因不懂电脑/网络，不懂拼音等知识水平限制而不上网的非网民占比分别为 54.5% 和 24.2%；由于不需要/不感兴趣而不上网的非网民占比为 13.5%；受没有电脑等上网设备，当地无法连接互联网等上网设施限制而无法上网的非网民占比为 12.8%（见图 3.5）。

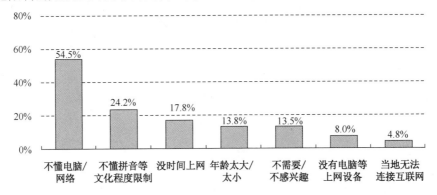

资料来源：CNNIC 中国互联网络发展状况统计调查。　　　　　　　　　　　　　　　　2016.12

图3.5　非网民不上网原因

提升非网民上网技能，降低上网成本以及提升非网民对互联网需求是带动非网民上网的主要因素。调查显示，非网民中愿意因为免费的上网培训而选择上网的人群占比为 25.8%；由于上网费用降低及提供免费无障碍上网设备而愿意上网的非网民占比分别为 23.6% 和 23.2%；出于沟通、增加收入和方便购买商品等需求因素而愿意上网的非网民占比分别为 25.3%、19.9% 和 17.6%（见图 3.6）。

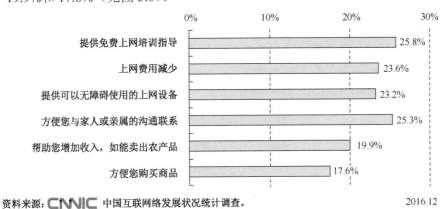

资料来源：CNNIC 中国互联网络发展状况统计调查。　　　　　　　　　　　　　　　　2016.12

图3.6　非网民上网促进因素

3.1.2　网民结构

1. 性别结构

截至 2016 年 12 月，中国网民男女比例为 52.4∶47.6，截至 2015 年年底，中国人口男女比例为 51.2∶48.8，网民性别结构进一步与人口性别比例逐步接近（见图 3.7）。

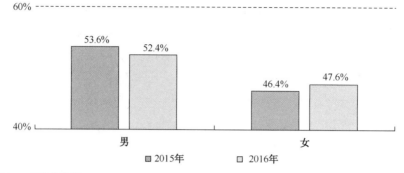

资料来源：CNNIC 中国互联网络发展状况统计调查。

2016.12

图3.7 中国网民性别结构

2. 年龄结构

我国网民以 10～39 岁群体为主。截至 2016 年 12 月，10～39 岁群体占整体网民的 73.7%。其中 20～29 岁年龄段的网民占比最高，达 30.3%；10～19 岁、30～39 岁群体占比分别为 20.2%、23.2%，较 2015 年年底略有下降。与 2015 年年底相比，10 岁以下低龄群体和 40 岁以上中高龄群体的占比均有所提升，互联网继续向这两部分人群渗透（见图 3.8）。

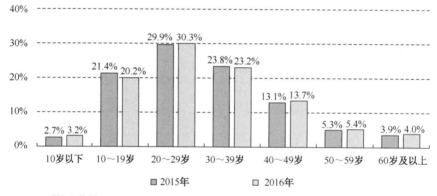

资料来源：CNNIC 中国互联网络发展状况统计调查。

2016.12

图3.8 中国网民年龄结构

3. 学历结构

网民中具备中等教育程度的群体规模最大。截至 2016 年 12 月，初中、高中/中专/技校学历的网民占比分别为 37.3%、26.2%，其中，高中/中专/技校学历网民占比较 2015 年年底下降 3.0 个百分点。与 2015 年年底相比，小学及以下学历人群占比提升了 2.2 个百分点，中国网民继续向低学历人群扩散（见图 3.9）。

资料来源：CNNIC 中国互联网络发展状况统计调查。 2016.12

图3.9 中国网民学历结构

4. 职业结构

网民中学生群体规模最大。截至 2016 年 12 月，学生群体占比为 25.0%；其次为个体户/自由职业者，比例为 22.7%，较 2015 年年底增长 0.6 个百分点；企业/公司的管理人员和一般职员占比合计达到 14.7%，这三类人群的占比保持相对稳定（见图 3.10）。

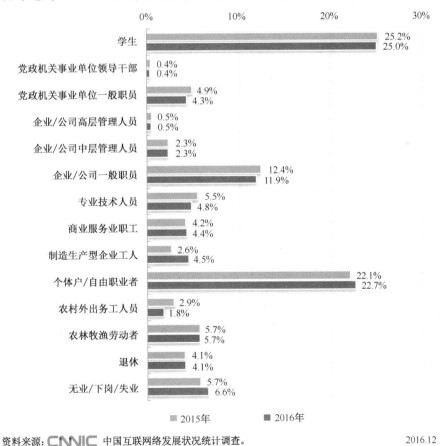

资料来源：CNNIC 中国互联网络发展状况统计调查。 2016.12

图3.10 中国网民职业结构

5. 收入结构

月收入[1]在中等水平的网民群体占比最高。截至 2016 年 12 月，月收入在 2001～3000 元、3001～5000 元的群体占比分别为 17.7% 和 23.2%。2016 年，我国网民规模向低收入群体扩散，月收入在 1000 元以下群体占比较 2015 年年底增长 1.2 个百分点（见图 3.11）。

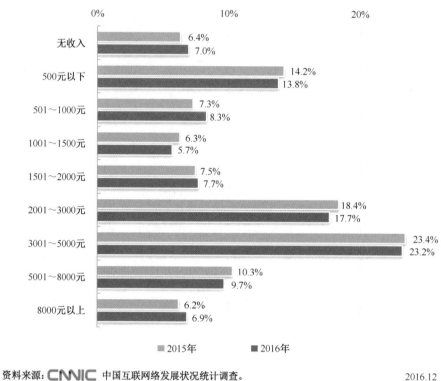

图3.11　中国网民个人月收入结构

3.2　IP 地址

IP 地址是互联网建设发展所必需的核心基础资源之一，更是互联网发展的基石。IPv4 是首个被广泛使用的互联网协议版本，地址总量约为 43 亿个，历经几十年的消耗，全球 IPv4 地址于 2011 年 2 月告罄，各国际大区的 IPv4 地址池也即将分配殆尽。为减缓 IPv4 彻底耗尽的速度，各国际大区互联网中心相继收紧本区内的 IPv4 分配政策。受亚太地区 IPv4 地址限量分配政策（每家单位最多可申请 2048 个 IPv4 地址）影响，以及国内可流转的闲置 IPv4 地址的愈发难求，国内一些互联网企业把 IPv4 地址的获取渠道投向欧美地区和亚太地区其他国家。但无论是向亚太互联网信息中心直接申请，还是通过转让交易的方式获取，其可得的 IPv4 地址数量都是有限的。自 2011 年开始我国 IPv4 地址总数基本维持不变，截至 2016 年 12 月，共计有 33810 万个（见图 3.12）。

---

1 其中学生收入包括家庭提供的生活费、勤工俭学工资、奖学金及其他收入，农民收入包括子女提供的生活费、农业生产收入、政府补贴等收入，无业、下岗、失业群体收入包括子女给的生活费、政府救济、补贴、抚恤金、低保等，退休人员收入包括子女提供的生活费、退休金等。

万个

资料来源: CNNIC 中国互联网络发展状况统计调查。   2016.12

图3.12   中国IPv4地址资源变化情况

IPv6 是 IETF(互联网工程小组)在 1995 年 12 月公布的互联网协议的第六版本,其核心使命就是凭借海量的地址空间(约 34 ×10 的 38 次方个)应对 IPv4 地址枯竭,继续支撑全球互联网未来的发展。截至 2016 年 12 月,我国 IPv6 地址总量为 21188 块/32,较 2015 年增长 2.9%,总量位列全球第二(见图 3.13)。

块/32

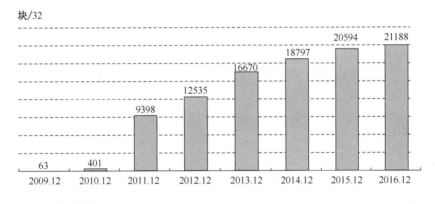

资料来源: CNNIC 中国互联网络发展状况统计调查。   2016.12

图3.13   中国IPv6地址数量

近年来,各国政府都在积极推进 IPv6 迁移,国际上各大型网络运营商和互联网公司均加快了 IPv6 改造部署的步伐,尤其是在近一两年全球 IPv6 发展呈现出爆发增长的趋势。目前,全球 IPv6 使用率前十名的国家分别为比利时、德国、瑞士、美国、希腊、卢森堡、葡萄牙、英国、印度、日本,其中,美国的 IPv6 用户占全网用户数之比从 2014 年的 5%上升到现在的超过 33%,比利时这一比例更超过 55%。全球 IPv6 用户数最多的国家是印度,已超过 1个亿,增速之快令人惊叹。IPv6 在上述国家的快速部署,使得很多新型网络技术的应用成为可能,全面走向 IPv6 在目前看来只是时间问题。

在政府的支持和倡导下,我国 IPv6 发展取得一定进展,但整体状况仍不及预期,相比发达国家仍然滞后。在我国,IPv6 发展滞后突出表现在两个方面:一是我国 ICP(互联网内容提供商)对 IPv6 支持率低;二是我国 IPv6 商用网络覆盖及用户访问量非常低。IPv6 发展缓慢主要是网络、内容和用户的发展不平衡所致。

2017 年年初，工业和信息化部正式发布了《信息通信行业发展规划（2016—2020 年）》及《信息通信行业发展规划物联网分册（2016—2020 年）》。这个规划是指导信息通信业未来五年发展、加快建设网络强国、引导市场主体行为、配置政府公共资源的重要依据。规划从基础设施建设、应用开发、工业互联网和基础资源管理等方面对 IPv6 提出了要求。规划指出到"十三五"期末，国内主要商业网站、教育科研网站和政府网站支持 IPv6，手机应用排名前 100 的中文 APP 80%支持 IPv6，IPv6 流量占比达到 5%。

向 IPv6 过渡虽然会面临诸多困难和挑战，但绝不能过多依赖电信运营商、或内容提供商、或终端厂商中某一环节的力量。全行业应在政府的统一组织下，加强产业链的协调均衡发展，充分发挥电信运营商、内容提供商、终端厂商的各自优势，齐心协力推进 IPv6 业务应用和用户终端的同步发展。

3.3 域名

3.3.1 ".CN"域名

1. ".CN"域名注册量突破 2000 万

".CN"域名是以 CN 作为域名后缀的国家和地区顶级域名（ccTLD），是在全球互联网上代表中国的英文国家顶级域名。CN 域名继 2015 年超过".DE"跃居 ccTLD 第一之后，保有量成功跨越 2000 万大关（见图 3.14），实现了全球最大 ccTLD 的突破性增长。国家域名保有量的不断突破，进一步提升了我国信息化建设水平，推动了我国互联网的安全稳步发展，为早日实现网络强国的目标提供了基础资源保障。

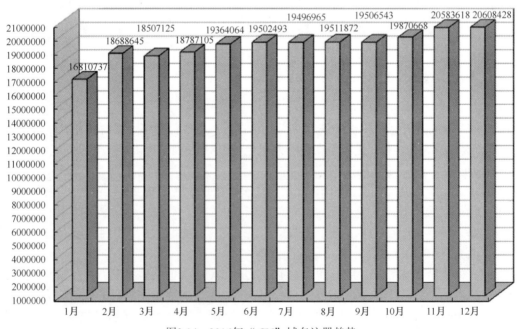

图3.14　2016年".CN"域名注册趋势

2. 推广域名实名核验服务

CNNIC 依托自身行业经验优势，服务行业、增强行业影响力，与国内外多家域名注册管理机构、域名注册服务机构开展域名核验服务合作。截至 2016 年年底，CNNIC 已与 46 家注册服务机构签订了域名核验服务协议，其中国家域名注册商 39 家，非国家域名注册服务机构 7 家。CNNIC 与 Verisign、Afilias、阿里云、江苏邦宁、域通联达、誉威科技共六家注册管理机构签订核验服务协议，为其提供域名核验服务。

3. 升级优化国家域名系统与政策

CNNIC 不断优化域名实名审核技术系统，在保证国家域名安全、可靠的前提下，通过超级 ID、图片比对等技术，大大提高审核效率，使用户获得便捷的注册、使用体验，增加用户对国家域名品牌的认可度。

另外，随着互联网用户安全意识的不断提升，国家域名保护锁服务需求量逐步增加，CNNIC 上线了国家域名保护锁业务系统，提升了保护锁业务的办理和服务效率，让用户享受更加安全、便捷、高效的服务。

4. 打击域名不良应用，加强域名安全治理

中国反钓鱼网站联盟（APAC）是国内为解决钓鱼网站问题而成立的协调组织，CNNIC 及中国反钓鱼网站联盟于 2016 年共处理钓鱼网站 107303 个（见图 3.15），联盟累计认定并处理钓鱼网站 385996 个。

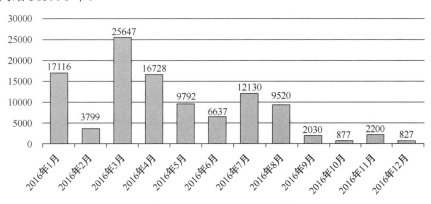

图3.15　2016年钓鱼网站处理情况

2016 年，联盟在国家网络安全宣传周上推出了网络安全科普移动应用"开心学安全"，包含了防范网络钓鱼欺诈、品牌保护及网络安全等多方面科普内容，以贴近大众习惯的形式将网络安全教学与互动游戏结合，提高网民分辨钓鱼网站的能力，增加网民安全防范意识。

3.3.2　中文域名

1. 中文域名概况

中文域名是指含有中文字符的域名，其中，".中国"域名是指以".中国"作为域名后缀的中文国家顶级域名，它是在全球互联网上代表中国的中文顶级域名，同英文国家顶级域名".CN"一样，全球通用，具有唯一性，是用户在互联网上的中文门牌号码和身份标识。

截至 2016 年 12 月底，".中国"域名总数超过 47 万（见图 3.16）。

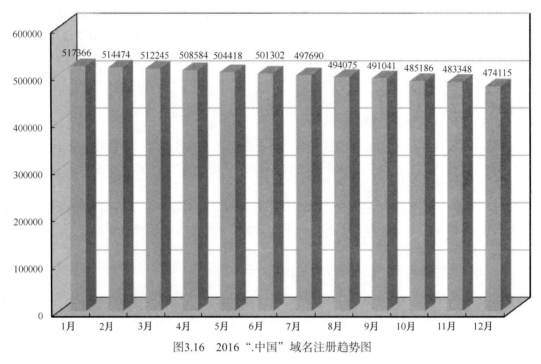

图3.16 2016 ".中国"域名注册趋势图

2. 中文域名应用环境持续优化

2016 年，在多方协作推动下，共同促进了中文域名相关国际标准的采纳或版本更新：微软 Outlook 2016 正式支持 CNNIC 主导的 EAI 国际标准；新浪微博发布中文域名内容显示超链接；新浪微博私信功能支持中文域名超链接；金山 WPS 办公软件支持中文域名超链接显示；微软 Office 更新版本支持中文域名超链接；中文域名导航网站全面改版上线。

3. 完善中文域名邮箱注册平台建设

2016 年，CNNIC 通过中文域名邮箱注册平台升级，完善了后台审核业务、数据批量导入及导出以及分级管理、定制化登录页面等方面的内容，同时完成了平台扩容，使平台可以容纳 10 万注册用户。升级完善的中文域名邮箱注册平台可以满足中文域名邮箱合作项目部署、实现独立管理、通过定制页面开放注册，满足了现有业务需求。

4. 举办"全球互联网多语种技术论坛"

为扩大互联网多语种技术的影响力，尤其是增加中文域名邮箱的知名度，2016 年 12 月 15 日在苏州举办了"全球互联网多语种技术论坛"。为尽快攻克技术难题，实现多语种技术应用的普及和发展，于论坛上正式启动"共建互联网多语种社区"计划。该计划旨在为中文用户名（ID）、中文域名及中文电子邮件等互联网多语种技术应用搭建技术资源共享平台。

3.4　网站

根据中国互联网络信息中心（CNNIC）发布的《第 39 中国互联网络发展状况统计报告》，截至 2016 年 12 月，中国网站[1]数量为 482 万个，年增长 13.9%（见图 3.17）。

资料来源：CNNIC 中国互联网络发展状况统计调查。　　　　　　　　　　　　　　　　　2016.12

图3.17　中国网站数量

注：数据中不包含.EDU.CN 下网站。

我国网站数量快速增长。在网站分类上，".CN"网站数在整体网站总数中占比较 2015 年提高 3.2 个百分点，如表 3.2 所示。

表 3.2　分类网站数量及比例

	CN 网站数		其他网站	
	数量（个）	占网站总数比例	数量（个）	占网站总数比例
2015 年	2130 91	50.4%	2098502	49.6%
2016 年	2587365	53.6%	2236553	46.4%

资料来源：CNNIC.

从分省网站数来看，与 2015 年年底相比，网站总数前三甲依旧保持不变，广东省居第一位，北京名列第二位，上海排在第三位，如表 3.3 所示。

表 3.3　2016 年我国网站分省数据（前十位）

省市	网站数量（个）	占网站总数比例
广东	728235	15.1%
北京	609298	12.6%
上海	399983	8.3%
浙江	335887	7.0%

---

1 指域名注册者在中国境内的网站。

续表

省市	网站数量（个）	占网站总数比例
福建	285936	5.9%
山东	272766	5.7%
江苏	254074	5.3%
河南	200370	4.2%
四川	196377	4.1%
河北	126574	2.6%

资料来源：CNNIC。

3.5 网页

截至 2016 年 12 月，中国网页[1]数量为 2360 亿个，年增长 11.2%，如图 3.18 所示。

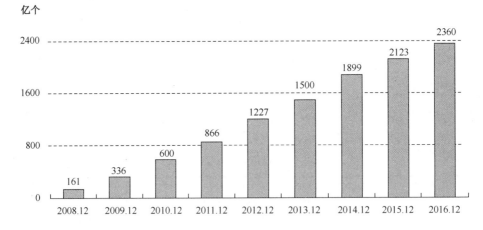

资料来源：CNNIC 中国互联网络发展状况统计调查。　　　　　　　　　　　　2016.12

图3.18 中国网页数

2016 年，静态网页数量为 1761 亿个，占网页总数量的 74.6%；动态网页数量为 599 亿个，占网页总量的 25.4%。中国单个网站的平均网页数有所下降：平均网站的网页数约 4.89 万个，较 2015 年同期下降了 2.5%。单个网页的字节数较 2015 年年底也有所下降：平均每个网页的字节数为 57KB，较 2015 年同期下降 18.6 个百分点。网页数量和网页更新情况分别如表 3.4 和表 3.5 所示。

---

1 资料来源：百度在线网络技术（北京）有限公司。

表 3.4　网页数量

	网页数（个）	平均每个网站的网页数（个）	网页总字节数（KB）	平均每个网页字节数（KB）
2006 年 12 月	4472577939	5057	122305737000	27.3
2007 年 12 月	8471084566	5633	198348224198	23.4
2008 年 12 月	16086370233	5588	460217386099	28.6
2009 年 12 月	33601732128	10397	1059950881533	31.5
2010 年 12 月	60008060093	31414	1922538540426	32
2011 年 12 月	86582298393	37717	3313529625009	38
2012 年 12 月	122746817252	45789	5140463284447	42
2013 年 12 月	150040762685	46864	7479873203607	50
2014 年 12 月	189918649085	56710	9310312446467	49
2015 年 12 月	212296223670	50197	14815932917365	70
2016 年 12 月	235997583579	48922	13539845117041	57

资料来源：百度在线网络技术（北京）有限公司。

表 3.5　网页更新情况

	1 周以内（%）	1 周至 1 个月（%）	1~3 个月（%）	3~6 个月（%）	半年以上（%）
2006 年 12 月	7.4	26.4	32.3	17.8	16.1
2007 年 12 月	12.1	17.4	14.5	41.0	15.0
2008 年 12 月	12.5	24.1	29.1	14.4	20.0
2009 年 12 月	7.7	21.2	28.1	18.8	24.3
2010 年 12 月	4.8	21.0	6.1	5.0	63.0
2011 年 12 月	3.4	20.0	4.3	8.5	63.8
2012 年 12 月	2.0	7.4	18.5	16.5	55.6
2013 年 12 月	4.8	50.8	25.0	10.0	9.4
2014 年 12 月	5.6	20.3	24.2	19.3	30.7
2015 年 12 月	4.5	24.4	33.0	27.6	10.5
2016 年 12 月	5.3	14.9	19.6	18.1	42.1

资料来源：百度在线网络技术（北京）有限公司。

3.6　网络国际出口带宽

截至 2016 年 12 月，中国国际出口带宽为 6640291Mbps，年增长率为 23.1%，如图 3.19 和表 3.6 所示。

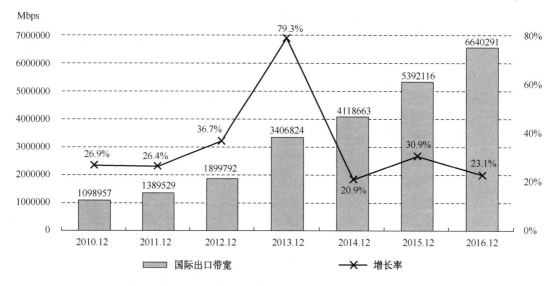

资料来源：CNNIC 中国互联网络发展状况统计调查。　　　　　　　　　　　2016.12

图3.19　中国国际出口宽带及其增长率

表3.6　主要骨干网络国际出口带宽数

	国际出口带宽数（Mbps）
中国电信	3886527
中国联通	1700446
中国移动	959108
中国教育和科研计算机网	40960
中国科技网	53248
中国国际经济贸易互联网	2
合计	6640291

（郝丽阳、闫辰、禹桢）

第4章 2016年中国互联网络基础设施建设情况

4.1 基础设施建设概况

2016年，根据习近平总书记对网络强国建设提出的六个"加快"要求，政府与行业多方入手，共同扎实推进我国互联网络基础设施加速向高速率、全覆盖、广普及、智能化发展。我国国际互联网及国内骨干网大幅扩容，互联互通顶层架构进一步优化调整，宽带和4G网络基础设施建设水平达国际先进水平，应用基础设施发展迅猛，整体覆盖和服务能力显著提升，网络技术的创新能力不断提升，应用部署基本与国际保持同步。互联网基础设施的战略地位日益突出，全面地服务于国民经济和社会的健康发展。

截至2016年年底，我国三家基础电信企业固定互联网宽带接入用户净增3774万户，总数达到2.97亿户，光纤接入（FTTH/0）用户净增7941万户，总数达2.28亿户，占宽带用户总数的比重较2015年提高19.5个百分点，达到76.6%，较2015年增长8个百分点。8Mbps以上、20Mbps以上宽带用户总数占宽带用户总数的比重分别达到91.0%和77.8%，比2015年分别提高21.3个和46.6个百分点。宽带城市建设继续推动光纤接入的普及，我国固定宽带用户人口普及率接近20%，较2015年提升近5个百分点；移动宽带普及率超过80%，同比提升约15个百分点，与OECD差距缩小。

2016年，我国骨干网络飞跃式发展，扁平化趋势日益明显。运营企业开始建立骨干网络新平面，新建大量省际直联链路，支撑数据中心之间互联网络承载能力日新月异。顶层网间架构持续优化。在原有10个骨干直联点基础上，杭州、贵阳、福州3个新增骨干直联点获批建设，开启了"十三五"时期网间架构持续优化序幕。大容量、分组化、智能化成为骨干传送网的关注重点，我国省际干线、大型城域网已基本完成100G波分系统建设，全面进入100G时代，400G已在部分城市进行试点。我国国际互联网出入口扩容提速，增长400Gbps左右，总带宽达到2.5Tbps，同比2015年增幅达4倍；海外POP点部署重心向亚欧非转移。国际通信网络优化建设得到地方关注，杭州、郑州等多个城市建设国际通信专用通道，成为拉动地方经济发展手段之一。

我国已建成全球最大光纤接入网络，光纤改造成果显著，FTTH网络覆盖巨幅增长。2016年，互联网宽带接入端口数量达到6.9亿个，比2015年净增1.14亿个，同比增长19.8%。互联网宽带接入端口"光进铜退"趋势更加明显，xDSL端口比2015年减少6259万个，总数降至 3733 万个，占互联网接入端口的比重由上年的 17.3%下降至 5.4%。光纤接入（FTTH/0）端口比上年净增 1.81 亿个，达到 5.22 亿个，占互联网接入端口的比重由上年的 59.3%提升至 75.6%。同时，我国千兆宽带接入开始试水，四川、山东、河南等省份率先建成全光网络，为用户提供千兆接入。全国新建光缆线路 554 万千米，光缆线路总长度 3041 万千米，同比增长 22.3%，整体保持较快增长态势。

随着 4G 业务的发展，我国基础电信企业移动网络设施建设步伐加快，2016 年新增移动通信基站 92.6 万个，总数达到 559 万个。其中 4G 基站新增 86.1 万个，总数达到 263 万个，移动网络覆盖范围和服务能力继续提升。移动互联网接入流量消费达 93.6 亿 G，同比增长 123.7%，比 2015 年提高 20.7 个百分点。全年月户均移动互联网接入流量达到 772M，同比增长 98.3%。其中，通过手机上网的流量达到 84.2 亿 G，同比增长 124.1%，在总流量中的比重达到 90.0%。

云计算促进我国数据中心发展进入规模化、云化阶段，整体布局日趋合理。大型及超大型数据中心占比由 2010 年的不到 8%上升至 25%，云化水平不断提升，一半以上位于或者靠近能源充足、气候严寒的地区。我国微模块数据中心首创云数据中心新模式，有效降低了 Opex 与能耗，提升了交付速度和能效。CDN 内容分发与云计算不断下沉，进一步推向边缘，支持 4K、VR、云计算等新兴业务的发展。

网络技术方面，国内厂商积极自主创新领域研究，在 SDN/NFV、虚拟化、网络空间等技术领域持续创新，加大开源投入并跟进国际标准制定，在协同 SDN 领域已开始主导国际开源项目。国内运营商技术应用部署的步调与国际保持基本同步，将 SDN/NFV、云计算、虚拟化以及开源技术作为基础技术，全面升级网络，构建云化基础设施，实现网络资源可全网调度、能力可全面开放、容量可弹性收缩、架构可灵活调整的根本性转变。

总体来看，2016 年，我国互联网规模和覆盖范围持续扩大，带宽迅速增长，接入手段日益丰富便捷，基础设施能力不断完善，服务能力大幅提升。网络基础设施水平的不断提高和技术创新能力的持续提升，直接带动了我国设备制造业和网络信息服务的发展，成为推动社会信息化和经济社会建设的新抓手，为推动经济发展和社会进步提供了重要支撑。

4.2 互联网骨干网络建设

4.2.1 网间互联架构优化

我国互联网顶层架构持续优化调整。2016 年，我国开展了第二批新增直联点工作，杭州、贵阳和福州成为新的骨干直联点，目前正处于建设之中（见图 4.1）。目前，我国拥有 10 个已建成的骨干直联点，各互联单位网间互通流量在这些点上统一调度承载、均衡协调，形成新的全国网间互联格局。

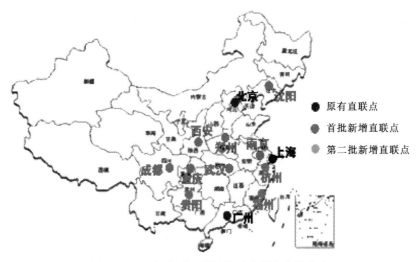

图4.1　2016年中国互联网骨干直联点建设分布

新增骨干直联点建设开通以来，随着网间互联架构持续优化，互通质量总体不断改善。我国网间互联互通总体时延性能近两年不断提升，从 2014 年开通前的 68.18ms 降至 2016 年的 57.46ms，降幅达 15.7%；其中联通和移动全国网间互通时延从 70.19ms 降至 51.64ms，降幅达 26.4%。各直联点所在省份近两年到全国的网间互通性能总体上改善更为明显（见图 4.2）。

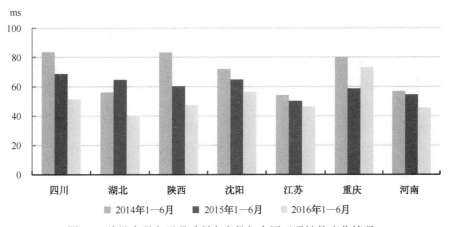

图4.2　首批直联点开通后所在省份与全国互通性能变化情况

4.2.2　骨干网络架构去中心化

我国骨干网络架构优化调整工作持续进行。结合网络流量流向变化趋势，各运营商开始调整原有的网络分层调度架构，网络结构扁平化、去中心化趋势日益明显。

随着互联网信源分布去中心化以及数据中心互联的东西向流量快速增长，为实现骨干流量的高效调度，部分运营商开始骨干网新平面的建设工作，并推动互联网网络架构由分层星形网络向网状网连接转变，呈现去中心化趋势。根据中国信息通信研究院监测分析数据，2007 年，京沪穗共拥有全国 64%以上信源；而 2016 年，京沪穗占比降低明显，仅为 30%左右。信源分布的去中心化趋势引发基础网络架构逐步转向网状网模型，骨干核心节点数量持续增加，接入层开始通过集群方式接入核心层，多个骨干接入节点之间开通省际直达电路。目前，中国联通 China169 网络在网内有选择性地进行跨省汇聚路由器的直接互联，实现了16 个重点省份间的直接网状互联。中国电信 2016 年开始骨干网新平面的建设，将全国按地理区域划分为若干网络区块，区块内部及和全国其他重点省份之间根据流量互通需求实现充分的省际直连，不同区块之间的层级连接仅用于承载某些非重点省份之间的互通流量或备份流量。骨干网络架构变化趋势如图 4.3 所示。

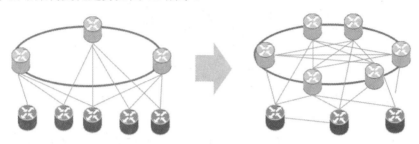

图4.3　骨干网络架构变化趋势

4.2.3　骨干传送网全面进入百 G 时代

随着互联网流量激增以及骨干数据网设备能力迅速提升，对骨干传送网的承载能力不断提出新的要求，我国骨干传送网的建设也不断升级换代，网络能力迅速提升，目前已进入 100G 大容量时代，并向 400G 容量迈进。目前我国省际干线和大型城域网传输网络已基本完成 100G 波分系统建设，400G 系统也已开始在部分城市进行试点。中国电信于 2014 年已完成对 400G 技术实验室测试。2015—2016 年，中国移动对 400G 技术进行了初步验证。2016 年，中国联通在山东和新疆已完成 400G 试点建设，后续将对传输性能和环境适应性进行更深入层次的现网试点。预计 2017 年，400G 将迎来关键发展。此外，1000G 传输平台也已开始研究试验，未来传送网将进入超高容量时代。

另外，骨干传送网正逐步向分组化、智能化方向发展。随着网络 IP 化在网络各层面的推进，作为承载基础的传送网已全面引入 PTN 和 IP RAN 等分组技术，实现 IP 化传送。同时，随着 SDN 等技术研究和网络部署的不断推进，骨干传送网也开始积极探索结合 SDN 技术的智能化管控方式，实现传输网络资源的灵活调度和合理高效利用。

4.2.4　国际网络建设推进

2016 年，我国国际通信需求更为凸显，各部委以及地方纷纷加大了对国际通信基础设施建设的关注和投入。2016 年，我国新增杭州、郑州、盐城 3 个国际通信专用通道，优化了 3 个城市国际访问的国内段网络结构和性能；新增了昆明、福州 2 个区域性国际通信业务出入口，进一步增强了面向东南亚、南亚等地的国际通信网络服务能力；在德国、泰国、日本、韩国、阿联酋各新增 1 个海外 POP 点，在肯尼亚新增 2 个海外 POP 点（在巴西、加拿大各减少 1 个），进一步扩展了全球的网络布局。截至 2016 年年底，我国共设立了 9 个国际通信业务出入口、10 个区域性国际通信业务出入口、14 个国际互联网转接点、16 条国际通信专用通道和 84 个海外 POP 点。

我国国际通信传输网络建设持续推进，已辐射周边绝大多数国家和地区，并且横跨太平洋、贯穿印度洋，连通了我国与亚太地区、非洲大陆、欧亚大陆以及北美洲国家和地区之间的信息通道。2016 年，我国新开通 2 条国际海缆，通达日韩及东南亚国家。截至 2016 年年底，我国已经开通 11 条登陆海缆和 37 条跨境陆缆，通过 24 个国际信道出入口疏通。

4.3　中国下一代互联网建设与应用状况

4.3.1　基础网络 IPv6 支持能力持续增强

我国互联网基础网络的 IPv6 升级改造持续推进，电信运营企业骨干网、城域网、数据中心、LTE 网络和自营业务平台等对 IPv6 支持度不断提高。2016 年，中国电信已完成骨干网 IPv6 升级改造，75% 的城域网和大部分接入网光网覆盖 CPE 开启 IPv4/IPv6 双栈；三星级以上 IDC 全部支持 IPv6 接入；所有省份 LTE 核心网 EPC 设备均已支持 LTE IPv6。中国联通已完成 China169 和 11 个试点省市骨干网的双栈改造，同时完成试点城市 40 个数据中心和网内 13 个自有业务平台的 IPv6 升级改造；全国 56 个城市开通的 LTE 网络核心网设备已具备 IPv6 支持能力。中国移动已完成 10 个 IPv6 改造试点省份骨干网、城域网和接入网的双栈改造，并完成超过 28 个 IDC 和 5 个自营业务平台的双栈升级改造；试点省份 LTE 网络已具备 IPv6 支撑能力，LTE 终端全面支持 IPv6。

广电网络借三网融合契机，推动建设下一代广播电视网骨干节点和数据中心，力争全面支持 IPv6。2016 年，广电网络积极推进 IPv6 建设，取得新的进展。国家发改委在广州启动面向"互联网+"的广电 IPv6 云资源交换中心，促进广电行业 IPv6 演进标准规范的形成，加速广播电视网络从应用、平台、网络、终端等层面向下一代互联网迁移。

4.3.2　网络应用支持 IPv6 能力有待进一步提升

国内直接支持 IPv6 的应用极少，成为制约我国 IPv6 发展的重要瓶颈。目前，我国能够直接提供 IPv6 接入服务的商业网站数量还比较少，国内网站和应用软件 IPv6 支持度很低，落后于国外网站和应用软件；少数支持 IPv6 的网站也采用 IPv6 独立域名。另外，根据国外对全球网站 IPv6 DNS 解析的统计数据，2016 年 12 月，我国 ALEX TOP500 网站已有 12.4% 支持 IPv6 DNS 解析（不反映网站自身对 IPv6 的支持）。此外，我国的 CN 域目前已具备完整的 IPv6 授权体系。

接入和终端层面对 IPv6 的支持存在空缺，间接影响 IPv6 业务的部署应用。目前，伴随着 VoLTE 业务的开展，国内支持 IPv6 的智能终端型号不断增多，路由型家庭网关已基本能够满足规模商用部署的需求，但终端应用软件支持 IPv6 的还非常少，成为影响 IPv6 业务应用推广的接入侧阻碍。

4.3.3 政府加快推动 IPv6 建设和商用推广

我国政府部门和相关行业管理机构已充分认识到加快下一代互联网产业建设发展的重要性和现实紧迫性。近年来，在国家宏观规划和行业规划中一直将下一代互联网产业作为重要战略发展方向，特别是由中办和国办在 2016 年 7 月联合发布的《国家信息化发展战略纲要》和国务院于 2016 年 12 月发布的《"十三五"国家信息化规划》中，将下一代互联网确定为支撑国家信息化建设发展的核心先进技术和重要的宽带基础设施，明确提出要加快其商用部署进程。2016 年年底，国家发改委和工信部制定并印发《信息基础设施重大工程建设三年行动方案》，其中也提出我国要超前布局下一代互联网，全面向 IPv6 演进升级。在 2016 年"中国下一代互联网建设及应用峰会"上，国家下一代互联网产业技术创新战略联盟（以下简称"联盟"）发布了"支撑全面部署下一代互联网的行动计划——IPv6 百城千镇升级工程"，并提出到 2017 年年底，建设 6 个国家级下一代互联网创新服务平台，建设若干个下一代互联网创新服务平台（B 级），实现 100 个城市、100 个园区、100 个行业、300 个互联网小镇升级到下一代互联网。在政府和行业的共同推动下，预计 2017 年我国下一代互联网商用部署将迎来新的突破。

4.4 移动互联网建设

4G 对 3G 替代作用明显，国内 4G 网络建设飞速发展。2016 年我国 4G 用户达到 7.7 亿户，在总移动用户中占比达到 58.2%，3G 用户出现负增长。我国 4G 用户在全球 4G 市场占比继续提升，已达到 44%。受国内 4G 用户规模大幅提升和 4G 用户高 DOU（平均用户流量）的影响，2016 年国内移动数据流量增幅创新高，同比增长 123.7%。2016 年我国继续保持 4G 网络建设飞速发展，4G 基站新增 86.1 万个，总数达到 263 万个，我国 4G 基站已占全球 4G 基站数量一半以上，4G 网络质量成为全球最佳。

4.5G 加快规模商用。在 VoLTE 方面，国内克服了设备兼容性、用户体验一致性和参数配置复杂性等困难，迎来 VoLTE 商用，中国移动已有 13 省、141 个城市商用，中国联通和中国电信计划于 2017 年商用。在 LTE-V 方面，LTE-V2X（Vehicle-to-X，X：车、路、行人等）国际标准基本完成，V2X 技术受到包括奥迪、宝马、戴姆勒、爱立信、华为等企业高度关注，共同推动技术的开发、测试和推广，国内也在积极开展相关技术研究，2016 年年底批复了 LTE-V 试验频率。

5G 正处于技术测试到标准化的过渡期。纵观全球 5G 产业进展情况，2016 年取得的一个标志性成果是全球多家运营商启动 5G 外场测试，此举极大地推动了全球 5G 产业加快发展。2016 年美国运营商表现较为积极，纷纷启动外场测试。以华为、爱立信为代表的系统设备商加快推进 5G 技术研发和应用。系统设备厂商紧密配合运营商、研究机构、标准组织开展技术试验和组网能力等方面的实验测试。未来 2～3 年，随着 5G 国际标准逐渐成熟，厂商将制订各自的产品路线图，发布满足不同市场和客户需求的 5G 商用产品。

国内 5G 技术研发和标准化工作已实现与国外同步。2016—2018 年，我国将按照既定的 5G 技术试验部署计划按步实施，包括已全面启动 5G 技术研发试验，支持 ITU-R WP5D

全面启动 5G 技术评估研究工作，2016 年 6 月联合主办首届全球 5G 大会等。国内三大运营商积极参与国际标准和 5G 技术研究项目等工作，在标准制定、技术研发、频谱研究、试验验证及创新应用等方面取得进展。国内系统设备商正从行业跟随者向引导者转变，成为 ITU、3GPP 等标准化组织和 IMT-2020 推进组的核心成员，在 5G 国际技术标准的话语权不断提升。

4.5　互联网带宽

我国宽带接入带宽持续快速提升。随着我国"宽带中国战略"的进一步深化落实，我国宽带接入带宽飞跃发展。2016 年年底，我国平均宽带接入带宽达到 49.0Mbps，是上年 20.1Mbps 的 2.45 倍。随着"全光城市"的全面铺开，光纤宽带用户占比从 34.1%提升 76.6%，进入全球前三位，20Mbps 以上的宽带用户占比高达 77.0%，高出 2015 年年底高带宽用户占比的两倍以上，发达城市快速推进百兆宽带用户，全国百兆宽带用户占比达 17.3%。

1. 骨干网带宽增长迅猛

2016 年是我国骨干网网络出现大幅调整，骨干网带宽随之激增的一年。主要表现为，一是随着超清视频、网间直播等高带宽业务的普遍应用，骨干网络流量疏导压力日益增大，中国电信开始筹建大容量的骨干网第二平面，意在全面取代中国电信现有公众互联网；二是随着云计算服务的快速兴起，云数据中心之间的东西向流量在云计算服务流量中占比超过七成，远远高于云数据中心到终端用户的南北向流量，主导运营商正着手筹建基于数据中心的骨干网络（DCI），以提升流量疏导效率，减轻骨干网络压力；三是网络设备能力的快速提升，我国主导运营商在骨干网络上已全面启用 400G 平台，骨干中继普遍采用 100G 单端口，且正在向城域网延伸；四是随着网络大扁平的全面推进，骨干网络各节点逐步向网状网演进，带动骨干网带宽成倍增加，初步统计，2016 年年底，我国互联网骨干网络带宽已超过 300Tbps（尚未考虑正在建设中的骨干网），相信未来几年随着中国电信骨干网第二平面的启用以及 DCI 网络的投入使用，骨干网带宽还将大幅提升。

2. 我国骨干网网间带宽有序扩容

2016 年，新增杭州、福州、贵阳三大骨干直联点，至此，我国已有 13 个骨干直联点，网间带宽达到 4Tbps，覆盖全国各大区域，形成了相互支撑、均衡协调、互为一体的全国互联网间通信格局。各骨干互联单位重点推进网间互联带宽扩容和网间互通路由优化调整工作，同时带动主要互联单位网内架构调整优化，从而从总体上推动了网间互通效率和质量的进一步提升，在促进各地互联网产业发展和带动地方经济转型升级等方面的作用也进一步得到发挥。2009—2016 年互联网网间带宽扩容情况如图 4.4 所示。

图4.4　2009—2016年互联网网间带宽扩容情况

3. 国际互联网出口带宽持续提升

根据 TELEGEOGRAPHY 统计，2016 年年底，我国国际互联网出口带宽（含我国港、澳地区）达 15.3Tbps，年增长率达 41%。然而我国人均国际互联网出口相较发达国家存在数倍的差距（见图 4.5）。

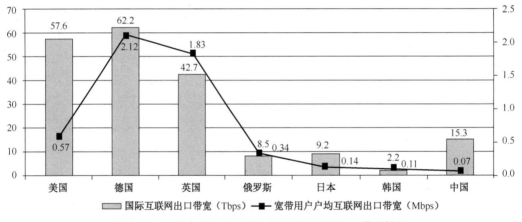

图4.5　2016年全球主要国家人均互联网国际出口带宽情况

4.6　互联网交换中心

近年来，随着互联网快速发展、内容爆炸式增长，网络生态也在悄然发生变化。从国际网络生态发展来看，进入 21 世纪以来，电信运营商（ISP）不再是唯一主体，大量 ICP、IDC、CDN 等独立成网参与网络生态，并发挥越来越重要的作用。随着下游网络数量增加，原有分层网间架构成本高昂、效率低下问题凸显，下游网络开始寻求更低层级的网间互联。由此，一方面交换中心凭借"低成本、广覆盖"优势得到下游网络青睐，在全球范围内迅速发展壮大，成为网间架构重要环节；另一方面，下游网络大量互联对 Tier1 运营商依赖减弱，转接市场持续萎缩。

与国际网络生态相比，我国生态发展相对滞后、形势更加严峻。与国际发展情况类似，我国一些大型 ICP、IDC、CDN 组建了独立的自治域网络，但是目前低层级直联方式缺失，下游网络主要依托主导运营商网络实现流量互通，互联效率低下。此外，网间结算成本较高衍生了第三方带宽市场，进一步恶化了网间互联生态环境。而我国现有的京沪穗三个 NAP 点由于只接入 8 家骨干互联单位，并非是真正意义上的互联网交换中心，不能满足 ICP、IDC、CDN 等互联单位快速、低价疏导流量的需求。

业内自发探索以半事实交换中心高效实现"一点接入，多点互通"，以改变各类互联单位与主导运营商逐一建立连接带来的成本高、效率低、质量差的问题。一方面，内容商加速与二三级运营商互通，腾讯、阿里、百度等企业均实现与 20～30 家运营商网间互联，打通供需双方联系通道，不再绕经基础电信运营商网络。腾讯推出与多方流量集中交互的内容加速平台，开启了市场机制下互联网企业自发搭建流量交互平台的序幕。另一方面，以世纪互联为代表的 IDC 企业与众多二三级运营商实现网络层面互联，以方便访问在 IDC 托管的网站，实现二三级运营商用户到互联网内容的快速访问。

此外，国内商业互联网交换中心开始涌现，定位各有侧重但变革互联生态已是大势所趋。近两年来国内涌现了多个或已投入运营或正在酝酿的商业类交换中心平台，例如，蓝汛 CHN-IX 交换中心、驰联网络 WeIX 交换中心等。商业类交换中心定位有所差异，有的以部署交换中心促进自身数据中心业务发展为目标，有的以发展公益性交换中心为基础探索潜在的创新性增值业务为目标。定位虽有差异，但都达到了优化网间互联生态环境的目的，为互联网企业和中小型网络运营商间提供了便利的互通渠道。

4.7　内容分发网络

国内 CDN 市场持续高速增长，市场格局充满变数。随着多媒体内容不断丰富、应用数量激增和流量爆发，作为基础设施，国内 CDN 产业持续高速发展，2016 年国内 CDN 市场规模达到 81.4 亿元。视频直播、物联网、云计算和虚拟现实等技术和业务的推广普及，推动我国 CDN 进入了新一轮高速发展期。从市场格局来看，国内 CDN 市场"双寡头"格局正被颠覆，阿里、腾讯、金山等互联网公司携技术、资源优势快速占领市场，其中阿里云将成为国内最大的 CDN 服务体，CDN 整体带宽能力超过 40Tbps，全球节点超过 1000 个。业内预测到 2018 年，云服务商将占 80% 的市场份额。

CDN 价格大幅下降，为行业应用赢得巨大发展空间。长久以来，行业暴利极大地限制了传统 CDN 服务市场的增长。2016 年以来，创新型 CDN 服务商掀起了 CDN 降价潮，阿里云 CDN 降价 21.2%，腾讯云 CDN 降价 25%，乐视云推出 CDN "免费"服务，星域 CDN 推出直播产品，将价格直接降到市场价的 40%，探及行业底线。作为基础设施，CDN 降价为其他视频直播、短视频等行业应用赢得了发展空间，而应用获得发展和扩张又刺激了对 CDN 需求的提升，良性循环推动 CDN 行业持续高速发展。

突破传统 CDN 资源困境，共享模式 CDN 进入实际商用阶段。传统 CDN 是典型的资源驱动模式，通过与电信运营商合作，购买大量网络节点、带宽资源建立行业壁垒。在整个互联网对 CDN 的需求激增的背景下，光靠硬件基础设施的增多，提升计算能力的效率越来越低，CDN 迫切需要找到新的资源生产方式。星域率先提出并成功验证了共享模式 CDN 模式，将互联网企业、运营商、大数据中心的冗余带宽、服务器资源以及商业路由器、家庭网关甚至终端用户设备纳入共享 CDN 计划中，实现高可用融合共享分发网络。目前已有多家创业团队尝试共享 CDN 模式，该模式已步入实际商用阶段，并渐有成为风潮的趋势。

解决技术门槛，助力视频直播等行业应用崛起。视频直播通常会遇到高并发情况，同时又对画面的流畅度和互动即时性有很高要求。此外，随着移动直播的流行，又对在不同网络环境中的切换和弱网环境下的传输能力提出了新的要求，这些要求都是传统 CDN 技术所难以满足的。2016 年部分领先的创新型 CDN 企业，在直播的相关技术上，突破了众多瓶颈，取得了很大的进步，例如，全面解决了延迟和卡顿两大难题。目前的主流 CDN 技术，已经能将延迟控制在 3～5 秒的水平，保证直播拥有较高的观看体验。只要是为直播做过针对性优化的 CDN，都在这方面有不错的表现。例如，又拍云表示能将延时控制在 4 秒以内，保证首屏秒开；网易视频云则公开承诺延时低于 200 毫秒，卡顿率低于 5%。

4.8 网络数据中心

我国数据中心建设规模高速增长，服务器总体供需基本平衡。随着云计算、大数据、物联网等新技术应用的发展以及两化深度融合工作的不断贯彻，数据量已进入爆炸式增长阶段，数据中心建设需求处于全面快速上升的阶段，我国 IDC 市场高速扩张。为适应需求的发展，我国各地政府和企业积极参与数据中心建设。根据中国 IDC 圈数据，未来几年中国 IDC 市场规模保持在每年 30% 以上的增长速度。预计到 2017 年，中国 IDC 整体市场规模将超过 900 亿元。随着智能手机和 4G 网络的普及，以及视频、游戏等行业发展，带宽、流量需求迅猛增长将进一步推动 IDC 行业的增长。在对外运营数据中心方面，尽管在地方政府的推动下 IDC 运营企业规划机架规模较大，但 IDC 运营企业仍结合市场需求理性开展实际投产。

东部地区建设需求旺盛但供给增速放缓，中西部地资源供给大幅增加。受经济发达程度、市场需求度和技术发展水平影响，我国数据中心分布区域主要集中在北京、上海、广东、江苏等东部发达地区。东部地区具有客户数量巨大、信息化水平较高的特点，因此对数据中心的需求旺盛，尤其是承载云计算、CDN 等增值业务的高等级机柜需求较大。但由于受土地及能源成本等因素制约，东部地区新增数据中心建设速度明显放缓。2015 年北京数据中心建设增速为 13.5%，2016 年仅为 5.9%。受云业务的发展和能耗影响，以及国家数据中心区域布局政策引导和地方政府推动，内蒙古、宁夏、贵州、重庆等中西部地区数据中心资源建设规模大幅增加，尤其是大型数据中心部署向能源富集、气候适宜的中西部地区倾斜。据中国信息通信研究院统计，2016 年内蒙古规模以上机房（已建成机柜数达到 1000 个以上的机房）的机架总量已增至 19426 个，全国排名第五，仅次于浙江。

我国 IDC 产业在高速发展的同时也面临亟待解决的问题。西部地区的数据中心供给与东部地区的需求未形成有效对接，整体布局尚不均衡，经济发达的东部地区供不应求，而部分经济欠发达地区的 IDC 机房供给呈现局部过剩现象。部分地方政府大规模建设和扩张数据中心，但是受限于招商引资的力度和周期，低估建设复杂性，以及西部地区在区位交通、教育及经济发展等方面对数据中心基础保障能力不足，尤其是技术人才等基础保障能力较为薄弱，导致数据中心服务能力无法满足市场需求，出现东部地区供不应求，西部地区供给过剩，新规划建设的数据中心投产率不容乐观。以中国电信贵州、内蒙古、陕西三个云基地为例，实际投产率仅为 16%，导致实际 PUE 值远高于设计值，电力成本优势反而未能凸显。

（李原、汤子健、苏嘉、杨波）

第5章 2016年中国互联网泛终端发展状况

5.1 发展概况

伴随着移动互联网的普及，智能终端已全面融入人类社会的生产生活，不仅成为全球信息消费的核心，而且为新兴产业发展提供了重要的创新平台。智能终端所带动的云计算、物联网、大数据、移动互联网、人工智能、先进制造等产业对环境、能源以及全球经济一体化都具有深远影响。当前，智能终端产业正处于新一轮创新发展期，产品形态更加多样，商业模式更加丰富，发展路径更加多元，带来了新的发展机遇。智能终端业正由手机向平板电脑、智能电视，甚至可穿戴设备、汽车电子、家居电子等领域延伸，成为与泛在网相伴相生的泛终端。

泛终端在发展过程中，面临着功耗、硬件性能、软件适配、系统安全、产品稳定性、人机交互及环境交互等一系列关键技术挑战，并在不同应用场景下存在着巨大差异。我国已有大量互联网软硬件企业，依托自身实力逐步展开市场差异化竞争，通过"服务+智能硬件"的方式拓展泛终端市场。以全志科技、海思为代表的芯片企业，在超高清视频编解码、CPU/GPU 多核整合、先进工艺高集成度等方面不断创新，产品广泛应用于智能手机、穿戴设备、汽车电子、人工智能等领域。以小米、华为为代表的企业也不断开拓泛终端软硬件市场，其中华为打造"Android 系统+路由器+电视盒子"的一体化销售模式，而小米路由器则基于 MiWiFi 操作系统，实现家庭智能终端控制。以腾讯、阿里、百度为代表的互联网企业从产品和服务两方面入手，与物联网、车联网、虚拟现实、人工智能等新技术加强融合，创新泛终端产业生态。

泛终端未来将吸引更多技术、资本、人才的力量得到进一步发展、壮大，融合创新和产业链整合成为泛终端发展主旋律，产品形态和服务模式正加速演变。智能终端与物联网、云计算、大数据紧密结合、广泛渗透，计算技术、网络技术、控制技术、感知技术、数据技术等融合发展使新一代泛终端功能更加强大，最终将覆盖到社会经济各个领域，成为数字经济发展的重要方向。

5.2　智能终端发展情况

2016 年，中国智能手机保有量 10.6 亿台，增长率为 11.6%，中国手机用户达到 13.2 亿人，智能手机渗透率达到 80.3%，全年智能手机出货量高达 5.22 亿台。

据工信部运行监测协调局统计，通信设备行业生产保持较快增长。2016 年生产手机 21 亿部，同比增长 13.6%，其中智能手机 15 亿部，同比增长 9.9%，占全部手机产量比重为 74.7%。生产移动通信基站设备 34084 万信道，同比增长 11.1%。出口交货值同比增长 3.4%。

与此同时，计算机行业生产延续萎缩态势。2016 年生产微型计算机设备 29009 万台，同比下降 7.7%。出口交货值同比下降 5.4%。

家用视听行业生产增速同比加快。2016 年生产彩色电视机 15770 万台，同比增长 8.9%，其中液晶电视机 15714 万台，同比增长 9.2%；智能电视 9310 万台，同比增长 11.1%，占彩电产量比重为 59.0%。出口交货值同比增长 1.8%。

嵌入式系统软件收入平稳。嵌入式系统软件实现收入 7997 亿元，同比增长 15.5%，增速高出全行业平均水平 0.6 个百分点，比 2015 年提高 1.4 个百分点，占全行业收入比重为 16.5%。

5.3　互联网泛终端发展现状

5.3.1　虚拟现实（VR）

从整体市场看，国内对 VR 等新技术创新呈鼓励态度。经济发展使得用户更愿意在内容消费尤其是娱乐消费上进行投入。但硬件的投入是对用户使用 VR 的一个重要门槛，这也造成短期内国内硬件出货更多是眼镜类。技术上，在 VR 眼镜方面，国内优秀的代工技术和低成本能够带来很好的价格优势。

国内智能手机巨大的用户基数将有效助推 VR 产品销量。移动 VR 在中国潜在用户基数极大。根据 eMarket 的数据显示，到 2016 年中国智能手机用户保有量将超 6 亿部。只要有 1%的用户选择花费数百元使用移动 VR，也会有数百万计的用户，移动 VR 整体市场潜力及发展空间巨大。

从融资情况来看，硬件制作商仍是 VR 行业现阶段发展的重点产业。在各细分行业融资情况分析中可以看到：VR 硬件制作商的融资总共占整个 VR 行业的 51.9%，可见在 VR 行业发展初期，VR 硬件设施方面的更新迭代是最受投资人瞩目的，也是竞争最为激烈的板块。另外，VR 内容制作商在过去几年中的融资总占比仅为行业总量的 11.4%，作为整个 VR 行业赖以增加用户黏性及用户吸引力的核心力量，当 VR 硬件的迭代步伐逐步放缓之后，用于内容团队上的投资将得到明显的增长（见图 5.1）。

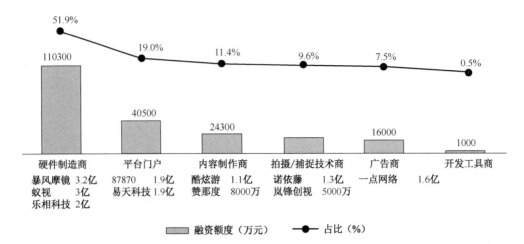

资料来源：于2016年2月桌面统计所得。

图5.1　2014—2016年中国VR行业融资概况

据艾瑞测算，预计 2020 年 VR 设备出货量将达 820 万台，用户量超过 2500 万人。

5.3.2　人工智能

2016 年，投资机构与媒体对人工智能、深度学习高度关注，但强调深度学习的能量却轻视了现阶段 AI 应用缺乏研发理论知识、鲁棒性差、数据需求苛刻等问题。诸多领域人工智能发展的技术路径仍待探索。另外，在大众广泛讨论的机器感知能力，如语音识别、视觉识别等模式识别之外，人工智能已在信息流推荐、广告排序、商业决策等相对抽象的领域为工业界带来千万级价值。

1. 语音交互：开放性应用有待技术革新

针对单人近场较为安静的环境中的日常普通话语音实时听写，国内一线智能语音公司对外宣称的准确率均在97%以上，技术差异性体现在对地方性口音的识别、噪声的抗干扰能力、特定专业领域的优化、识别速度、离线识别能力等方面。国内主流的手机输入法的语音听写功能均达到可用级别，为用户尤其是输入法重度用户带来极大便利，但考虑到语音输入对公共环境的影响与用户对个人隐私的需求，语音交互暂时难以取代屏幕触控、键盘、鼠标等成为大众主流的人机交互方式。目前语音识别的商业变现，一方面是针对企业、法院、医院的语音识别解决方案，另一方面是个人消费者在特定场景中使用的智能车载、智能家居。

2. 自动驾驶：出租车、巴士、货车引领无人驾驶

自动驾驶系统需要车辆装载摄像头、激光雷达、毫米波雷达、红外线传感器等诸多传感器，以对周围动静态环境进行精确感知。激光雷达具备精确可靠的空间定位与描述、障碍物检测等独特能力，能够帮助车辆有效应对交通拥堵、狭窄道路的状况，可其单价50万元的高昂成本亦成为限制自动驾驶快速商用化的原因之一，但伴随大规模量产，激光雷达的成本可大幅降低。另外，真实路况非常复杂，现阶段自动驾驶系统的感知鲁棒性仍然较弱，遇到罕见突发情况极易处理不当酿成车祸。因此，相比民用私家车，无人车将首先在单一的受限场景中商用量产，作为出租车、巴士、货车、摆渡车等完成相对固定简单的载人、送货

任务。

3．商业智能：智能决策助力企业效率最优化

信息化系统是企业收集自身数据进行大数据分析和智能决策的基础，除了自身数据，企业还可通过电信运营商、垂直行业、互联网公司、第三方数据整合者、政府等公共机构获取外部市场环境数据。传统大数据技术帮助企业采集数据、监测数据、进行基本分析、可视化呈现，往往仅能从规律层面提供辅助性的决策支持，但无法针对核心问题给出直接决策方案。商业智能结合自然语言处理、机器学习、强化学习、迁移学习、运筹学等算法模型，帮助企业从错综复杂的大量数据中，抽象出各种变量因素，自动提炼最优决策的智能模型，并运用到商业实践中。

5.3.3　无人机

无人机技术及产业近年来已成为人们热议的科技前沿话题之一。无人驾驶飞机是一种有动力、可控制、能携带多种任务设备、执行多种任务并能重复使用的无人驾驶航空器，简称无人机（Unmanned Aerial Vehicle）。总体而言，全球民用无人机的发展基本处于起步阶段，但世界各国都已意识到无人机在军用和民用领域所具备的巨大应用潜力和广阔应用前景，对无人机产业发展给予了广泛重视和大力扶持。

我国无人机研究起步于 20 世纪 50 年代，在 90 年代取得实质性进展。经过不懈努力，无人机技术取得了长足进步，性能不断提高，已形成较为完善的无人机体系，各种类型、各种功能的无人机已投入使用。无人机行业主要相关技术分别是发动机技术、机体结构设计技术、机体材料技术、飞行控制技术、无线通信遥控技术、无线图像回传技术等，本部分主要简介机体结构设计技术、机体材料技术、飞行控制技术、无线通信遥控技术、无线图像回传技术。

在专利方面，2002—2015 年 7 月，国内与无人机相关的专利申请 15245 件，其中，发明型技术专利占 57.39%，新型专利占 37.48%，外观专利占比 5.13%。无人机行业相关权利申请最多的是成都好飞机器人科技有限公司，申请专利数 1186 件。其次为成都中远信电子科技有限公司，申请专利数 944 件。

我国从事无人机行业的单位有 300 多家，其中规模比较大的企业有 160 家左右，形成了配套齐全的研发、制造、销售和服务体系。目前在研和在用的无人机型多达上百种，小型无人机技术逐步成熟，战略无人机已试飞，攻击无人机也已多次成功试射空地导弹。

中国 2014 年无人机销量约 2 万架，预计到 2020 年中国无人机年销量将达到 29 万架。未来几年将保持 50% 以上的增长，2014 年中国民用无人机销售规模已经达到 40 亿元。从发展前景来看，无人机已经应用在航拍、快递、灾后搜救、数据采集等领域，表明无人机的发展潜力巨大。

尽管国际巨头纷纷布局无人机行业，但是在民用小型无人机这一快速成长的市场，国内企业无论在技术还是销量上，都已经占据了绝对的主导地位。以大疆创新、零度智控、亿航科技、臻迪智能为代表的国内小型无人机企业飞速发展，规模远超国外企业。在该领域的突破主要依赖我国在民用小型无人机硬件上的成本优势和技术上的先发优势。借助于国内完善的电子元器件供应链，国内无人机企业能够以较低的成本生产和销售产品。国内企业如大疆、零度智控等大都发源于高校及军事院所，在技术上具有较多的储备，加上国内企业相关软件和算法技术的储备，企业获得了先发优势，在技术上领先国外企业。

5.3.4 智能家居

据市场调研公司《Markets And Markets》统计，全球智能家居市场规模将在 2022 年达到 1220 亿美元，2016－2022 年年均增长率预测为 14%。智能家居产品分类涵盖照明、安防、供暖、空调、娱乐、医疗看护、厨房用品等。

智能家居行业发展的潜力吸引众多资本加入，包括传统硬件企业、互联网企业、房地产家装企业纷纷抢滩智能家居市场。谷歌、苹果、微软、三星、华为、小米、魅族等众多科技公司入局，在其努力之下，全球智能家居行业前景看好。同时，移动通信技术的不断发展给智能家居行业提供了强而有力的技术支持，包括 5G 技术、蓝牙 5、下一代 WiFi 标准等都有明确的商业化时间表。

据测算，我国智能家居潜在市场规模约为 5.8 万亿元，2018 年我国智能家居市场总规模有望达到 225 万亿元，发展空间巨大。其中，家电类智能家居产品市场份额最高。预计我国智能家居市场未来 3～5 年的整体增速约为 13%。从占比来看，家电类智能家居产品市场份额最高，智能空调、智能冰箱和智能洗衣机三者市场占比合计超过 70%。但是由于产品价格和功用性等问题，家电类智能家居设备整体增速较慢。另外，智能照明、智能门锁、运动与健康监测和家用摄像头不仅价格相对较低，而且能够满足消费者的即时需求，因此市场增速相对较快。由于智能家电产品市场占比较高且增速较低，因此有可能拉低我国智能家居市场的整体增长水平。

在发展空间方面，我国智能家居行业潜在市场规模巨大。根据中国室内装饰协会智能化委员会的分类，智能家居系统产品共分为二十个类别，包括控制主机、智能照明系统、电器控制系统、家庭背景音乐、家庭影院系统、对讲系统、视频监控、防盗报警、电锁门禁、智能遮阳、智能家电、暖通空调系统、太阳能与节能设备、太阳能与节能设备、自动抄表、智能家居软件、家居布线系统、家庭网络、运动与健康监测、花草自动浇灌、宠物照看与动物管制。从社会基础上说，目前越来越多的小区都实现了宽带接入，信息高速公路已铺设到小区并进入家庭。智能家居建设和运行所依托的基础条件已经初步具备。

5.3.5 车联网

根据 GSMA 与市场研究公司 SBD 联合发布的《车联网预测报告》称，全球车联网的市场年均复合增长率达到 25%。统计显示，预计 2016 年年底中国全年累计汽车销售将达到 2619 万辆。届时，汽车保有量将达到惊人的 1.93 亿辆，这也是我国汽车保有量的最高数据。随着国内汽车市场的逐渐饱和以及传统造车技术的日趋成熟，整个汽车产业必将迎来一次升级和转型，而如今飞速发展的车联网，就是当下被国人寄予厚望的汽车产业突破口之一。

车联网，具体来说指的是通过在汽车上集成的 GPS 定位，RFID（射频识别）技术，传感器、摄像头和图像处理等电子元件，按照约定的通信协议和数据交互标准，在 V2V、V2R、V2H、V2I 之间，进行无线通信和信息交换的大系统网络，是能够实现智能化交通管理、智能动态信息服务和车辆智能化控制的一体化网络。

　　汽车将成为新的联网终端，其机制类似于手机与手机系统的关系。经过架构信息平台，车联网能够将 ITS、物流、客货运、危特车辆、汽修汽配、汽车租赁、企事业车辆管理、汽车制造商、4S 店、车管、保险、紧急救援、移动互联网等生态链整合。车联网不简单等同于车+互联网，不是把车直接与手机、平板电脑相连就可以了。真正前装意义上的车联网应是"车+车联网"，其中的车联网是与公共的移动互联网相对的局域网，是一个较为封闭的技术体系。因为汽车属性是安全高速行驶的交通工具，最基本的是安全，而不是功能的丰富。安全问题将决定车联网行业的未来。

（殷红）

第6章 2016年中国云计算发展状况

6.1 发展概况

自 2006 年亚马逊推出云计算服务（Amazon Web Services，AWS）以来，云计算已经历了 10 年的发展。云计算已成为提升信息化发展水平、打造数字经济新动能的重要支撑。据 Gartner 估计，2016 年的云计算收入大约为 2050 亿美元，占全球 IT 预算 3.4 万亿美元的 6%，预计 2017 年将增长到 2400 亿美元。

2016 年，我国云计算产业得到了快速推进和发展。《2016 年度中国云服务及云存储市场分析报告》显示，2016 年中国云服务市场规模超过 500 亿元，达到 516.6 亿元，预计 2017 年中国云计算市场份额将达到 690 亿元以上。云计算产业增长速度同样很快，工信部 2 月公布的数据显示，"十二五"期间，我国云计算产业年均增长率超过 30%，截至 2015 年年底已达到约 1500 亿元。

6.2 技术特点

1. 容器技术和微服务架构为云计算应用提供全新视角

容器技术作为新型的云计算技术，拥有部署轻量、弹性伸缩、易于移植管理便利、利于微服务架构的实现、高可用性等优势，近期得到了市场的广泛关注。容器技术以应用/服务为核心，跳出了基于虚拟化技术的云平台以机器和资源管理维护为中心的传统思维模式，是云计算演进过程中的一个里程碑式的重要跨越。

另外，软件开发领域关于微服务的讨论呈现出火爆的局面，亚马逊、Google、FaceBook、阿里巴巴等互联网巨头公司在微服务领域的实践更是将微服务推向服务架构技术的风口浪尖。微服务具有组件化的服务、围绕业务能力组织、简化的通信与连接、去中心管理、去中心数据管理、基础架构自动化、容错设计、递进设计等特性，这些特性使得容器技术及其相关的编排管理框架成为实现微服务架构最自然的载体。

容器技术和微服务架构为构建云计算应用/服务提供了全新视角，用户创建应用/服务时，不用再考虑硬件资源管理与维护问题，组件的丰富多样与可拼装化，服务部署的快速快捷化，使得创建和部署新应用如拼装乐高积木一样简单，大规模的弹性伸缩如同复制和删除一样快捷。这一切的核心推动力量就是容器技术和微服务架构。

2. 云计算助力区块链技术加速成熟

随着越来越多的公司发现了区块链的强大之处和它的功能之所在，使这种技术更易获得的需求就越来越高。设立自己的区块链并不容易，它需要大规模的基础设施和开发能力，而且大多数业务不具备专业管理能力。根据哈佛商业评论中所述，区块链将是下一个具有伟大颠覆性的技术，在下个十年中，其对商业的影响甚至会比大数据或人工智能还要大。区块链技术和应用的发展需要云计算、大数据、物联网等新一代信息技术作为基础设施支撑，同时区块链技术和应用发展对推动新一代信息技术产业发展具有重要的促进作用。区块链技术的开发、研究与测试工作涉及多个系统，时间与资金成本等问题将阻碍区块链技术的突破，基于区块链技术的软件开发依然是一个高门槛的工作。云计算服务具有资源弹性伸缩、快速调整、低成本、高可靠性的特质，能够帮助中小企业快速低成本地进行区块链开发部署。两项技术融合，将加速区块链技术成熟，推动区块链从金融业向更多领域拓展。

3. 人工智能引爆新的云计算服务热点

在人工智能的驱动下，未来的云计算正在驶入全新的智能领域，并呈现出三大发展趋势：

一是运算能力正在成为未来云计算企业全新的竞争焦点。随着大数据和移动互联网的发展，挖掘数据价值的重要性有目共睹。电商、物流、医疗、教育、营销、金融等诸多行业越来越需要通过用户的数据对自己进行产品的调整和改进规划，这对于运算能力有着极大的需求。云计算解决了存储问题，但是并没有很好地解决企业处理大数据的问题，运算能力正在成为未来云计算企业全新的竞争焦点。

二是图片、音视频等多媒体方面人工智能服务的云化趋势显著。移动时代的智能手机为用户使用网络服务带来了巨大的便携性，用户与机器的交互方式从 PC 时代单一的文字形式演化为图片、语音、视频等诸多形式。小型互联网企业需要人工智能技术来响应用户的语音请求、图片请求甚至是多媒体请求，帮助用户更方便、高效地使用自身产品。但实际上该领域入门门槛极高，绝大多数公司都不可能单独设立相关研发部门，借助于第三方的多媒体人工智能云服务成为一个重要趋势。

三是物联网的崛起加速了云计算向人工智能的全面进化。继德国工业 4.0 之后，我国也在 2014 年提出了中国制造 2025 计划，智能工程也被正式提上议题，在 2025 年重点制造业将全面实现智能化，实现统一的智能管理。物联网的云计算与其他云计算不同，其重点不在于存储和托管，其需要一个标准化的管理规则，让设备能够统一接入、统一调度和统一检测等，而这一切均需依托于人工智能技术。传统的托管云计算将无法胜任，云计算也将全面向人工智能进化。

3. 云计算加速发展，云安全刻不容缓

在云计算加速普及的今天，安全已经不仅仅关乎企业安全，更关乎国家安全。因此，在云计算安全方面，已经有诸如 ISO 27001（信息安全管理体系）国际认证、可信云认证、信息安全技术云计算服务安全指南等一系列认证和标准。它们的完善正在进一步推进云计算市场信任体系的建立，这对于云计算的发展无疑也是重大利好。云安全是对云平台自身的安全保护，主要利用面向云架构环境的安全策略、技术产品，解决云环境下的安全问题，提升云

平台自身的安全性，保障云计算业务的可用性、数据机密性、完整性和隐私权的保护等。数据显示，我国排名前 5 的网络安全企业市场占有率为 26%，而全球排名前 5 的网络安全企业市场占有率约为 40%，存在一定差距。作为近些年信息通信领域发展最迅速的产业之一，云计算对国民经济和社会发展的战略支撑与创新引领作用日益凸显，加快发展云计算产业，对加快经济增长，促进产业结构创新升级，推动与传统产业的融合发展具有重要意义。而在云计算加速步入落地阶段的今天，云安全正变得更加刻不容缓。

6.3　各类云服务发展情况

1. 公有云市场巨头领跑

由于云计算需要很高的技术门槛和大量的数据资源，在当前现阶段，公有云市场处于寡头时代，呈现大者恒大的格局。公有云市场在近几年内，无论是国内的阿里云、腾讯云，还是国外的 Amazon、Azure，都将像操作系统和数据库一样成为业界不可或缺的存在。

在国内，以 BAT 为首的互联网企业引领云服务发展，且找到了各自的业务及市场定位。阿里云主要服务中小企业和初创企业，并且实现了快速盈利，财报显示其连续 7 个季度保持三位数增幅；腾讯云则在政务云领域不断发力抢夺市场份额，并以 1 分钱中标事件引发关注；而百度云则融合了人工智能、大数据等，抛出人工智能、大数据、云计算的 ABC 计划。

在细分领域上，华为云、金山云和三大运营商等均发展良好，用友云、浪潮云等也结合生态链上的合作伙伴帮助企业上云。但是，由于云计算市场暂未达到精细化，一些新生态的云计算公司，重复建设和同质化产品严重，公司的产品和服务大同小异，这些公司虽发展多年，但规模和影响力均与巨头厂商无法抗衡。

国际市场则是微软、亚马逊、谷歌等公司的天下。同时，像微软 Azure、亚马逊 AWS 这些云服务厂商也在积极布局中国市场。

根据 AWS re:Invent2016 大会公布的数据，AWS 目前在全球有 14 个数据中心区域，2017 年还将增加 4 个，到时就将有 18 个数据中心区域。此外，AWS 目前在全球有 68 个 CloudFront PoP，可以理解为 68 个具体数据中心位置分布在全球。值得一提的是，AWS 还参与建设了夏威夷跨太平洋光纤线缆工程，该工程预计将建成长达 14000 千米的海底线缆以连接新西兰、澳大利亚、夏威夷和俄勒冈等地，最深处为海平面以下 6000 米，该项目于 2016 年 11 月底动工。可以看到，目前亚马逊 AWS 可谓在国际化布局中"遥遥领先"。

在 2015 年 Microsoft Ignite China 上，微软表示 Azure 公有云已经覆盖全球 38 个区域，并在 30 个区域实现正式商用。按照此前公布的信息，微软每年在数据中心上的投资超过 100 亿美元，同样对国际化拓展表示出了相当的重视。

2. 私有云和混合云是传统行业成熟大企业首选

私有云和公有云在技术上并无不同，仅是交付的模式不同。让金融、政府、医疗或者相对成熟的、拥有传统的 IT 基础架构的大型厂商放弃之前的设施转而投向公有云并不现实，所以这些大中型企业往往更容易接受能够利用传统 IT 基础架构设备的私有云方案。然而，私有云的缺点也非常明显，公有云的信息安全，私有云的灵活、扩展能力，这些弊端让想选择云服务的客户们举棋不定。在这种矛与盾的情况下，混合云完美地解决了这个问题，它既可以利用私有云的安全，将内部重要数据保存在本地数据中心；同时也可以使用公有云的计算资源，提升需要快速响应、伸缩性大的非核心业务的效率。

美国国际数据集团（IDG）的最近一项调查也显示混合云将成为发展趋势，在这项调查中，88%的企业认为混合云能力非常重要。鉴于此趋势，服务器、存储和云服务供应商们纷纷针对混合云领域推出解决方案。利用混合云存储方案，企业用户可以不必使用云托管来存储其所有的数据。而且，企业数据还可以存储在企业内部，私有云或者公共云，用户可以根据业务具体需求、企业经济状况、相关的监管法律法规来调整云服务。

虽然云受到许多行业的追捧，但应该看到，目前在传统行业无论是私有云还是公有云的部署仍停留在非核心业务层面。如果云化是企业、政府、公共机构的 IT 演化的必然之路，那么通过混合云的模式，规模化的企业可以全程参与自身云战略从早期规划设计、到中期部署迁移、再到后期运维管理的完整生命周期，并摸索出适合自身和其所在行业的经验，与行业互通有无，形成最佳实践。

6.4　发展趋势

云计算是信息技术发展和服务模式创新的集中体现，是信息化发展的重大变革和必然趋势，是信息时代国际竞争的制高点和经济发展新动能的助燃剂。相关机构调研表明，云计算是未来 5～10 年高确定性增长的行业，预计公有云服务市场规模在未来 5 年的年均复合增长率将超过 100%，公有云整体市场规模年均复合增长率将达到 65%，私有云市场规模年均复合增长率将达到 30%，全球云计算市场的整体规模在数千亿美元。预计到 2020 年，我国的云计算市场规模将达到 2200 亿元以上。作为新一代信息技术，云计算改变的不仅是 IT 基础设施，更将推动所有行业"云"化之后的生产力变革。云计算正释放巨大红利，其应用逐步从互联网行业向制造、金融、交通、医疗健康、广电等传统行业渗透和融合，促进了传统行业的转型升级。

根据工信部印发的《云计算发展三年行动计划》显示，云计算将成为推动制造业与互联网融合的关键要素和推进制造强国、网络强国战略的重要驱动力量，于 2016 年呈现以下发展趋势。

1. 云计算产业规模持续扩大

2016 年，云计算骨干企业收入均实现翻番，SaaS、PaaS 占比不断增加，产业结构持续优化，产业链条趋于完整。

2. 关键技术实现突破

云计算骨干企业在大规模并发处理、海量数据存储、数据中心节能等关键领域取得突破，部分指标已达到国际先进水平，在主流开源社区和国际标准化组织中的作用日益重要。

3. 骨干企业加速形成

云计算骨干企业加快战略布局，加快丰富业务种类，围绕咨询设计、应用开发、运维服务、人才培训等环节培育合作伙伴，构建生态体系。

4. 应用范畴不断拓展

大型企业、政府机构、金融机构不断加快应用步伐，大量中小微企业已应用云服务。云计算正从游戏、电商、视频向制造、政务、金融、教育、医疗等领域延伸拓展。

5. 支撑"双创"快速发展

云计算降低了创业创新门槛，汇聚了数以百万计的开发者，催生了平台经济、分享经济等新模式，进一步丰富了数字经济的内涵。

（钮艳）

第7章　2016年中国大数据发展状况

7.1　发展概况

大数据对我国未来经济发展具有重要作用。自 2014 年 3 月 5 日首次进入政府工作报告以来，大数据已经连续 4 年（2014 年、2015 年、2016 年、2017 年）出现在《政府工作报告》中。在 2017 年 3 月 5 日第十二届全国人民代表大会第五次会议上，大数据第 4 次进入政府工作报告，这足以说明大数据对我国未来经济发展的重要作用。李克强总理在报告中强调，要以创新引领实体经济转型升级。实体经济从来都是我国发展的根基，当务之急是加快转型升级，大力改造提升传统产业。深入实施《中国制造 2025》，加快大数据、云计算、物联网应用，以新技术、新业态、新模式，推动传统产业生产、管理和营销模式变革。未来工业将成为大数据发展的重要领域。工业活动本身就会产生大量数据，并且工业 4.0、中国制造 2025 的核心也是大数据。

7.2　市场规模

2016 年，大数据市场规模处于高速增长态势，根据中国信息通信研究院发布的《中国大数据发展调查报告（2017）》显示，2016 年中国大数据市场规模达 168 亿元，预计 2017—2020 年仍将保持 30%以上的增长（见图 7.1）。

图7.1　2016年中国大数据市场规模

从市场细分领域来看，大数据软件和服务比重呈上升趋势，硬件比重逐年减少。2016 年大数据硬件市场规模为 53.9 亿元，较 2015 年占比下降 1.8%；软件市场规模为 72.6 亿元，占比提高 0.8%；服务市场规模达 41.5 亿元，占比提高 1.0%（见图 7.2）。

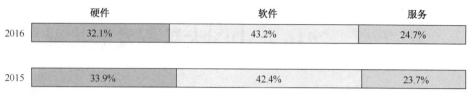

图7.2 2015—2016年大数据市场结构

7.3 行业应用

2016 年，国家加大对大数据应用的推动力度，批复了京津冀等 7 个国家级大数据综合试验区和超过 10 个大数据国家工程实验室；同时，针对医疗、交通等行业，相关部门均出台了大数据发展的指导意见，继续推动了大数据在各垂直领域的应用。根据《中国大数据发展调查报告（2017）》调查显示，目前近六成企业已成立数据分析相关部门，超过 1/3 的企业已经应用大数据。大数据应用为企业带来最明显的效果是实现了智能决策和提升了运营效率。

1. 大数据试验区推动机制创新

为贯彻落实国务院《促进大数据发展行动纲要》，继 2015 年贵州启动全国首个大数据综合试验区建设工作之后，2016 年 10 月，第二批获批建设国家级大数据综试区的省份名单发布，包括两个跨区域类综试区（京津冀、珠江三角洲），四个区域示范类综试区（上海、河南、重庆、沈阳），一个大数据基础设施统筹发展类综试区（内蒙古）。国家大数据综合试验区的设立，将在大数据制度创新、公共数据开放共享、大数据创新应用、大数据产业聚集、大数据要素流通、数据中心整合利用、大数据国际交流合作等方面进行试验探索，推动我国大数据创新发展。

从各地实践来看，我国公共信息资源开放已经由点状探索进入面状辐射阶段。截至 2016 年 5 月，已经有 22 个数据开放平台开通运行，涉及 9 个省份/直辖市。制定开放目录清单、自建开放平台成为各地重要抓手。

2. 数字营销与大数据征信快速发展

2016 年，数字营销的核心诉求仍然是帮助企业通过对营销活动的全局化掌控和精细化管理，保证市场营销预算发挥最大作用。企业围绕数字营销领域的大数据应用主要选择从两个角度发力：帮助企业（广告主）内部信息化的流程优化，将内部第一方数据充分利用，结合有价值的外部第三方数据，通过营销数据为企业经营管理提供实时决策；或者利用数据整合技术能力提供第三方数字营销服务，为营销活动提供参考。

大数据征信能利用互联网数据等非传统金融数据对信息主体进行信用评估，是传统信用评分的有益补充。自从 2015 年中国人民银行印发《关于做好个人征信业务准备工作的通知》以来，出现了一大批大数据征信服务机构。芝麻信用、前海征信、考拉征信等大数据征信机构在 2016 年得到快速发展。

3. 公共服务领域大数据应用日益广泛

健康医疗大数据应用发展纳入国家大数据战略布局。2016 年 6 月 24 日，国务院办公厅发布《关于促进和规范健康医疗大数据应用发展的指导意见》，其中明确指出，夯实健康医疗大数据应用基础、深化健康医疗大数据应用、规范和推动"互联网+健康医疗"服务、加强健康医疗大数据保障体系建设。2017 年 3 月，中国医学科学院生物医学大数据中心成立，这个中心是一个国家精准医学研究重点研发专项的重要平台项目，在国内尚属首例。

大数据在智能交通领域的发展前景普遍看好。互联网巨头纷纷跨界进入基于导航地图的位置出行服务，网约车公司通过长时间的运营，也积累了大量的数据。通过对各个地区出行高峰的预测，提前调遣车辆进行匹配，不仅解决了用户高峰时段用车难的问题，还解决了网约车司机接单少的问题，让订单匹配更加智能，大幅度改善了用户体验。

7.4　技术发展

大数据技术是一种新一代技术和构架，它以成本较低及快速的采集、处理和分析技术，从各种超大规模的数据中提取价值。大数据技术不断涌现和发展，让我们处理海量数据更加容易、更加便宜和迅速，成为利用数据的好助手，甚至可以改变许多行业的商业模式。目前大数据技术的发展可以分为六大方向。

1. 大数据采集与预处理

该方向最常见的问题是数据的多源和多样性，导致数据的质量存在差异，严重影响到数据的可用性。针对这些问题，目前很多公司已经推出了多种数据采集、清洗和质量控制工具。在互联网公司，对于移动 APP 数据，目前最为常用的是使用统计 SDK 来采集数据，从而提高数据采集效率和数据质量。

2. 大数据存储与管理

该方向最常见的挑战是存储规模大，存储管理复杂，需要兼顾结构化、非结构化和半结构化的数据。分布式文件系统和分布式数据库相关技术的发展正在有效地解决这些方面的问题。在大数据存储和管理方向，尤其值得我们关注的是大数据索引和查询技术、实时及流式大数据存储与处理的发展。

3. 大数据计算模式

由于大数据处理多样性的需求，目前出现了多种典型的计算模式，包括大数据查询分析计算（如 Hive）、批处理计算（如 Hadoop MapReduce）、流式计算（如 Storm）、迭代计算（如 HaLoop）、图计算（如 Pregel）和内存计算（如 Hana），而这些计算模式的混合计算模式将成为满足多样性大数据处理和应用需求的有效手段。

4. 大数据分析与挖掘

在数据量迅速膨胀的同时，还要进行深度的数据深度分析和挖掘，并且对自动化分析要求越来越高，越来越多的大数据数据分析工具和产品应运而生。同时，深度学习算法在数据分析和挖掘方向将越来越受欢迎。深度学习用于图像识别、语音识别和自然语言处理，将更好地提升算法的效率和准确度。

5. 大数据可视化分析

通过可视化方式来帮助人们探索和解释复杂的数据，有利于决策者挖掘数据的商业价值，进而有助于大数据的发展。很多公司也在开展相应的研究，试图把可视化引入其不同的数据分析和展示的产品中，各种可能相关的商品也将会不断出现。同时，在数据展示方向，越来越多的企业将考虑在手机等移动终端展示数据，以方便更随时随地地获取和分析数据。

6. 大数据安全

当我们在用大数据分析和数据挖掘获取商业价值的时候，黑客很可能在向我们发起攻击，收集有用的信息。因此，大数据的安全一直是企业和学术界非常关注的研究方向。通过文件访问控制来限制呈现对数据的操作、基础设备加密、匿名化保护技术和加密保护等技术正在最大限度地保护数据安全。

7.5 发展趋势

2016 年，大数据已从前两年的预期膨胀阶段、炒作阶段转入理性发展阶段、落地应用阶段。2017 年，大数据依然处于理性发展期，大数据发展依然存在诸多挑战，但前景依然非常乐观。未来两年，大数据的发展呈现以下十大趋势。

趋势 1：越来越多的企业实现数据孤岛的打通，驱动大数据发挥更强的效用。企业启动大数据最重要的挑战是数据的碎片化。在很多企业中尤其是大型的企业，数据常常散落在不同部门，而且这些数据存在不同的数据仓库中，不同部门的数据技术也有可能不通，导致企业内部数据无法打通。若不打通，大数据的价值则难以挖掘。大数据需要不同数据的关联和整合才能更好地发挥理解客户和理解业务的优势。将不同部门的数据打通，并且实现技术和工具共享，才能更好地发挥企业大数据的价值。

刚刚过去的 2016 年，无论是企业还是政府机构，都不同程度地展开了大数据的工作，并意识到了内部数据打通，解决内部数据孤岛是启动大数据战略的重要基础。但是，大部分企业和机构内部数据打通的工作做得并不到位。2017 年，我们有理由相信，更多的企业会有更大的决心去推动内部数据打通，并在此基础上，构建与外部数据打通的基础，实现内外部数据打通，更好地发挥大数据关联和整合的业务价值。

趋势 2：大数据在企业管理中落地，大数据和企业精细化经营结合更为紧密。很多企业业务部门不了解大数据，也不了解大数据的应用场景和价值，因此难以提出大数据的准确需求。由于业务部门需求不清晰，大数据部门又为非盈利部门，导致很多企业在搭建大数据部门时犹豫不决，或者持观望尝试的态度，从根本上影响了企业在大数据方向的发展，也阻碍了企业积累和挖掘数据资产。甚至由于数据没有应用场景，企业删除了很多有价值的历史数据，导致企业数据资产流失。因此，这方面需要大数据从业者和专家一起，推动和分享大数据应用场景，让更多的业务人员了解大数据的价值。

一种新的技术往往在少数行业应用取得了好的效果，对其他行业就有强烈的示范效应。2016 年，大数据在互联网、电信、金融、零售等行业取得了较好的效果。在 2017 年的经济大环境下，更多的企业和机构会更注重精细化经营，大数据作为一种从数据中创造新价值的工具，将会在许多行业的企业中得到应用，驱动企业业绩增长。大数据将帮助企业更好地理解和满足客户需求和潜在需求，更好地应用在业务运营智能监控、精细化企业运营、客户生命周期管理、精细化营销、经营分析和战略分析等方面。

趋势 3：大数据已经成为企业或机构的无形资产，将成为企业参与市场竞争的新武器。在移动互联网和大数据时代，每一个企业日常运营中所产生的大数据都将成为企业最为重要的无形资产。随着 2017 年大数据应用的发展，大数据价值得以充分体现，大数据在企业和社会层面成为重要的战略资源，数据成为新的战略制高点，是大家抢夺的新焦点。如何有效地管理企业每日所产生的数据，从海量的数据中挖掘并沉淀有价值的数据，并把这些有价值的数据作为驱动业务增长的重要引擎，均为数据作为无形资产管理的重要任务。

Google、亚马逊、腾讯、百度、阿里巴巴和 360、今日头条等互联网企业通过不断地挖掘和沉淀大数据，利用大数据驱动业务的增长；金融和电信企业也在运用大数据来提升自己的竞争力。这些企业均有一个共同的特点，即成立了大数据部门对企业大数据进行重点管理和应用，真正地把大数据作为无形资产管理和应用起来。我们有理由相信，在 2017 年将有越来越多的企业和机构将大数据定位为企业的无形资产，并对大数据无形资产进行系统化的管理和应用。大数据作为无形资产将成为提升机构和企业竞争力的有力武器。

趋势 4：大数据能力产品化，将驱动越来越多自助服务出现。大数据能力在企业应用时，需要以非常简单易用的方式来呈现，才能让更多的数据用户使用。企业数据用户在实际运用大数据时，更关注的是大数据的产品在哪些方面可以直接帮助提升绩效，不需要关注大数据产品背后的分析模型等"黑洞"。因此，大数据在业务具体的场景运用时，关键是把大数据分析能力产品化，构建简单易用的数据产品。

越来越多的企业寻求简单易用、成本相对较低的第三方数据产品。国际知名咨询机构 IDC 预测，可视化数据发现工具的增长速度将比商业智能（BI）市场的其余工具快 2.5 倍。到 2018 年，投入于支持最终用户自助服务的这种工具将成为所有企业的要求。诸多大数据厂商已经发布了拥有"自助服务"功能的大数据分析工具。

趋势 5：大数据算法越来越智能化，深度学习将更为普及，机器学习是 2017 年的十大战略技术趋势之一。在 2017 年，随着大数据分析能力不断增强，越来越多的企业开始投入于机器学习，并从中获益。企业可以通过机器学习算法识别潜在客户，或识别即将流失的客户，或识别营销推广中作弊的渠道，或及时发现关键 KPI 下跌的原因等。总之，机器学习可以驱动企业运营更加智能化。

随着机器学习的大规模应用和发展，越来越多的企业将使用深度学习算法，使用深度学习算法将会使得预测更为准确。深度学习是机器学习领域中一系列试图使用多重非线性变换对数据进行多层抽象的算法，互相关联的多层级为深度学习提供了"深度"，相较于传统的机器学习算法来说，是一个巨大的进步，尤其是卷积神经网络等深度学习算法，将会越来越受欢迎。

趋势 6：大数据和人工智能深度融合，成为人工智能发展的重要驱动力。AlphaGo 是 2016 年最令人深刻的人工智能研究成果，AlphaGo 引起了大家对人工智能的高度关注。但是，人工智能的发展还停留在弱人工智能阶段，目前很难超越人类认知能力，甚至也达不到与人类匹配的认知能力。但我们不可否认人工智能在实践中的进步，比如语音识别和图像理解方面的进步。企业可以在合适的场景中运用这些逐渐成熟的语音和图像识别的技术。

未来人工智能的发展，取决于两个方面：一方面是深度学习算法技术的成熟和计算效率的提升；另一方面取决于海量数据或大数据的发展。这是因为，深度学习算法如卷积神经网络要发挥作用必须先接受训练。比如，机器要学会识别图片中的狗，必须先被输入一个包含数量上万或者数十万的标记为狗的"训练集"，这个训练集数量越大，狗的种类越全，机器学习的效果越好。人工智能专家吴恩达曾把人工智能比作火箭，其中深度学习是火箭的发动机，大数据是火箭的燃料，这两部分必须同时做好，才能顺利发射到太空中。因此，对于深度学习和人工智能，需要越来越多的数据。国际上互联网巨头除了自身业务可以采集到海量的数据以外，正在用更开放的策略吸引第三方的数据输入，以充实其大数据，更好地促进人工智能所依赖的大数据基础。

趋势7：大数据促进智慧生活和智慧城市的发展。随着大数据和智慧城市的融合，大数据在智慧城市领域将发挥越来越重要的作用。由于人口聚集给城市带来了交通、医疗、建筑等各方面的压力，需要城市能够更合理地进行资源布局和调配，而智慧城市正是城市治理转型的最优解决方案。智慧城市是通过物与物、物与人、人与人的互联互通能力、全面感知能力和信息利用能力，通过物联网、移动互联网、云计算等新一代信息技术，实现城市高效的政府管理、便捷的民生服务、可持续的产业发展。智慧城市相对于之前数字城市的概念，最大的区别在于对感知层获取的信息进行了智慧处理。由城市数字化到城市智慧化，关键是要实现对数字信息的智慧处理，其核心是引入了大数据处理技术。大数据是智慧城市的核心智慧引擎。智慧安防、智慧交通、智慧医疗、智慧城管等，都是以大数据为基础的智慧城市应用领域。

趋势8：工业大数据成为工业互联网发展的重要引擎。工业大数据是指在工业领域信息化应用中所产生的大数据。随着工业信息化的进一步发展，工业企业也进入了互联网工业的新的发展阶段。信息技术和大数据分析技术渗透到了工业企业产业链的各个环节，条形码、二维码、RFID、工业传感器等技术在工业企业得到了广泛应用，工业企业所拥有的数据也日益丰富，从而进一步形成了工业大数据。工业设备所产生、采集和处理的数据量非常大，而且非结构化数据也非常多。因此，工业大数据的处理和有效挖掘也成为重要的课题。工业大数据应用将成为工业企业创新和发展的重要引擎。

工业大数据在工业企业有诸多方面的应用：①在产品创新方面，企业可以对客户使用产品过程中的行为进行数据上报及分析，以了解客户需求和行为，从而启发创新。②在产品故障诊断与预测方面，企业可以对产品运行过程中的各种关键运行参数实时分析，以实现故障诊断和预测，如GE在航空发动机实现物联网连接，通过传感器把发动机运行时的各种关键参数实时回传到云端进行实时分析。③在工业生产流程优化方面，利用大数据可以掌握某个流程是否偏离标准，快速发出报警及时调优；或监控生产过程中的能耗异常环节，从而进行能耗的优化。④在工业生产故障分析及预测方面，通过智能传感器等数据传输设备，把工业生产流程中关键设备的实时参数状态回传到云端并进行实时分析，实时掌握异常情况，并做出预警和预测，提前进行检测。⑤在供应链优化方面，对市场数据、客户数据、企业内部数据、供应商数据等相关供应链数据进行集成和关联分析，以实现仓储和配送的优化，提升生产和销售的效率。

趋势 9：随着大数据的全方位发展，大数据安全机遇和挑战并存。对于具有大数据能力的厂商来说，最大的挑战就是数据安全；对于安全厂商来说，最大的机遇也是数据安全。网络和数字化生活也使得犯罪分子更容易获取关于他人的信息，也有更多的骗术和犯罪手段出现，所以，在大数据时代，无论对于数据本身的保护，还是对于由数据而演变的一些信息的安全，对大数据分析有较高要求的企业将至关重要。大数据安全是跟大数据业务相对应的，与传统安全相比，大数据安全的最大区别是安全厂商在思考安全问题的时候首先要进行业务分析，并且找出针对大数据业务的威胁，然后提出有针对性的解决方案。比如，对于数据存储这个场景，由于其开源性，目前很多企业采用开源软件，如 Hadoop 技术来解决大数据问题，但是其安全问题也是突出的。因此，市场需要更多专业的安全厂商针对不同的大数据安全问题来提供专业的服务。

另外，在大数据应用日益重要的今天，数据资源的开放共享已经成为在数据大战中保持优势的关键。商业数据、政府机构数据和个人数据的共享应用，不仅能促进相关产业的发展，也能给我们的生活带来巨大的便利。但是，制约我国数据资源开放和共享的一个重要因素是政策法规有待进一步完善，开放与隐私保护如何平衡。如何在推动数据全面开放、应用和共享的同时有效地保护公民、企业隐私，逐步加强隐私立法，将是大数据时代的一个重大挑战。

趋势 10：大数据人才需求增多，越来越多的机构参与到大数据人才培育中。一个新行业的出现，必将在工作职位方面有新的需求，大数据的出现也将推出一批新的就业岗位，例如，大数据分析师、数据管理专家、大数据算法工程师、数据产品经理，等等。具有丰富经验的数据分析人才将成为稀缺的资源，数据驱动型工作将呈现爆炸式的增长。而由于有强烈的市场需求，高校也将逐步开设大数据相关的专业，以培养相应的专业人才。企业也将和高校紧密合作，协助高校联合培养大数据人才。例如，IBM 全面推进与高校在大数据领域的合作，引入强大的研发团队和业务伙伴，推动"大数据平台"和"大数据分析"的面向行业产学研创新合作以及系统化知识体系建设和高价值的人才培养。

大数据建设的每个环节都需要依靠专业人员完成，因此，必须培养和造就一支掌握大数据技术、懂管理、有大数据应用经验的大数据建设专业队伍。目前大数据相关人才的欠缺将阻碍大数据市场发展。大数据的相关职位需要的是复合型人才，能够对数学、统计学、数据分析、机器学习和自然语言处理等多方面知识综合掌控。未来，大数据将会出现约超过百万的人才缺口，在各个行业大数据中高端人才都会成为最炙手可热的人才，涵盖大数据的数据开发工程师、大数据分析师、数据架构师、大数据后台开发工程师、算法工程师等多个方向，因此需要高校和企业共同努力去培养和挖掘。

（傅志华、张欢、张长春）

第8章　2016年中国物联网发展状况

8.1 发展概况

8.1.1 总体情况

2016 年，中国物联网作为"十二五"规划的重点发展领域，经过五年的培育和建设，进入快速发展的新阶段。据工业和信息化部测算，2016 年我国物联网整体市场规模达到 9300亿元，同比增长 24.0%。到 2020 年，具有国际竞争力的物联网产业体系基本形成，包含感知制造、网络传输、智能信息服务在内的总体产业规模突破 1.5 万亿元，智能信息服务的比重大幅提升，公众网络 M2M 连接数突破 17 亿[1]。目前我国物联网及相关企业超过 3 万家，其中，中小企业占比超过 85%，已初步形成环渤海、长三角、泛珠三角以及中西部地区四大区域集聚发展的空间格局，已有 4 家国家级物联网产业发展示范基地和多个物联网产业基地。

物联网的强劲发展，创造了巨大的产业机遇和市场空间，为我国经济和各产业的持续稳定增长提供了新动力。第一，物联网硬件产业快速发展，芯片、传感器、M2M 服务、中高频 RFID、二维码等产业快速发展，低成本、低功耗的硬件产品日新月异。同时，加强基础芯片设计、高端传感器制造、智能信息处理等依赖进口的薄弱产业环节的研发和自主创新能力，为物联网的持续稳定发展提供更加强大的硬件基础保障。第二，物联网对网络连接能力的需求，包括网络连接的多样性、带宽速度、成本收益等提出了更高的要求，大力推进了国内通信技术的快速发展，同时催生了国内通信企业的平台化发展。第三，物联网应用飞速发展，渗透到各行各业和人们生活的各个领域，车联网、智能交通、智能城市、智能家居、智能物流、智慧医疗、商品溯源防伪等领域快速发展。以物联网为新兴驱动力的通信技术在传统行业中正在加快转化为生产力，催生了大量的新产品、新技术和新模式。第四，加快了互联网行业的平台化发展，以国内互联网领头企业为代表，新产品、新应用快速发展。第五，万物互联产生的海量数据，对数据分析的能力和数据价值挖掘提出了挑战，物联网与云计算、大数据的结合，带来了更大的潜在机遇和市场前景。

---

1 资料来源：工业和信息化部。

8.1.2　国际环境

2016 年全球物联网设备的总数为 64 亿台，比 2015 年增加 30%，而这个数字到 2020 年将会增长到 208 亿[1]。到 2018 年，全球车联网的市场规模将达到 400 亿欧元，年复合增长率达 25%[2]；2018 年全球智能制造及智能工厂相关市场规模将达 2500 亿美元[3]；全球可穿戴设备出货量将从 2014 年 1960 万增长到 2019 年 1.26 亿[4]；截至 2020 年，全世界智慧城市总投资将达到 1200 亿美元[5]；2020 年全球互联网设备带来的数据将达到 44ZB[6]。

物联网产业全球市场的快速增长和巨大潜力，彰显了物联网在世界各个国家的战略性地位，各国政府全力抢抓物联网发展机遇，塑造物联网国际竞争优势。据 2016 年上半年统计，美国物联网支出将从 2320 亿美元增长到 2019 年的 3570 亿美元，复合年增长率达 16.1%[7]。2016 年 6 月，智能制造创新中心在洛杉矶成立，联邦机构和非联邦机构各投资 7000 万美元，用于重点推动智能传感器、数据分析和系统控制的研发、部署和应用。欧盟 2016 年组建物联网创新平台（IOT-EPI），力图构建一个蓬勃发展的、可持续增长的欧洲物联网生态系统，最大化地发挥平台开发、互操作、信息共享等"水平化"共性技术和能力的作用。在日本总务省和经济产业省指导下由 2000 多家国内外企业组成的"物联网推进联盟"，在 2016 年 10 月与美国工业互联网联盟（IIC）、德国工业 4.0 平台签署合作备忘录，联合推进物联网标准合作。韩国以人工智能、智慧城市、虚拟现实等九大国家创新项目作为发掘新经济增长动力和提升国民生活质量的引擎，未来十年间将投入 2 万亿韩元推进这九大项目，同时韩国运营商也在积极部署推进物联网专用网络建设。

国际物联网产业快速发展，2016 年年初，物联网平台领导者 PTC 和 Bosch 宣布成立技术联盟，整合 ThingWorx 和 Bosch IoT Suite；2016 年 3 月，思科以 14 亿美元并购物联网平台提供商 Jasper，并成立物联网事业部；2016 年 7 月，软银公司以 322 亿美元收购 ARM；2016 年 12 月，谷歌公司对外公布物联网操作系统 Android Tings 的开发预览版本，并更新其 Weave 协议。Microsoft 于 2015 年推出 AzufeloT 套件，2016 年收购物联网服务企业 Solair，开始布局制造、零售、食品饮料和交通等垂直行业物联网应用市场。除此之外，亚马逊、苹果、Intel、高通、SAP、IBM 等全球知名企业从不同产品和应用布局物联网。

8.1.3　国内环境

2016 年，国家"十三五"规划中明确提出必须牢牢把握物联网新一轮生态布局的战略机遇，大力发展物联网技术和应用，加快构建具有国际竞争力的产业体系，深化物联网与经济社会融合发展，支撑制造强国和网络强国建设。2016 年 8 月，工业和信息化部、发展改革委、

1　资料来源：Gartner。

2　资料来源：GSMA&SBD。

3　资料来源：拓璞产业研究所。

4　资料来源：IDC。

5　资料来源：The Boston Consulting Group。

6　资料来源：麦肯锡。

7　资料来源：IDC。

科技部、财政部四部委联合发布《智能制造工程实施指南》，加速标准化实施，明确财税金融支持。目前已有 21 个省份出台对接政策，智能制造在全国铺开。2016 年 1 月，在工业和信息化部的指导下，中国信息通信研究院联合制造业、通信业、互联网等企业共同发起成立了互联网产业联盟，截至 2016 年年底，联盟成员已超过 270 家，并发布了《工业互联网体系架构（版本 1.0）》、《工业互联网推进实施指南》、《工业大数据白皮书》等研究成果。截至 2016 年 3 月，在 OneM2M、3GPP、ITU、IEEE 等主要标准化组织物联网相关领域，我国获得了 30 多项物联网相关标准组织相关领导席位，主持相关领域标准化工作，有力地提升了我国国际标准影响力。根据"十三五"规划，未来我国将研究制定 200 项以上国家和行业标准。物联网在新一轮产业变革和经济社会绿色、智能、可持续发展的重要意义进一步凸显。

在国家相关政策的大力扶持下，我国物联网技术研发水平和创新能力显著提高，适应产业发展的标准体系初步形成，物联网规模应用不断拓展，泛在安全的物联网体系基本成型。主要特征表现为：第一，低成本、低耗能硬件设施为物联网快速发展提供了基础性保障，但高端核心技术依赖进口，自主研发能力亟待提升。第二，物联网概念快速渗透，并在各行各业加快转化为生产力，成为各行业产业机构调整的新动能。第三，车联网、智慧城市、智能医疗等应用快速发展，但应用深度有待挖掘。第四，以互联网企业、通信运营商为市场主导的物联网企业，产品和应用的平台化趋势加快。第五，物联网产业结构中，应用和服务创造的价值比例快速增长。

8.2 关键技术

8.2.1 传感技术

传感器能够感受到被测量的信息，并能将感受到的信息，按一定规律变换成电信号或者其他所需的信息形式输出，以满足信息的传输、处理、存储、显示、记录和控制等要求。麦肯锡报告指出，到 2025 年，物联网带来的经济效益将在 2.7 万亿到 6.2 万亿美元之间，传感器作为物联网传感层数据采集的重要入口，势必也将在接下来的几年里迎来爆发式的增长[1]。

目前，全球传感器市场主要由美国、日本以及德国的几家龙头公司主导。全球传感器约有 2.2 万余种，中国已经拥有常规类型和品种约 7000 种，而 90% 以上的高端传感器仍严重依赖进口，数字化、智能化、微型化传感器严重欠缺。受传感器巨大前景的影响，中国的传感器企业也在不断增多。在相关技术方面，我国企业已基本具备了中、低端传感器的研发能力，并逐渐在向高端领域拓展。2016 年，中国传感器与物联网产业联盟（SIA）在工信部指导和支持下正式成立，是中国传感器与物联网领域首个国家级产业联盟。经过一年的发展，联盟会员规模达到 300 家，会员覆盖了传感器及芯片设计、制造、封装测试、系统集成、行业应用、产业资本等产业链各个环节。

---

1 资料来源：麦肯锡。

8.2.2　LPWAN 技术

物联网通过通信技术将人与物，物与物进行连接。在智能家居、工业数据采集等区域网，通信场景一般采用短距离通信技术，但对于广范围、远距离的连接则需要远距离通信技术。低功耗广域网（Low-Power Wide-Area Network，LPWAN）是当今全球物联网领域的一大研究热点，面向物联网低成本、低功耗、远距离、大量连接的需求，目前已在全球范围内形成多个技术阵营，包括窄带物联网（Narrow-band Internet of Things，NB-IoT）、超远距离广域网（Long Range Wide-Area Network，LoRaWAN）、Sigfox、Weightless 等。目前，各技术在标准化的同时，均已在全球范围内展开商业化部署，其中 NB-IoT 和 LoRaWAN 两项技术在中国物联网技术中占据主导地位。

2016 年 1 月，中兴通讯与 Semtech 公司签署了战略合作协议，双方在 LoRa 技术及应用方面进行深入合作，促进 LPWAN 产业链的发展；同年 11 月，Semtech 宣布了将联合鹏博士电信传媒集团在中国部署全国性的 LoRa 网络；12 月，中国 LoRa 物联网产业运营联盟成立，这是在 LoRa Alliance 支持下，各行业物联网应用创新主体广泛参与、合作共建的技术联盟，是一个跨行业、跨部门的全国性组织。广州中国科学院计算机网络信息中心作为国际 LoRa 联盟的贡献会员，是国内最早开始低功耗广域网络技术和应用研发的科研单位之一。物联网低功耗通信网络（Low Power Internet of Things，LoPo-IoT）是由其自主研发的，基于 LoRaWAN 网络标准并融合物联网标识的低功耗广域网络，现已率先实现了广州南沙区的大规模覆盖，建成了国内首个物联网商用网络。

对于 NB-IoT 技术来说，2016 年也是关键的一年。工信部于 2016 年 4 月中旬召开 NB-IoT 工作推进会，培育 NB-IoT 产业链，要求在当年年底建设基于标准 NB-IoT 的规模外场试验。2016 年 6 月在韩国釜山 3GPP RAN 全会第 72 次会议上正式获得批准并冻结了 NB-IoT 核心协议标准，标准化工作的成功完成也标志着 NB-IoT 即将进入规模商用阶段。中国企业华为成为 NB-IoT 的主要推动企业，中国市场有望深度参与，助力 LPWAN 物联网市场的快速成长。在标准公布后，作为主导方的华为海思于 2016 年 9 月底火速推出 NB-IoT 商用芯片，这是业内第一款正式商用的 NB-IoT 芯片，而且其芯片价格向短距离通信芯片价格靠近。

8.2.3　物联标识与解析技术

物联网的本质就是通过自动识别和感知技术获取物品的名称与地址等标识信息以及物品自身和周边的相关属性信息，并借助各种通信技术、异构泛在网络等将物品相关信息集成到信息网络中，进而通过类似互联网中解析、寻址、搜索等标识信息服务，实现海量物品相关信息的智能索引和整合，最终实现对物理世界智能化的决策、控制、管理。因此，物联网需要存在负责物联网标识编码、分发、注册、解析、寻址以及搜索等贯穿物联网标识产生和应用全过程的管理系统，面向物联网各个行业，多种标识体系、多种标识载体、多种平台提供标识注册、异构解析和搜索等公共服务的物联网基础支撑平台。

针对目前我国物联网标识技术标准不统一、缺乏物联网标识管理体系，无法实现跨系统、跨行业、跨平台的信息共享和互联互通的现状，国家发展改革委员会批复建设国家物联网标识管理公共服务平台（NIOT）。经过三年的建设，2016 年平台通过验收，提供标识注册、异构解析与发现等物联网基础资源服务，实现各物联网应用间信息的互联互通，满足政府监管层面的需求，支持公众物联网信息查询，支撑物联网示范工程和物联网大规模产业化应用。截至 2016 年年底，平台已建设建成 Handle、Ecode、CID 三大子平台，标识注册总量超过 10 亿[1]。

8.3 产业应用热点

8.3.1 智能家居

一方面，物联网、云计算、大数据、人工智能等技术推动，给智能家居的发展带来了更广阔的应用前景；另一方面，智能家居产业的消费市场和发展空间，纷纷被各大行业所看好。来自前瞻产业研究院数据显示，2016 年，我国智能家居市场规模达到 605．7 亿元，同比增长 50.15%。预计到 2018 年，智能家居市场规模或将达到 1396 亿元[2]。

2016 年智能家居行业猛然吹起了"智能生态圈"风潮，互联网、家电、手机、运营商、房地产等领域的行业巨头，都加入"造圈"活动。智能家居已由最初单品的智能化和通过手机进行一对一、一对多的连接操控，向更广泛的平台对接发展，建立智能家居生态系统平台。华为成立 HiLink 智慧家庭生态，提供各个设备之间、设备与手机之间、设备和云之间、设备和网络之间的一个标准协议，用于解决各智能终端之间的互联互动。海尔发布了智慧家庭生活生态服务平台 U+海盟网，整合智慧家庭生态服务资源，打造互联互通、生态服务 API 连接、统一交易等平台，并对资源服务进行标准输出，最终达成互利共赢的完整生态圈服务生态。2016 年 11 月，海尔还发布了首个专为智慧家庭定制的生态操作系统——海尔 UHomeOS，通过其可定制性和开放性，为整个家电行业和其他的合作伙伴提供支持。阿里、京东等电商巨头都将智能家居产业的重心放在了平台的搭建上，以消除对接屏障，主导行业的发展。小米则发布小米智能家居全新品牌 mijia（米家），打造小米智能家居生态。

2016 年年初爆发了新一轮的 AI 和机器人的热潮，使各大厂商都注意到了人工智能的体验和交互大前景，纷纷推出了自己的人脸识别与语音识别技术以及人工智能战略，去中心化的语音交互形式成为智能家居的下一站。百度发布了全球第一个人工智能操作系统 DuerOS，该系统通过百度语音交互，可嵌入手机、电视、音箱等多种硬件设备；科大讯飞的灵犀语音助手、京东的叮咚语音助手、长虹语音助手 Ciri 纷纷现身，抢占语音交互入口。

此外，随着智能家居的迅速发展，也暴露出安全漏洞问题。美国物联网僵尸网络攻击事件造成大规模断网引发了广泛关注。2016 年"3·15 晚会"上，对智能家居产品安全问题进行了重点曝光，指出智能家居存在设备安全和用户个人隐私安全漏洞，黑客可以利用安全漏洞入侵智能家居系统。

8.3.2 智慧城市

物联网技术和移动互联网技术的发展，使得我们所处的城市正变得越来越智能化，技术

---

1 资料来源：国家物联网标识管理公共服务平台。
2 资料来源：前瞻产业研究院《中国智能家居设备行业前瞻与投资策略规划报告》。

的发展显著地改善了公民的生活，而这也正是"建设一批新型示范性智慧城市"被纳入国家"十三五"规划的初衷。国内智慧城市的建设已经上升到国家战略高度，各级政府把推进"新型智慧城市"建设成为一项重要而紧迫的政治任务。根据国家部委和地方政府部门公开的数据，预计到 2017 年我国启动智慧城市建设和在建智慧城市的城市数量将有望超过 500 个。目前，已有超过 300 个城市和三大运营商签署了智慧城市建设协议，并有 290 个城市入选国家智慧城市试点。随着各地智慧城市建设提速，"十三五"期间智慧城市总资金投入将达到 2 万亿元。预计在未来的几年中，随着智慧城市、智慧交通等智能化产业的带动，智能安防也会持续保持高速增长，到 2020 年市场规模预计达到 1653 亿元[1]。

2016 年 4 月，中英共同签署《中英智慧城市标准化合作备忘录》，使得成都成为中英智慧城市标准化合作的首个试点城市。2016 年度共有 16 个中国内地城市（北京、成都、敦煌、福州、杭州、南京、青岛、上海、沈阳、深圳、苏州、武汉、无锡、西安、银川、珠海）凭借其在智慧城市建设中的表现获得 2016 中国领军智慧城市奖。其中北京率先建立了公共设施"身份证"：北京道路两侧的公交站牌、电话亭、报刊亭、垃圾箱等城市公共设施都将配置二维码"身份证"，到 2018 年基本实现二维码全覆盖；市民通过智能手机微信、QQ、微博等软件，扫描设施贴着的二维码，不仅能了解这些设施的基本信息，还能在线举报公共设施存在的脏乱、破损等问题。

8.3.3　工业物联网

工业物联网覆盖范围广、影响大，占据整体物联网的比重大，是物联网应用的重要板块。赛迪顾问预测，在政策推动以及需求带动下，到 2020 年，工业物联网在整体物联网产业中的占比将达到 25%，规模将突破 4500 亿元[2]。自 2016 年以来，我国制造企业加快向数字化、网络化、智能化转型，预计未来五年制造业物联网支出年均增速将达到 15%，工业物联网将率先实现规模应用[3]。工信部组织开展了一批行业应用试点示范项目，发布了《智能制造发展规划（2016—2020 年）》，作为指导"十三五"时期全国智能制造发展的纲领性文件。地方政府也高度重视，上海、浙江、山西等地结合自身特点，制定出台了本地工业物联网发展行动计划，加大了资源和政策支持力度。

2016 年，中科院沈阳自动化研究所与德国 SAP 公司合作，发布面向工业 4.0 的智能工厂解决方案，涵盖从软件到硬件，从消费者下单到生产交付全过程，具有高度个性化定制、生产线自主重构、生产装备预测性维护等智能工厂的优势特点；同时，搭建了我国第一条以工业 4.0 为蓝图的智能工厂示范生产线，构建了完整的全无线工业物联网技术与产品体系，实现了设备状态、生产过程等信息的全无线采集。潍柴集团与中国电信集团合作，共同探索研究工业物联网在潍柴集团生产线上的应用，综合利用全光网络、无线通信、传感技术和大数据技术打造数字车间、智慧化工厂和智能产品，建设工业大数据平台、企业级移动化应用平台和工业云平台，对产品研发、生产、后市场服务等进行优化协同，实现产品全生命周期闭环管理。由国网重庆电力公司联合国家电网全球能源互联研究院信息通信研究所负责开发建

1　资料来源：智研咨询。

2　资料来源：赛迪顾问。

3　资料来源：中国经济信息社《2015—2016 年中国物联网发展年度报告》。

设 "电力智能巡检眼镜" 研制成功，采用大数据及智能感知交互等前沿技术，具有地图导航、语音识别、自动拍照、远程交互等功能，电力工人可以自动采集、记录、分析处理实际观测到的电力设备数据，并支持专家远程会商，指导电力工人处理作业现场问题。

8.3.4　智慧农业

目前我国农业物联网产业商业模式并不成熟，正面临着从单一中心向多中心发展，由单一主体创造价值为主向多样化主体共同创造价值转变的趋势，有待进一步创新和完善。物联网正在成为提升农业竞争力和促进可持续发展的重要手段，成为整合农村各类资源、改造传统农业的有效举措。

由广州中国科学院计算机网络信息中心研发的掌上田园现代农业整体解决方案，基于物联网标识体系在农业领域的延伸应用，针对农产品安全生产、销售需求，通过田间控制、传感自控、水肥一体化等子系统，实现产业自动化管理及产销全流程溯源于一体的农产品智能化管理服务，在有效节本增效的同时，实现农产品全产业链的安全溯源。宁夏贺兰县将物联网技术应用于水产养殖，使用 "指尖管理" 养殖水域 5100 亩。通过渔业物联网测控系统对水质进行在线监测，发现情况后，立即通过手机遥控开启增氧设备。水质监测、水产品质量监控、远程精准投喂、鱼病远程诊断等烦琐工作，现在都能通过农业物联网技术在电脑、手机上完成，提升了渔业生产效率，300 多亩鱼塘每年节约成本 10 多万元。

8.3.5　产品溯源

物联网标识作为物联网的重要基础资源，通过物联网标识进行产品溯源是物联网技术应用的重要成果。2015 年以来，随着国家《关于运用大数据加强对市场主体服务和监管的若干意见》、《关于加快推进重要产品追溯体系建设的意见》和各地方政策落地，以及产品安全和监管需求驱动，物联网溯源应用在各行业领域迅速发展，2016 年可谓产品溯源元年。

2016 年 5 月，由深圳市检验检疫科学研究院开发的跨境电商溯源公共服务平台在广东自贸区前海蛇口片区正式上线，通过提供商品质量溯源服务保障消费者的权益；2016 年 6 月，阿里健康 "码上放心" 第三方追溯平台、中检集团溯源信息化平台相继上线，发挥其在药品电子监管和在检验、检测、认证技术服务方面的优势，提供商品质量信息全程可追溯、可查询服务；国家物联网标识管理公共服务平台推出国物标识解决方案，通过海量多源异构的溯源数据融合管理，搭建防伪溯源大数据技术支撑平台，实现查询数据的回路利用，满足企业对防伪、防窜货、售后管理、市场营销等各方面的应用需求，同时可向政府机构提供经济政策数据支持，面向消费群体提供实时查询产品信息等服务。

8.3.6　车联网

车联网的发展速度是物联网应用中发展较快的应用之一。预计到 2018 年，全球车联网市场规模将达 400 亿欧元，年均复合增长率 25%[1]。车联网目前总体还处于发展初期，实现汽

---

1 资料来源：GSMA。

车操作系统的智能化、网联化，成为车联网发展趋势。从应用角度来看，主要以舒适和信息娱乐类为主。

2016 年 10 月，由工信部主导的《中国智能网联汽车技术路线图》发布，提出的车联网发展技术路线图以新能源汽车和智能网联汽车为主要突破口。工业和信息化部在"十三五"规划中明确，加强车联网技术创新和示范应用，发展车联网自动驾驶、安全节能、地理位置服务等应用。2016 年国家重大科技研发转向进一步向车联网倾斜，中德智能网联汽车、车联网标准及测试验证合作项目启动，联合推进技术研发，标准制定，搭建测试认证环境。北京、上海、重庆、杭州等示范区开展建设，构建车联网应用规模试验外场，实现辅助驾驶和部分自动驾驶关键场景的应用示范，打造车联网融合应用路测、验证及示范的预商用环境，推动各项关键技术的研发与产业化。

8.3.7　智能交通

2016 年工业和信息化部在"十三五"规划中提出，推动交通管理和服务智能化应用，开展智能航运服务、城市智能交通、汽车电子表示、电动自行车智能管理、客运交通和智能公交系统等应用示范，提升指挥调度、交通控制和信息服务能力。2016 年，我国智能交通系统持续稳步发展，在智能公交、ETC、智能航运、充电桩建设、智能停车等应用方面开展了积极实践。截至 2016 年年底，包括城市智能交通和高速公路机电市场的全年千万项目统计规模为 257.4 亿元，同比增长了 41%，而其中交通管控市场千万元项目规模是 124.68 亿元，智慧交通和智能运输市场千万元项目规模是 26.94 亿元，高速公路机电市场千万元项目规模是 105.8 亿元[1]。

智能公交系统可以实时预告公交到站信息，如广州试点公交线路上实现了客流优化匹配，使公交车运行速度提高，惠及沿线 500 万居民公交出行；国家物联网标识管理公共服务平台得到智能公交站牌能实时、准确上报车辆位置、到站时间、载客数量等，一方面减少了乘客盲目等车时间，另一方面用于优化公交线路，给市政建设和公共安全带来了精准数据。2016 年，城市静态交通管理系统中智能停车系统快速发展，北京路侧停车动态监测和电子收费管理系统试运行，预计到 2018 年全北京约 500 余万车位将全部接入优先科技运营的智能停车系统。随着新能源和纯电动汽车的爆发增长，以充电桩为代表的基础设施建设加速，根据国家规划，到 2020 年建成 1.2 万个集中式充电站、480 万个分散式充电桩，以满足全国 500 万辆电动汽车的充电要求。2016 年高交会"十大人气产品"——物联网充电桩能动态上传自身状态信息以及周边停车位信息，解决车主找桩难、停车难问题。

8.3.8　智慧物流

物联网技术给物流行业发展注入了新的活力，助推物流行业的精细化管理，极大地节约了人力成本。自 2016 年国务院常务会议部署推进"互联网+"高效物流以来，依托物联网等现代信息技术的智能追溯、物流过程的可视化智能管理、智能化的企业仓储物流配送中心等智慧物流应用成为物流业供给侧结构性改革的先行军。特别是伴随电商物流的迅猛发展，物

1　资料来源：智慧交通 ITS114。

流业进入了快速发展的新阶段。《2017中国智慧物流大数据发展报告》显示，2016年智慧物流水平稳步上升，但仍有较大成长空间。智慧物流的应用已对物流服务质量提升产生较大的积极作用。以"双11"为例，2016年比2015年履约率提升25%，对比2013年，1亿包裹签收时间减少近3倍，从9天减少到3.5天[1]。物流行业发展将更加趋向协同、集约和共享，同时还催生了各种创新的商业模式。

苏宁云仓通过自动化仓储系统（ASRS）、箱式堆垛系统（Miniload）、胜斐迩旋转系统（SCS）的系统部署，实现在自动化设备上完成商品从入库到出库的整个流程，实现按订单全自动拣货。从全国中心仓到自提点，连通充沛的运输网络资源，形成了完整的智慧物流体系。在快递单价持续下行、快递员人工成本上升及交付时间冲突等多方面因素的推动下，丰巢、中集e栈等智能快件箱大量涌现，在全国范围内进行布局。按照菜鸟网络的披露数据计算，截至2016年年底，全国拥有智能快件箱超过12.9万组。结合未来快件数量的增长及智能快件箱的渗透率，预计到2020年国内智能快件箱的市场容量将达到37.5万组[2]，未来市场需求强劲。

8.3.9 智慧医疗

物联网在医疗行业的应用，有利于缓解我国由于医疗资源需求巨大、配置不均衡、人口老龄化等问题给医疗带来的压力。IDC预测，2016—2020年度中国医疗信息化市场的复合增长率为11.1%，预计到2020年市场规模将达到430亿元。物联网智慧医疗的应用主要集中在远程医疗和监护、医院工作流程管理等方面。

远程监护平台能够自动采集多项生命体征数据，自动将数据上传至医院控制中心，实时分析数据并预警，并由医生提供远程医疗服务。IDC数据显示，中国在线医疗服务市场规模2017年将达到125亿元。利用多种医疗健康智能硬件设备，数据的采集可以不受时间与地点限制。来自艾瑞咨询《2016年中国医疗健康智能硬件行业报告》的数据，2016年中国医疗健康智能硬件市场规模近10亿元，年增长率30%，以智能秤、智能血糖仪增长为主，其中血压仪、智能睡眠产品增速加快[3]。采用物联网技术和设备可以把握在医院工作流程的各个环节的实时状态，包括医生与护士的繁忙程度、患者就诊状态、检查设备使用率、排队长度、耗材存量等，并提供智能调度服务。目前已有超过10%的三甲医院开始采用物联网智慧医疗系统，明显提高了医护人员、设备、场所的利用率，患者的就医体验也得到了明显的提升。

8.3.10 智慧能源

智慧能源作为物联网的重要组成部分，是人类社会利用能源发展的一个必然趋势，其发展将为全球各行各业提供新的发展机遇。我国智慧能源行业发展迅猛，2011年需求规模为392.5亿元，如今增长至708.8亿元。电力行业是智慧能源行业最大的市场，我国电力行业智

---

1 资料来源：菜鸟网络、交通运输部科学研究院、阿里研究院共同编制的《2017中国智慧物流大数据发展报告》。

2 资料来源：《物流技术与应用》杂志2017第1期《快递业与智能物流发展形势分析》。

3 资料来源：艾瑞咨询《2016年中国医疗健康智能硬件行业报告》。

慧能源投入占整体投入的 65.6%，其次是石油行业占 21.8%，煤炭行业占 6.1%[1]。

华为发布了基于 IoT 联接管理平台的全新电力物联网 2.0 解决方案，通过大数据分析，将传感器、终端的数据进行汇聚、分类等，通过特定的开放接口，开放给第三方应用使用，最大化地挖掘电力设施的潜力和价值，比如可以对整个城市的用电需量进行预测、对线损进行精准分析等，而百姓可以根据实时电价信息，主动进行智慧选择，更加经济、合理地安排用电。化工行业智慧能源项目福建瑞雪智慧能源管家物联网云服务平台上线，通过实时在线数据监测、数据分析，对比同类企业的能耗、环保、安全生产水平，充分发挥智库能力，为企业提供实时个性化节能降耗、减排增效、提升装置本质安全等一揽子解决方案。

8.3.11　物联网金融

金融的核心支撑是信用体系，物联网技术与金融活动的结合变革了过去的信用体系，建立了客观信用体系，可实现资金流、信息流、实体流的三流合一，降低了虚拟经济的风险，将为金融行业带来全新的发展机遇和创新机会。在 2016 年世界物联网博览会暨首届国际物联网金融高峰论坛上，《物联网金融白皮书（2016）》发布，白皮书中提到"物联网金融正在改变银行、投资、保险、P2P 等的金融服务模式"。物联网金融已在多个场景得到应用，包括融资、租赁、投资、保险等多个行业，成为提升客户体验，降低运营成本，以及风险管理等方面的有效手段。

众安保险在全国范围内推出一系列借助物联网产品实现的精准定价保险。例如，将每天慢跑达标情形与保费优惠结合起来，突破了传统保险产品固定费率、固定保障、无法细分人群的模式；与腾讯合作，推出了针对糖尿病人群的专用保险，糖尿病患者每天上传血糖检测数据就可买重疾险，保险公司基于数据向客人提供保障；免费安装车联网设备，根据其记录的数据，精确定价不同车主的车险费用。平安银行将物联网技术应用到存货动产融资业务中，借助物联网传感设备与技术方案对存货等动产进行智能化识别、定位、跟踪、监控和管理，从而赋予动产以不动产的属性。在汽车融资业务中，以"物联网监管+巡核库"替代传统的驻店监管模式，优化过程管理、规避道德风险、提升风控并降低人工成本。

8.4　发展趋势

1. 面对发展需求和国际竞争合作，我国物联网生态布局将进一步深化

面对不断增长的强劲需求和国际竞争，我国将进一步补齐短板，布局物联网生态。随着我国物联网的简单应用向高端应用转变，高精度、智能化的高端传感器需求将大幅提升，我国传感器特别是高端传感器的产业能力薄弱的短板在我国物联网应用升级发展过程中将进一步凸显。在感知层需把握市场快速扩张与技术持续创新机遇，开展关键工艺技术研发，同时积极布局面向未来的传感器前沿技术。

低功率广域网络将走向主流，特别是 LoRa 和 NB-IOT 两种传输协议，将会被广泛导入智慧城市、智慧能源等领域，以提供低价、低带宽流量使用，以及低用电量的数据传输服务。

1　资料来源：智研咨询《2016—2022 年中国智慧能源行业市场调查与未来前景预测报告》。

硬件在物联网带来的价值占比将逐步减小，厂商必须通过应用软件或服务创造大部分的营收。与国外相比，我国操作系统、应用与服务暂未形成良好生态，整合操作系统与平台建设也成为下一个布局方向。

随着平台聚合的上下游企业、应用开发者等资源增加，平台价值不断提升，对其进一步吸引资源产生正反馈促进作用，形成强者更强的发展格局。在此趋势下，物联网平台市场整合将加速，竞争将更加激烈，物联网平台市场走向整合是大势所趋。

标准建设也是生态布局中的重要一环，我国行业企业、行业标准化组织将进一步参与国家标准的制定和推进工作，与电信网络运营商、设备制造商、互联网服务提供商共同推进国际标准化，掌握话语权。此外，物联网产业具有产业链长、环节多、关联性强等显著特点，还需要行业协同制定标准，实现标准互联互通、开放共享，推动产业链协同发展和创新。

2. 通用性平台加速整合产业链，推动各行业深度应用和商业模式创新

物联网的创新是应用集成性的创新，一个技术成熟、服务完善、产品类型众多、应用界面友好的应用，将是由设备提供商、技术方案商、运营商、服务商协同合作的结果。随着产业的成熟，支持不同设备接口、不同互联协议、可集成多种服务的通用性技术平台将是物联网产业发展成熟的结果。当前，以阿里巴巴、腾讯、百度为代表的互联网企业基于自身传统优势构建开放平台，电信运营商基于 M2M 运营经验加速构建物联网平台，还有专注于标识连接和价值创造的物联网标识管理公共服务平台等，正在迅猛发展，推动整合物联网产业链。

平台聚合上下游企业，推进物联网集成创新和在智能交通、车联网、健康服务、远程监控、环境监测等行业规模化应用。通过平台带动技术、产品、解决方案不断成熟，成本不断下降，应用快速推广，并提供成本更低、且更可靠的数据分析进而指导决策。催生了"硬件免费、挖掘数据价值"、"依据用量和成效收费"等模式，通过改进商业流程、促进商业模式的转变和创新，促进新一轮产业结构调整和消费升级。

3. 大数据机器学习人工智能，带来新一轮的技术变革和产业发展机遇

随着越来越多的行业和企业进行物联网的部署，每天都有成千上万的新设备接入互联网，由于物联网节点的海量性和大部分节点处于全时工作，节点生成数据的数量规模巨大，蕴含在数据中的价值等待开发。由于受限于挖掘技术和商业模式，采集数据的商业价值和社会价值并没有被充分挖掘出来。另外，从物联网本身的角度来看，物联网自身采集的数据对整个物联网治理具有重大的意义，应用大数据等技术，可以精准地感知整个物联网网络安全态势。

大数据的存储计算挖掘、以机器学习为代表的人工智能技术的高速发展，在互联网领域产生了巨大的影响，技术成果在物联网领域的转化，给物联网注入新的血液，同时推动物联网技术的变革与发展。计算能力的提升、算法效率的改善及边缘计算的兴起，物联网应用会导入更多机器学习引擎与人工智能应用，极大地提高大数据分析的速度和准确度，然后再反馈给物联网智能决策控制，使物联网的智慧行业更加"智慧"，实现无障碍的人机交互，重新定义"云—管—端"之间的关系，带来新一轮的技术变革和产业发展机遇，在预测性维护、能效管理、智能制造、智能控制等领域有着广泛的应用前景。

4. 随着物联网在基础性行业应用，安全保障能力将进一步重视和提升

物联网节点分布广，数量多，应用环境复杂，使得物联网的安全性相对脆弱。多采用嵌入式操作系统的物联网设备存在众多漏洞，很容易沦为黑客的傀儡攻击工具。2016 年美国发生的大规模网络拒绝服务攻击事件，给物联网行业敲响了警钟。普华永道行业报告数据显示，2016 年的 12 个月中，中国内地及香港特别行政区企业检测到的各类信息安全事件平均数量为 2577 起，是 2015 年同期的两倍，较 2014 年则飙升了 969%[1]。预计到 2020 年，针对企业的经确认安全性攻击中，有 25% 以上将涉及物联网[2]。

随着我国物联网在工业、能源、电力、交通等国家战略性基础行业的应用，一旦发生安全问题，将造成难以估量的损失，提升物联网安全保障能力和保护数据安全及隐私成为物联网产业的又一发展方向。现阶段需根据我国物联网技术特点和产业部署要求，重点推进物联网安全标准体系建设，建立物联网安全防护制度，完善信息安全重大事件应急响应机制。全面开展物联网产品和系统安全测评与评估，增强物联网基础设施、重大系统和重要信息的安全保障能力，确保工业、能源、电力、交通等重要系统安全可控。

（杨植、秦英、许超然、黄开德、蔡冠祥）

1　资料来源：普华永道《2017 年全球信息安全状况调查报告》。

2　资料来源：Gartner。

第9章 2016年中国人工智能发展状况

9.1 发展概况

9.1.1 概述

随着数字化和网络化的深入发展，智能化成为新一代信息技术发展的重要方向。人工智能技术是智能化发展的重要基础，已发展成为集理论方法、技术应用于一体的系统科学体系。受到"智能"定义范围的影响，人工智能涵盖的范围非常广泛并且较难清晰界定。从产业角度而言，人工智能是包括计算能力、数据采集处理、算法研究、商业智能、应用服务构建在内的产业生态系统。

人工智能的核心要素是算法，随着互联网与经济社会生活日益融合，数据也成为关键要素。人工智能的价值在于提升效率，改变生产方式。随着环境数据和行为数据的继续被采集，企业数据化水平将影响运营效率和决策效果。未来，随着物联网的普及，数据采集手段更加智能化，数据的应用也将逐步由机器完成。人类各种生产、消费、环境监测等的数据将被更充分地利用和挖掘，从而节省流程环节中资源的损耗，提升整体资源利用率和生产效率，并提升人类的生活服务水平。

9.1.2 发展历程

人工智能自 1955 年由麦卡锡教授在达特茅斯会议提出以来，经过了半个多世纪的持续发展，期间经历了大约两次发展的高潮和低谷。自 2006 年起，深度学习领域的突破推动了人工智能迎来第三次高潮（见图 9.1）。

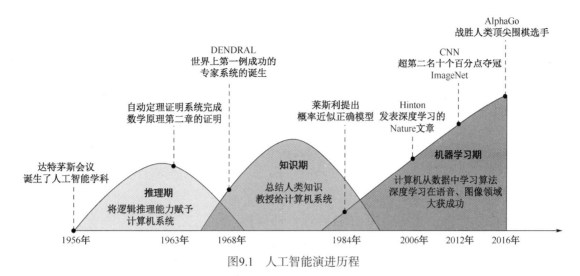

图9.1　人工智能演进历程

21 世纪人工智能的里程碑之一是 Geoffrey Hinton 发表的《A fast learning algorithm for deep belief nets》，深度学习算法模型自此快速迭代，伴随计算能力的增强和海量数据的出现，机器能够在有限时间内捕获事物典型特征，人工智能在语音识别、图像识别等边界清晰的领域大获成功。另外，现阶段深度学习的方式过于依赖数据，在只有少量数据或者已有数据不足以代表事物特征、数据不易标注的领域，人工智能较难取得理想结果；深度学习的相应理论未能跟上，工业实践调试中存在大量 Trick，黑箱模型致使人类无法观察和控制，限制了人工智能的应用范围；在边界清晰的领域内机器游刃有余，但当罕见情况出现、稍微越界的时候，机器可能不知所措，相比人类在开放环境下的调整能力，机器学习的鲁棒性依然很差。

深度学习算法的发明，大大推动了人工智能技术的整体进步，尤其是商业化进程大大加快。深度学习开辟了机器学习研究中的一个新领域，通过借鉴人工神经网络的相关研究，利用组合数据初级特征形成高层抽象表示的方法，发现数据的分布式特征。深度学习的动机在于建立、模拟人脑进行分析学习的神经网络，它模仿人脑的机制来解释多样化的数据。自 2006 年以来，深度学习的大量论文被发表，互联网企业纷纷投入大量人力、财力进行相关领域的研究。

目前，中国人工智能发展环境利好因素较多，受到产学研各方重视。自 2015 年以来，中国人工智能成为投资热点。1981 年成立的中国人工智能学会（CAAI），也在积极推动中国人工智能产业发展。百度、阿里巴巴、腾讯、华为等信息通信企业也积极布局人工智能，人工智能技术应用能力已经与国际领先企业接近，为我国人工智能突破性发展奠定了基础。

9.2　产业应用热点

9.2.1　开源平台为 AI 的大规模应用奠定基石

自 2012 年以来，国内外工业界和学术界也先后推出了用于深度学习建模用途的开源工具和框架，包括 Caffe、Theano、Torch、MXNet、TensorFlow、Chainer、CNTK 等，极大地降低了人工智能技术在工业实践中的入门门槛，推动了 AI 在行业中的创造性应用。国内方面，2016 年 9 月百度宣布将其异构分布式深度学习系统 PaddlePaddle 对外开放，PaddlePaddle 设计干净、简洁，稳定，速度较快，显存占用较小，并已在百度多项主要产品和服务之中发挥了巨大作用。阿里开放中国首个人工智能计算平台 DTPAI，并推出阿里客服机器人平台；腾讯推出撰稿机器人 Dreamwriter，开放视觉识别平台腾讯优图，并且成立腾讯智能计算与搜索实验室。

中国人工智能领域已有近百家创业公司，约 65 家获得了投资，共计 29.1 亿元人民币，其中旷视科技、优必选、云知声、SenseTime 四家公司登上艾瑞独角兽榜单。汤晓鸥团队成为全球首个在 LFW 中识别率达到 99.15% 的团队。

9.2.2　人工智能为消费互联网带来产业升级

依托于强大的信息数据处理能力以及多样化的移动终端的发展，消费互联网企业在前些年迅速扩张，并在电子商务、社交网络、搜索引擎等行业形成各自稳定的生态圈，消费互联网产业从高速发展阶段步入了缓慢增长阶段。但是，人工智能技术的逐步应用使得人们在阅读、出行、网购、娱乐等诸多方面的体验得以有效改善，提升了大众生活的效率与质量，为消费互联网的发展带来了新的生机。

无论是今日头条、天天快报等资讯聚合平台，还是快手等短视频内容社区，个性化推荐技术通过对用户既往浏览历史的分析，以及对用户微博、微信、QQ 等社交账号进行一系列的关联，让算法结合数据智能推断出用户的兴趣所在。

在内容平台以外，淘宝、京东等电商平台也可以结合用户数据为其智能推荐其所关心的商品组合，既提升了用户购物效率，也提升了平台广告的转化率。QQ 音乐、虾米音乐等音乐 APP 也使用户告别了海量曲库带来的选择困难症，猜你喜欢、听你所想。

社交方面，P 图软件、直播平台等可为用户实时美颜、设计画框、脸谱、更改背景等，以创意、趣味性等获客引流、增加用户黏性，图像识别技术还可替代 90% 以上的人工审核，智能鉴黄，保证直播平台的平稳运营。

增强现实不仅催生爆款游戏，使宅男宅女走上街头活捉小精灵，更成为线下商家的营销方式。虚拟现实为用户营造虚拟立体空间，与远隔万里的朋友天涯咫尺，带来社交新想象。

滴滴等网约车平台也将 AI 技术用于智能动态定价、订单分配、线路规划等，在努力保障供需平衡的基础上，不断提升用户出行体验。饿了么、百度等外卖平台也得益于 AI 技术的智能调度，在订餐高峰期游刃有余，高效分配送餐员的订单任务，使用户能够方便、及时地享用美食。

中国人工智能产业典型企业如图 9.2 所示。

典型企业一

以数据、计算、技术开发为核心，通过技术开发平台和AI应用开发两种形式，全面进入产业

科大讯飞 典型企业二

以语音技术为核心，通过语音技术开放平台和语音应用切入人工智能产业

Alibaba.com

以数据资源，开放云计算平台服务为主，构建应用

Tencent 腾讯

基于海量社交数据，算法，拓展图片识别、语义理解等虚拟服务

应用为主

出门问问 典型企业三

中文语音搜索应用，智能手表等产品研发

UBTECH 典型企业四

运动控制研究和家庭机器人硬件产品开发

小i机器人
xiaoi.com

NLP技术研究、客服、机器人等应用开发

图灵机器人
TURING RoBoT

开发个性化的语音助手机器人和服务

智齿客服

基于自然语音处理技术构建客服应用

技术为主

megvii 典型企业五

机器视觉技术为主，构建软硬件服务

SENSETIME

机器视觉技术为主，构建软硬件服务

DEEPGLINT
格灵深瞳

机器视觉技术研发为主，安防等领域应用开发

捷通华声
SinoVoice

语音、手写识别等智能人机交互领域技术开发

云知声
Unisound

智能语音识别及语言处理技术为主，构建服务

AISPEECH

语音识别语言处理技术为主，并提供云服务

基础资源

Horizon Robotics

机器人专用"大脑"芯片研发

图9.2 中国人工智能产业典型企业

9.2.3 重点应用场景

1. 无人驾驶

无人驾驶是人工智能应用的重要领域，其市场非常广阔。《中国制造 2025》重点领域技术路线图中将智能网联汽车分为 DA 驾驶辅助、PA 部分自动驾驶、HA 高度自动驾驶、FA 完全自主驾驶。路线图预计 2020 年 DA、PA 车辆市场占有率约为 50%，2025 年 DA、PA 占有率保持稳定，HA 车辆将达 10%～20%，2030 年完全自主驾驶的 FA 车辆市场占有率也将接近 10%。

2017 年 4 月 19 日，百度发布一项名为"Apollo"的新计划，将向汽车行业及自动驾驶

领域的合作伙伴提供一个开放、完整、安全的软件平台，帮助他们结合车辆和硬件系统，快速搭建一套属于自己的完整的自动驾驶系统。2017 年 3 月 28 日，美国证交会文件显示，腾讯公司以 17.8 亿美元收购了特斯拉 5%的股份，彰显出腾讯在新能源汽车、智能驾驶中的战略布局。网约车平台龙头滴滴则在 2017 年 3 月 9 日，宣布在硅谷成立美国研究院，重点发展大数据安全和智能驾驶两大核心领域。此外，还有初创公司，如驭势科技，它们以半封闭场景的低速无人驾驶切入，希望在 2017 年让五六十辆无人车在园区跑起来。

2. 智能语音交互

以语音和语言为入口的人机交互，是人工智能走向认知计算、辅助乃至替代人类工作的必由之路。语音识别方面，在单人近场较为安静的环境中，目前国内一线厂商，如科大讯飞、搜狗、百度等针对日常普通话的语音实时听写，识别准确率均在 95%以上。2016 年 7 月，搜狗 CEO 王小川使用语音识别技术进行演讲，这是第一次中文演讲内容在活动现场实时生成了滚动字幕显示。现场展示的搜狗输入法的"语音修改"功能，还可在手机对用户语音识别有误的时候，允许用户对着麦克风以自然语言的交互方式完成修改，大幅提升用户的语音输入体验。在日常生活中，也有越来越多的人使用语音输入来记录灵感、提高效率，让沟通打破形式界限，在声音和文字间自由转换。语音识别只是智能语音交互的基础，要想实现人机智能交互，技术挑战在于语义理解，有待于人工智能研究在自然语言理解、知识表达与推理等领域的突破发展。

3. 机器视觉应用

2012 年，AlexNet 模型以超越第二名 10 个百分点的成绩在 ImageNet 竞赛中夺冠，深度学习在视觉识别中一战成名，2015 年夺冠的残差网络模型 ResNet 更是深达 152 层，以 3.57%的错误率超越人眼。尽管视觉智能也存在鲁棒性差、依赖数据、黑箱模型的 AI 通病，但在身份认证、安防监控、疑犯追踪、内容审核等领域，面对浩如烟海的视频、图像数据处理需求，机器视觉能够相对即时、高效地应对处理，降低人力成本。美图美颜、Pokemon GO、AR 实景红包等娱乐、营销的新玩法也得益于机器视觉的技术进步。新兴的生成对抗网络 GANs 正在探索文本转图像、影像超分辨率重建。自动驾驶系统、医疗影像分析也将因为视觉智能技术革新而取得突破性进展。

4. 商业智能应用

通过对机器学习、运筹优化、博弈论等多学科技术知识的综合运用，商业智能已逐步实现从数据到决策，智能化、自动化地解决业务流程中的种种问题，帮助企业降低经营成本、提升运营效率，实现利润更大化。精准营销是一个基于数据分析的量化过程，通过对用户使用行为和偏好的精准衡量和分析，为客户提供个性化营销服务，真正以客户为导向，进而实现营销转化率提升、销售规模扩大。商业智能公司如杉数科技，通过综合考虑采销业务需求、商品的历史销售数据，并结合用户行为数据分析，构建联合定价的商品池；然后基于联合定价商品池，综合考虑友商情况、季节性、活动、替代品与互补品等因素的影响，构造出需求函数模型，并在此需求函数形式下构建多 SKU 联合定价方案，实现电商全局销售收益最大化。明略数据、第四范式等公司均利用自身技术所长，在帮助银行、保险、券商、基金等金融机构规划建设大数据管理平台的基础上，结合 AI 技术为客户建设更高效、更实时的风险分析、欺诈防控体系。

9.3　关键技术

9.3.1　机器学习

与传统算法不同，机器学习通过输入数据和想要的结果，输出则为算法，即把数据转换成结果的算法。周志华教授在他的著作《机器学习》中讲到，在 20 世纪 80 年代，"从样例中进行学习"的一大主流是符号主义学习，其代表包括决策树和基于逻辑的学习（ILP 是基于逻辑的学习的著名代表）。由于决策树学习简单易用，至今仍是最常用的机器学习技术之一。ILP 具有很强的知识表示能力，但由于表示能力太强，直接导致学习过程面临的假设空间太大、复杂度太高，因此问题规模稍大就难以有效学习，90 年代中期后这方面的研究就相对陷入低潮。20 世纪 90 年代中期之前，"从样例中学习"的另一主流技术是基于神经网络的连接主义学习。20 世纪 90 年代中期，"统计学习"迅速占据主流舞台，代表性技术是支持向量机以及更一般的核方法。21 世纪初，连接主义学习又卷土重来，牵起了以"深度学习"为名的热潮。所谓深度学习，狭义地说就是"很多层"的神经网络。

9.3.2　知识图谱

知识图谱（Knowledge Graph）是一种应用于诸多人工智能相关领域的关键技术，主要应用在数据结构化处理、解析、关联以及后续的分析与推理。知识提取、知识表现、知识存储、知识检索构成知识图谱的全周期技术链条。知识提取指利用自然语言处理、机器学习、模式识别等解决结构化数据的生成问题。知识表现则重新组织结构化数据，使得在机器能够处理的同时，人也可以理解。知识存储进行大量的结构化数据管理，同时混合管理结构化和非结构化数据。知识检索一般使用语义技术提高搜索与查询的精准度，为用户展现最合适的信息。

9.3.3　深度学习

深度学习是机器学习中一种基于对数据进行表征学习的方法，通过组合低层特征形成更加抽象的高层表示属性类别或特征。并且把特征分层，而且根据模型的巨大维度，它可以有非常多、非常强的特征表达方式。深度学习带来的红利就是准确性，把图像识别、语音识别的准确性大幅提升。

强化学习的大部分数据都不是直接标注，而是等到最后结果出来，再指导前面的机器学习过程。强化学习的目的是学习策略，但它依赖于专家定义的状态空间，需要专家提供知识才能启动。强化学习加上深度学习打破了一些局限，例如，DeepMind 的 AlphaGo 在人类引以为傲的智慧高地围棋比赛中打败人类顶尖棋手，其背后技术就是深度强化学习。

在数据非常少，所谓的冷启动的问题中，我们希望能够把一个已经做好的通用模型迁移到一个少量的个性化数据上去，这便是迁移学习。迁移学习目前有一些成功案例，但仍需研究迁移学习成功的具体原因。另外需要指出的是，迁移学习也许是解决小数据学习难题的有力手段，但不是小数据学习的全部。

9.4 发展趋势

人工智能市场将保持高速增长，据艾瑞咨询预测，2020 年全球 AI 市场规模约为 1190 亿元人民币，中国约为 91 亿元（见图 9.3）。BBC 预测 2020 年，全球人工智能市场规模约为 1190 亿元人民币。

数据来源： 全球人工智能市场规模来源为历年公开数据整理。
说明： 中国人工智能市场规模为艾瑞依据行业内上市公司财报，公开资料，专家意见等推算得出。
估算范围： 市场规模指营业收入，统计不包括硬件产品销售收入（如机器人、无人机、智能家居等销售）、信息搜索、资讯分发、精准广告推送等。

图9.3　中国人工智能市场规模预测

据创新工场统计，从 2006 到 2016 年的十年间，近两万篇顶级的人工智能文章中，华人贡献的文章数和被引用数分别占全部数字的 29.2% 和 31.8%。从 2014 年、2015 年开始，华人的研究力量更是占据了人工智能科研世界的半壁江山，这些理论成果势必会成为中国人工智能产业的养料和动力，中国本土也将诞生出更多世界级的优秀企业。

目前，视觉、语音识别识别率已超过 95%，感知层基础技术基本具备，互联网发展积累的海量数据已经能够支持目前的技术需求，使用云计算+大规模 GPU 并行计算的解决方案已经较为成熟。对于未来，参考 Gartner 技术曲线，语音翻译等应用化技术还需时间成熟，行为、环境等更全面数据还需要物联网的发展和普及，高性能芯片还需发展，感知智能技术应用普及还需要 5～10 年。

总体上说，人工智能未来发展短期着眼应用开发，长期致力于技术研究。基于现阶段相对成熟的技术领域开发阶段性产品，周期相对较短，技术自身突破较难，依赖其他领域的技术突破，发展周期较长，需要长期智力、资金等资源投入。认知层的技术突破和基础资源积累依然是长期重点。

人工智能在促使社会总生产力提升的同时，也将对各行各业的工作方式产生复杂影响。一方面，先进的生产工具将会给一些职业带来更多辅助，帮助他们在单位时间内完成更多的工作内容，诞生更具想象力的新的工作形式，进一步释放人类潜能；另一方面，人工智能将逐步在边界清晰的领域落地生根，为人类提供更多闲暇的同时，替代人类、昼夜无休。个人层面，应注重汲取新知识、增强学习能力、顺应时代发展，借助人工智能提升工作效率。国家层面，应积极应对，制定利于 AI 发展的产业政策，做好学校教育的方向引导，为待就业人员提供福利保障。国家、企业、学校等公共机构应通力合作，避免因技术进步导致社会资源分布不平衡的加剧。

（殷红、王晓尘）

第10章 2016年中国智慧城市发展状况

10.1 发展概况

"智慧城市"（Smart City）是 IBM 公司 2008 年 11 月提出的"智慧地球"（Smarter Planet）理念落地全球的举措。为应对城镇化发展过程中带来的人口增长、环境污染、交通拥堵等各类"大城市病"，促进城市健康、安全和可持续发展，智慧城市已经成为全球城市发展的共同诉求和大势所趋。建设智慧城市，对加快工业化、信息化、城镇化、农业现代化同步发展，提升城市可持续发展能力具有重要意义。然而，近几年来，智慧城市建设所造成的"信息烟囱"、"数据孤岛"、"重技术轻应用"等问题逐渐暴露，并且随着城镇化进程的不断推进，这也将会给城市管理、建设和发展带来更多挑战和更大的压力。在此背景下，2015—2016 年，我国在以往智慧城市理论和实践的基础上，进一步提出建设新型智慧城市。国家"十三五"规划纲要明确提出"以基础设施智能化、公共服务便利化、社会治理精细化为重点，充分运用现代信息技术和大数据，建设一批新型示范性智慧城市"。

智慧城市的建设发展推动形成智慧城市产业链和生态圈，进而转变城市经济发展方式，提高城市产业竞争力，形成良性发展态势。智慧城市产业链包含了价值链、企业链、供需链和空间链四个维度，它把一定地域空间范围内的断续或孤环形式的产业链串联了起来，并将已存在的产业链尽可能地向上下游拓展延伸。智慧城市产业链条的上游主要是硬件设备制造业，提供基础的信息采集和处理设备；中游包括软件和信息服务业，以及设备和应用系统集成；下游则主要是运营服务，对智慧城市建设完成的部分进行长期的运行管理，并形成有效的商业模式。智慧城市产业链中存在大量上下游关系和相互价值的交换，产业链环节中的某个主导企业通过调整、优化相关企业关系使其协同行动，可提高整个产业链的运作效能，最终提升企业竞争优势的过程。智慧城市产业链如图 10.1 所示。

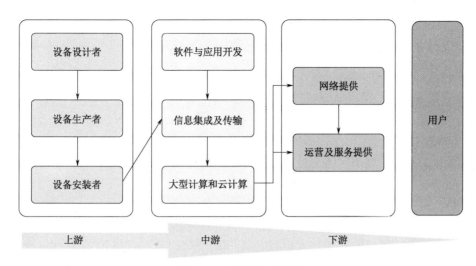

图10.1　智慧城市产业链

根据市场研究公司 Persistence 的预测，未来 10 年，全球性的城镇化将推动智慧城市市场增长近 19%，全球智慧城市市场将由 6220 亿美元，增长至 2019 年的逾 1 万亿美元，到 2026 年将进一步增长至 3.48 万亿美元。智慧能源在智慧城市市场营收中的份额最大，2015 年超过 1000 亿美元。但是，智能安全领域将在 2026 年年底超过智慧能源，占到全球智慧城市市场的 4%，网络安全系统、电脑安全系统、IP 监控相机、公共安全无线警报器等智能安全技术，将在预测期限内推动智能安全领域的增长。由于对环境友好的建筑技术日趋流行，2026 年智能建筑预计将占到智慧城市市场的逾 15%，达到 5200 亿美元。在年度增长速度方面，智能安全和智能建筑将超过其他领域，2016 年增速将分别达到逾 23% 和逾 20%。

在国家政策引领和支持下，我国各省市掀起了智慧城市建设的热潮，中国已成为全球智慧城市建设的"主战场"。自 2011 年开始，我国就陆续出现与智慧城市相关的联盟，智慧城市行业协同机制是智慧城市建设重要的推动力量，截至 2016 年 12 月，全国各类联盟数量总数超过 40 个。自 2013 年我国开展智慧城市试点工作以来，目前我国已公布了三批智慧城市试点，已接近 300 个。截至目前，我国 100% 的副省级以上城市、87% 的地级以上城市，总计 500 多个城市提出或正在建设智慧城市，约占世界智慧城市创建总数的一半。我国智慧城市建设如火如荼，市场规模不断扩大，已成为世界智慧城市创新的主试验场，世界规模最大的智慧城市产能市场。"十二五"期间，我国智慧城市建设市场规模超过了 7000 亿元，政务、医疗、交通等领域，智慧城市建设已经取得了一定效果。据统计，住建部 277 个智慧城市试点中，70% 以上做完了顶层设计，30% 以上开始真正实施。智慧城市不仅包括信息化等，还有很多基础设施产业园，智慧城市试点共有 3600 个项目，总投资约 1.3 万亿元。"十三五"期间，智慧城市建设市场规模有望增加至 4 万亿元。根据智研咨询研究，2015 年我国智慧城市 IT 投资规模达 2480 亿元，较 2014 年同期增长 20.4%，预计 2017 年我国智慧城市 IT 投资规模将达到 3752 亿元，未来五年（2017—2021）年均复合增长率预计为 31.12%，2021 年 IT 投资规模可能达到 12341 亿元。预计 2017 年我国智慧城市市场规模将达到 6.0 万亿元，未来五年（2017—2021）年均复合增长率预计将为 32.64%，2021 年市场规模有望达到 18.7 万亿元。

10.2 行业热点

1. 从"智慧城市"向"新型智慧城市"的升级

新型智慧城市的"新"主要体现在三个方面：一是打破信息"烟囱"，实现信息互联互通；二是实现跨行业大数据的真正融合和共享；三是构建城市信息安全体系，保障城市安全。从智慧城市到新型智慧城市实质上是智慧城市的演进和迭代发展过程。传统智慧城市是智慧城市建设的初级阶段，它强调的是"信息化"和"技术"，通过各类信息技术与城市管理、民生服务和产业发展等领域的融合应用，实现城市各部门的信息化建设。然而，随着各类信息基础设施建设的不断完善，智慧城市理念不断走向成熟，大数据、云计算、物联网、移动互联网、人工智能等新兴的 ICT 技术迅猛发展，仅仅关注城市各部门的信息化建设显然不足以满足城市未来长远、可持续发展的需求。和传统的智慧城市相比，新型智慧城市注重的是城市各类信息的共享、城市大数据的挖掘和利用以及城市安全的构建和保障。新型智慧城市建设的关键在于打通传统智慧城市的各类信息和数据孤岛，实现城市各类数据的采集、共享和利用，建立统一的城市大数据运营平台，有效发挥大数据在"善政、惠民、兴业"等方面的作用。同时，随着城市信息化和智慧化程度越来越高，城市信息安全问题亦越来越受到关注，新型智慧城市建设亦更加重视城市信息安全体系的构建，保障城市各类信息和大数据安全。更为重要的是新型智慧城市强调为"人"服务，根本上是促进人在城市中更好地生活和发展。因此，新型智慧城市也从过去以"信息技术"为出发点，回到"人"这一最根本的出发点和落脚点，"以人为本"将成为新型智慧城市的重要特征。

2015 年 12 月，由国家发改委和中央网信办共同担任组长单位，成立了新型智慧城市建设部际协调工作组，并召开了部际协调工作组第一次会议，会议提出新型智慧城市建设应包括无处不在的惠民服务、透明高效的在线政府、精细精准的城市治理、融合创新的信息经济、自主可控的安全体系五大要素。2016 年 3 月 24 日，第二届中国智慧城市创新大会指出要以体制机制改革和政策制度创新为动力，以解决智慧城市发展中的瓶颈制约和突出问题为抓手，以信息惠民为核心，加强统筹协调和政策研究，加快标准和规范制定，开展试点示范和经验推广，拓展国际合作，强化网络安全，扎实推进新型智慧城市建设各项工作。2016 年 4 月 8 日，推进新型城镇化工作部际联席会议第三次会议提出要推进新型智慧城市建设，制定新型智慧城市标准体系，实施"互联网+"城市计划，开展 100 个新型智慧城市建设，打造若干"智创空间"、"智创园区"。2016 年 11 月 11 日，在国家发改委、中央网信办牵头的新型智慧城市建设部际协调工作组指导下，我国第一本国家层面的智慧城市年度综合发展报告《新型智慧城市发展报告 2015—2016》正式发布，这对引导地方务实推进新型智慧城市建设具有重要参考价值。

2. 新型智慧城市的政策体系不断完善

国家先后出台了一系列政策推动智慧城市建设。2015 年 10 月 22 日，国家标准委、中央网信办、国家发展改革委联合发出《关于开展智慧城市标准体系和评价指标体系建设及应用实施的指导意见》，提出到 2020 年累计共完成 50 项左右的智慧城市领域标准制订工作，同步推进现有智慧城市相关技术和应用标准的制修订工作。2016 年 2 月出台《中共中央国务院关于进一步加强城市规划建设管理工作的若干意见》，明确提出到 2020 年，要建成一批特色鲜明的智慧城市。

新型智慧城市理念得到国家政策顶层设计的全面支持。2016 年 4 月，国家发改委提出在"十三五"时期，将有针对性地组织 100 个城市开展新型智慧城市"试点"，同时开展智慧城市建设效果评价工作。2016 年 10 月，习近平总书记在政治局集体学习中强调"以推行电子政务、建设新型智慧城市等为抓手，以数据集中和共享为途径，建设全国一体化的国家大数据中心，推进技术融合、业务融合、数据融合，实现跨层级、跨地域、跨系统、跨部门、跨业务的协同管理和服务"。2016 年 11 月 22 日，国家发展改革委办公厅、中央网信办秘书局和国家标准委办公室联合印发《关于组织开展新型智慧城市评价工作务实推动新型智慧城市健康快速发展的通知》，同时下发《新型智慧城市评价指标（2016 年）》，正式启动 2016 年新型智慧城市评价工作。2016 年 12 月 7 日，国务院常务会议审议通过的《"十三五"国家信息化规划》，把新型智慧城市建设列为优先行动之一。

3. 企业跨界协作推进新型智慧城市发展

从新型智慧城市建设实践来说，包括中国电科、华为、中兴等在内的诸多 ICT 厂商已经投入到新型智慧城市建设实践中。中国电科提出"一个开放的体系架构、一个共性基础网、一个通用功能平台、一个数据体系、一个高效的运行中心、一套统一的标准体系""六个一"的思路，推进新型智慧城市建设，同时与国内外 19 家企业和 3 所高校共同发起成立"新型智慧城市"建设企业联盟。华为打造了以"一云二网三平台"为整体架构的智慧城市解决方案，并发布智慧城市生态圈行动计划，共同助力新型智慧城市建设。中兴通讯提出智慧城市1.0 和智慧城市 2.0 理念，在城市大数据的重要性日益凸显之际，中兴通讯进一步提出智慧城市 3.0 理念，智慧城市 3.0 以大数据的运营为核心，关键在于以大数据推进新型智慧城市建设。目前中兴通讯已经在沈阳等地开展智慧城市 3.0 的落地和实践，成功打造了"智慧沈阳"等新型智慧城市建设项目。

近几年，互联网企业也开始成为智慧城市建设与发展的主力军。首先，互联网正在重构智慧城市产业上游，主要表现为以云计算为代表的新一代信息技术，改变了智慧城市的信息整合和处理方式，互联网应用所需的计算、存储和网络资源不再由中下游企业独立采购，而越来越多地由互联网企业提供。其次，互联网丰富了智慧城市的产业中游，主要表现为大数据和移动互联网技术的应用，极大地丰富了软件和信息服务的内容和提供方式，其中最具代表性的就是众多与智慧城市服务相关的 APP。最后，互联网还延伸了智慧城市产业下游，让市民有了进入智慧城市便捷的通道和入口。

4. 智慧城市评价研究成果丰硕

2016 年 11 月 22 日，国家发展改革委、中央网信办、国家标准委联合发布《关于组织开展新型智慧城市评价工作的通知》，要求开展新型智慧城市评价工作。新型智慧城市评价指标包括惠民服务、精准治理、生态宜居、智能设施、信息资源、网络安全、改革创新、市民体验 8 项一级指标，21 项二级指标，54 项二级指标分项等相关评价指标，评价指标按照"以人为本、惠民便民、绩效导向、客观量化"的原则制定，包括客观指标、主观指标、自选指标三部分。

2016 年 12 月 27 日，中国互联网协会、新华网和蚂蚁金服发布了《新空间·新生活·新治理——中国新型智慧城市·蚂蚁模式》白皮书，同时发布了全国335个城市的"互联网+"社会服务指数排名，杭州市以383.14的高分成为最智慧的城市。白皮书发布了"新型智慧城市·蚂蚁模式"的六维模型，包括生活+、信用+、智能+、安全+、生态+和普惠+。从全国范围看，除了围绕着北上广深等一线城市之外，杭州、南京、宁波、苏州、武汉、长沙、郑州、成都、重庆、青岛、廊坊等区域龙头城市成为新的增长极，由点及片带动区域"互联网+"社会服务水平整体提高。指数报告显示，"互联网+"正为城市服务提升打开巨大空间，总指数城市均值显示，国内的城市服务总体水平持续、稳定、快速增长，从2016年1月到9月，指数均值就从23.74提高到48.43，3个季度增长了1.04倍。

10.3　应用分析

1. 智慧园区

　　智慧园区是城市范围内园区现代化的战略途径，也是智慧城市建设的重要模式。智慧园区是指在数字化园区的基础上，借助新一代云计算、物联网等信息技术，通过监测、分析、整合及智慧响应的方式，改变政府、企业和公众之间的交互方式，将园区中分散的信息基础设施、社会基础设施和商业基础设施有效连接起来。智慧园区强调"公共管理、基础配套、经济发展、生态保护、安全保障、社会服务"相结合的六位一体的整体布局模式，将使园区的生产方式、生活方式、公共服务、机构决策、规划管理、社会民生等方面产生巨大和深远的变革。智慧园区建设不仅提供探索智慧城市建设的试验田，推动智慧城市的建设，而且也有助于园区经济发展和提升园区信息服务范围与服务能级。现代园区的功能逐步从传统的招商引资和管理职能向全方位的产业及城市综合化服务转型，并逐渐建立园区内外之间的整合优势，逐步发展成为新城市中心，这就要求把智慧城市和智慧园区的建设结合起来，"以产促城，以城兴产，产城融合"。

　　智慧园区的重点在于"智慧"，它在现实的园区环境之外，综合应用各类IT网络技术，通过网上虚拟园区等实现方式，加强园区内部的互动沟通和管理能力，在更加广阔的范围内提高园区的知名度；它更强调增强园区管委会政府、园区企业等各个方面的资源整合能力，把园区内各方的专长资源加以整合推广，为园区打造一个整体的强势品牌。智慧园区通过信息技术和各类资源的整合，充分降低企业运营成本，提高工作效率，加强各类园区创新、服务和管理能力，为园区铸就一套超强的软实力。智慧园区发展进程如图10.2所示。

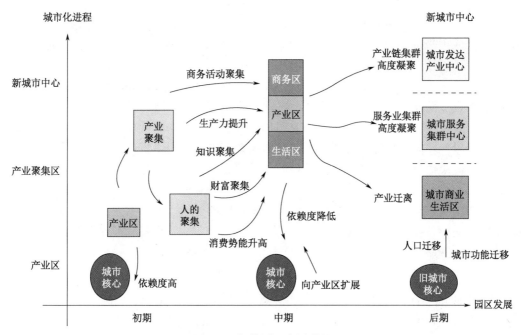

图10.2　智慧园区发展进程

2. 智慧交通

交通堵塞等"大城市病"长期以来屡被诟病，智慧交通是建设智慧城市、解决交通问题的重要工具，是部署丰富前端、进行数据采集的重要来源，是打造视频监控平台、实现平台联网布控的重要防线。基于智慧城市建设中的数据挖掘和人工智能深度学习，以海量交通数据为基础，分析交通运行的规律性和相似性，建立智能学习模型，通过机器学习去预测流量、拥堵等多项交通参数，是智慧城市建设中的重要应用。海信研发的"数据魔方"可在 30 秒内完成 10 亿规模交通大数据的可视化分析，实现了基于深度学习的交通预测。借助人工智能+大数据+交通，山东青岛智能交通数据"慧眼"系统让高峰持续时间下降 1.48 小时，平均速度提高比例提高 9.71%，节约车辆出行时间 10793.8 万小时。

10.4　典型案例

1. 智慧银川

银川市建设了以"一图一网一云"为整体架构的智慧城市体系。一图，是敏锐的五官，通过部署各类物联网感知终端，结合全景真三维地图，对城市各要素进行空间节点定位；一网，是强健的神经，8000G 的城市光网络让数据通行无阻；一云，则是大数据中心云平台，是整个城市的"大脑"，对数据进行存储和挖掘分析，让数据产生价值。

"边破边立"带来的是"耳聪目明"的新城市。"破"是指打破信息孤岛，让数据能够顺畅地跨部门共享，跨领域流通。银川市是全国第一个把政府各部门的数据统一到政府智慧城市平台里进行信息共享的城市。银川市将分散在 26 个行政部门的审批职能剥离出来，划归新成立的行政审批服务局，原有 26 个行政部门的监管职能不变，将原有的多部门审批压缩到一个部门审批。以此为抓手，政府各部门的"信息孤岛"被打通，形成数据共享，建立有效的大数据应用平台。数据共享产生了崭新的服务模式，例如，"云证通"业务是在大数据基础上实现"多证合一"，构建"办证不出证，数据来验证"的电子化验证体系，为企业提供了一张万能的"数字身份证"。"立"则是通过先进的技术手段来获取新的数据资源。智慧城市要想真正智慧起来，还要为自己打造新的眼睛和耳朵。2015年7月，银川智慧医疗数据采集终端健康自检仪正式进入百姓家，它可以完成血压、心率、心电、血糖、体质指数、基础代谢率等21项健康指标的检测，而这些数据都可以直接用手机读取，并被实时传输到智慧银川人口健康信息平台，智慧医疗的核心就是要完成健康医疗数据的采集，搭建起健康大数据云平台。

截至2016年年底，银川市已完成20个智慧社区的建设工作，智慧社区人脸识别门禁系统、智能快递柜、社区WiFi、视频监控系统、直饮水等11项设备和社区卫生服务站健康养老服务、微商圈服务、全能网格服务使10万余名居民受益。

2. 广州智慧社区服务

广州市通过推行社区"蜜蜂箱"和旗舰型社区服务综合体，实现邮政服务渠道创新和网点转型升级向"微政务中心"的转型，打造"15分钟公共服务圈"，解决了民众"办事难"的痛点，有力地推动了广州市的"智慧城市"建设和"互联网+政务服务"改革。广州邮政的邮政智能包裹柜"蜜蜂箱"在全市布点已经超过3000座，功能也从自助取快递、寄快递的1.0版，到能够开展邮政金融服务和民生服务的2.0版的"智慧邮局"，发展成可一站式办理常用证件和个人事项等300多项政务业务的3.0版社区服务综合体，通过"24小时市民之窗"自助终端功能，可实现居住证、就业创业证、残疾人证、城乡居民社会养老保险等321项常用证件和个人事项的申请办理，以及交通违法信息、个税清单、完税证明、社保信息等实时查询，而相关材料的往返传递则由广州邮政完成。这项智慧社区的实践正悄然改变着1600万广州市民的生活方式，切实推进了政务公共服务的供给侧改革。2016年，"蜜蜂箱"使用次数达到3000万次，平均每个广州人使用2.3次。此外，广州市进一步将"智慧邮局"和"智慧政务"的功能叠加，将政务、民生、社区、传媒、快递、金融六大功能进行整合，使政务服务和公共服务窗口延伸到市民的家门口，建成3个旗舰型社区服务综合体，根据不同的条件和需求对外提供综合便民服务，提供"人工办理+24小时自助"服务，还设有政务机器人、证照易、法律援助视频室等特色政务服务内容，进一步提高了"信息跑腿"的便利办事程度。这种公共服务自助办证一体化的新模式不仅极大地方便了市民，也大大缓解了各级政务中心的工作压力，由邮政快递代替市民"跑"大厅，把"蜜蜂箱"打造成政务服务的综合收件窗和出件窗，有效解决了线下传递的瓶颈问题，将政务服务和公共服务延伸到市民家门口，实现了居民办事的"近办"、"易办"和"快办"。此外，"蜜蜂箱"成为社区街道发布活动的预告中心，较好地承担了社区宣传载体的功能，并在"蜜蜂箱"箱体上张贴广州邮政设计的手绘广州系列社会主义核心价值观宣传画，利用箱体和屏幕开展社会主义核心价值观和文明礼仪知识宣传，推进广州市精神文明建设深入社区。同时，与广州重点媒体融合项目"微社区"平台对接，推进"微社区"项目落地。

3. 青岛智慧惠民服务

2016 年青岛市大力推行"互联网+政务服务"工作，全面对接社会互联网平台，满足公众通过移动互联网获取政府服务的新需求，建成手机版网上便民服务大厅，在山东省内率先开通微信"城市服务"，为市民提供了包括社保查询、公交查询、违章查询、本地医院预约挂号、水电煤账单查询等在内的 19 项便民服务事项。另外，还组织了 44 项便民服务事项主动对接淘宝"便民服务"、支付宝"城市服务"、青岛新闻网等一批互联网服务窗口，将分散的城市生活服务集合到一起，成为手机里的一站式、全天候民生服务大厅。全市统一的网上便民服务大厅发布 57 个部门 2400 余项政务服务事项，综合网办率已达 50%。初步建成的市政府数据开放平台，整合并发布公共数据资源 120 项，涵盖经济发展、卫生健康、公共服务等 9 大主题。"网络问政"实现常态化，2010 年以来共组织 56 个部门上线近 2000 场次，参与网民 60 万人次，办理解决各类问题近 6 万件，组织规模和影响均位于全国前列。

10.5　发展趋势

1. 智慧城市建设加速带动效应更加凸显

据世界银行测算，人口百万以上的城市建设"智慧城市"，在投入不变的情况下，实施智慧管理，城市发展红利将增加 2.5～3 倍。目前，已有超过 300 个城市和三大运营商签署了智慧城市建设协议，并有 290 个城市入选国家智慧城市试点。根据国家相关部委推进智慧城市建设部署，以及各地方政府的安排，预计到 2017 年我国启动智慧城市建设和在建智慧城市的城市数量将有望超过 500 个。随着各地智慧城市建设提速，智慧城市建设的市场规模将在千亿级别，如果考虑到其他上下游产业链，如信息技术和数据分析，整个市场规模将有望扩容至万亿。作为国内基础电信网络的建设者和运营者，三大电信运营商通过和地方合作，将在智慧城市建设领域获得一定的主导权。由于智慧城市市场前景诱人，包括硬件公司和互联网企业在内，越来越多的企业都瞄准了这一领域。以阿里和百度为首的互联网企业将会以行业应用和云计算为切入点，通过开放的合作模式参与到智慧城市的竞争中来。

2. 智慧园区建设成为智慧城市发展的"升级版"

智慧园区是智慧城市的重要表现形态，其体系结构与发展模式是智慧城市在一个小区域范围内的缩影。智慧园区是智慧城市建设的重要内容，也是新兴城市的亮点，智慧园区的建设对智慧城市具有很大的示范作用。近几年来，智慧园区借助物联网、云计算、移动互联网等新一代信息技术，推动园区向智慧化、创新化和科技化方向发展，帮助园区实现产业结构和管理模式的转变，极大地提升了园区的生产、生活效率，也为智慧城市的发展策略与经营思路提供了借鉴。未来智慧园区管理会与城市化管理进一步融合，城市发展与管理可以以智慧园区建设为牵引，拉动智慧城市建设，并将智慧园区的管理职能融入到智慧城市的管理体系建设中，实现智慧园区管理与城市化管理的高度融合，打造极具区域影响力的"智慧化"城市管理体系。因此，智慧园区不仅成了智慧城市的"先行军"，也为城市顶层设计、基础设施、信息惠民和智慧产业等不断注入了新的活力，有力地推进了智慧城市互联网经济建设，成了智慧城市建设的"升级版"。

3. 人工智能和大数据成为智慧城市的"外脑"

2017 年，人工智能技术作为新兴产业之一，首次被写入政府工作报告，这会极大地激发以人工智能为代表的新兴技术加速产业化应用，人工智能和大数据成为智慧城市的"外脑"。在智慧交通领域，将大数据和人工智能技术应用于城市交通管理，通过海量交通数据去分析交通运行的规律性和相似性，建立智能学习模型，通过机器学习去预测流量、拥堵等多项交通参数，建设能够进行自我调节的智慧交通系统，让数据帮助城市来做思考和决策，将为城市提供非常大的时间效益和社会效益。

4. PPP 将成为智慧城市建设与运营的主流模式

智慧城市建设具有投资大、周期长、收益慢的特点，单靠财政预算或补贴难以支撑，再加上地方债高企，政府财政资金无以为继，资金问题是智慧城市快速发展的一大瓶颈。随着智慧城市平台的建设，智慧城市的商业模式日渐清晰，围绕智慧城市的投资和建设模式也在不断创新。政府和社会资本合作建设产业投资平台，整合上下游资源，建立智慧城市平台的生态环境，这将成为智慧城市建设和运营的主流模式。财政部 PPP 中心的数据显示，截至 2016 年 9 月末，智慧城市行业项目数共有 71 个，项目总投资额 565 亿元，智慧城市 PPP 项目在增多，PPP 逐渐成为智慧城市建设主流模式。但是，按照 IDC 分析，智慧城市建设有 2 万亿元的投资规模，目前入库项目总投资规模仅占其不足 3%，未来智慧城市 PPP 建设模式还有巨大的拓展空间。

（于佳宁、狄前防）

第 11 章　2016 年中国分享经济发展状况

11.1　发展概况

2016 年被称为中国分享经济元年，因为分享经济在政策层面受到更大关注，分享的领域不断拓展。知识付费、网络直播、单车分享等新业态快速成长，成为分享经济的新亮点。

11.1.1　发展环境

中华民族勤劳节俭和乐于分享的性格特质，是中国分享经济迅速勃兴的土壤。英国《金融时报》评价认为："中国人有根深蒂固的节俭的一面，而这正是发展'分享经济'所需要的文化背景。"尼尔森发布的报告显示，94% 的中国人有分享的意愿，远远高于北美国家 43% 的比例。2016 年，在政府的鼓励和倡导下，分享经济发展的外部环境不断优化。

1. 政策环境

2015 年 10 月召开的十八届五中全会提出"创新、协调、绿色、开放、共享"的治国理念，分享经济集中体现了这一理念，成为我国经济转型升级的重要新动能。十八届五中全会公报明确，要实施"互联网+"行动计划，发展分享经济，这是"分享经济"首次出现在我国的正式文件中。

2016 年，分享经济更是不断在政策层面得到肯定和支持：3 月，《政府工作报告》中第一次提及分享经济，明确"支持分享经济发展，提高资源利用效率，让更多人参与进来、富裕起来"，"以体制机制创新促进分享经济发展"；随后发布的《国民经济和社会发展第十三个五年规划纲要》提出，"促进'互联网+'新业态创新，鼓励搭建资源开放共享平台，探索建立国家信息经济试点示范区，积极发展分享经济"；4 月，国办印发《关于深入实施"互联网+流通"行动计划的意见》，鼓励发展分享经济新模式；5 月，国务院印发《关于深化制造业与互联网融合发展的指导意见》，提出"积极发展面向制造环节的分享经济，打破企业界限，共享技术、设备和服务"；7 月，中办、国办印发《国家信息化发展战略纲要》明确："发展分享经济，建立网络化协同创新体系。"

2016 年 7 月，交通部等 7 部委发布《网络预约出租汽车经营 服务管理暂行办法》，正式确认网约车合法地位，我国成为全球第一个承认网约车合法地位的国家。在消费、物流、制造业等领域出台的部门政策文件中，也明确鼓励分享经济发展。重庆市专门出台了《关于培育和发展分享经济的意见》，提出到 2020 年成为全国领先的分享经济高地的目标。

2016 年 7 月，国家统计局表示，考虑到分享经济，按照收入法核算的 GDP 总量和增速要比生产法核算的 GDP 数值大，国家统计局正在修订国民经济行业分类标准，制定战略性新兴产业分类标准，研究制定经济增加值核算方法，以比较全面地反映新经济活动。

2. 信用环境

过去，分享行为往往是基于熟人之间进行的交往。现在，通过互联网平台，分享成为一种市场行为，信任和信用是分享经济发展的基石。信用体系不健全、信息未互联互通是我国分享经济发展最大的掣肘，这一问题正有所改观。

2015 年 1 月，央行印发《关于做好个人征信业务准备工作的通知》，批准 8 家机构可开展个人征信业务，芝麻信用从事个人征信业务的企业已接入包括滴滴出行、小猪短租等分享型企业在内的 200 多家商户。

一些分享经济平台针对各自行业特点，形成了独具特色的信用评价机制，如通过身份证校验、绑定实名制手机号和银行卡等方式，保证交易双方信息的真实性与可信度；一些平台公司还与保险公司合作，为交易双方可能出现的意外提供保险服务。

青年是我国分享经济的重要参与力量。2015 年 6 月起，团中央、国家发改委和中国人民银行编制了《青年信用体系建设规划（2016—2020 年）》，目标是到 2020 年基本建成覆盖全体青年的信用信息基础数据库。截至 2016 年 5 月，已有 2800 多万名志愿者基础数据入库，首批 10 万多条优秀志愿者数据已归集至全国信用信息共享平台。

3. 行业自律

2015 年 12 月，中国互联网协会分享经济工作委员会在京成立，成为我国首个围绕分享经济交流合作的行业组织。2016 年 6 月，分享经济工作委员会发布《中国互联网分享经济服务自律公约》（以下简称《公约》），由滴滴出行、36 氪、饿了么等 41 家分享经济企业共同签署《公约》，倡导诚实信用、公平竞争、自主创新、优化服务 4 项原则，在尊重消费者知情权和选择权、保护用户人身安全与财产安全、保护用户个人信息安全、保护平台从业者人身安全与财产安全、保护平台从业者信息安全等方面，加强行业自律。

11.1.2 行业发展

1. 市场规模

根据国家信息中心分享经济研究中心和中国互联网协会分享经济工作委员会发布的《中国分享经济发展报告 2017》显示，2016 年，我国分享经济市场交易额约为 34522 亿元，比 2015 年增长 103%。我国生活服务、生产能力、交通出行、知识技能、房屋住宿、医疗分享等重点领域的交易规模达 13660 亿元，比 2015 年增长 96%，增长最快的是知识技能类分享，由 2015 年的 200 亿元增长到 610 亿元，增幅达 205%（见表 11.1）。

表 11.1　2016 年中国分享经济重点领域市场规模

涉及领域	交易额（亿元）		增长率
	2015 年	2016 年	
知识技能	200	610	205%
房屋住宿	105	243	131%
交通出行	1000	2038	104%
生活服务	3603	7233	101%
生产能力	2000	3380	69%
医疗分享	70	155	121%
资金	10000	20863	109%
总计	16978	34522	103%

资料来源：国家信息中心分享经济研究中心。

　　作为互联网企业，分享经济平台跨地域、跨行业发展特征明显。站在传统经济的角度，分享经济平台用户规模巨大，往往为千万数量级甚至上亿，突破了人类历史上任何一种经济形态。

　　资本为分享经济的发展推波助澜。不同于互联网行业投融资环境趋冷，2016 年分享经济融资规模持续增长，达 1710 亿元，同比增长 130%。其中，交通出行、生活服务、知识技能领域分享经济的融资分别为 700 亿元、325 亿元、200 亿元，同比分别增长 124%、110%、173%（见图 11.1）。

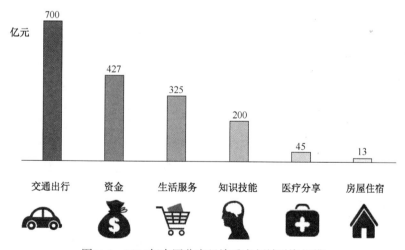

图11.1　2016年中国分享经济重点领域融资规模

资料来源：国家信息中心分享经济研究中心。

　　中国人口众多、网民庞大，市场巨大，而提供服务的平台企业日趋集中化。在交通出行、房屋住宿、生活服务等分享经济的先行领域，相继出现了洗牌式的大并购，显示出"强者恒强"的竞争格局。2016 年 8 月，滴滴出行收购优步中国，创下中国互联网企业收购外资企业的先例。2016 年，在房屋住宿分享领域，途家并购了蚂蚁短租及携程旅行网、去哪儿网旗下的公寓民宿业务，业务链得以拓展；在生活服务领域，继 2015 年美团与大众点评合并成

"新美大"后,达达与京东到家合并为"新达达"。这表明分享经济市场趋于成熟,由群雄并起发展为前两三家平台企业独霸市场的格局,为中国分享经济领域未来出现巨无霸企业奠定了基础。

2. 吸纳就业

分享经济通过互联网整合碎片化资源,除物质分享外,知识、技能、体验等方面的分享,大大提升了就业岗位与就业市场的匹配度,孕育着更加自由的就业形态。经测算数据显示,分享经济就业弹性系数明显高于传统产业部门。在经济新常态与技术进步带来的双重就业压力下,分享经济提供了大量灵活的就业岗位。

根据滴滴出行公布的报告显示,2016 年,滴滴出行平台提供了 1750 万个灵活就业机会,其中 238.4 万人来自去产能行业,占 14%,有 200 多万名司机每天可以从平台获取 160 元以上的收入。在房屋住宿领域,小猪、途家、住百家等几大平台带动直接和间接就业人数超过 200 万人。在生活服务领域,大型外卖平台注册的配送员就超过百万人。2016 年中国分享经济重点领域的参与者如表 11.2 所示。

表 11.2　2016 年中国分享经济重点领域的参与者

领域	参与总人数（人）	其中：提供服务人数（人）	其中：平台员工数（人）
生活服务	5.2 亿	2000 万	341 万
生产能力	900 万	500 万	151 万
交通出行	3.3 亿	1855 万	12 万
知识技能	3 亿	2500 万	2 万
房屋住宿	3500 万	200 万	2 万
医疗分享	2 亿	256 万	5 万

资料来源：国家信息中心分享经济研究中心。

分享经济也推动了我国创新创业的发展,各种类型的众创空间既是知识分享的重要组成部分,也成为"双创"的助推器。通过众创空间,企业和个人可以按需使用设备、厂房、资金、人员及其他闲置生产能力。截至 2016 年年底,科技部认定的国家级众创空间共有 3 批、1337 家。成立于 2015 年 4 月的优客工场成为最具影响力的众创空间之一,已在全国 16 座城市布局,可提供 1.2 万个工位,入驻企业 800 多家,逐渐形成完整的创业社群生态链。

11.2　应用拓展

科技创新是分享经济的原动力,研发能力是分享经济企业发展的核心竞争力。通过大数据、云计算,平台可快速识别用户和资源拥有者的背景、身份、信用等信息,实现精准匹配、信用评价和安全监控等。随着技术的发展,分享经济从汽车、住房等实物资源的分享,发展到医疗、教育等服务行业,从最初面向消费者的衣食住行等向制造业等生产领域扩张。2016 年分享经济重点领域市场交易额增长率如图 11.2 所示。

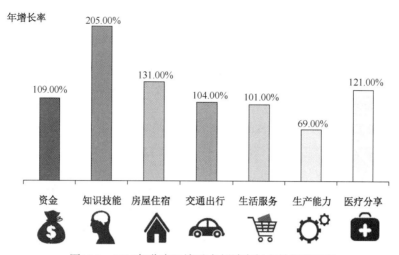

图11.2　2016年分享经济重点领域市场交易额增长率

资料来源：国家信息中心分享经济研究中心。

11.2.1　实物分享

实物分享涉及人们衣食住行各个方面，尤其在住、行等耐用消费品领域。在交通出行领域，专车、快车、顺风车等网约车正在打破出租车行业的牌照和价格垄断。根据 CNNIC 的数据统计，截至 2016 年年底，网约车用户规模达 2.25 亿人，较 2016 年上半年增加 6613 万人，增长率为 41.7%，网约车用户在网民中的占比为 30.7%。分享使自行车重新回到城市，2016 年是共享单车飞速发展的一年，多数共享单车企业成立于 2016 年，到 2016 年年底，用户规模已达 2000 多万人，日订单量超百万。包括大巴分享、私家车租赁、停车分享等，分享已经覆盖交通出行的方方面面。

一线城市和东部地区是国内房屋住宿分享的"主阵地"，房源供给和用户占比均在 60% 以上。2016 年，一些平台通过"以租代售"等模式，帮助地方政府推动房地产去库存。国内主要住房分享平台开始向海外布局，已出现专注于海外房源的分享平台。

11.2.2　服务与体验分享

生活服务类分享主要集中在餐饮业、家政等领域。据国家信息中心分享经济研究中心估算，2016 年生活服务领域的分享经济交易额约为 7233 亿元，比上年增长 101%，提供服务者约 2000 万人，用户人数超过 5 亿人。高效、便捷的数字化生活，使分享的人群向高龄和低龄两端扩展，适应老龄化社会的分享型生活服务也开始出现。

在医疗领域，优质医疗资源过度集中于北上广等一线城市的现状，推动了医疗分享的发展。2016 年，约有 30 家互联网医院正式上线运营，覆盖全国 17 个省区市。春雨医生、丁香园等医疗分享平台从线上向线下实体诊所布局，分享的内容遍及挂号、问诊、手术、慢病防治、健康咨询、商业健康险等医疗的各个环节。在现有编制管理体制下，医生个人职称评定、职务晋级、学习进修等与所在医院息息相关，多点执业"落地难"制约了分享医疗的进一步发展。

广告是知识分享的主要收入来源，2016 年，知识付费开始找到突破口，几乎每个月都有知识付费型新产品出现。到 2016 年 10 月,音频分享平台喜马拉雅 FM 活跃用户规模已达 2554 万人。

在资本的刺激下,分享体验的网络直播平台如雨后春笋般出现,到 2016 年年底已发展到约 200 家,初步形成了知识类直播、秀场类直播、社交类直播、电商类直播等模式,并出现了 YY、斗鱼、映客直播等较大的平台。据 CNNIC 的数据,截至 2016 年 12 月,网络直播用户规模达到 3.44 亿人,占网民总体的 47.1%,较 2016 年 6 月增长 1932 万人。

11.2.3 生产能力分享

2016 年 5 月,国务院印发《关于深化制造业与互联网融合发展的指导意见》,布局到 2025 年的发展任务,明确要求推动中小企业制造资源与互联网平台全面对接,实现制造能力的在线发布、协同和交易,积极发展面向制造环节的分享经济。

分享正在从个人消费向制造业渗透,涉及传统制造、智能硬件等众多领域。例如,沈阳机床厂改变过去销售数控机床的模式为在线租赁,从制造企业转变为系统解决方案提供商和工业制造服务商,提供从机床租赁到生产线设计等全流程服务;深圳硬蛋科技致力于智能制造领域的分享经济模式,专门为中小企业提供服务。由于我国制造企业整体信息化程度较低,不熟悉互联网运作模式,生产能力分享整体仍处于起步阶段,尚未形成较大的市场规模。

此外,一些传统企业也加速拥抱互联网,与分享经济新业态融合。2016 年 4 月,上海海博出租公司的 500 辆出租车直接加入滴滴出行的约车平台;原有出租车公司首汽集团和祥龙公司面向北京地区推出了首汽约车 APP,提供网约车服务。

11.3 发展趋势

作为最活跃的创新业态,分享经济的快速发展驱动着资产权属、生产组织、服务供给、就业模式和消费方式的变革。

11.3.1 经济增长新引擎

2017 年 1 月,国务院办公厅发布《关于创新管理优化服务培育壮大经济发 展新动能加快新旧动能接续转换的意见》,明确提出"以分享经济、信息经济、生物经济、绿色经济、创意经济、智能制造经济为阶段性重点的新兴经济业态逐步成为新的增长引擎"。2017 年 2 月和 5 月,国家发改委就《分享经济发展指南(征求意见稿)》(以下简称《指南》)两次向社会公开征求意见,《指南》明确,"加快形成适应分享经济特点的政策环境","充分考虑分享经济跨界融合特点,避免用旧办法管制新业态,破除分享经济的行业壁垒和地域限制"。

中国移动、中国联通和中国电信三大运营商连续发布了提速降费新举措,计划持续加大网络基础建设投入,大幅降低国际长途和国际漫游数据流量等资费,并推出一系列创新流量服务。

政策和应用环境的进一步改善,有望推动分享经济持续快速增长。专家预测,未来几年,分享经济仍将保持年均 40% 左右的高速增长。到 2020 年交易规模占 GDP 比重将达到 10% 以上,到 2025 年占比将攀升到 20% 左右。预计 2020 年,分享经济服务提供者有望超过 1 亿人,其中全职参与人员约 2000 万人，有越来越多的企业与个人将受益于分享经济的发展。

11.3.2 就业新阵地

由于分享经济发展，人们有机会通过平台分享自己的知识、技能和体验，有了更多获取收入的机会，从而深刻地改变了传统的就业方式，越来越多的人将从劳动雇佣关系走向劳务合同关系，更注重在工作中兼顾自己的兴趣。分享经济平台成为灵活就业、个人创业、社会交往的空间，参与者能比较自由地进入或退出社会生产，减轻了个人对组织的依赖程度，个人创新、创业、创造的潜力不断被激发出来。更多年轻人不再依附于某个特定的企业或机构，"公司+员工"将为"平台+个人"所取代，这对我国就业、社保等领域的改革提出了新的挑战。

11.3.3 治理新模式

分享经济正在倒逼政府改变地域化、行业性条块分割的管理模式，加速构建多方参与的协同共治模式。分享经济平台通过建立完善的准入制度、交易规则、风控机制、信用评价等大数据监管体系，为政府监管提供了更多信息和依据，成为政府协同治理的重要组成部分。同时，政府也在加快推进公共数据开放和社会信用体系建设，积极利用大数据等新技术手段实现精准治理。就社会组织而言，行业协会、产业联盟将在加强分享经济的产业协作、信息共享和标准化建设等方面，发挥日益重要的作用。

（李建华、王欣、西京京、叶如诗）

第12章 2016年中国网络资本发展状况

12.1 中国创业投资及私募股权投资市场概况

12.1.1 2016年中国VC市场概况

2016年中国创业投资VC市场资金募集处于较高水平，基金募集数和募集金额均为历史新高。募资市场活跃，常有超大额基金募资发生。

根据清科研究中心数据显示，2016年可投资于中国大陆的创业投资VC的资本存量增加率为57.3%，总规模达人民币6231亿元。

2016年中外创投机构共新募集636支可以投资中国大陆的基金，同比上升6.6%。其中已知规模的545支基金新增可投资资本3581.94亿元，同比上升79.4%。创投市场十分活跃，出现大额基金，如中国国有资本风险投资基金，目标总规模2000亿元，主要投资于企业技术创新，产业升级项目。

2016年，中国创投市场共发生投资3683起，披露金额的3419起，涉及金额1312.57亿元，平均投资规模为3839.04万元。

2016年，中国创投市场在募集数量方面以人民币基金为主，募资总额为2888亿元。外币基金新募集完成40支，募资总额693.69亿元。

2016年，中国创投投资行业集中度较高，互联网、IT和生物技术/医疗健康居前三位，行业分布如图12.1所示。

12.1.2 PE市场

2016年，PE市场可投资资本量为14178亿元，同比增长38.6%，增速明显加快。根据清科研究中心数据显示，2016年中国私募股权机构新募基金共计1675支，与2015年募集基金数量相比下降25.5%；从基金规模上看，2016年共募集完成9960.49亿元，约为2015年全年募资额的1.76倍，募资增长率上升至76.3%。就平均募资额来看，披露金额的1358支基金平均规模在7.33亿元左右，约为2015年平均募资额的2.05倍。2016年第三季度作为规模最大的"国家级"私募股权投资基金——中国国有企业结构调整基金股份有限公司已完成首期募集，募集金额达1310亿元，这支基金未来将重点投资于战略投资领域、转型升级领域、并购重组领域和资产经营领域。

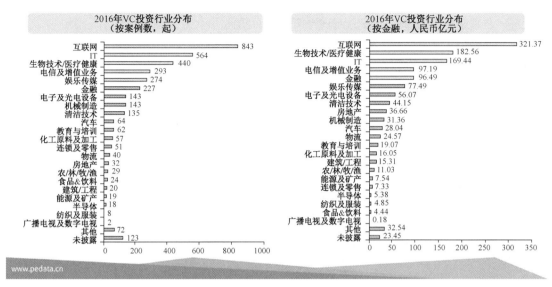

图12.1　2016年VC投资行业分布

此外，通过近期上市公司公告可以发现，"PE+上市公司"投资模式依然方兴未艾，在企业转型和 PE 退出双向利益诉求的驱动下并购基金热潮继续，如东方金钰、合兴包装、汇鸿集团、田中精机、凯迪生态和精工钢构等多家上市公司与 PE 机构共同合作设立并购基金。

2006—2016 年中国 PE 基金募集情况如图 12.2 所示。

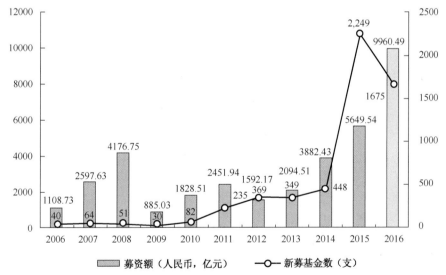

资料来源：私募通2017.01。

www.pedata.cn

图12.2　2006—2016年中国PE基金募集情况

从基金类型来看，成长基金作为私募股权市场最主要的基金类型，在 2016 年继续保持优势，募集数量达到 1041 支，总募资规模达到 5570.90 亿元，约占市场比重的 55.9%。在经济"新常态"背景下，国家继续大力推进供给侧改革与国企改革，通过兼并重组促进资源整合流动，新兴产业巨头的行业布局也不断加快，双向利好政策推动并购基金 2016 年以来迅速发展，在基金数量和基金规模方面均有所上升。2016 年共募集到位并购基金 270 支，募资规模达到 2233.87 亿元，约占市场比重的 22.4%。基础设施基金 2016 年共募集到位 91 支，募集金额达到 1147.51 亿元，募集金额同比上升 81.8%。此外，2016 年共募集 127 支房地产基金和 9 支夹层基金（见图 12.3）。

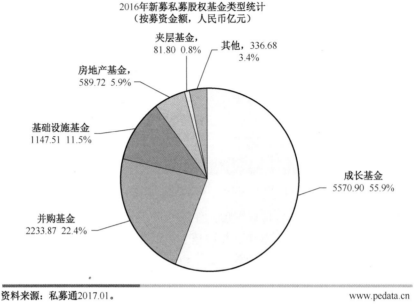

2016年新募私募股权基金类型统计
（按募资金额，人民币亿元）

夹层基金，81.80 0.8%
其他，336.68 3.4%
房地产基金，589.72 5.9%
基础设施基金 1147.51 11.5%
成长基金 5570.90 55.9%
并购基金 2233.87 22.4%

资料来源：私募通2017.01。 www.pedata.cn

图12.3 2016年PE基金类型统计

从募集基金币种角度分析，2016 年人民币基金依然为中国私募股权市场上的主力，募集数量占整个市场的 96.5%，募资总额占比 88.5%。与此相反，外币基金在募集数量和募集总规模上占比依然较小。

2016 年中国私募股权投资市场共发生投资案例 3390 起，相比 2015 年全年投资案例数增长 19.2%。就投资总额来看，2016 年披露金额的 3137 起投资事件共涉及投资额达 6014.13 亿元，约为 2015 年投资总额的 1.56 倍，投资规模继续保持了高位增长。从平均投资额来看，2016 年 PE 机构单笔投资金额较上一年小幅上升，主要原因在于"新常态"经济环境下的金融需求收缩促使机构更倾向对优质项目注入更多资金。

值得关注的是，2016 年介入资本市场的战略投资者更为多元化。阿里、腾讯、百度、复星、海尔、联想、北汽等公司通过单独设立投资机构以 CVC 模式介入资本市场，兼顾财务和战略投资属性。而 2016 年更多的战略投资者则通过企业"直投部"进行投资，其中约六成投资方为上市公司，如京东、科大讯飞、美的集团、58 同城等；而以滴滴出行、51 信用卡、菜鸟网络、今日头条、罗辑思维为代表的创业企业近年来也开始参与股权投资，以此来获取外部先进技术、弥补自身产业链上的劣势，从而增加自己的竞争筹码。这些战略投资者既拥有强大的产业背景，又具备一定的资本运作能力，对传统的 PE 机构造成了一定的竞争压力。

就投资策略来看，2016 年私募股权依然以投资成长资本为主，3390 起投资案例中有84.4%的案例投资策略为成长资本（见图 12.4）；披露投资金额的 2650 起成长资本投资案例共计投资 3718.02 亿元，占比达 61.8%。与 2015 年相比，2016 年 PE 机构通过定增投资上市公司的案例数量和投资金额均有明显提升，以硅谷天堂、中新融创、温氏投资等机构为代表的百余家 PE 机构共计参与 332 起定增案例，投资总额达 1533.06 亿元；与此同时，2016 年 PE 机构通过并购投资的案例数量由 2015 年的 37 起上升至 75 起，投资总额约为 2015 年的 3.8 倍，高达 424.03 亿元。此外，房地产投资较 2015 年变化不大，共发生投资案例 123 起，投资金额为 339.03 亿元（见图 12.5）。

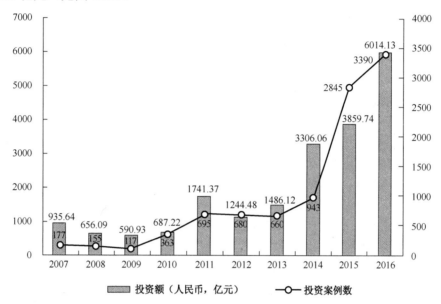

资料来源：私募通2017.01。　　　　　　　　　　　　　　　　www.pedata.cn

图12.4　2016年中国PE基金投资总量

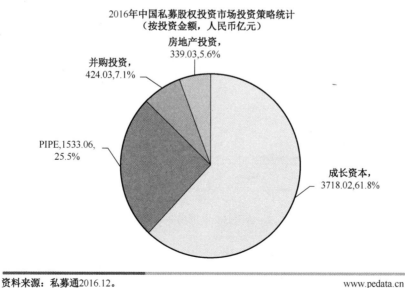

资料来源：私募通2016.12。　　　　　　　　　　　　　　　　www.pedata.cn

图12.5　2016 PE投资市场投资策略统计

从投资行业来看，2016 年互联网行业在投资案例和投资规模方面依然独占鳌头，人机交互、万物互联等科技领域热度较高，围绕智慧城市、人工智能、大数据、跨境电商、物联网、APP、互联网+产业等多个细分垂直领域吸金最多。数据显示，2016 年 PE 机构参与的投资案例中投向互联网行业的案例数高达 618 起（见图 12.6），同比增长 28.5%；披露金额的 569 起案例总投资金额达到 1106.89 亿元，平均投资额为 1.95 亿元。从投资案例数来看，紧随其后的还有 IT、娱乐传媒、生物技术/医疗健康和金融。从投资金额来看，物流行业同比增速最为明显，2016 年 PE 机构投资物流行业的金额高达 253.53 亿元。近年来，中国电子商务市场的快速发展刺激了快递服务需求，以百世快递、中国物流资产、全峰快递、韵达速递和天天快递为代表的物流企业均在 2016 年获得融资。此外，金融、房地产、生物技术/医疗健康、娱乐传媒、清洁技术等行业在 2016 年继续获得较高的关注，投资案例数和投资金额与 2015 年同期相比依然保持在高位。在国家加大医疗改革的政策引导下，生物技术/医疗健康作为近年来最受机构热捧的行业之一，其中，医疗器械、生物类似药、互联医疗配件、大数据医疗、高端医疗服务等均为生物技术/医疗健康行业热点投资领域。2016 年融资规模较大的生命健康领域的案例包括美中嘉和、津同仁堂、诺禾致源、爱尔眼科和嘉林药业等。

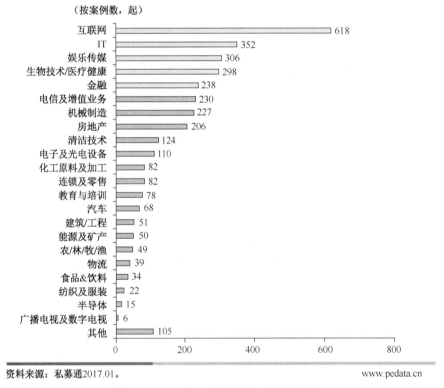

资料来源：私募通 2017.01。　　　　　　　　　　　　　www.pedata.cn

图12.6　2016年PE投资市场一级行业分布

12.1.3　2016 年中国早期投资市场

根据清科集团旗下私募通统计，2016 年中国早期投资（指投资机构或个人天使专注于种子轮或天使轮等早期企业的股权投资）机构新募集 127 支基金，同比小幅增长 2.4%；披露募集金额为 169.62 亿元,同比下降 16.7%。其中,人民币基金为 120 支,披露总募集金额为 148.98 亿元;外币基金共计 7 支,分别为 6 支美元基金和 1 支港币基金,披露募集金额分别为 20.22 亿元和 0.43 亿元。2016 年在双创政策和资本寒冬的双重影响下,早期投资机构在募集数量和募集规模上呈现出两极分化趋势;募集数量不断增加,但平均募集规模同比下滑 18.6%。部分优质早期机构并未受资本寒冬和钱荒的影响,依旧发挥出色,不仅设立大规模人民币基金支持初创企业,同时还设立美元基金以此来掘金海外市场优质资源。

从 2016 年早期投资市场 LP(有限合伙人)结构来看,早期投资基金 LP 来源趋于集中。2015 年股灾过后,国内 IPO 处于发展停滞阶段,导致 IPO 退出时间成本过高且流动性较差;与资金流动性要求较高的个人投资者形成较大反差。在此情况下,早期投资机构在基金募集时会适当降低高净值个人投资者的出资比例,偏爱选择资金较为充足的大型企业或机构。

2016 年 9 月 20 日,国务院印发的《国务院关于促进创业投资持续健康发展的若干意见》进一步明确天使投资的地位以及将针对天使投资制定相应的税收支持政策。此外,政府天使投资引导基金规模的扩大,进一步盘活和鼓励社会资本与早期投资机构的对接,帮助早期投资机构降低融资成本,更好地为小企业"大"作为提供发展资金。

投资方面,早期投资总金额刷新历史新高,但投资案例数同比小幅下降。根据清科集团旗下私募通统计,2016 年全年共发生 2051 起早期投资案例,同比下降 1.2%;披露投资案例金额约为 122.40 亿元,同比上涨 20.1%;平均单笔投资金额为 596.78 万元,同比上涨 21.5%。2016 年早期投资金额和平均投资金额呈现大幅上涨趋势,而投资案例数却呈现相反趋势。主要由于高优质小企业少,尽管 2016 年新增企业数量不断刷新历史数据,但良莠不齐的标的质量让早期投资机构难以选择。初创企业数量的爆发式增长以及市场信息的不对称进一步提高了早期投资机构前期筛选成本;早期机构采用"精而美"的投资策略,重金布局其认为极具成长性和盈利性的初创企业,不过多追求投资数量的增长。

2016 年早期投资仍以人民币为主要投资币种,共投资 1949 起,占中国早期投资市场份额的 95.0%,披露金额约 103.58 亿元。外币共投资 102 起,披露金额约 18.82 亿元,投资金额占 2016 年中国早期投资市场总额的 15.4%。人民币投资占比逐步走强。

12.2　中国互联网投资概况

2016 年,国内互联网行业 VC/PE 融资市场在过去连续 3 年指数型增长的形势下,活跃度首次降温,融资案例数量及规模均降幅明显。根据投中信息旗下数据产品 CVSource 统计显示,2016 年互联网行业 VC/PE 融资案例 1622 起,环比下降 28.1%,融资规模约 238.39 亿美元,环比下降 26.99%(见图 12.7)。2016 年宏观经济步入下坡,政策环境的不适应、二级市场的剧烈震荡,使得整个市场活跃度降温。由于受到资本寒冬的冲击,像互联网等这些以探索创新为发展主导力的行业,无法充分施展与发挥,行业快速发展受阻,投资风险增加。更多的投资者将目光转向发展动力更饱满、企业阶段趋于成熟的互联网公司,以保证在寒冬期能够在行业内持续积累经验,提前布局抓到好项目。因此,投资市场趋于理性,直接表象为融资规模及交易数量大幅减少。但即便如此,互联网行业依旧为推动资本市场发展的领军力量,互联网行业融资总规模占全行业的 20.98%,融资案例数量占全行业的 35.35%,占据了整个市场的核心地位。

图12.7　2011—2016年国内互联网行业VC/PE融资情况

从细分领域来看，2016 年互联网其他、电子商务、行业网站依旧为投资者热衷的三大细分行业，无论从交易数量还是融资规模，始终占据互联网全行业的主导地位。其中，不少互联网+房地产、互联网+金融等融合性企业在 2016 年的融资活动中屡屡取得优秀的成绩；在总体的融资表现上，互联网其他以 78.9 亿美元的融资总额，再次蝉联互联网行业细分领域榜首；从融资案例数量上看，互联网其他的融资活跃度远超越其他细分领域，广泛受到投资者青睐。2016 年电子商务行业表现也比较突出，与 2015 年相较，融资规模有 28.48%的增幅，融资均值高达 2152.45 万美元，电子商务行业慢慢步入成熟阶段，规模最大的事件为美团大众点评联姻成立的新公司，获 33 亿美元融资。居第三位的细分领域为行业网站，融资规模总额为 43.32 亿美元，融资案例数量为 377 起，其中，医疗平台平安好医生、云教学平台等都获得了上亿美元的融资。

2016 年年初，美团大众点评合并新公司 China Internet Plus（CIP），完成 33 亿美元的融资，此次融资由腾讯、数字天空技术 DST、挚信资本领投，其他参与的投资方包括国开金融、今日资本、淡马锡、红杉中国、Baillie Gifford、加拿大养老基金投资公司等国内外知名公司。华兴资本担任此次交易的财务顾问。新公司 CIP 完成对电影业务的整合，美大双方将到店餐饮、外卖、电影、酒店旅游、KTV、婚庆、美业等领域在交易、信息、垂直领域覆盖等方面的优势注入新公司，强强联手，牢牢保持市场领先地位，成为中国生活服务 O2O 市场的绝对领导者。其次，独立发展仅两年多的乐视体育，已完成 B 轮 70 亿元融资，企业估值暴涨。其中，凯撒旅游（000796.SZ）、海航资本投资、海航资本集团共同发起成立的嘉兴永文明体投资合伙企业（有限合伙）以 12 亿元参与乐视体育本轮融资，并获其 5.85%的股权；乐视 CEO 贾跃亭个人投资 10 亿元；主投方国开金融、建银国际等投资 20 亿元；另外，有华人文化投资基金，以及近 30 个投资人如王健林父子、演员孙红雷、贾乃亮、刘涛、陈坤等也将参与其中。乐视体育自成立以来，规模迅速扩张，连续 2 轮融资规模均达亿元以上，B 轮融资后其估值已高达 205 亿元，此番野蛮生长，让其从一个视频频道迅速成为涵盖体育全产业链的明星企业。

融资规模居第三位的是综合房产服务平台链家，获得 64 亿元 B 轮及 B+轮融资，投资方包括华晟资本、百度、H Capital 等众多投资机构和企业。由传统二手房中介出身的链家，通过互联网化转型由中介角色转变成综合房产服务平台，近两年大举扩张版图，通过并购进入上海、山东、广州等地区，迅速完成 24 个城市的业务覆盖。此外，链家逐渐将目标拓展到金融市场，"链家理财"平台提供 P2P 的借贷服务，为购房者提供短期资金周转；"理房通"类似于淘宝的"支付宝"，作为买卖双方资金托管的第三方账户。目前，链家已启动上市计划。

2016 年国内互联网行业 VC/PE 融资重点案例如表 12.1 所示。

表 12.1　2016 年国内互联网行业 VC/PE 融资重点案例

企业	CV行业	投资机构	投资金额 (US$M)
China Internet Plus	电子商务	腾讯/数字天空技术/挚信资本/国开金融/今日资本/淡马锡/红杉中国/高瓴资本/中金公司	3300
乐视体育	网络视频	海航资本投资/国开金融/建银国际/华人文化投资	1064.06
链家	互联网其他	百度/腾讯/H Capital/执一资本/海峡基金/源码资本/经纬中国/喜神资产管理	972.85
平安好医生	行业网站	N/A	500
趣分期	互联网其他	凤凰资本	456.02
宝宝树	网络社区	复星集团/经纬中国/滨创投资	456.02
人人行	行业网站	N/A	380.02
银联商务	电子支付	光控浦益	304.02
易果	电子商务	KKR/阿里巴巴	260
瓜子二手车直卖网	行业网站	诺伟其创投/红杉中国/光信资本/山行资本/微光创投/风云天使基金/经纬中国/蓝驰创投	250

CVSource,2017.1

根据 CVSource 统计，2016 年移动互联网行业 VC/PE 融资规模为 37.83 亿美元，环比下降 23%，融资案例数量 618 起，环比下降 22%。从统计数据来看，无论是融资案例数量还是融资案例规模都相较于 2015 年有所下滑。

从融资轮次来看，A 轮融资的数量与最高融资金额均出现较大的下滑，相较而言，B 轮融资的数量与金额则呈现增长态势。这意味着在整体上，2016 年移动互联网领域 VC/PE 融资对于 B 轮以后的项目关注度进一步提升，对成熟项目的投资更加关注。

数据显示，在上述的 618 起案例中，A 轮融资 169 起，最高融资金额达到 3000 万美元，相比 2015 年 A 轮融资 439 起，最高融资金额 1 亿美元，融资数量下降 62%、最高融资金额下降 67%；B 轮融资 192 起，最高融资金额 6 亿美元，相比 2015 年 B 轮融资 131 起，最高融资金额 4545 万美元，从数量和规模上都呈现增长态势。

12.3　中国互联网企业上市概况

2016 年，互联网行业中企有 7 家实现 IPO，IPO 融资规模 5.14 亿美元，环比基本持平。纵观 2011—2016 年，互联网行业 IPO 规模波动较大，2014 年阿里巴巴、京东、微博、聚美优品扎堆上市，达到互联网 IPO 活跃的高峰，2015 年以来，受 IPO 暂停、股市震荡等影响，互联网行业 IPO 受到不小的冲击，IPO 数量及 IPO 融资规模均达 6 年来低谷（见图 12.8）。

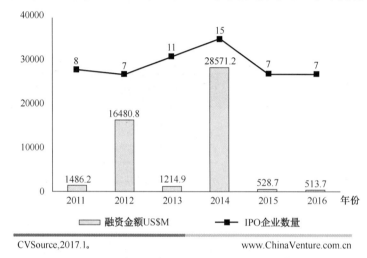

图12.8　2011—2016年国内互联网行业IPO融资规模

从上市板块来看，2 家中企选择于国内 A 股上市，并取得上亿美元的 IPO 募资规模，2 家中企赴美上市，3 家中企于港股创业板上市。2016 年监管层持续推进盘整政策，整顿市场、遏制重组套利，规范市场基础制度，建设健全稳定的市场环境，这些政策的推进，更适合于在现时背景下的中企发展，将促进更多的互联网企业选择于境内上市。另外，2016 年年底深港通的开通，丰富了内地股市与香港股市的纽带关系，一系列利好使得港交所上市活动也较为活跃。

盘点 2016 年互联网行业完成 IPO 的中企，2 家募资规模上亿美元。其中，中央重点新闻网站新华网于上交所上市，共发行新股 5190.2936 万股，发行价格为 27.69 元/股，募集资金总额为 143719.23 万元；网游平台冰川网络于深交所创业板上市，共发行股票 2500 万股，发行价格为 37.02 元/股，募集资金总额为 92550 万元。2016 年互联网行业 IPO 案例如表 12.2 所示。

表 12.2　2016 年互联网行业 IPO 案例

企业	CV行业	交易所	证券代码	募资金额 US$M	股权	IPO市值 US$M
新华网	互联网其他	SSE	603888	218.46	25.00%	873.86
冰川网络	网络游戏	ChiNext	300533	140.68	25.00%	562.73
国双	网络广告	NASDAQ	GSUM	87.10	10.00%	871.00
无忧英语网	互联网其他	NYSE	COE	45.60	12.20%	373.77
俊盟国际	电子支付	HKGEM	08062	8.63	25.00%	34.52
Hypebeast	电子商务	HKGEM	08359	6.68	20.00%	33.39
火岩控股	网络游戏	HKGEM	08345	6.58	25.00%	26.30

CVSource,2017.1.

2016 年互联网行业中企有 7 家实现 IPO，其中有 4 家有 VC/PE 背景，共涉及 IPO 退出事件 7 起，账面退出金额共计 3.08 亿美元，环比降低 18.04%，平均账面退出倍数 1.26 倍，环比降低 21.74%，创 6 年新低（见图 12.9）。

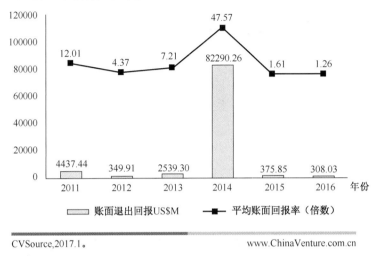

www.ChinaVenture.com.cn

图12.9　2011—2016年互联网行业IPO退出账面回报趋势

2016 年，我国移动互联网领域上市共计 3 起 IPO 融资案例，其中 1 起在港上市，与 2015 年相比增加 3 起，融资规模高达 6.51 亿美元。

12.4　中国互联网企业并购

2016 年互联网行业并购交易宣布 797 起，环比下降 20.3%，宣布交易总额达 339.62 亿美元，环比下降 35.34%，其中披露交易金额的 440 起，交易均值达 7736.16 万美元，环比降低 3.68%。并购交易完成 564 起，完成规模达 186.36 亿美元，其中披露交易金额的 237 起，交易均值达 7863.09 万美元，交易数量、总规模及交易均值与 2015 年相比均无明显起伏。

综合前几年来看，互联网行业并购交易一直处于增速发展的阶段，尤其到 2015 年达到发展的峰值，无论从交易规模还是交易案例数量上来看，都是最为火爆的一年。然而进入 2016 年后，互联网行业并没有延续 2015 年的火热，市场受资本市场寒冬，经济下行，股市震荡的冲击，市场亟待稳定（见图 12.10）。A 股监管趋严，各项新政出台，赋予市场缓冲调整恢复的条件，整个市场的活跃度下降，另一方面可理解为市场正变得更加理性和务实。

移动互联网并购市场在 2016 年趋冷，规模及交易数量双降。据统计，2016 年，移动互联网并购市场宣布交易 108 起，环比下降 52%，披露交易规模约 24 亿美元，环比下降 49%。

在 564 起并购交易完成的事件中，细分领域中网络视频交易总规模达 52.81 亿美元，案例数量仅有 24 起，高交易均值的主要原因为阿里巴巴 47.7 亿美元私有化优酷土豆，优酷土豆实现纽交所退市。网络游戏行业 2016 年也涌现了不少的大规模交易事件，在 14 个披露交易规模的并购事件中，6 起规模上亿美元，2 起近 20 亿美元，包括巨人网络借壳上市、完美环球 120 亿元全资收购完美世界。此外，行业网站、互联网其他、电子商务也成为并购交易的主要战场（见图 12.11）。

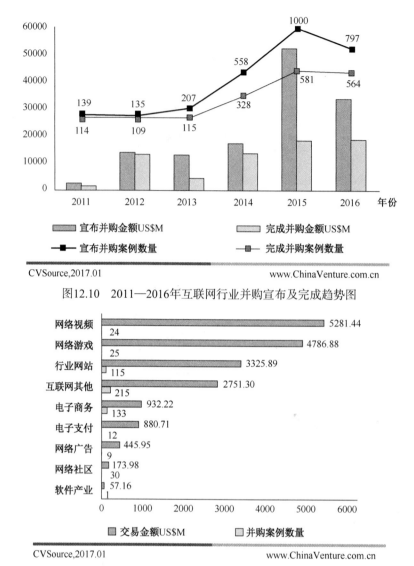

图12.10 2011—2016年互联网行业并购宣布及完成趋势图

图12.11 2016年国内互联网行业细分领域并购完成分布

2016 年，2 家于纽交所上市的中概股完成私有化，并荣登重大并购案例 TOP10。阿里巴巴最终以 47.7 亿美元完成对优酷土豆的私有化，优酷土豆从纽交所退市，正式成为阿里巴巴旗下全资子公司。私有化后优酷土豆集团董事长古永锵宣布，在未来三年只之内将冲击中国的 A 股市场，而且借壳和创业板都在其考虑范围之内。从目前的市场情况来看，在美国上市的中概股估值普遍偏低，并且在海外上市会引起诸多水土不服，在美国可能会受到很多资本条件的制约，因此，回归 A 股更有利于中企的资本运作。无独有偶，3 个月后奇虎 360 私有化项目也完美收官，正式于纽交所退市。由周鸿祎牵头的买方财团中包括中信国安、金砖丝路资本、红杉资本、华晟资本等投资机构，退市后估值大约 93 亿美元。

网络游戏行业也有较大动作。4 月 21 日，巨人网络借壳世纪游轮上市，成为首家私有化后回归 A 股上市的中概游戏股。世纪游轮之前主营业务为内河涉外豪华游轮运营业务和旅行社业务，近三年来盈利水平波动幅度较大且呈现明显下降趋势。本次借壳上市交易完成后，巨人网络将整体注入上市公司,上市公司将变身为一家以网络游戏为主的综合性互联网企业,兰麟投资将成为世纪游轮的控股股东,史玉柱将成为实际控制人。

　　此外,完美世界网络 18.24 亿美元收购完美世界网络 100%的股权,全部以发行股份支付,发行价格为 19.53 元/股,共计发行 6.14 亿股,此次募集资金将用于影视剧投资、游戏的研发运营与代理等项目(见表 12.3)。

表 12.3　2016 年互联网行业重大并购案例

标的企业	CV行业	买方	交易类型	交易金额 US$M	交易股权 (%)
合一集团	网络视频	阿里巴巴集团	私有化公司	4770	82%
巨人网络	网络游戏	世纪游轮	借壳上市	1994.99	100%
完美世界网络	网络游戏	完美世界	收购	1824.1	100%
汽车之家	行业网站	中国平安	收购	1600	48%
途牛旅游网	行业网站	首都航空	增资	500	24%
联动优势	电子支付	海立美达	收购	461.93	92%
优车科技	互联网其他	阿里巴巴集团	收购	456.02	10%
BBHI	互联网其他	自然人	收购	426	100%
奇虎360	互联网其他	中信国安	私有化公司	400	4%
Jagex Limited	网络游戏	宏投网络	收购	300	100%

CVSource,2017.1。

(侯自强)

第13章 2016年中国互联网企业发展状况

13.1 发展概况

13.1.1 制造业与互联网加速融合

制造业与互联网的融合发展，成为新一轮科技革命和产业变革的重大趋势和主要特征。2016 年 5 月，国务院印发《关于深化制造业与互联网融合发展的指导意见》，协同推进《中国制造 2025》和"互联网+"行动，加快制造强国建设。通过互联网与制造业的全面融合和深度应用，消除各环节的信息不对称，在研发、生产、交易、流通、融资等各个环节进行网络渗透，有利于提升生产效率，节约能源，降低生产成本，扩大市场份额，打通融资渠道。

《中国制造 2025》由文件发布进入全面实施新阶段。基于互联网的"双创"平台快速成长，智能控制与感知、工业核心软件、工业互联网、工业云和工业大数据平台等新型基础设施快速发展，网络化协同制造、个性化定制、服务型制造新模式不断涌现。工业和信息化部通过出台促进智能硬件、大数据、人工智能等产业发展的政策和行动计划，协同研发、服务型制造、智能网联汽车、工业设计等新业态、新模式快速发展。一批重大标志性项目推进实施，高端装备发展取得系列重大突破，一连串发展瓶颈问题得以解决。我国数字化研发设计工具普及率、工业企业数字化生产设备联网率分别达到 61.8%和 38.2%，制造业数字化、网络化、智能化发展水平不断提高。

13.1.2 互联网构建新型农业生产经营体系

2016 年的中央一号文件《关于落实发展新理念加快农业现代化 实现全面小康目标的若干意见》强调：大力推进"互联网+"现代农业，应用物联网、云计算、大数据、移动互联等现代信息技术，推动农业全产业链改造升级。农业与互联网融合走上快速发展轨道，通过运用互联网技术打造智能农业信息监控系统、建立质量安全追溯体系、开展智能化精确饲喂等，实现自动化、精准化生产，最高效地利用各种农业资源，降低农业能耗及成本，促进智慧农业发展。

2016 年，全国农产品电子商务持续呈现快速增长态势。中央和地方政府纷纷出台扶持政策，电商企业积极布局，为传统农产品营销注入现代元素，在减少农产品流通环节、促进产销衔接和公平交易、增加农民收入等方面优势明显。全国农产品电商平台已逾 3000 家，农产品生产、加工、流通等各类市场主体都看好网络销售，农产品网上交易量迅猛增长，并通过实践积累了很多经验。

13.1.3　互联网应用服务产业繁荣发展

1. 打通线上线下，实体商店与互联网电商平台紧密联合

除了传统的"双 11"电商狂欢节，互联网电商平台也开始寻找实体商户合作。2016 年 12 月 12 日（"双 12"），互联网电商平台累计联合 200 多个城市的 30 多万线下商家——覆盖餐饮、超市、便利店、外卖、商圈、机场、美容美发、电影院等生活场景——总共吸引超过上亿消费者共同参与实体店消费。越来越多的线下零售店、服务提供商通过与互联网公司合作提升经营业绩。网络支付广泛普及，移动支付比例进一步提升。

2. "互联网+"医疗发挥鲇鱼效应

通过支付宝、微信等互联网企业产品进入医疗领域，全国 700 家大中型医院加入"未来医院"，通过手机实现挂号、缴费、查报告等全流程移动就诊服务，平均节省患者就诊时间 50%，提升了就医体验，改善了门诊秩序。同时，互联网企业与医院联合创新，推出了"先诊疗后付费"的信用诊疗模式、"电子社保卡+医保移动支付"模式、反欺诈防黄牛服务等。

3. 网络教育积极探索新的市场空间

互联网企业积极发展新型的教育服务模式，在职业技能教育、资格考试培训等领域提供个性化教育服务。互联网企业与教育机构合作，发展在线开放课程，探索建立网络学习、扩大优质教育资源的新途径。与此同时，传统教育机构也在探索利用互联网手段改善教学方式、提升教学质量、探索公共教育新方式，如整合数字教育资源、探索网络化教育新模式、对接线上线下教育资源。例如，在雾霾红色预警期间，北京各个学校利用互联网、4G、视频、微信等技术方式实现"停课不停学"。

4. 分享经济影响广泛，新模式、新业态不断涌现

分享经济充分利用社会闲置资源和资金、劳动力、知识等生产要素，重构了原有的生产关系。平台拥有者与使用者享受分成收益而非原有的雇佣关系，给人们带来了多元化的"身份"。

2016 年我国分享经济呈快速发展趋势，在交通出行、房屋租赁、家政服务、办公、酒店、餐饮、旅游等领域，涌现出摩拜单车、小猪短租、爱大厨、纳什空间、途家等一批有影响力的本土企业。以网约车为例，截至 2016 年 7 月，合并后的滴滴快的平台日订单突破 1400 万，平台服务了近 3 亿用户和 1500 万司机。按照相关的就业标准，在该平台上面实现个人直接就业的司机超过了 100 万人，带动相关就业产业的机会数百万。

5. 互联网政务服务

随着 2016 年 9 月 29 日国务院发布《关于加快推进"互联网+政务服务"工作的指导意见》，各地加快推进"互联网+政务服务"工作，切实提高政务服务质量与实效。互联网企业和大型传统基础服务部门纷纷推出网络应用程序，提供城市政务服务，涉及政务办事、车主服务、医疗服务、充值缴费、交通出行、气象环保中的一个或多个板块。比较典型的有阿里

支付宝、腾讯微信、中国移动和包、国家电网 e 充电。

基于实名制的认证推广，城市居民可以在手机上办理生活缴费、查询公积金账单、车辆违章查询、交罚单、出入境进度查询、法律咨询、图书馆服务等多项线上便民服务。据统计，300 多个城市推出互联网政务服务，服务用户过亿人，给居民的生活带来了极大的便利。

13.2 技术热点

13.2.1 "大智移云"是互联网产业的重要技术载体和推动力

以大数据、智能化、移动互联网、云计算为代表的新一代信息通信技术与经济社会各领域全面深度融合，催生了很多新产品、新业务、新模式，在整个产业链中的优势不断放大，未来市场潜力巨大。"大智移云"构成了互联网产业的主要技术体系，促进了生产方式、商业模式创新，为整个产业链条的技术支撑和全流程服务提供了理论依据和实践基础。

以大数据为例，通过数据的采集、存储、管理和分析，进而形成智能化决策和评价，应用于大数据相关的各个领域。基于大数据的发展，正在形成上游数据、中游产品、下游服务的产业体系。东兴证券初步估计，2016 年中国通信大数据市场规模达 342 亿元，较上年增长 163%，其中大数据基础设施占比为 60.5%，市场规模 207 亿元；大数据软件占比为 29.5%，达 101 亿元；大数据应用占比为 10%，达 34 亿元。

在智能化方面，车联网、智慧医疗、智能家居等物联网应用产生海量连接，远远超过人与人之间的通信需求。智能硬件底层传感技术需求持续增加，窄带物联网成为万物互联的重要新兴技术，带来更加丰富的应用场景。

13.2.2 人工智能带来新的变革

2016 年 5 月，国家发展改革委、科技部、工业和信息化部、中央网信办发布《"互联网+"人工智能三年行动实施方案》，培育发展人工智能新兴产业，推进重点领域智能产品创新，提升终端产品智能化水平。人工智能不断突破新的极限，部署新的应用，带来新的变革。Google 子公司 DeepMind 研发的基于深度强化学习网络的 AlphaGo，与人类顶尖棋手李世石进行了一场 "世纪对决"，最终赢得比赛，被认为是具有里程碑意义的事件。

2016 年，人工智能成为各大互联网巨头的必争之地，以 BAT 为代表的互联网企业把更多的人工智能技术应用到产品中，并组建专门的研究机构进一步加速技术的发展，通过发展人机交互、深度学习、自然语言理解、机器人等核心技术，全方位布局人工智能产业。根据相关分析机构的数字评估，2016 年中国人工智能市场规模达到 15 亿美元左右。

13.2.3 虚拟现实进入快速成长期

虚拟现实的发展具有划时代的意义，让用户可以在普通电子设备上接收三维动态信息，进而深刻地改变认知世界的方式，提供场景重现的解决方案。通过提升内容体验与交互方式，并扩大资本支持与市场推广，虚拟现实技术正在向游戏、视频、零售、教育、医疗、旅游等领域延伸。

据投中研究院统计，2016 年上半年，中国虚拟现实行业投资案例共 38 起，投资规模为 15.4 亿元，资本涌入非常迅速。同时，投资逐渐从产业链终端向上游内容转移。从投资案例数量来看，相比 29% 的硬件设备投资占比，内容制作和分发平台分别占比 50% 和 21%；从投资资金规模来看，硬件设备投资占比从 2015 年的 71% 减少到 2016 年上半年的 50%，内容制作从 16% 上升到 37%。

13.3　国内互联网企业分析

根据中国互联网协会《2016 中国互联网企业 100 强》，对中国互联网典型企业进行分析，归纳出如下特点。

13.3.1　规模实力进一步壮大，有力拉动信息消费

2016 年互联网百强企业整体实力强劲。互联网百强企业的互联网业务收入总规模达到 7560.9 亿元，同比增长 42.7%，12 家企业互联网业务收入超过 100 亿元。收入集中度仍然较高，前五名互联网业务收入总和达到 4610 亿元，占百强企业互联网业务收入的 61%，前 10 位的企业包揽了 79% 的互联网业务收入，大企业的竞争优势明显。同时，百强企业中有近 3/4 的企业互联网业务收入处于 1.5 亿到 20 亿元之间，收入分化明显。

互联网百强企业保持了良好的成长性，有力地拉动我国信息消费。在"大众创业、万众创新"和"宽带网络提速降费"等政策的引领和支持下，互联网产业发展环境进一步优化，互联网百强企业的互联网业务收入总体增速达到了 42.7%，带动信息消费增长 8.1%，比 2015 年度提升 0.4 个百分点，对信息消费的拉动作用显著。互联网百强企业中，有 73% 的企业增速超过 20%，有 26 家企业实现了 100% 以上的超高速增长，但也有 14 家企业出现了负增长。

2016 年百强企业中，45 家为新入榜企业，30 家排名比上年度上升，互联网业务收入总额比 2015 年百强企业的 5734.5 亿元增加了 31.8%。

互联网百强企业的国际竞争力不断增强，全球互联网企业市值前 30 强中，中国互联网百强企业占据 10 席；全球互联网企业营收前十强中，百强企业营收平均增速是美国企业的 2.5 倍。

13.3.2　覆盖互联网各业务领域，电子商务发展迅猛

互联网百强企业全面覆盖互联网主要业务领域，其中综合门户类企业 11 家、垂直门户 12 家、电子商务 34 家、网络视频 7 家、网络游戏 15 家、网络营销 8 家、大数据服务 1 家、IDC 和 CDN2 家、互联网接入 2 家，其他类别 8 家（见图 13.1）。从收入结构上看，综合电商为收入最高的类别，该类企业的收入占总体比重为 50.2%，综合门户位居第二，收入占比为 27.3%，两类合计达到了 77.5%，之后分别是 B2B 电商（5.9%）、垂直门户（4.1%）、在线旅游（4.1%）、网络游戏（2.2%）、网络视频（2.2%），其余 7 类收入之和占比仅为 4.1%。

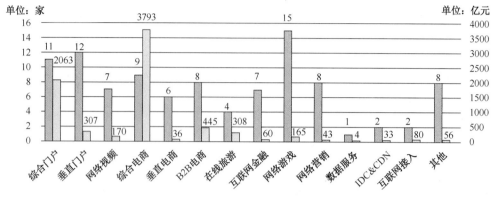

图13.1 不同业务领域的公司数量和互联网业务收入总额

电子商务发展突飞猛进，为"互联网+"的11大重点领域之一，在中央和地方政策的合力推动下，该领域企业数量从2015年的20家增加到2016年的34家，总收入达到4641.9亿元，占百强全部互联网收入比重达到61%。行业电子商务异军突起，各类专业市场加快向线上转型，传统商贸流通企业与电子商务企业资源整合。河南中钢网电子商务有限公司开创了"集采分销"的平台交易模式，成为国内首家"免保证金、免手续费、零风险、零成本"的钢铁在线交易平台。上海钢富电子商务有限公司（找钢网）用信息化技术，解决钢厂、行业中小买家的痛点，为钢铁行业提供包括仓库、简加工、物流、金融、出口、技术及大数据等在内的服务和解决方案。

13.3.3 总体盈利水平良好，业务创新活力迸发

互联网百强企业营业利润总额为1135.9亿元，74家盈利企业的利润总额为1333.4亿元，其中利润超过100亿元的企业3家，另有7家利润超过10亿元。这10家企业的营业利润之和达到1210.8亿元，占互联网百强企业中盈利企业全部营业利润的91%。本年度，仍有26家企业利润为负，这些企业为了较快扩展市场份额、发展新兴业务，投资规模较大。互联网百强企业营业利润分布如图13.2所示。

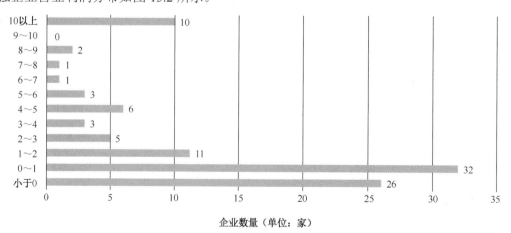

图13.2 互联网百强企业营业利润分布

互联网百强企业平均营业利润率为 6.2%，74 家盈利企业的平均营业利润率达到了 17.4%。从营业利润率分布情况看，有 29 家的企业营业利润率高于 20%，具有较强的盈利能力，其中有 7 家企业的营业利润率超过了 40%。这些企业大多不是行业巨头，而是专注于某一领域，是细分领域的"隐形冠军"。互联网百强企业利润率分布如图 13.3 所示。

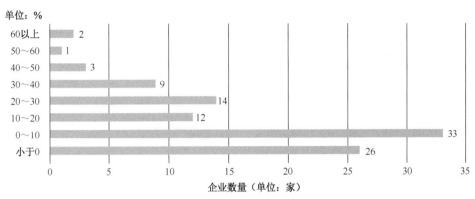

图13.3　互联网百强企业营业利润率分布

互联网百强企业持续加大研发创新力度，技术研发投入维持在较高水平，互联网百强企业平均研发支出占营收比率为 9%。百强企业积极研发新产品、开发新技术、探索新业态、开拓新模式，引领全行业乃至全社会的创新浪潮。新华网股份有限公司采用新技术探索"互联网+"在媒体行业的具体应用，组建国内首支新闻无人机队，探索传感器、人工智能等技术在媒体领域的应用，推出生物传感智能机器人产品。北京小桔科技有限公司（滴滴出行公司）已形成涵盖出租车、专车、快车、顺风车、代驾以及城市公交等城市出行信息的综合服务模式。

13.3.4　初创企业首次入榜，"双创"政策效果显现

2015 年以来，党中央、国务院发布了等十余项推进"大众创业、万众创新"相关政策，目前政策效果已初步显现，多家初创企业进入榜单。福建利嘉电子商务有限公司成立不足三年，依托集团资源建设成为基于大企业的独立创业创新平台，所属的"你他购"商城经营跨境电子商务业务，涵盖 B2B、B2C 的全渠道销售。有米科技股份有限公司仅用了五年的时间，从一个大学生创客团队成长为业内知名的移动互联网营销服务企业，首次进入百强榜即名列第 69 位。

13.3.5　中西部省份互联网产业发展取得新突破

各地互联网行业快速发展，特色鲜明，领军企业纷纷涌现，呈现"百花齐放"的格局。2016 年互联网百强企业分布于 14 个省份，较 2015 年度增加了山东、湖北、重庆、云南四个省市。从区域分布看，北京、上海、浙江、江苏、广东、福建、山东七个东部省份共有 88 家互联网百强企业，互联网业务收入总额达到 7436.6 亿元，占全国百强互联网业务收入比重为 98.36%，保持明显优势。河南、湖北、湖南、黑龙江、重庆、四川和云南七个中西部省份的 7 家企业名列百强，比 2015 年度增加了 4 家，互联网业务收入总额为 124.3 亿元，占比为 1.64%，取得新突破。总体上看，随着各地对于互联网产业的重视程度空前提升，扶持力度

不断加大，配套政策加速落地，中西部地区的互联网产业也开始呈现出欣欣向荣的方兴未艾之势。互联网百强企业总部所在省份分布如图13.4所示。

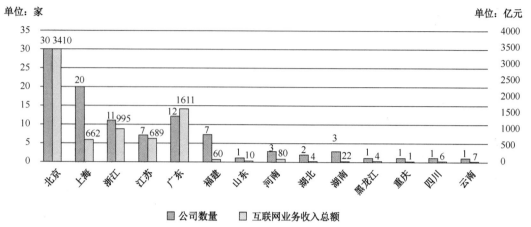

图13.4　互联网百强企业总部所在省份分布

13.3.6　品牌培育卓有成效，社会贡献持续提升

互联网百强企业拥有较知名的品牌数量超过200个，微信、有道、唯品会、大众点评、小米、乐视、房天下等品牌被国内外消费者喜爱，品牌效应明显。

互联网百强企业在自身不断发展壮大的同时，也肩负起了更大的社会责任，通过开展系列创新业务，将企业自身的商业价值与社会效益相结合，做出更大的社会贡献。例如，京东金融的农村信贷业务"京农贷"，基于合作伙伴、电商平台等沉淀的大数据信息，了解农民的信用水平，并给予相应的授信额度，解决农户在农资采购、农业生产以及农产品加工销售等环节的融资难问题。

13.4　发展趋势

13.4.1　新一代信息基础设施成为网络强国战略的关键支撑

在电信普遍服务试点等项目的支持下，加强农村网络基础设施建设，提升农村宽带网络覆盖水平，将让广大农民分享宽带红利。光网城市建设受到重视。随着宽带中国战略的推进，"光进铜退"成为地方光网城市的重要手段。光网城市的建设将大幅度提高城市的服务能力，一系列试点城市将会陆续出现，发挥示范引领作用。

4G网络覆盖进一步扩大，5G研发试验和商用进一步推进，5G频谱规划工作取得进展，5G产业链企业的研发、运营能力进一步提升，下一代互联网商用部署加快实施。物联网成为5G主要应用场景之一，将大大拓展物联网的应用，促进物联网和移动互联网深度融合，开始进入企业为主体的应用时代。技术先进、高速畅通、安全可靠、覆盖城乡、服务便捷的宽带网络基础设施体系进一步完善。

13.4.2　互联网技术成为创新发展的强劲动力

1. 数字化、智能化服务技术蓬勃发展

人工智能将在未来发挥越来越大的作用，使一些长期以来需要人力劳动的任务实现自动化，变革现有的经济体系。2017 年，包括第 5 代移动通信网络、物联网、云计算、信息安全等在内的面向消费者和企业服务的数字化应用场景进一步拓展，并且与人工智能、深度学习、大数据、嵌入式系统等技术深入融合，赋予物理设备（机器人、汽车、飞行器、消费电子产品）以及应用和服务类产品智能功能，从而产生新一类的智能应用和物件，以及可广泛应用的嵌入式智能。

2. 增强信用与安全技术进一步丰富

区块链等在不可信环境中增加信任的技术将进一步丰富，应用范围与应用场景都将进一步扩大，涵盖被动式数据记录到动态预置行为等领域。该类技术将提升重要数据和事件不可更改的记录，例如货币交易、财产登记或其他有价资产等。此外，自适应安全架构技术将进一步加强，包括持续分析用户和实体行为等领域。

3. 企业信息化与云端迁移技术释放更大影响力

促进企业信息化与云端迁移的技术将进一步提升，云平台的优势将获得企业界更广泛的关注，进而加速应用和服务的开发和部署，减少业务缺陷和资源浪费。云交付模式的最大优势在于它们能够为企业提供最出色基础设施环境，推动企业开展自己的技术创新和数字化转型。

4. 物理和数字世界互动技术应用范围进一步扩大

交互类技术进一步发展，在更大范围内推动沉浸式消费、商业内容和应用程序的格局巨变。虚拟现实和增强现实功能将进一步与数字网络融合，相关设备的成本进一步降低，技术生态更加完善，应用服务范围进一步扩大。互动技术将与移动网络、可穿戴设备和物联网一起实现大范围的应用服务协同，构建跨越物理世界与数字世界之间的信息流。

5. 制造技术与信息网络技术融合塑造新的生产模式

提升速度和效率的支持类信息网络技术将进一步发展，尤其在制造业领域。以物联网、工业数据分析、人机协作为代表的支持类技术将获得更深应用，进而塑造新的生产模式，如通过改变机器、人员和业务流程之间的信息流，来提高工厂之间的连接灵活性。工厂流程将更多的依赖数据搜集与分析，人机交互性能也将大幅提升，生产过程的敏捷性、智能性、灵活性将大大提高。

13.4.3　产业融合成为振兴实体经济的重要体现

2016 年 12 月举行的中央经济工作会议强调，以推进供给侧结构性改革为主线，着力振兴实体经济。互联网与传统产业的融合，将在培育壮大新动能、提振产业发展方面发挥不可替代的作用。

智能制造成为产业转型升级的关键领域。《智能制造发展规划（2016—2020 年）》指出，加快发展智能制造，是培育我国经济增长新动能的必由之路，是抢占未来经济和科技发展制

高点的战略选择，对于推动我国制造业供给侧结构性改革，打造我国制造业竞争新优势，实现制造强国具有重要战略意义。制造业与互联网的融合，将更多地瞄准制造业发展重大需求，依托现有制造业的产业基础，从供给侧改革入手，集聚创新要素、激活创新元素、转化创新成果，为效率提升和价值创造带来新的机遇。互联网推进制造业向基于互联网的个性化、网络化、柔性化制造模式和服务化转型，提升制造业企业价值链。数字化生产、个性化定制、网络化协同、服务化制造等"互联网+"协同制造新模式将取得明显进展，从而拓展产品全生命周期管理服务，促进消费品行业产品创新和质量追溯保证，推动装备制造业从生产型制造向服务型制造迈进，完善原材料制造业供应链管理。

农业供给侧结构性改革将进一步深化。现代信息技术在农业生产、经营、管理、服务各环节和农村经济社会各领域深度融合，农产品需求结构升级与有效供给不足的结构性矛盾将得到缓解，互联网与农业生产经营管理服务进一步融合，引领驱动农业现代化加快发展，改造传统农业的基础设施、技术装备、经营模式、组织形态与产业生态。

13.4.4 应用与服务成为惠及民生的创新举措

一是国内分享经济领域将继续拓展，在营销策划、餐饮住宿、物流快递、交通出行、生活服务等领域进一步渗透。同时，教育和医疗可能成为分享经济发展的新领域，通过分享经济突破传统资源约束，开展供需对接，以较低成本解决就医难、教育不公平等问题。平台企业的数量将不断上升，有望形成一批初具规模、各具特色、有一定竞争力的代表性企业。同时，诸多领域的分享经济都处于探索阶段和发展初期，其服务和产品的安全性、质量保障体系、用户数据保护等方面将引起重视。

二是互联网与政府公共服务体系的深度融合将加快。大数据等现代信息技术的运用，有助于推动公共数据资源开放，促进公共服务创新供给和服务资源整合，构建面向公众的一体化在线公共服务体系，提升公共服务整体效能。政府信息公开方面，重点领域（如食品药品安全类、环境保护类、安全生产类等）政府信息公开的力度将加大；政府网站在线办事方面，将会在服务深度、服务质量和服务水平上加强；政府在线服务方面，互动交流水平持续提升，并建立较完善的政务咨询、调查征集类互动渠道等。

三是随着互联网+行动计划的深入，智慧城市建设快速推进，互联网将作为创新要素对智慧城市发展产生全局性影响，公私合营 PPP 模式将成为社会资本参与智慧城市建设的主流模式。产业园区建设开始转向智慧型，提供更多功能，服务更加人性，理念更加先进，模式更加开放。

13.4.5 安全与治理成为产业发展的有力保障

一是物联网安全态势感知能力增强，云计算安全更加重要。据 Gartner 预测，到 2018 年超过半数物联网设备制造商将由于薄弱的验证实践方案而无法保障产品安全。为避免物联网遭受攻击与破坏，产业界将积极采取整体措施增强安全态势。2017 年，物联网嵌入式安全得到认真对待，对网络供应链进行检查将会成为一项重点，以物联网为推力的分布式拒绝服务攻击问题得到进一步研究，物联网态势感知成为企业发展追求的更高目标。随着云计算越来越受欢迎，终端用户将会对云服务提供商安全性进行评估。企业将会利用加密、标记或其他解决方案来确保敏感数据或机密信息，强大的身份验证措施将持续发挥作用。

二是安防领域的智能化水平提升。具备自主、个性化、不断进化完善的人工智能技术，将有效解决安防领域日益增加的用户需求，提升整个安防领域的智能化水平，推动安防产业的升级换代，助推国家网络空间战略预警和防御体系不断完善，威胁发现和态势感知预警、重大安全事件应急处置和追踪溯源等协作机制将会逐渐建立。

三是互联网治理的方式与手段进一步创新。随着互联网与经济社会各领域的深度融合，产业发展呈现融合化、区域化、生态化的发展特点，以分享经济、区块链等新技术与旧制度的碰撞仍在继续，无人驾驶汽车、人工智能应用面临的法律问题日益凸显，区块链、云计算、大数据等新兴技术将会不断创新互联网治理的方式与手段，多元协同共治的需求将更加强烈。

四是中国在网络空间领域的国际影响力增强。全球互联网进入多利益相关方治理新时代，构建"多边、民主、透明"国际互联网治理体系成为共识，中国在互联网治理论坛、国际电信联盟、亚太经合组织、上海合作组织、中国-东盟合作框架等有关活动中的影响力将继续增强。我国企业、研究机构、行业组织更加积极参与国际网络安全交流等活动，围绕全球网络空间新秩序的研究会进一步深入。

（谢程利）

第14章 2016年中国互联网政策法规建设状况

2016年是"互联网+"行动计划的务实推进之年，是"一带一路"战略实施的发力之年，是"制造强国"战略实施的发力之年。在快速发展的过程中，持续推进互联网领域政策法律法规建设与国家发展大局紧密相连，与企业经营发展同频共振，与服务百姓民生的需求息息相关。总体上看，这一年，国家对互联网的重视程度前所未有，国家级战略相继推出，顶层设计大大加强，细分领域政策密集发布，立法建设取得新的进展。

14.1 数字内容产业

4月25日，国家新闻出版广电总局发布《专网及定向传播视听节目服务管理规定》（以下简称《规定》），要求广播电影电视主管部门负责专网及定向传播视听节目服务的监督管理工作，对服务单位的设立条件、内容提供、集成播控、传输分发等方面进行规范。《规定》自6月1日起施行，《互联网等信息网络传播视听节目管理办法》同时废止。

8月6日，财政部、海关总署、国家税务总局发布《关于动漫企业进口动漫开发生产用品税收政策的通知》。通知指出，自2016年1月1日至2020年12月31日，经国务院有关部门认定的动漫企业自主开发、生产动漫直接产品，确需进口的商品可享受免征进口关税及进口环节增值税的政策。

12月5日，文化部发布《关于规范网络游戏运营加强事中事后监管工作的通知》（以下简称《通知》），明确了网络游戏运营范围，规范网络游戏虚拟道具发行服务行为，加强网络游戏用户权益保护，加强网络游戏运营事中事后监管，严肃查处违法违规运营行为。《通知》要求，网络游戏运营企业不得向用户提供虚拟道具兑换法定货币的服务，向用户提供虚拟道具兑换小额实物的，实物内容及价值应当符合国家有关法律法规的规定。《通知》还明确，网络游戏运营企业应当要求网络游戏用户使用有效身份证件进行实名注册，不得为使用游客模式登录的网络游戏用户提供游戏内充值或者消费服务。

12月6日，国家文物局、国家发展和改革委员会、工业和信息化部等五部门印发《"互联网+中华文明"三年行动计划》，提出要推进文物大数据平台建设，实现优质资源共享，鼓励大型互联网企业综合运用物联网、云计算、大数据和移动互联网等新技术手段，提供文物信息资源深度开发利用服务。

12月12日，文化部发布《网络表演经营活动管理办法》，要求从事网络表演经营活动的单位，应当根据《互联网文化管理暂行规定》，向省级文化行政部门申请取得《网络文化经营许可证》。网络表演经营单位应当要求表演者使用有效身份证件进行实名注册，并采取面谈、录制通话视频等有效方式进行核实。

12 月 20 日，国家新闻出版广电总局印发《关于进一步加强网络原创视听节目规划建设和管理的通知》，列出重点网络原创视听节目清单，要求各地新闻出版广电部门加强对重点网络原创视听节目的规划指导。各视听节目网站要主动将重点网络原创节目的名称、制作机构、题材等信息，在创作规划阶段通过"网络剧、微电影等网络视听节目信息备案系统"进行备案。

14.2　互联网金融

2016 年，互联网金融深受资本市场青睐。除了市场面的欣欣向荣，互联网金融对人们的生活方式产生了颠覆性影响。与此同时，互联网金融管理跟进、政策收紧，野蛮式发展告一段落，业务逐渐回归本质。

1 月 27 日，中共中央、国务院发布《关于落实发展新理念加快农业现代化实现全面小康目标的若干意见》，指出要引导互联网金融、移动金融在农村规范发展。业界认为，中央一号文件里首次写入了互联网金融，体现了国家鼓励互联网创新发展、鼓励结合"三农"问题的积极信号。

1 月 29 日，保监会印发《关于加强互联网平台保证保险业务管理的通知》，针对互联网平台保证保险业务存在的问题，重点对互联网平台选择、信息披露、内控管理等提出明确要求。

2 月 4 日，国务院公布《关于进一步做好防范和处置非法集资工作的意见》（以下简称《意见》）（国发〔2015〕59 号），提出做好防范和处置非法集资工作是保持经济平稳发展和维护社会和谐稳定大局的重要保障。《意见》要求各地区、各有关部门要坚决依法惩处非法集资违法犯罪活动，密切关注投资理财、非融资性担保、P2P 网络借贷等新的高发重点领域，以及投资公司、农民专业合作社、民办教育机构、养老机构等新的风险点，加强风险监控。

4 月 4 日，中国人民银行、中央宣传部等十三个部门公布《非银行支付机构风险专项整治工作实施方案》，对支付机构客户备付金风险和跨机构清算业务、无证经营支付业务进行整治，维护市场秩序。

6 月 7 日，中国人民银行、银监会发布《银行卡清算机构管理办法》，旨在鼓励竞争，促进市场开放，防范风险，维护金融安全并保障持卡人及相关各方合法权益。

8 月 24 日，银监会、工业和信息化部、公安部、国家互联网信息办公室联合发布《网络借贷信息中介机构业务活动管理暂行办法》，明确网贷活动基本原则，重申从业机构作为信息中介的法律地位，明确网贷监管各相关主体的责任，明确网贷业务规则，对业务管理和风险控制提出了具体要求，明确要注重加强消费者权益保护，强化信息披露监管，发挥市场自律作用，创造透明、公开、公平的网贷经营环境。

9 月 20 日，银监会和公安部发布《电信网络新型违法犯罪案件冻结资金返还若干规定》，明确电信网络新型违法犯罪案件是指不法分子利用电信、互联网等技术，通过发送短信、拨打电话、植入木马等手段，诱骗（盗取）被害人资金汇（存）入其控制的银行账户，实施的违法犯罪案件。

10月13日，国务院办公厅公布《互联网金融风险专项整治工作实施方案》，对互联网金融风险专项整治工作进行了全面部署安排，按照"打击非法、保护合法、积极稳妥、有序化解，明确分工、强化协作、远近结合、边整边改"的工作原则，区别对待、分类施策，集中力量对P2P网络借贷、股权众筹、互联网保险、第三方支付、通过互联网开展资产管理及跨界从事金融业务、互联网金融领域广告等重点领域进行整治。

10月13日，为防范、打击金融违法行为，切实维护市场经济秩序，工商总局、中央宣传部、中央维稳办等十七个部门联合印发了《开展互联网金融广告及以投资理财名义从事金融活动风险专项整治工作实施方案》，在全国范围内部署开展专项整治工作，对互联网金融广告和以投资理财名义从事金融活动行为进行集中清理整治，依法加强涉及互联网金融的广告监测监管、制定金融广告发布的市场准入清单、加强工商登记注册信息互联互通和部门监管互动、加强企业名称管理等。

10月13日，银监会、工业和信息化部、公安部、工商总局、国家互联网信息办公室等十四个部委联合印发《P2P网络借贷风险专项整治工作实施方案》，在全国范围内开展网贷风险专项整治工作，对P2P网贷市场主体线上业务与线下实体进行全面摸底。

10月13日，中国保监会联合十四个部门印发《互联网保险风险专项整治工作实施方案》，整治的重点主要集中在互联网高现金价值业务、"跨界业务"、非法经营互联网保险业务，以促进互联网保险规范健康发展。

11月28日，银监会、工信部、工商局联合发布《网络借贷信息中介备案登记管理指引》，要求新设立的网贷平台登记注册、领取营业执照后，应当于10个工作日内向注册地金融监管部门申请备案登记。

14.3 产业互联网

5月20日，国务院印发《关于深化制造业与互联网融合发展的指导意见》，部署深化制造业与互联网融合发展，协同推进《中国制造2025》和"互联网+"行动，加快制造强国建设，明确了深化制造业与互联网融合发展的7项主要任务。

9月21日，工业和信息化部与国家发展和改革委员会印发《智能硬件产业创新发展专项行动（2016—2018年）》，指出要以推动终端产品及应用系统智能化为主线，着力强化技术攻关、优化发展环境、繁荣产业生态。争取到2018年，我国智能硬件全球市场占有率超过30%，产业规模超过5000亿元。

11月3日，工业和信息化部发布《信息化和工业化融合发展规划（2016—2020年）》，明确"十三五"时期信息化与工业化融合发展的方向、重点和路径，提出大力促进信息化和工业化深度融合发展，着力打造支撑制造业转型的创业创新平台，积极培育新产品、新技术、新模式、新业态，将推动两化融合工作迈上新台阶，以两化融合推进制造业的转型升级。

12月8日，工业和信息化部发布《智能制造发展规划（2016—2020年）》，提出要加快智能制造装备发展，攻克关键技术装备；加强关键共性技术创新，突破一批关键共性技术；

建设智能制造标准体系，开展标准研究与实验验证；构筑工业互联网基础，研发新型工业网络设备与系统、信息安全软硬件产品，构建试验验证平台；加大智能制造试点示范推广力度；推动重点领域智能转型，在传统制造业推广应用数字化技术、系统集成技术、智能制造装备；促进中小企业智能化改造；培育智能制造生态体系，加快培育一批系统解决方案供应商；推进区域智能制造协同发展，推进智能制造装备产业集群建设；打造智能制造人才队伍，健全人才培养计划。

14.4　电子商务

10 月 8 日，商务部出台《关于促进农村生活服务业发展扩大农村服务消费的指导意见》（以下简称《意见》），把重点锁定在了电子商务和农村服务业的结合上。《意见》提出要大力推进电商入村，尤其是进入农村生活服务领域。《意见》要求，创新农村生活服务模式，增强服务供给能力。支持电商企业与农村生活服务企业深入合作，整合线上信息资源和线下服务资源，实现在线交易和线下服务的无缝对接。加快培育农村电商服务主体，开展农村电子商务培训、提升服务水平，重点支持小微电子商务企业发展，构建安全高效、便捷实惠的农村生活服务网络。另外，增加农村电商企业综合服务功能，加快构建农村生活服务信息共享体系。

11 月 23 日，国务院扶贫开发领导小组办公室、国家发展和改革委员会、农业部等 16 个部门联合出台了《关于促进电商精准扶贫的指导意见》，国家将加快实施电商精准扶贫工程，逐步实现对有条件贫困地区的三重全覆盖，即对有条件的贫困县实现电子商务进农村综合示范全覆盖，对有条件发展电子商务的贫困村实现电商扶贫全覆盖，第三方电商平台对有条件的贫困县实现电商扶贫全覆盖。

12 月 29 日，商务部、网信办、国家发展和改革委员会三部门联合印发《电子商务"十三五"发展规划》，确立了"2020 年电子商务交易额 40 万亿元、网上零售总额 10 万亿元、相关从业者 5000 万人"的发展指标，构建了"十三五"电子商务发展框架体系，重点是加快电子商务提质升级，推进电子商务与传统产业深度融合，发展电子商务要素市场，完善电子商务民生服务体系，优化电子商务治理环境。

14.5　互联网医药健康

7 月 13 日，国家食品药品监督管理总局印发《网络食品安全违法行为查处办法》，明确了网络食品交易第三方平台提供者和通过自建网站交易的食品生产经营者，保障网络食品交易数据和资料的可靠性、安全性的义务以及记录保存交易信息的义务，明确了食品药品监督管理部门可以对网络食品交易第三方平台提供者、入网食品生产经营者的法定代表人或者主要负责人进行责任约谈等情形。

11 月 8 日，人社部发布《关于印发"互联网+人社"2020 行动计划的通知》，全面部署人社领域的"互联网+"行动计划，依托社保卡、大数据等人社领域的优势资源，推进"互联网+政务服务"。计划中明确，社保卡将开通 102 项应用目录，加载支付功能，支持各类缴

费和待遇享受应用，将与微信、支付宝等第三方支付平台合作，建设统一、开放的医保结算数据交换接口，在安全可控的前提下，支持相关机构开展网上购药等应用。

14.6　互联网+广告

2月25日，国家工商总局发布《公益广告促进和管理暂行办法》，旨在规范公益广告管理，扩大公益广告影响力，对媒体单位等发布公益广告做出规定，要求政府网站、新闻网站、经营性网站等应当每天在网站、客户端以及核心产品的显著位置宣传展示公益广告。

11月8日，工商总局公布《广告发布登记管理规定》，要求办理广告发布登记要具备四类条件。自新规施行之日起，2014年公布的广告经营许可证管理办法同时废止。

14.7　互联网+高效物流

7月29日，国家发展和改革委员会印发《"互联网+"高效物流实施意见》（以下简称《意见》），旨在大力推进"互联网+"高效物流发展，提高全社会物流质量、效率和安全水平。在发展目标方面，《意见》要求要加快先进信息技术在物流领域广泛应用，确保仓储、运输、配送等环节智能化水平显著提升，物流组织方式不断优化创新；基于互联网的物流新技术、新模式、新业态成为行业发展新动力。

14.8　互联网+政务公开

9月19日，国务院印发《政务信息资源共享管理暂行办法》（以下简称《办法》），对当前和今后一个时期推进政务信息资源共享管理的原则要求、主要任务和监督保障做出规定。《办法》指出，政务信息资源共享应遵循"以共享为原则、不共享为例外，需求导向、无偿使用，统一标准、统筹建设，建立机制、保障安全"的原则。

11月24日，公安部出台《关于进一步推进"互联网+公安政务服务"工作的实施意见》（以下简称《意见》）。《意见》明确，公安部整合各部门、各警种互联网政务服务网站、系统和平台，力争到2017年年底前，建成一体化网上政务服务平台，使政务服务标准化、网络化水平明显提升。到2020年年底前，基本形成覆盖全国的整体联动、省级统筹、一网办理的"互联网+公安政务服务"体系。

14.9　互联网+便捷交通

7月28日，交通运输部发布《网络预约出租汽车经营服务管理暂行办法》，正式承认专车合法化，对网约车平台、平台车辆、驾驶员提出具体要求，对平台车辆和驾驶员无资质、超越许可区域经营以及其他违规行为，对每次违法行为最高可处1万~3万元罚款。

7月28日，国务院办公厅印发《关于深化改革推进出租汽车行业健康发展的指导意见》，全面提出了深化出租汽车行业改革的目标任务和重大举措，提出了深化出租汽车改革的主要任务：一是科学定位出租汽车服务，二是深化巡游车改革，三是规范发展网约车和私人小客车合乘，四是营造良好市场环境。

8 月 5 日，发改委和交通部联合印发《"互联网+"便捷交通促进智能交通发展的实施方案》，提出实施"互联网+"便捷交通重点示范项目，到 2018 年基本实现公众通过移动互联终端及时获取交通动态信息，掌上完成导航、票务和支付等客运全程"一站式"服务，提升用户出行体验；基本实现重点城市群内"交通一卡通"互联互通，重点营运车辆（船舶）"一网联控"；线上线下企业加快融合，在全国骨干物流通道率先实现"一单到底"；基本实现交通基础设施、载运工具、运行信息等互联网化，系统运行更加安全高效。

14.10　互联网知识产权

2 月 19 日，为深入贯彻落实党中央、国务院全面推进依法行政、严格知识产权保护的精神，规范专利行政执法工作，促进执法能力提升，努力构建公平竞争、公正监管的创新创业环境，根据有关法律法规，国家知识产权局修订并印发《专利行政执法操作指南（试行）》。

5 月 5 日，国家知识产权局发布《专利侵权行为认定指南（试行）》、《专利行政执法证据规则（试行）》、《专利纠纷行政调解指引（试行）》，旨在解决地方知识产权局对专利侵权行为认定、专利纠纷行政调解实体标准以及专利行政执法证据规则理解与适用的问题，以规范执法办案工作，提高执法能力。

7 月 13 日，国家新闻出版广电总局印发《关于进一步加快广播电视媒体与新兴媒体融合发展的意见》（以下简称《意见》），提出以深度融合思维统领广播电视发展顶层设计和媒介资源配置，推动广播电视媒体与新兴媒体融为一体、合而为一。在实施保障方面，《意见》提出要加强节目内容版权保护，加大对盗版、盗播等侵权行为的查处力度，维护著作人权益。推动版权保护相关技术研发应用，提升对盗版、盗播等侵权行为的追溯能力。

7 月 18 日，国务院印发《〈国务院关于新形势下加快知识产权强国建设的若干意见〉重点任务分工方案》，明确要充分发挥全国打击侵犯知识产权和制售假冒伪劣商品工作领导小组作用，加强知识产权保护，调动各方积极性，形成工作合力。

7 月 25 日，国家工商总局公布《关于大力推进商标注册便利化改革的意见》，将在全国大力推进商标注册便利化改革，以商标注册便利化为主线，将着力拓展商标申请渠道，加强商标信用监管，运用大数据、云计算等信息化手段加强商标监管工作，将商标侵权假冒、恶意抢注、违法商标代理行为等信息纳入信用信息公示系统，加大失信行为惩戒力度。

11 月 25 日，国家知识产权局发布《关于开展知识产权快速协同保护工作的通知》，提出在有条件地方的优势产业集聚区，依托一批重点产业知识产权保护中心，开展集快速审查、快速确权、快速维权于一体，审查确权、行政执法、维权援助、仲裁调解、司法衔接相联动的产业知识产权快速协同保护工作。同时，明确将存在重复侵权、假冒专利、连续提交非正常申请等违法违规从事专利代理者列入"黑名单"，一定时间内禁止其通过快速审查通道申请专利。

14.11　互联网市场监管

4月4日，中共中央办公厅、国务院办公厅印发《关于进一步深化文化市场综合执法改革的意见》，明确文化市场综合执法机构的主要职能，提出完善文化市场信用体系，建立健全文化市场警示名单和黑名单制度，对从事违法违规经营、屡查屡犯的经营单位和个人，依法公开其违法违规记录，使失信违规者在市场交易中受到制约和限制。

6月14日，国务院印发《关于在市场体系建设中建立公平竞争审查制度的意见》，部署开展公平竞争审查工作。公平竞争审查制度的审查对象是：①政策制定机关制定市场准入、产业发展、招商引资、招标投标、政府采购、经营行为规范、资质标准等涉及市场主体经济活动的规章、规范性文件和其他政策措施；②行政法规和国务院制定的其他政策措施、地方性法规，由起草部门在起草过程中进行审查。

12月25日，工业和信息化部印发《移动智能终端应用软件预置和分发管理暂行规定》，旨在规范生产企业和互联网信息服务提供者对移动智能终端应用软件的预置行为与分发服务，加强用户权益保护。

14.12　网络安全

6月8日，工信部为贯彻实施网络强国战略，完善电信和互联网行业网络安全保障体系，进一步推进电信和互联网行业网络安全技术手段建设，工业和信息化部决定继续组织开展电信和互联网行业网络安全试点示范工作，重点引导方向包括：一是网络安全威胁监测预警、态势感知与技术处置。二是数据安全和用户信息保护。三是抗拒绝服务攻击。四是域名系统安全。五是企业内部集中化安全管理。六是新技术、新业务网络安全。七是防范打击通讯信息诈骗。

8月22日，中网办发布《关于加强国家网络安全标准化工作的若干意见》，主要围绕"互联网+"、"大数据"等国家战略需求，加快开展关键信息基础设施保护、网络安全审查、大数据安全、个人信息保护、智慧城市安全、物联网安全、新一代通信网络安全、互联网电视终端产品安全、网络安全信息共享等领域的标准研究和制定工作。

11月7日，十二届全国人大常委会第二十四次会议表决通过了《中华人民共和国网络安全法》。这是我国第一部网络安全的专门性综合性立法，提出了应对网络安全挑战这一全球性问题的中国方案，网络安全将有法可依，信息安全行业将由合规性驱动过渡到合规性和强制性驱动并重，具有里程碑式的意义。

12月27日，国家互联网信息办公室发布《国家网络空间安全战略》（以下简称《战略》），这是我国首次发布关于网络空间安全的战略。《战略》指出，要坚持积极利用、科学发展、依法管理、确保安全，坚决维护网络安全，最大限度地利用网络空间发展潜力，更好地惠及13亿多中国人民，造福全人类，坚定维护世界和平。当前和今后一个时期国家网络空间安全工作的战略任务是坚定捍卫网络空间主权、坚决维护国家安全、保护关键信息基础设施、加强网络文化建设、打击网络恐怖和违法犯罪等9个方面。

14.13　整治电信诈骗与网上改号

11 月 7 日，工信部发布《关于进一步防范和打击通讯信息诈骗工作的实施意见》（以下简称《意见》），指出要求 2016 年年底前实名率达到 100%，在规定时间内未完成补登记的，一律予以停机。《意见》还要求严格限制一证多卡，同一用户在同一基础电信企业或同一移动转售企业全国范围内办理使用的移动电话卡达到 5 张的，按照相关要求处理。对于用户信息保护，《意见》强调，2016 年 11 月底前，各基础电信企业、移动转售企业和互联网企业要全面完成用户个人信息保护自查，重点检查营业厅、代理点等环节用户个人信息保护管理和涉及用户个人信息系统的安全防护，加强内部安全审计，严肃处理非法出售、泄露用户个人信息的问题。

12 月 20 日，最高人民法院、最高人民检察院、公安部联合发布《关于办理电信网络诈骗等刑事案件适用法律若干问题的意见》（以下简称《意见》），指出实行全国统一数额标准和数额幅度底线标准，规定利用电信网络技术手段实施诈骗的量刑标准。《意见》还指出，网络服务提供者不履行法律、行政法规规定的信息网络安全管理义务，经监管部门责令采取改正措施而拒不改正，致使诈骗信息大量传播，或者用户信息泄露造成严重后果的，以拒不履行信息网络安全管理义务罪追究刑事责任。

12 月 5 日，工信部发布《工业和信息化部办公厅关于进一步清理整治网上改号软件的通知》，部署清理整治网上改号软件，要求各基础电信企业和互联网企业采取有效措施，在网站、搜索引擎、手机应用软件商店、电商平台、社交平台等空间坚决阻断改号软件网上发布、搜索、传播、销售渠道，让非法改号软件"发不出、看不见、搜不到、下载不了"。

14.14　互联网领域消费者权益保护

10 月 19 日，工商总局印发《关于加强互联网领域消费者权益保护工作的意见》（以下简称《意见》），指出将用 3 年左右的时间，开展网络消费维权重点领域监管执法，有效遏制互联网领域侵权假冒行为，进一步提升网络消费维权工作水平。《意见》还指出要突出数码电子、家用电器、服装鞋帽、儿童用品、汽车配件等网购热销、消费者反映问题集中的重点商品，参考网络商品销量和综合排名等因素，科学确定网络抽检的经营主体范围和商品品种，有针对性地开展网络商品抽检工作。

14.15　司法领域

8 月 3 日，最高人民法院发布《最高人民法院关于人民法院网络司法拍卖若干问题的规定》，明确了实施网络司法拍卖的主体为人民法院，最高人民法院统一建立全国性网络服务提供者名单库，网络司法拍卖中人民法院、网络服务提供者、辅助工作承担者各自的职责，一人竞拍有效的原则，网络司法拍卖撤销的情形和责任承担，严禁网络服务提供者违规操作、后台操控的行为等相关内容。

9月20日,最高人民法院、最高人民检察院、公安部联合颁布《关于办理刑事案件收集提取和审查判断电子数据若干问题的规定》,明确电子数据是案件发生过程中形成的,以数字化形式存储、处理、传输的,能够证明案件事实的数据,包括:网页、博客、朋友圈等网络平台发布的信息,手机短信、电子邮件、即时通信等网络应用服务的通信信息,用户注册信息、身份认证信息、电子交易记录等信息,文档、图片、音视频等电子文件。

14.16 综合性公共政策

2月23日,国务院办公厅发布《关于加快众创空间发展服务实体经济转型升级的指导意见》(以下简称《意见》),要求为创新创业者提供全面的相关服务,实现产业链资源开放共享和高效配置,使配套支持全程化。《意见》还对创新服务个性化、创业辅导专业化提出了要求。《意见》强调应充分利用互联网等新一代信息技术促进市场对科技成果进行评价,坚决发挥市场配置资源的决定性作用的基本原则。同时提出要坚持科技创新的引领作用,坚持服务和支撑实体经济发展的基本原则。5月18日,为加快人工智能产业发展,国家发展改革委、科技部、工业和信息化部、中央网信办制定了《"互联网+"人工智能三年行动实施方案》,明确指出到2018年打造人工智能基础资源与创新平台,人工智能产业体系、创新服务体系、标准化体系基本建立,基础核心技术有所突破,总体技术和产业发展与国际同步,应用及系统级技术局部领先。在重点领域培育若干全球领先的人工智能骨干企业,初步建成基础坚实、创新活跃、开放协作、绿色安全的人工智能产业生态,形成千亿级的人工智能市场应用规模。

7月27日,中共中央办公厅、国务院办公厅印发《国家信息化发展战略纲要》(以下简称《纲要》),强调要以信息化驱动现代化为主线,以建设网络强国为目标,着力增强国家信息化发展能力,着力提高信息化应用水平,着力优化信息化发展环境。《纲要》要求坚持"统筹推进、创新引领、驱动发展、惠及民生、合作共赢、确保安全"的基本方针,提出网络强国"三步走"的战略目标。

8月8日,国务院印发《"十三五"国家科技创新规划》(以下简称《规划》),明确提出了未来五年国家科技创新的指导思想、总体要求、战略任务和改革举措。《规划》描绘了未来五年科技创新发展的蓝图,确立了"十三五"科技创新的总体目标。国家科技实力和创新能力大幅跃升,国家综合创新能力世界排名进入前15位,迈进创新型国家行列;创新驱动发展成效显著,与2015年相比,科技进步贡献率从55.3%提高到60%,知识密集型服务业增加值占国内生产总值的比例从15.6%提高到20%;科技创新能力显著增强,通过《专利合作条约》(PCT)途径提交的专利申请量比2015年翻一番,研发投入强度达到2.5%。

12月19日,国务院印发《"十三五"国家战略性新兴产业发展规划》(以下简称《规划》),对"十三五"期间我国战略性新兴产业发展目标、重点任务、政策措施等做出全面部署安排。加强相关法律法规建设。《规划》要求针对互联网与各行业融合发展的新特点,调整不适应发展要求的现行法规及政策规定。《规划》强调,对发展前景和潜在风险看得准的"互联网+"、分享经济等新业态,量身定制监管模式。

12月27日,国务院发布《"十三五"国家信息化规划》(以下简称《规划》),提出制定实施国家网络空间安全战略。完善网络安全法律法规体系，推动出台网络安全法、密码法、个人信息保护法，研究制定未成年人网络保护条例。《规划》尤其注重数据安全保护，要求实施大数据安全保障工程，加强数据资源在采集、传输、存储、使用和开放等环节的安全保护。切实加强对涉及国家利益、公共安全、商业秘密、个人隐私、军工科研生产等信息的保护，严厉打击非法泄露和非法买卖数据的行为。建立跨境数据流动安全监管制度，保障国家基础数据和敏感信息安全。《规划》强调，加强量子通信、未来网络、类脑计算、人工智能、全息显示、虚拟现实、大数据认知分析、新型非易失性存储、无人驾驶交通工具、区块链、基因编辑等新技术基础研发和前沿布局。

（李美燕）

第 15 章 2016 年中国网络知识产权保护发展状况

15.1 发展概况

2016 年，我国不断加大网络知识产权保护力度。从立法修法到业界探索新型保护模式，从法院加大赔偿力度到行政部门加大行政执法力度，我国网络知识产权保护不断增强。与此同时，企业也开始重视网络知识产权保护，注重维护自己的合法权益不受侵犯。

将技术创新和专利保护视为生命线的互联网企业，在 2016 年取得了不俗的成绩。根据国家知识产权局统计数据显示，2016 年我国发明专利申请受理量排名前十位的国内（不含我国港澳台地区）企业中，乐视控股（北京）有限公司以 4197 件排名第三位，北京小米移动软件有限公司以 3280 件排名第八位。在国家知识产权局公布的 2016 年我国发明专利授权量排名前十位的国内（不含我国港澳台地区）企业中，腾讯科技（深圳）有限公司以 1027 件发明专利排名第六位，也是唯一进入榜单的互联网企业。此外，百度、阿里巴巴、腾讯等多家互联网企业在技术创新和专利布局方面，也取得了亮眼的成绩。

随着商标注册便利化的推进，我国互联网商标品牌建设取得了跨越式发展，市场环境和消费环境不断净化，商标专用权和消费者的合法权益保护有效加强。2016 年，全国商标申请量 369.1 万件，同比增长 28.4%，增速较 2015 年提高 1.5 个百分点。其中，网上申请量显著增加，共 300.1 万件，占申请总量的 81.3%，所占比重较 2015 年提高 12 个百分点。随着电子商务的飞速发展，第 25 类以及第 29 类、第 30 类商标作为电商的主要潜在客户成为商标注册的生力军。

2016 年，国家网络版权法律体系进一步完善，司法保护不断增强，权利人主体对于网络版权保护的重视程度逐步加深；网络环境下行政执法和监管力度不断加大，网络版权环境和秩序逐步得到改善；公众网络版权意识有所提升，保护网络版权的社会氛围渐趋形成。与此同时，随着网络版权案件新载体、新形态不断出现，涉及的传播方式日益多样化，近一半的侵权纠纷案件通过网站、搜索引擎、浏览器等方式传播，通过 APP、电视盒子、微博微信等方式提供网络传播服务引发的侵权案件层出不穷。

15.2　立法修法、行政执法和司法保护

15.2.1　立法修法情况

1. 专利法第四次修改

随着电子商务和新技术的发展，知识产权领域的新问题和新矛盾不断出现，很多创新型企业呼吁在改进司法保护的同时，建立多元的专利保护机制，特别是充分发挥专利行政执法的作用，降低专利权人的维权成本，有效制止专利侵权行为。

新一轮专利法全面修改的准备工作在此前相关工作的基础上，于 2014 年下半年正式启动。为此，国家知识产权局开展了一系列调研、论证工作，继 2015 年 4 月就专利法修订草案（征求意见稿）征求公众意见后，形成修订草案（送审稿）于 2015 年 7 月上报国务院审查。2015 年 12 月，国务院法制办发布专利法修订草案（送审稿），公开征求意见。2017 年 3 月 20 日，经党中央、国务院同意，《国务院 2017 年立法工作计划》（以下简称《计划》）正式发布，提请全国人大常委会审议专利法修订草案和修订《专利代理条例》被列入《计划》，力争年内完成。

正在进行第四次修订的专利法新增第六十三条："网络服务提供者知道或者应当知道网络用户利用其提供的网络服务侵犯专利权或者假冒专利，未及时采取删除、屏蔽、断开侵权产品链接等必要措施予以制止的，应当与该网络用户承担连带责任。"

2. 电子商务法立法工作

2013 年 12 月 7 日，全国人大常委会召开了电子商务法第一次起草组的会议，正式启动了电子商务法的立法进程。2013 年 12 月 27 日，全国人大财经委召开电子商务法起草组成立暨第一次全体会议，正式启动电子商务法立法工作。2016 年 12 月，十二届全国人大常委会第二十五次会议对电子商务立法进行常委会一审。2016 年 12 月 27 日至 2017 年 1 月 26 日向全国公开电子商务立法征求意见。

电子商务法（草案）针对如何加强电子商务领域的知识产权保护进行了具体规定。第五十三条规定，电子商务经营主体应当依法保护知识产权，建立知识产权保护规则。电子商务第三方平台明知平台内电子商务经营者侵犯知识产权的，应当依法采取删除、屏蔽、断开链接、终止交易和服务等必要措施。第五十四条规定，电子商务第三方平台接到知识产权权利人发出的平台内经营者实施知识产权侵权行为通知的，应当及时将该通知转送平台内经营者，并依法采取必要措施。知识产权权利人因通知错误给平台内经营者造成损失的，依法承担民事责任。平台内经营者接到转送的通知后，向电子商务第三方平台提交声明保证不存在侵权行为的，电子商务第三方平台应当及时终止所采取的措施，将该经营者的声明转送发出通知的知识产权权利人，并告知该权利人可以向有关行政部门投诉或者向人民法院起诉。

3. 网络安全法立法工作

近年来，随着信息泄露事件层出不穷，信息买卖日益猖獗，我国网络安全面临严峻挑战。为解决上述问题，2016 年 11 月，十二届全国人大常委会第二十四次会议表决通过网络安全

法，这是我国网络领域的基础性法律，于 2017 年 6 月 1 日起施行。

网络安全法第十六条对加强网络技术知识产权保护做出了明确要求：国务院和省、自治区、直辖市人民政府应当统筹规划，加大投入，扶持重点网络安全技术产业和项目，支持网络安全技术的研究开发和应用，推广安全可信的网络产品和服务，保护网络技术知识产权，支持企业、研究机构和高等学校等参与国家网络安全技术创新项目。

4. 电影产业促进法立法工作

2016 年 11 月 7 日，全国人民代表大会常务委员会发布电影产业促进法，自 2017 年 3 月 1 日起正式施行，其对于提升电影创作水平和加大知识产权保护力度做出了详细规定。第十二条规定，国家鼓励电影剧本创作和题材、体裁、形式、手段等创新，鼓励电影学术研讨和业务交流。同时，面对电影行业频发的侵权行为，电影产业促进法也做出了诸多规定，明确了与电影有关的知识产权受法律保护，任何组织和个人不得侵犯。县级以上人民政府负责知识产权执法的部门应当采取措施，保护与电影有关的知识产权，依法查处侵犯与电影有关的知识产权的行为。从事电影活动的公民、法人和其他组织应当增强知识产权意识，提高运用、保护和管理知识产权的能力。

15.2.2 行政执法情况

2016 年，全国知识产权系统打击专利侵权假冒办案力度持续加大。2016 年，专利行政执法办案总量 4.8916 万件，同比增长 36.5%。其中，专利纠纷案件首次突破 2 万件，达到 2.0859 万件（其中专利侵权纠纷 2.0351 万件），同比增长 42.8%；假冒专利案件 2.8057 万件，同比增长 32.1%。

全国各地在不断加强专利行政执法体系建设和提升专利行政执法能力的同时，还非常注重加大电商领域的行政执法力度，比如在浙江设立了中国电子商务领域专利执法协作调度（浙江）中心。据《2016 年浙江省专利行政执法情况分析报告》显示，2016 年，浙江省知识产权局系统共受理并办结电子商务领域专利侵权线上投诉案件 127087 起。其中，涉及侵犯发明专利权的案件 40186 起，涉及侵犯实用新型专利权的案件 70427 起，涉及侵犯外观设计专利权的案件 16474 起。

在打击网络商标侵权方面，2016 年 5 月，国家工商行政管理总局印发了《2016 网络市场监管专项行动方案的通知》。通知称，为加强网络市场监管，集中整治市场乱象，切实维护网络市场秩序和消费者合法权益，促进网络市场健康有序发展，工商总局决定于 2016 年 5 月至 11 月全系统开展 2016 网络市场监管专项行动，其中一项是打击网络商标侵权等违法行为。各地工商、市场监管部门要加大对网络上销售仿冒高知名度商标、涉外商标商品的查处力度，维护权利人和消费者的合法权益。依法查处网络上滥用、冒用、伪造涉农产品地理标志证明商标的行为。对将"驰名商标"字样用于网络销售商品、商品包装或者容器上，或者用于广告宣传的，要依法责令改正并处以罚款。对大规模、跨区域、商标权利人和消费者投诉集中的涉网商标侵权假冒典型案件，要强化生产、销售、注册商标标识制造等工作环节的全链条打击。

在打击网络著作权侵权方面，2016 年，全国各级版权行政管理部门积极部署任务和责任分工，版权保护工作取得了一系列新成果、新进展，有效地维护了权利人的合法权益和社会公共利益。"剑网 2016"专项行动期间，各地共查处行政案件 514 件，行政罚款 467 万元，移送司法机关 33 件，涉案金额 2 亿元，关闭网站 290 家。2016 年，版权监管部门针对当前互联网治理的热点和难点，明确了网络文学、APP、广告联盟、私人影院和电子商务平台 5 个重点整治领域，并对其实施了分类管理和专项整治。同时，国家版权行政管理部门还重点关注贴吧、自媒体、私人影院等侵权盗版现象频发领域，维护权利人的合法利益；加大对网络侵权盗版案件的行政处罚和刑事移送力度；加强对重点网站和重点作品的监管；并对网络版权保护中涉及的热点、难点问题组织研究探讨，积极寻求有效的解决方案。

15.2.3　司法保护情况

近年来，涉及网络的知识产权案件不断增多。2016 年，地方各级人民法院共新收和审结知识产权民事一审案件 136534 件和 131813 件，分别比 2015 年上升 24.82% 和 30.09%，一审结案率为 83.18%，同比上升 0.52%。其中，新收专利案件 12357 件，同比上升 6.46%；商标案件 27185 件，同比上升 12.48%；著作权案件 86989 件，同比上升 30.44%；技术合同案件 2401 件，同比上升 62.23%；竞争类案件 2286 件（含垄断民事案件 156 件），同比上升 4.81%；其他知识产权民事纠纷案件 5316 件，同比上升 71.87%。全年共审结涉外知识产权民事一审案件 1667 件，同比上升 25.62%；审结涉港澳台知识产权民事一审案件 1130 件，同比上升 291.99%。地方各级人民法院共新收和审结知识产权民事二审案件 20793 件和 20334 件，同比分别上升 37.57% 和 35.33%；共新收和审结知识产权民事再审案件 79 件和 85 件，同比分别下降 31.30% 和 25.44%。其中，一些著作权纠纷案件涉及互联网新技术，一些垄断及不正当竞争纠纷涉及市场竞争秩序维护，社会关注度高，案件事实复杂难辨，法律适用新奇特殊，使知识产权审判不断面临新挑战。例如，腾讯公司"宫锁连城"作品纠纷案涉及信息网络传播权解释，奇虎诉百度不正当竞争纠纷案涉及 robots 协议等。

2017 年 3 月，最高人民法院发布了第 16 批指导性案例，此次集中发布 10 件知识产权指导性案例，除了传统知识产权领域的几大案件类型之外，还涉及互联网领域中反垄断、反不正当竞争等新型、疑难、复杂案件。比如，此次公布的威海嘉易烤生活家电有限公司诉永康市金仕德工贸有限公司、浙江天猫网络有限公司侵害发明专利权纠纷案中，就明确了在网络用户利用网络服务实施侵权行为时，权利人根据侵权责任法的规定向其发出"有效通知"的标准以及网络服务提供者自行设定的投诉规则，不得影响权利人依法维护其自身合法权利，其采取的"必要措施"应遵循审慎、合理原则等法律规则。

2016 年 4 月，北京高级人民法院发布了《涉及网络知识产权案件审理指南》（以下简称《审理指南》）。此次发布的《审理指南》共 3 个部分，42 个条款，涉及网络著作权、商标权、不正当竞争纠纷中的热点、难点法律问题。

15.3　互联网专利保护模式研究

在"互联网+"时代，技术创新已成为各大企业参与市场竞争的制胜法宝，对于互联网企业而言，技术创新与专利保护显得格外重要。无论是对专利的重视程度，还是专利数量和质量，中国互联网企业走在了时代的前列。有数据显示，在发明专利授权率方面，互联网企业的授权率高于 60%。可以说，对于互联网企业而言，鼓励创新、保护知识产权已经成为了企业战略的重要组成部分，融入了企业发展的血脉之中。

2016 年，我国互联网企业的专利实力进一步提升，在稳固国内市场的同时，纷纷走出国门，在海外市场上开疆拓土。在新形势下，我国互联网企业的专利保护也呈现出新特点。

15.3.1 互联网企业的专利实力不断增强

将技术创新和专利保护视为生命线的互联网企业，在 2016 年取得了不俗的成绩。根据国家知识产权局统计数据显示，2016 年我国发明专利申请受理量排名前十位的国内（不含我国港澳台地区）企业中，乐视控股（北京）有限公司以 4197 件排名第三位，北京小米移动软件有限公司以 3280 件排名第八位。在 2015 年的榜单上还没有乐视的身影，一年时间，乐视闯入榜单前三甲，足见乐视对研发和专利的重视程度。在国家知识产权局公布的 2016 年我国发明专利授权量排名前十位的国内（不含我国港澳台地区）企业中，腾讯科技（深圳）有限公司以 1027 件发明专利排名第六位，也是唯一进入榜单的互联网企业。发明专利申请量反映的是当年企业在技术研发上的投入力度和对专利的重视程度，发明专利授权量则在一定程度上反映了企业技术研发的质量。可见，腾讯 2016 年的技术研发质量较高，并对专利保护十分重视。

除了上述榜单上出现的乐视、小米、腾讯外，百度、阿里巴巴、京东、360 等互联网企业在技术创新和专利布局方面也都取得了亮眼的成绩。

在欧盟委员会发布的"2016 全球企业研发投入排行榜"（World Top 2500 R&D investors）显示，百度全年累计投入 14.44 亿欧元，成为唯一一家上榜的中国互联网公司。《麻省理工科技评论》评选出的 2016 年"全球 50 大创新公司"中，百度依靠在语音识别技术、人工智能技术领域的厚积薄发，排名第二位。截至 2016 年年底，百度公司在人工智能领域公开的中国专利申请超过 2000 件。

世界知识产权组织（WIPO）公布的 2016 年 PCT 专利申请报告显示，阿里巴巴以 448 件 PCT 国际专利申请排名第 34 位，可谓 2016 年榜单中最大的"黑马"，在全球互联网公司中排名仅次于谷歌。阿里巴巴于 2014 年 9 月在美国首次公开募股，近几年不断开拓海外市场，在此基础上，加强海外专利保护、重视海外知识产权布局，必然会成为其发展战略的重要内容。这也表明，越来越多的中国企业正在努力学习并利用国际知识产权规则积极参与国际市场竞争。

多年来，京东在知识产权工作上持续发力，形成了一套完备的知识产权体系，截至目前，其在数据处理、信息交换、安全加密、创新商业模式、现代物流以及仓储系统等与线上销售和服务相关的多个领域共提交了 400 多件发明专利申请，形成了严密的知识产权保护网。随着国际化进程的加快，京东知识产权布局也更具国际化视野，不断完善在海外专利申请和布局，并逐渐形成自己的专利池。

北京知识产权保护协会于 2016 年 3 月发布的"互联网行业专利管理能力分析报告"显示，在发明专利授权率方面，互联网企业的授权率均高于 60%，其中，360 公司更是高达 94.50%，远远高于其他互联网公司。360 公司在专利申请文件撰写方面同样具有领先优势，其权利要求项数在互联网公司中排名领先。

15.3.2　互联网企业专利诉讼频发，案件标的额较高

如今，随着社会各界专利意识的不断增强，互联网企业越来越多地将专利作为参与市场竞争的武器。无论是大型的互联网企业还是刚成立不久的中小企业，其面临的知识产权纠纷数量不断增多，案件标的额也呈现较高态势。2016 年 11 月，百度公司以专利侵权为由向北京知识产权法院提起诉讼，称搜狗公司旗下搜狗拼音输入法、搜狗手机输入法软件侵犯了百度输入法的 10 件专利权，索赔 1 亿元。

这些高诉讼标的额的知识产权案件，面临的经济成本高、维权周期长、诉讼举证难等问题也更加突出，这也是困扰创新主体进行维权的难点所在。如何帮助创新主体更好地维权，保护其合法权益，成为当前执法机关、产业界、学术界共同关注的话题。

15.3.3　GUI 专利保护受到高度关注

随着电子信息技术和互联网技术的快速发展，电脑、手机、数码相机等电子信息产品已被广泛应用并相互融合，随之而来的是产品图形用户界面（GUI）设计的迅速发展。GUI 已成为互联网企业进行差异化竞争、提升产品附加值的重要手段。

图形用户界面保护客体的放开，受到了社会的广泛关注，创新主体提交该类专利申请的热情也很高，近两年该类专利申请的数量还在持续不断增长，大型互联网公司成为 GUI 类外观设计专利申请的主力军。尤其是爱奇艺、百度、腾讯等公司，GUI 专利申请数量较多，相似外观设计申请占自身 GUI 专利申请的比例也比较高。这说明目前我国互联网企业已不是简单追求专利数量，而是逐渐学会合理运用制度的优势，通过提交相似设计的方式，有效降低企业的专利申请成本以及后期维护成本。

在重视 GUI 专利申请的同时，已有互联网企业开始拿起专利武器，发起诉讼，维护自己的权利。2016 年 4 月，因认为自己设计的电脑安全优化图形用户界面专利权遭到侵犯，北京奇虎科技有限公司、奇智软件（北京）有限公司将北京江民新科技有限公司起诉，要求被告立即停止侵权并赔偿 1000 万元。这是国内首起图形用户界面外观设计专利侵权案件，在国内引了巨大反响。未来，随着互联网行业的快速发展的竞争更加白热化，很可能会出现更多 GUI 专利诉讼。

15.4　互联网商标保护模式研究

随着我国经济发展水平和收入水平的提高，全社会的商标注册申请意识不断提高，商标申请量持续快速增长。特别是新兴"互联网+"知识产权服务平台的崛起，对简化商标申请流程，提升服务水平和规范行业起到了至关重要的作用。

2016 年，商标行业的各方面发展都表现出了新的趋势和特点，各个领域的商标申请均处于较好的发展势头，移动互联网等新兴产业发展势头较足，第 35 类作为商户入驻电商平台的必备类别，随着电子商务的飞速发展而越来越受到商家的青睐，而第 25 类以及第 29 类、第 30 类作为电商的主要潜在客户也成为商标注册的生力军。

2016 年，创新主体在商标申请和品牌保护方面的意识不断强化，互联网产业海量的产品

产出带来了巨大的商标申请需求。从商标申请企业排名来看，排名第一的腾讯，已注册及已初审的商标有 6000 多件，全部申请已超过 10000 件。应当说作为互联网龙头企业，对于知识产权保护的重视为腾讯的创新发展之路助一臂之力。

随着"互联网+"和大众创业、万众创新的持续推进，互联网领域的商标保护还在持续升温，市场体量庞大，待开发市场空间充足。

15.4.1　开展专项行动，加大商标侵权打击力度

2016 年 5 月国家工商总局印发了《2016 网络市场监管专项行动方案》，5 月至 11 月在全系统开展 2016 网络市场监管专项行动，提出了九点具体整治措施，并将网络交易平台和网络商标侵权、销售假冒伪劣商品等违法问题作为整治重点。

方案提出，要坚持依法管网、以网管网、信用管网和协同管网，创新监管手段，提升执法能力，以网络交易平台和网络商标侵权、销售假冒伪劣商品等突出违法问题为整治重点。经过大力整治，网络经营者违法失信成本增加，责任意识得到强化，网络市场秩序突出问题受到遏制，网络商品质量水平明显提升，网络交易信用环境显著改善，网络消费信心不断增强，网络创业创新热情进一步激发。

方案中表示，要落实网店实名制，工商总局将组织一次专项搜索，集中整治一批非法主体网站。同时要加强对儿童和老年用品、电器电子产品和装饰装修材料等重点商品领域的监管，突出对节假日等网络集中促销节点、主要网络交易平台及平台上差评多的网店、农村电商、跨境电商、在线旅游市场、社会反映强烈的违法行为等的监督检查和定向监测。

15.4.2　网络域名与商标权出现冲突

互联网商业化后，域名的功能不再是找到网上计算机的简单标识符，已经成为用户网上寻找、评价网站的一种重要身份符号。互联网的全球性决定了域名的全球唯一性。而现行的商标制度实行分类注册制，在非同种或非类似的商品上可能出现两个相同的商标，并且商标权具有严格的地域性，因此，在不同的国家可能出现相同的商标。这样，互联网域名的"唯一性"与商标相对的"非唯一性"的差别奠定了域名与商标权发生冲突的必然性。

15.4.3　互联网领域新型标识与商标的关系

移动互联网中的 APP 标识是一种新的商业标志，该标志不仅具有区别同类 APP 商品或服务来源的功能，而且独特的 APP 标识逐渐成为一种稀缺资源。同时，APP 的名称和图形在移动互联网中具有唯一性，一旦被他人注册，同名 APP 将无法进入该手机应用商店。APP 应用软件上传是移动互联网环境下一种新的商标使用形式，这种标识应如何保护，商标与 APP 同名是否会造成相关公众混淆，是否会构成商标侵权，有待进一步明确。

15.4.4　应如何认定电子商务平台商标侵权责任

以互联网为依托的电子商务中第三方电子商务平台作为其中影响最大的产物深刻影响了每一个人的生活，也成了知识产权侵权案件的高发地带。网络环境的特殊性，使得商标权人寻找直接侵权人追究损害赔偿责任变得困难和低效。要求第三方电子商务平台承担赔偿责

任，成可商标权人容易且高效地保护自己权利的方法。例如，淘宝就专门设置了自己的"知识产权保护平台"，投入大量的人力、财力来处理权利人对于知识产权侵权的投诉；设计了对用户账号的处罚规则，监控用户的行为模式，对于多次侵权的用户账号直接处以查封；推动"品牌抽检"等主动防控措施，打击知识产权侵权行为。

2016 年 12 月 19 日，电子商务法（草案）提请人大常委会审议。尽管这部法律在起草过程中已经多次征求各界意见，立法机关也曾召开过多次专家研讨会，但是围绕某些条款的争议依然很多。平台责任条款（草案第 54 条）就是其中之一。该条款在商标保护适用时所面临的难题，草案并未给予回应。且由于平台责任条款针对的是所有电子商务领域，虽然都是互联网平台，但商业模式的差异决定了它们彼此之间在市场结构、经营者行为的外部性、企业的预防成本等方面有着显著的区别。

15.5　互联网版权保护模式研究

2016 年，网络技术持续推动数字内容产业快速发展，截至 2016 年年底，我国网络版权产业整体产值突破 5600 亿元，产业规模居全球前三。在形成良性产业循环的同时，数字新型传播方式也不断冲击着现有的版权法律制度，对网络版权保护带来诸多挑战。为此，我国不断加大司法保护力度，完善司法解决机制；加大了行政执法和监管力度；推进行业、企业和社会公众合力保护版权，初步建立了网络版权保护的社会共治机制。

15.5.1　继续加大司法保护，刑事保护成重要手段

2016 年网络版权纠纷案件无论从数量还是影响力来看，都体现出司法保护在网络版权保护中扮演了越来越重要的作用，涌现出腾讯诉易联伟达案、天下霸唱诉《九层妖塔》案、斗鱼直播侵权案、电影海报使用知名卡通形象案等一批社会影响力和关注度较高的案件。

随着网络传播新载体、新形态不断出现，涉及的传播方式日益多样化，网络版权侵权案件体现出在新商业模式下的新态势，如涉及网络直播案件、聚合网站、开放平台的案件逐渐增多。案件的分布仍然呈现出相对集中、适当扩散的态势，八成以上的案件主要集中在北京、浙江、广东等互联网企业集聚的省市。

2016 年司法机关加大了对网络版权的刑事保护力度，案件类型涉及网络游戏、文学、视频、音乐等多个领域，其中网络文学和网络游戏领域的刑事案件数量最多。据统计，在已公布的有关侵犯网络著作权刑事罪犯的案件中，案件平均罚金在 20 万元以上，惩治力度不断加大，网络版权保护日趋严格。

15.5.2　建立"黑白名单"制度，针对重点领域专项整治

2016 年版权行政管理部门积极探索加强网络版权保护的新举措、新办法，继续深入开展"剑网 2016"专项行动，推进网络版权保护工作取得一系列新成果。国家版权局在网络文学、广告联盟、APP 等领域推行"黑白名单"制度，一方面，将从事侵权盗版的网站纳入"黑名单"，切断盗版网站的非法利益链条，从源头上遏制侵权盗版势头；另一方面，通过公布重点监管作品"白名单"，明确热门作品的授权链条，解决版权纠纷中的"明知""应

知”问题。

“剑网 2016”专项行动期间，全国版权监管部门在继续巩固以往重点治理领域的基础上，针对当前互联网治理的热点和难点，明确了网络文学、APP、广告联盟、私人影院和电子商务平台五个重点整治领域，并对其实施了分类管理和专项整治。同时，国家版权行政管理部门加大了对网络侵权盗版案件的行政处罚和刑事移送力度，并对网络版权保护中涉及的热点、难点问题组织研究探讨，积极寻求有效的解决方案。各地共查处行政案件 514 件，行政罚款 467 万元，移送司法机关 33 件，涉案金额 2 亿元，关闭网站 290 家。

15.5.3 促进行业自律，初步建立社会共治机制

2016 年，中国作家协会网络文学委员会向全国网络文学界发布《网络文学行业自律倡议书》，30 多家网络文学企业发起成立中国网络文学版权联盟，并发布《中国网络文学版权联盟自律公约》。国内主要广告联盟共同发布《网络广告联盟版权自律倡议》，网络游戏行业成立网络游戏反盗版和产业保护联盟，10 家中央新闻单位发起成立中国新闻版权保护联盟，并发布联盟宣言，将在新闻作品版权统一管理、制定版权合作规则、组织共同议价、支持成员单位维权等方面扮演重要角色。

与此同时，著作权集体管理组织充分发挥管理和服务职能，权利主体维权积极性不断提高，维权手段更加丰富，使得行业、企业和社会公众成为网络版权保护的重要组成部分，网络版权保护的社会共治机制初步建立。

15.5.4 利用技术手段，权利主体提升保护水平

技术的发展一方面降低了侵权门槛，为网络版权保护带来挑战，另一方面也使得作品的可识别性、侵权证据的可追踪性、可查找性大大提高。为此，互联网企业越来越倚重技术手段对版权内容进行管理，对盗版内容进行监测；版权服务机构不断创新技术手段和商业模式，为权利人提供版权确权、维权服务；权利人更加重视数字作品快速登记与监测维权。

2016 年，中国版权协会成立版权监测中心，利用人工智能搜索、云计算和版权大数据分析，从海量信息中快速搜索疑似侵权内容，实现全作品、全平台、全时段的版权监测、下线处理、诉讼维权等一站式监测维权服务。中国版权保护中心推出的 DCI（数字版权唯一标识符）体系，与视频、图片、音乐等各领域进行嵌入式合作，推出了十几家应用示范平台。微博用户发表的每一篇文章，微信用户上传的每一张照片，都可通过这些平台快速进行著作权登记，获得往后维权的初始证据。

（裴宏、冯飞、吴艳、刘仁、陈婕、娄宁）

第16章 2016年中国网络信息安全情况

16.1 网络安全概况

近年来，随着我国网络安全法律法规、管理制度的不断完善，我国在网络安全技术实力、人才队伍、国际合作等方面取得明显成效。2016年，我国互联网网络安全状况总体平稳，网络安全产业快速发展，网络安全防护能力得到提升，网络安全国际合作进一步加强。但随着网络空间战略地位的日益提升，世界主要国家纷纷建立网络空间攻击能力，国家级网络冲突日益增多，我国网络空间面临的安全挑战日益复杂。

2016年，移动互联网恶意程序捕获数量、网站后门攻击数量以及安全漏洞收录数量较2015年有所上升，而木马和僵尸网络感染数量、拒绝服务攻击事件数量、网页仿冒和网页篡改页面数量等均有所下降。

16.2 网络安全形势

1. 域名系统安全状况良好，防攻击能力明显上升

2016年，我国域名服务系统安全状况良好，无重大安全事件发生。据抽样监测，2016年针对我国域名系统的流量规模在1Gbit/s以上的DDoS攻击事件日均约32起，均未对我国域名解析服务造成影响，在基础电信企业侧也未发生严重影响解析成功率的攻击事件，主要与域名系统普遍加强安全防护措施，抗DDoS攻击能力显著提升相关。2016年6月，发生针对全球根域名服务器及其镜像的大规模DDoS攻击，大部分根域名服务器受到不同程度的影响，位于我国的域名根镜像服务器也在同时段遭受大规模网络流量攻击。因应急处置及时，且根区顶级域缓存过期时间往往超过1天，此次攻击未对我国域名系统网络安全造成影响。

2. 针对工业控制系统的网络安全攻击日益增多，多起重要工业控制系统安全事件应引起重视

2016年，全球发生的多起工业控制领域重大事件值得我国警醒。3月，美国纽约鲍曼水坝的一个小型防洪控制系统遭受攻击；8月，卡巴斯基安全实验室揭露了针对工业控制行业的"食尸鬼"网络攻击活动，该攻击主要对中东和其他国家的工业企业发起定向网络入侵；

12月，乌克兰电网再一次经历了供电故障，据分析本次故障缘起恶意程序"黑暗势力"的变种。我国工业控制系统规模巨大，安全漏洞、恶意探测等均给我国工业控制系统带来一定的安全隐患。截至2016年年底，CNVD共收录工业控制漏洞1036条，其中2016年收录172个，较2015年增长38.4%（见图16.1）。工业控制系统主要存在缓冲区溢出、缺乏访问控制机制、弱口令、目录遍历等漏洞风险。同时，通过联网工业控制设备探测和工业控制协议流量监测，2016年CNCERT/CC共发现我国联网工业控制设备2504个，协议主要涉及S7Comm、Modbus、SNMP、EtherNetIP、Fox、FINS等，厂商主要为西门子、罗克韦尔、施耐德、欧姆龙等（见图16.2）。通过对网络流量分析发现，2016年度CNCERT/CC累计监测到联网工业控制设备指纹探测事件88万余次，并发现来自境外60个国家的1610个IP地址对我国联网工业控制设备进行了指纹探测。2016年工业控制系统高危漏洞涉及厂商情况如图16.3所示。

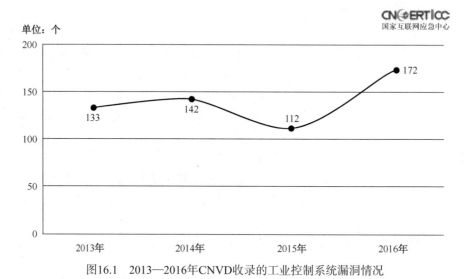

图16.1　2013—2016年CNVD收录的工业控制系统漏洞情况

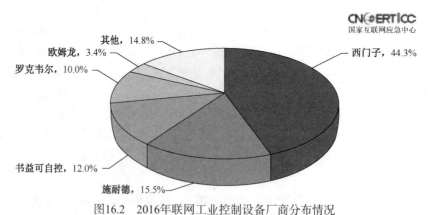

图16.2　2016年联网工业控制设备厂商分布情况

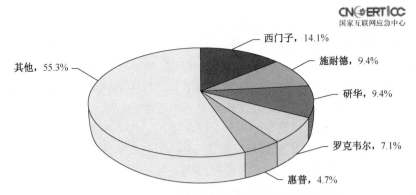

图16.3　2016年工业控制系统高危漏洞涉及厂商情况

3. 高级持续性威胁常态化，我国面临的攻击威胁尤为严重

截至 2016 年年底，国内企业发布高级持续性威胁（APT）研究报告共提及 43 个 APT 组织，其中针对我国境内目标发动攻击的 APT 组织有 36 个。从攻击实现方式来看，更多 APT 攻击采用工程化实现，即依托商业攻击平台和互联网黑色产业链数据等成熟资源实现 APT 攻击。这类攻击不仅降低了发起 APT 攻击的技术和资源门槛，而且加大了受害方溯源分析的难度。2016 年，多起针对我国重要信息系统实施的 APT 攻击事件被曝光，包括"白象行动"、"蔓灵花攻击行动"等，主要以我国教育、能源、军事和科研领域为主要攻击目标。2016 年 8 月，黑客组织"影子经纪人"（Shadow Brokers）公布了方程式组织经常使用的工具包，包含各种防火墙的漏洞利用代码、黑客工具和脚本，涉及 Juniper、飞塔、思科、天融信、华为等厂商产品。CNCERT/CC 对公布的 11 个产品漏洞（有 4 个疑似为 0day 漏洞）进行普查分析，发现全球约有 12 万个 IP 地址承载了相关产品的网络设备，其中我国境内 IP 地址约有 3.3 万个，占全部 IP 地址的 27.8%，对我国网络空间安全造成了严重的潜在威胁。2016 年 11 月，黑客组织"影子经纪人"又公布一组曾受美国国家安全局网络攻击与控制的 IP 地址和域名数据，中国是被攻击最多的国家，涉及我国至少 9 所高校，12 家能源、航空、电信等重要信息系统部门和 2 个政府部门信息中心。

4. 大量联网智能设备遭受恶意程序攻击形成僵尸网络，被用于发起大流量 DDoS 攻击

近年来，随着智能可穿戴设备、智能家居、智能路由器等终端设备和网络设备的迅速发展和普及利用，针对物联网智能设备的网络攻击事件比例呈上升趋势，攻击者利用物联网智能设备漏洞可获取设备控制权限，进而被控制形成大规模僵尸网络，或用于用户信息数据窃取、网络流量劫持等其他黑客地下产业交易。2016 年年底，因美国东海岸大规模断网事件和德国电信大量用户访问网络异常事件，Mirai 恶意程序受到广泛关注。Mirai 是一款典型的利用物联网智能设备漏洞进行入侵渗透以实现对设备控制的恶意代码，被控设备数量积累到一定程度将形成一个庞大的"僵尸网络"，称为"Mirai 僵尸网络"。又因物联网智能设备普遍是 24 小时在线，感染恶意程序后也不易被用户察觉，形成了"稳定"的攻击源。CNCERT/CC 对 Mirai 僵尸网络进行抽样监测，截至 2016 年年底，共发现 2526 台控制服务器控制 125.4 万余台物联网智能设备，对互联网的稳定运行形成了严重的潜在安全威胁。此外，CNCERT/CC 还对 Gafgyt 僵尸网络进行抽样检测分析，在 2016 年第四季度，共发现 817 台控制服务器控制了 42.5 万台物联网智能设备，累计发起超过 1.8 万次的 DDoS 攻击，其中峰

值流量在 5Gbit/s 以上的攻击次数高达 72 次。

5. 网站数据和个人信息泄露屡见不鲜，"衍生灾害"严重

由于互联网传统边界的消失，各种数据遍布终端、网络、手机和云上，加上互联网黑色产业链的利益驱动，数据泄露威胁日益加剧。2016 年，国内外网站数据和个人信息泄露事件频发，对政治、经济、社会的影响逐步加深，甚至个人生命安全也受到侵犯。在国外，美国大选候选人希拉里的邮件泄露，直接影响到美国大选的进程；雅虎两次账户信息泄露涉及约 15 亿的个人账户，致使美国电信运营商威瑞森 48 亿美元收购雅虎计划搁置甚至可能取消。在国内，我国免疫规划系统网络被恶意入侵，20 万儿童信息被窃取并在网上公开售卖；信息泄露导致精准诈骗案件频发，高考考生信息泄露间接夺去即将步入大学的女学生徐玉玉的生命；2016 年公安机关共侦破侵犯个人信息的案件 1800 多起，查获各类公民个人信息 300 亿余条。此外，据新闻媒体报道，俄罗斯、墨西哥、土耳其、菲律宾、叙利亚、肯尼亚等多个国家政府的网站数据发生泄露。

6. 移动互联网恶意程序趋利性更加明确，移动互联网黑色产业链已经成熟

2016 年，CNCERT/CC 通过自主捕获和厂商交换获得的移动互联网恶意程序数量 205 万余个，较 2015 年增长 39.0%，近 6 年来持续保持高速增长趋势。通过恶意程序行为分析发现，以诱骗欺诈、恶意扣费、锁屏勒索等攫取经济利益为目的的应用程序骤增，占恶意程序总数的 59.6%，较 2015 年增长了近 3 倍。从恶意程序传播途径发现，诱骗欺诈行为的恶意程序主要通过短信、广告和网盘等特定渠道进行传播，感染用户数达到 2493 万人，造成了重大经济损失。从恶意程序的攻击模式发现，通过短信方式传播窃取短信验证码的恶意程序数量占比较大，2016 年共获得相关样本 10845 个，表现出制作简单、攻击模式固定、暴利等特点，移动互联网黑色产业链已经成熟。

7. 敲诈勒索软件肆虐，严重威胁本地数据和智能设备安全

CNCERT/CC 监测发现，2016 年在传统 PC 端，捕获敲诈勒索类恶意程序样本约 1.9 万个，数量创近年来新高。对敲诈勒索软件攻击对象进行分析发现，勒索软件已逐渐由针对个人终端设备延伸至企业用户。针对企业用户方面，主要表示为加密企业数据库，2016 年年底开源 MongoDB 数据库遭受一轮勒索软件的攻击，大量用户受到影响。针对个人终端设备方面，敲诈勒索软件恶意行为在传统 PC 端和移动端表现出明显的不同特点：在传统 PC 端，主要通过"加密数据"进行勒索，即对用户电脑中的文件加密，胁迫用户购买解密密钥；在移动端，主要通过"加密设备"进行勒索，即远程锁住用户移动设备，使用户无法正常使用设备，并以此胁迫用户支付解锁费用。但从敲诈勒索软件的传播方式来看，传统 PC 端和移动端表现出共性，主要是通过邮件、仿冒正常应用、QQ 群、网盘、贴吧、受害者等传播。

16.3　计算机恶意程序传播和活动情况

16.3.1　木马和僵尸网络监测情况

木马是以盗取用户个人信息，甚至是以远程控制用户计算机为主要目的的恶意程序。由于它像间谍一样潜入用户的电脑，与战争中的"木马"战术十分相似，因而得名木马。按照功能分类，木马程序可进一步分为盗号木马、网银木马、窃密木马、远程控制木马、流量劫持木马、下载者木马和其他木马等，但随着木马程序编写技术的发展，一个木马程序往往同时包含上述多种功能。

僵尸网络是被黑客集中控制的计算机群，其核心特点是黑客能够通过一对多的命令与控制信道操纵感染木马或僵尸程序的主机执行相同的恶意行为，如可同时对某目标网站进行分布式拒绝服务攻击，或同时发送大量的垃圾邮件等。

2016 年 CNCERT/CC 抽样监测结果显示，在利用木马或僵尸程序控制服务器对主机进行控制的事件中，控制服务器 IP 地址总数为 96670 个，较 2015 年下降 7.9%，受控主机 IP 地址总数为 25840694 个，较 2015 年下降 10.1%。其中，境内木马或僵尸程序受控主机 IP 地址数量为 16995381 个，较 2015 年下降 14.1%，境内控制服务器 IP 地址数量为 48741 个，较 2015 年上升 19.7%。

1. 木马或僵尸程序控制服务器分析

2016 年，境内木马或僵尸程序控制服务器 IP 地址数量为 48741 个，较 2015 年上升了 19.7%；境外木马或僵尸程序控制服务器 IP 地址数量为 47929 个，较 2015 年有所下降，降幅为 25.4%（见图 16.4）。经过我国木马僵尸专项打击的持续治理，境内的木马或僵尸程序控制服务器数量较为稳定。

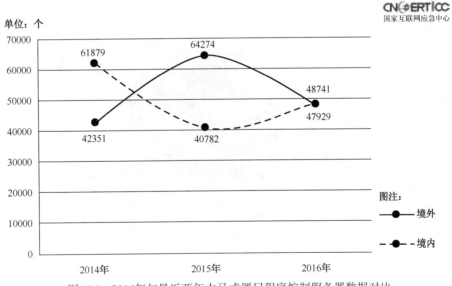

图16.4　2016年与最近两年木马或僵尸程序控制服务器数据对比

2016 年，在发现的因感染木马或僵尸程序而形成的僵尸网络中，僵尸网络数量规模在 100～1000 个的占 73.1%以上。数量规模在 1000～5000 个、5000～20000 个、2 万～5 万个、5 万～10 万个的主机 IP 地址的僵尸网络数量与 2015 年相比分别减少 5 个、10 个、80 个、14 个。

2016 年木马或僵尸程序控制服务器 IP 地址数量全年呈波动态势，10 月达到最高值 19681 个，11 月为最低值 8610 个（见图 16.5）。

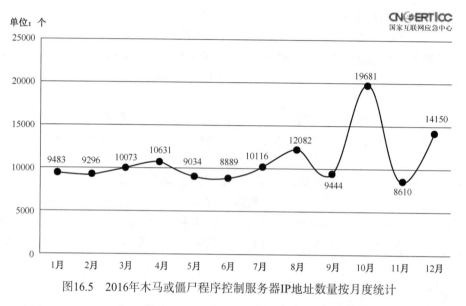

图16.5　2016年木马或僵尸程序控制服务器IP地址数量按月度统计

2016 年境内木马或僵尸程序控制服务器 IP 地址按地区分布如图 16.6 所示，其中，广东省、江苏省、山东省居于木马或僵尸程序控制服务器 IP 地址绝对数量[1]前 3 位，海南省、江苏省、广东省居于木马或僵尸程序控制服务器 IP 地址相对数量[2]的前 3 位。2016 年境内木马或僵尸程序控制服务器 IP 地址占所在地区活跃 IP 地址比例 TOP10 如图 16.7 所示。

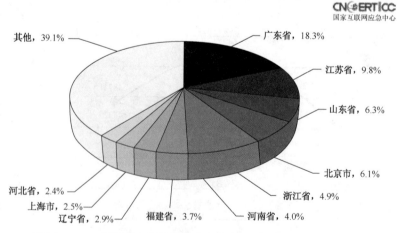

图16.6　2016年境内木马或僵尸程序控制服务器IP地址按地区分布

1　IP 地址绝对数量是指木马或僵尸程序控制服务器 IP 地址数量。

2　IP 地址相对数量是指木马或僵尸程序控制服务器 IP 地址绝对数量占活跃 IP 地址数量的比例。

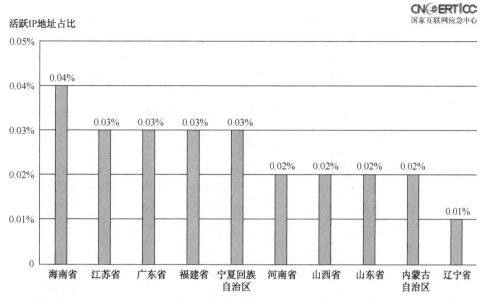

图16.7　2016年境内木马或僵尸程序控制服务器IP地址占所在地区活跃IP地址比例TOP10

　　木马或僵尸程序控制服务器 IP 地址数量无论是绝对数量还是相对数量,位于中国电信网内的数量均排名第一。其中位于中国电信网内的木马或僵尸程序控制服务器 IP 地址数量约占境内控制服务器 IP 地址数量的一半以上(见图 16.8 和图 16.9)。

　　境外木马或僵尸程序控制服务器 IP 地址数量前 10 位按国家和地区分布,其中美国位居第一,占境外控制服务器的 22.4%,中国香港和日本分列第二、三位,占比分别为 3.8% 和 3.7%(见图 16.10)。

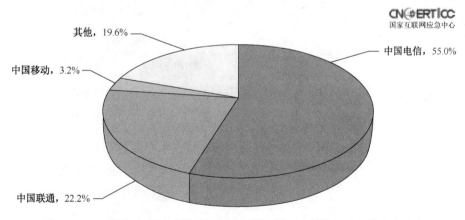

图16.8　2016年境内木马或僵尸程序控制服务器IP地址按基础电信企业分布

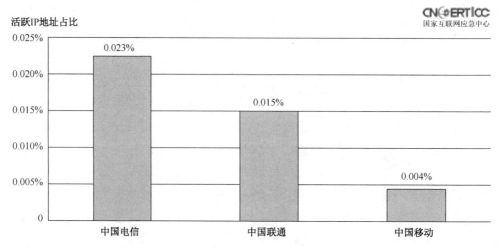

图16.9　2016年境内木马或僵尸程序控制服务器IP地址占所属基础电信企业活跃IP地址比例

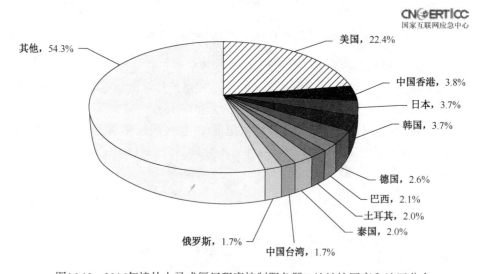

图16.10　2016年境外木马或僵尸程序控制服务器IP地址按国家和地区分布

2. 木马或僵尸程序受控主机分析

2016 年,境内共有 16995381 个 IP 地址的主机被植入木马或僵尸程序,境外共有 8845313 个 IP 地址的主机被植入木马或僵尸程序,数量较 2015 年均有所下降,降幅分别达到了 14.1% 和 1.0%(见图 16.11)。

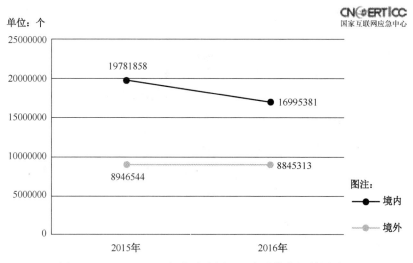

图16.11　2015—2016年木马或僵尸程序受控主机数量对比

　　2016 年，CNCERT/CC 持续加大木马和僵尸网络的治理力度，木马或僵尸程序受控主机 IP 地址数量全年总体呈现下降态势，5 月达到最高值 3808651 个，11 月为最低值 1785154 个（见图 16.12）。

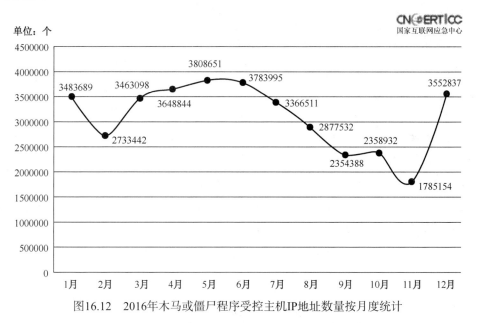

图16.12　2016年木马或僵尸程序受控主机IP地址数量按月度统计

　　境内木马或僵尸程序受控主机 IP 地址绝对数量和相对数量，广东省、江苏省、山东省居于木马或僵尸程序受控主机 IP 地址绝对数量前 3 位。这在一定程度上反映出经济较为发达、互联网较为普及的东部地区因网民多、计算机数量多， 该地区的木马或僵尸程序受控主机 IP 地址绝对数量位于全国前列。同时，广东省、江苏省、山东省也居于木马或僵尸程序受控主机 IP 地址相对数量的前 3 位（见图 16.13 和图 16.14）。

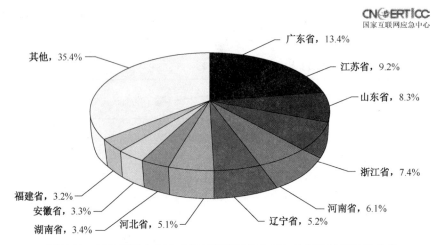

图16.13　2016年境内木马或僵尸程序受控主机IP地址数量按地区分布

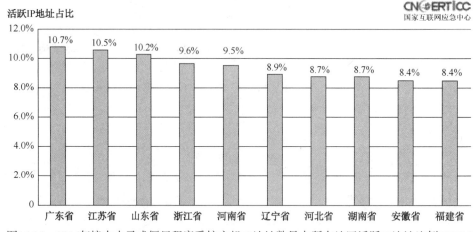

图16.14　2016年境内木马或僵尸程序受控主机IP地址数量占所在地区活跃IP地址比例TOP10

从绝对数量上看,木马或僵尸程序受控主机 IP 地址位于中国电信网内的数量占总数的近 2/3(见图 16.15)。从相对数量上看,中国电信、中国联通网内感染木马或僵尸程序的主机 IP 地址数量占其活跃 IP 地址数量的比例均超过 4.0%(见图 16.16)。

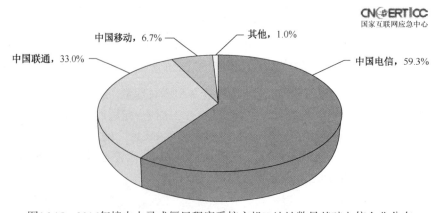

图16.15　2016年境内木马或僵尸程序受控主机IP地址数量基础电信企业分布

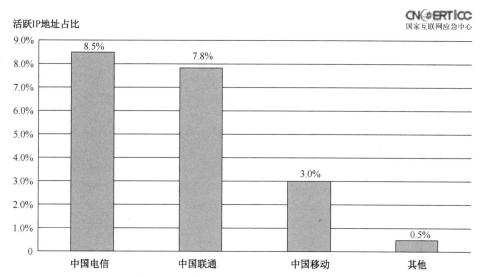

图16.16　2016年境内木马或僵尸程序受控主机IP地址数量占所属基础电信企业活跃IP地址数量比例

　　境外木马或僵尸程序受控主机 IP 地址数量按国家和地区分布位，埃及、泰国、摩洛哥居前 3 位（见图 16.17）。

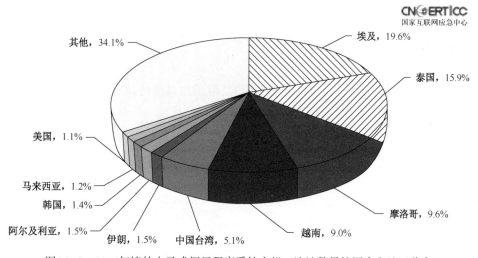

图16.17　2016年境外木马或僵尸程序受控主机IP地址数量按国家和地区分布

16.3.2　"飞客"蠕虫监测情况

　　"飞客"蠕虫（英文名称 Conficker、Downup、Downandup、Conflicker 或 Kido）是一种针对 Windows 操作系统的蠕虫病毒，最早出现在 2008 年 11 月 21 日。"飞客"蠕虫利用 Windows RPC 远程连接调用服务存在的高危漏洞（MS08-067），入侵互联网上未进行有效防护的主机，通过局域网、U 盘等方式快速传播，并且会停用感染主机的一系列 Windows 服务。自 2008 年以来，"飞客"蠕虫衍生了多个变种，这些变种感染了上亿台主机，构建了一个庞大的攻击平台，不仅能够被用于大范围的网络欺诈和信息窃取，而且能够被利用发动大规模拒绝服务攻击，甚至可能成为有力的网络战工具。

CNCERT/CC 自 2009 年起对"飞客"蠕虫感染情况进行持续监测和通报处置。抽样监测数据显示，2010 年 12 月至 2015 年 8 月全球互联网月均感染"飞客"蠕虫的主机 IP 地址数量持续减少，但从 2015 年 9 月开始"飞客"蠕虫又呈现活跃态势，并且 2016 年月均感染 IP 地址数量从 2015 年的月均 391 万个提升到 465 万个（见图 16.18）。

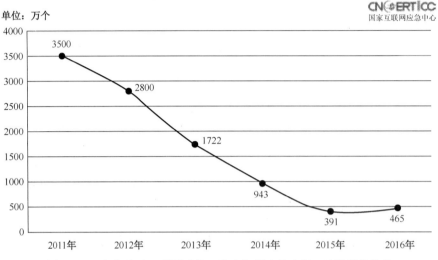

图16.18　近6年全球互联网感染"飞客"蠕虫的主机IP地址月均数量

据 CNCERT/CC 抽样监测，2016 年全球感染"飞客"蠕虫的主机 IP 地址数量排名前三的国家和地区分别是中国境内（14.5%）、印度（9.3%）和巴西（5.8%），如图 16.19 所示。2016 年中国境内感染"飞客"蠕虫的主机 IP 地址数量按月度统计如图 16.20 所示，月均数量近 67 万个，总体上有所上升，较 2015 年上升 38.9%。

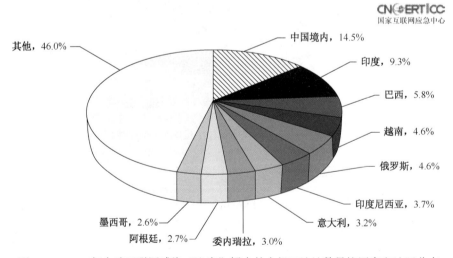

图16.19　2016年全球互联网感染"飞客"蠕虫的主机IP地址数量按国家和地区分布

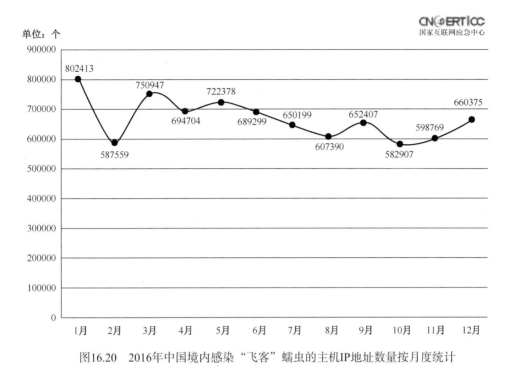

图16.20　2016年中国境内感染"飞客"蠕虫的主机IP地址数量按月度统计

16.3.3　恶意程序传播活动监测情况

2016 年 1—4 月恶意程序传播活动频次逐步降低，5—7 月恶意程序传播活动频次于较低水平趋于稳定，8 月开始恶意程序传播事件数量较前 7 个月出现明显增长，8—12 月恶意程序传播事件数量始终保持在较高水平，其中 9 月达到顶峰，11 月则相对减少一些（见图 16.21）。频繁的恶意程序传播活动使用户上网面临的感染恶意程序风险加大，后半年恶意程序传播活动的增加使得对其传播源的清理形势越发严峻，同时需要更加注重提醒广大用户提高个人信息安全意识。

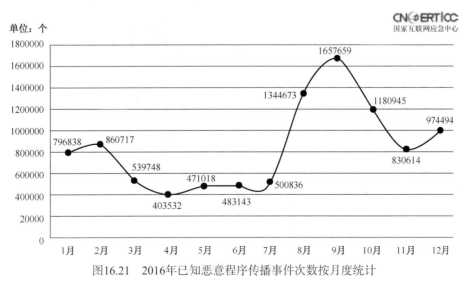

图16.21　2016年已知恶意程序传播事件次数按月度统计

2016 年，CNCERT/CC 共监测到 9410 个放马站点（去重后）。根据中国境内地区放马站点数量月度统计情况，放马站点数量在 2016 年呈现波动趋势，11 月达到峰值，9 月为全年最低值，第四季度放马站点数量有一定幅度增加（见图 16.22）。

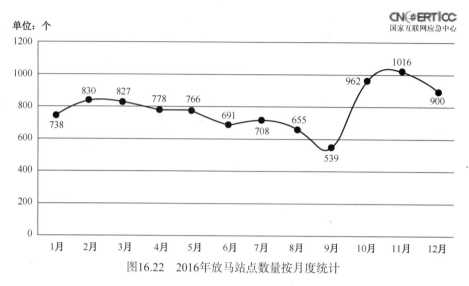

图16.22　2016年放马站点数量按月度统计

根据 CNCERT/CC 监测，2016 年中国境内地区放马站点按省份分布情况，列前 5 位的省份是浙江省（9.3%）、江苏省（8.7%）、广东省（8.7%）、北京市（5.6%）和陕西省（5.5%），如图 16.23 所示。

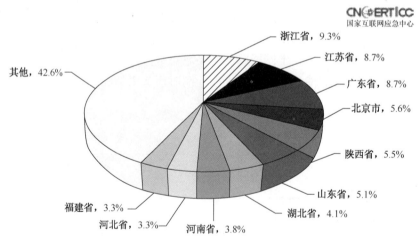

图16.23　2016年中国境内地区放马站点按省份分布

根据 CNCERT/CC 监测，2016 年中国境内地区放马站点按域名分布情况，其中，排名前 3 位的是.com 域名（66.6%）、.net 域名（9.5%）和.cn 域名（8.4%），如图 16.24 所示。

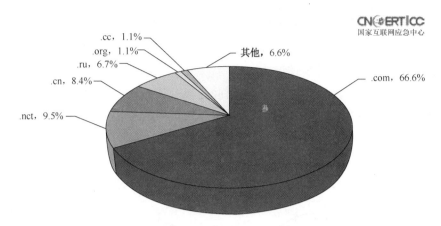

图16.24　2016年中国境内地区放马站点按域名分布

根据 CNCERT/CC 监测，2016 年恶意程序传播绝大多数使用 80 端口（见图 16.25）。恶意程序传播大量使用 www.go890.com 和 url.tduou.com 这两个域名来承载恶意程序，其中 www.go890.com 主要承载的恶意程序为 Trojan/Win32.SGeneric 家族，url.tduou.com 则主要承载两种家族的恶意程序，分别为 RiskWare[Downloader]/Win32.Agent 家族和 GrayWare[AdWare]/Win32.AdLoad 家族，传播感染数量均很大。

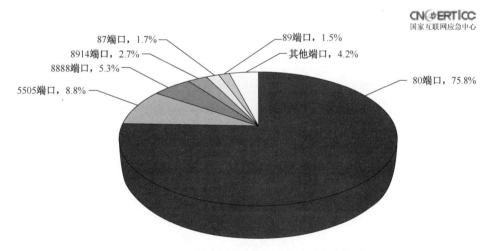

图16.25　2016年放马站点使用的端口分布统计

16.4　网站安全监测情况

16.4.1　网页篡改情况

按照攻击手段，网页篡改可以分成显式篡改和隐式篡改两种。通过显式网页篡改，黑客可炫耀自己的技术技巧，或达到声明自己主张的目的。隐式篡改一般是在被攻击网站的网页中植入被链接到色情、诈骗等非法信息的暗链中，以助黑客谋取非法经济利益。黑客为了篡改网页，一般需提前知晓网站的漏洞，提前在网页中植入后门，并最终获取网站的控制权。

1. 我国境内网站被篡改总体情况

2016 年，我国境内被篡改的网站数量为 16758 个（去重后），较 2015 年的 24550 个下降 31.7%。2016 年全年，CNCERT/CC 持续开展对我国境内网站被植入暗链情况的治理，组织全国分中心持续开展网站黑链、网站篡改事件的处置工作。2016 年我国境内被篡改的网站数量按月度统计如图 16.26 所示。

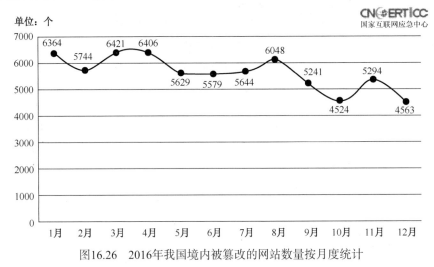

图16.26　2016年我国境内被篡改的网站数量按月度统计

从篡改攻击的手段来看，我国被篡改的网站中以植入暗链方式被攻击的超过 90%。从域名类型来看，2016 年我国境内被篡改的网站中，代表商业机构的网站（.com）最多，占 72.3%，其次是网络组织类（.net）网站和政府类（.gov）网站，分别占 7.3% 和 2.8%，非营利组织类（.org）网站和教育机构类（.edu）网站分别占 1.8% 和 0.1%，如图 16.27 所示。对比 2015 年，我国政府类网站被篡改比例持续下降，从 2014 年的 4.8%，2015 年的 3.7%，下降至 2016 年的 2.8%。

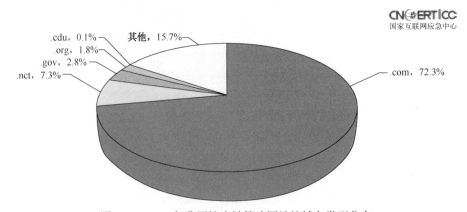

图16.27　2016年我国境内被篡改网站按域名类型分布

2016 年我国境内被篡改网站数量按地域进行统计，前 10 位的地区分别是北京市、广东省、河南省、福建省、江苏省、浙江省、上海市、四川省、天津市、安徽省（见图 16.28）。前 10 位的地区与 2015 年总体一致，只是排名略有变化。以上均为我国互联网发展状况较好的地区，互联网资源较为丰富，总体上发生网页篡改的事件次数较多。

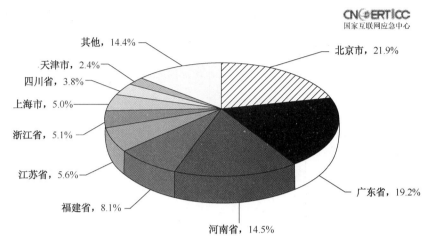

图16.28　2016年我国境内被篡改网站按地域分布

2. 我国境内政府网站被篡改情况

2016 年，我国境内政府网站被篡改数量为 467 个（去重后），较 2015 年的 898 个减少 48%。2016 年我国境内被篡改的政府网站数量和所占比例按月度统计如图 16.29 所示，政府网站篡改数量及占被篡改网站总数比例保持在 3%以下。

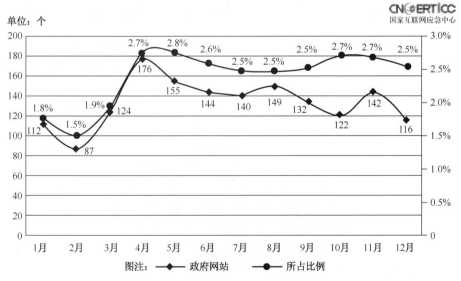

图16.29　2016年我国境内被篡改的政府网站数量和所占比例按月度统计

16.4.2　网站后门情况

网站后门是黑客成功入侵网站服务器后留下的后门程序。通过在网站的特定目录中上传远程控制页面，黑客可以暗中对网站服务器进行远程控制，上传、查看、修改、删除网站服务器上的文件，读取并修改网站数据库的数据，甚至可以直接在网站服务器上运行系统命令。

2016 年 CNCERT/CC 共监测到境内 82072 个（去重后）网站被植入后门，其中政府网站有 2361 个。2016 年我国境内被植入后门的网站数量按月度统计如图 16.30 所示。

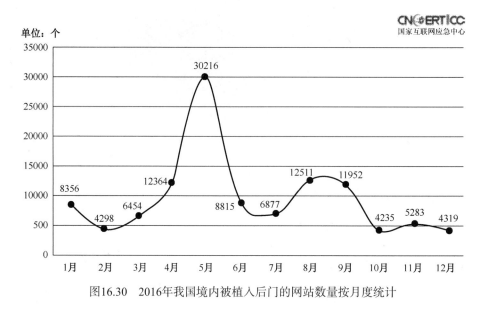

图16.30　2016年我国境内被植入后门的网站数量按月度统计

从域名类型来看，2016 年我国境内被植入后门的网站中，代表商业机构的网站（.com）最多，占 62.3%，其次是网络组织类（.net）和政府类（.gov）网站，分别占 4.8% 和 2.9%，如图 16.31 所示。

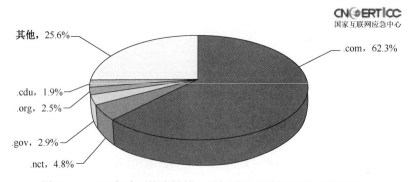

图16.31　2016年我国境内被植入后门的网站数量按域名类型分布

2016 年我国境内被植入后门的网站数量按地域进行统计，排名前 10 位的地区分别是北京市、广东省、河南省、江苏省、浙江省、上海市、山东省、四川省、福建省、江西省（见图 16.32）。

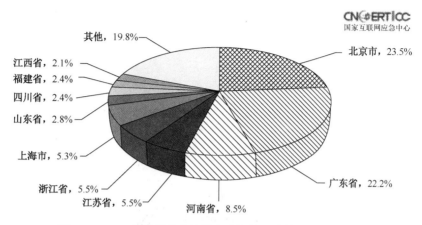

图16.32　2016年我国境内被植入后门的网站数量按地区分布

向我国境内网站实施植入后门攻击的 IP 地址中，有 33049 个位于境外，主要位于美国（14.0%）、中国香港（6.4%）和俄罗斯（3.8%）等国家和地区，如图 16.33 所示。

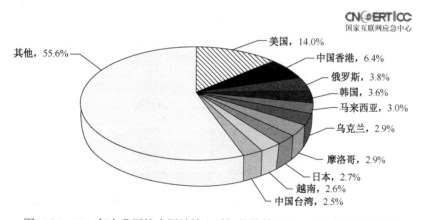

图16.33　2016年向我国境内网站植入后门的境外IP地址按国家和地区分布

其中，位于中国香港的 2115 个 IP 地址共向我国境内 13201 个网站植入了后门程序，侵入网站数量居首位，其次是位于美国和乌克兰的 IP 地址，分别向我国境内 9734 个和 8756 个网站植入后门程序。

16.4.3　网页仿冒情况

网页仿冒俗称网络钓鱼（Phishing），是社会工程学欺骗原理与网络技术相结合的典型应用。2016 年，CNCERT/CC 共抽样监测到仿冒我国境内网站的钓鱼页面 177988 个，涉及境内外 20089 个 IP 地址，平均每个 IP 地址承载 9 个钓鱼页面。在这 20089 个 IP 地址中，有 85.5% 位于境外，其中中国香港（21.6%）、美国（8.2%）和韩国（1.6%）居前 3 位，分别承载 28262 个、17050 个和 12424 个针对我国境内网站的钓鱼页面（见图 16.34 和图 16.35）。

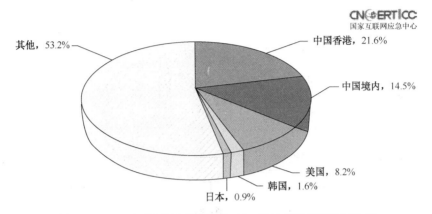

图16.34　2016年仿冒我国境内网站的IP地址按国家和地区分布

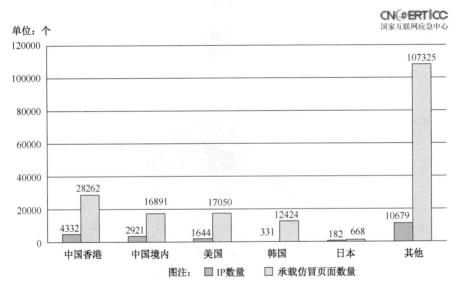

图16.35　2016年仿冒我国境内网站的IP地址及其承载的仿冒页面数量按国家或地区分布TOP5

从钓鱼站点使用域名的顶级域分布来看，以 .com 最多，占 52.6%，其次是 .cc 和 .pw，分别占 32.3% 和 4.6%（见图 16.36）。

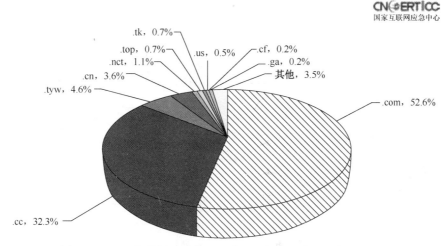

图16.36　2016年抽样监测发现的钓鱼站点所用域名按顶级域分布

16.5　信息安全漏洞公告与处置

16.5.1　CNVD 漏洞收录情况

2016 年，国家信息安全漏洞共享平台（CNVD）共收录通用软硬件漏洞10822 个。其中，高危漏洞 4146 个（占 38.3%），中危漏洞 5993 个（占 55.4%），低危漏洞 683 个（占 6.3%），较 2015 年漏洞收录总数 8080 个，环比增加 33.9%（见图 16.37）。2016 年，CNVD 接收白帽子、国内漏洞报告平台以及安全厂商报送的原创通用软硬件漏洞数量占全年收录总数的 17.8%，成为 2016 年漏洞数量增长的重要原因。在全年收录的漏洞中，有 2203 个属于"零日"漏洞，可用于实施远程网络攻击的漏洞有 9503 个，可用于实施本地攻击的漏洞有 1319 个。2016 年 CNVD 收录的漏洞数量按月度统计如图 16.38 所示。

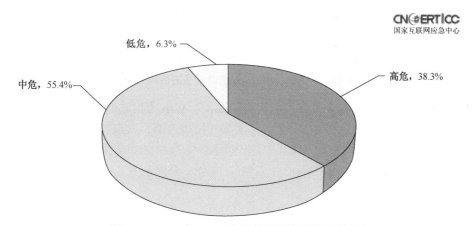

图16.37　2016年CNVD收录的漏洞按威胁级别分布

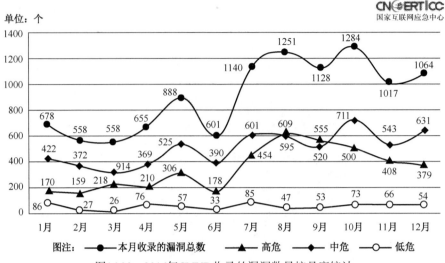

图注：●—本月收录的漏洞总数 ▲—高危 ◆—中危 ○—低危

图16.38 2016年CNVD收录的漏洞数量按月度统计

2016 年，CNVD 收录的漏洞中主要涵盖 Google、Oracle、Adobe、 Microsoft、IBM、Apple、Cisco、Wordpress、Linux、Mozilla、Huawei 等厂商的产品。各厂商产品中漏洞的分布情况如图 16.39 所示，可以看出，涉及 Google 产品（含操作系统、手机设备以及应用软件等）的漏洞最多，达到 819 个，占全部收录漏洞的 7.6%。

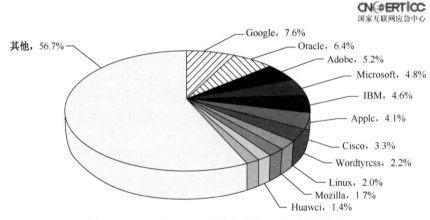

图16.39 2016年CNVD收录的高危漏洞按厂商分布

根据影响对象的类型，漏洞可分为应用程序漏洞、Web 应用漏洞、操作系统漏洞、网络设备漏洞（如路由器、交换机等）、安全产品漏洞（如防火墙、入侵检测系统等）、数据库漏洞。在 2016 年度 CNVD 收录的漏洞信息中，应用程序漏洞占 60.0%，Web 应用漏洞占 16.8%，操作系统漏洞占 13.2%，网络设备漏洞占 6.5%，安全产品漏洞占 2.0%，数据库漏洞占 1.5%（见图 16.40）。

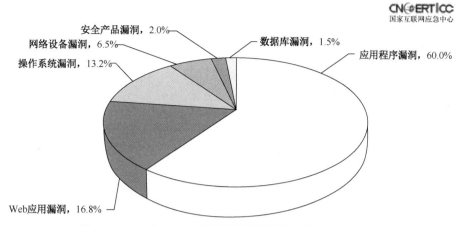

图16.40　2016年CNVD收录的漏洞按影响对象类型分类统计

2016 年 CNVD 共收录漏洞补丁 8619 个，为大部分漏洞提供了可参考的解决方案，提醒相关用户注意做好系统加固和安全防范工作。2016 年 CNVD 发布的漏洞补丁数量按月度统计如图 16.41 所示。

图16.41　2016年CNVD发布的漏洞补丁数量按月度统计

16.5.2　CNVD 行业漏洞库收录情况

CNVD 对现有漏洞进行了进一步的深化建设，建立起基于重点行业的子漏洞库，目前涉及的行业包含电信行业（telecom.cnvd.org.cn）、移动互联网（mi.cnvd.org.cn）、工业控制系统（ics.cnvd.org.cn）。面向重点行业客户包括：政府部门、基础电信运营商、工业控制行业客户等，提供量身定制的漏洞信息发布服务，从而提高重点行业客户的安全事件预警、响应和处理能力。CNVD 行业漏洞主要通过行业资产共有信息和行业关键词进行匹配，2016 年行业漏洞库资产总数为电信行业 1513 类，移动互联网 135 类，工业控制系统 178 类，电子政务 165 类。CNVD 行业库关联热词总数为电信行业 84 个，移动互联网 42 个，工业控制系统 59 个，电子政务 13 个。

2016 年，CNVD 共收录电信行业漏洞 640 个（占总收录比例的 5.9%），移动互联网行业漏洞 985 个（占 9.1%），工业控制行业漏洞 172 个（占 1.5%），电子政务行业漏洞 344 个（占 3.1%）。

2013—2016 年，CNVD 共收录电信行业漏洞 2823 个，移动互联网行业漏洞 3409 个，工业控制行业漏洞 559 个，电子政务漏洞 931 个（见图 16.42）。

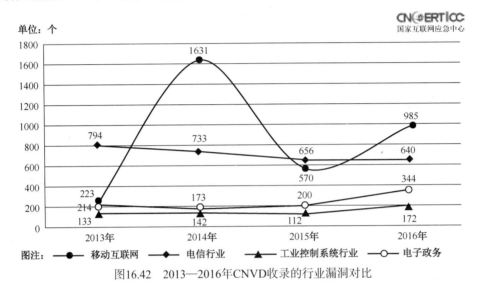

图16.42　2013—2016年CNVD收录的行业漏洞对比

16.5.3　漏洞报送和通报处置情况

2016 年，国内安全研究者漏洞报告持续活跃，CNVD 依托自有报告渠道以及与乌云、补天、漏洞盒子等民间漏洞报告平台的协作渠道，接收和处置涉及党政机关和重要行业单位的漏洞风险事件。

CNVD 对接收到的事件进行核实验证，主要依托 CNCERT/CC 国家中心、分中心处置渠道开展处置工作，同时 CNVD 通过互联网公开信息积极建立与国内其他企事业单位的工作联系机制。2016 年，CNVD 共处置涉及我国政府部门，银行、证券、保险、交通、能源等重要信息系统部门，以及基础电信企业、教育行业等相关行业漏洞风险事件共计 31335 起。

16.6　网络安全热点问题

1. 网络空间依法治理脉络更为清晰

2016 年 11 月 7 日，第十二届全国人大常委会第二十四次会议表决通过《网络安全法》，将于 2017 年 6 月 1 日起施行。该法有 7 章 79 条，对网络空间主权、网络产品和服务提供者的安全义务，网络运营者的安全义务，个人信息保护规则，关键信息基础设施安全保护制度和重要数据跨境传输规则等进行了明确规定。预计 2017 年各部门将更加重视《网络安全法》的宣传和解读工作，编制出台相关配套政策法规，落实各项配套措施，网络空间依法治理脉络将更为清晰。

2. 基于人工智能的网络安全技术研究全面铺开

在第三届世界互联网大会"世界互联网领先科技成果发布活动"现场，微软、IBM、谷歌三大国际科技巨头展示了基于机器学习的人工智能技术，为我们描绘了人工智能美好的未来。目前，网络攻击事件层出不穷、手段多样、目的复杂，较为短缺的网络安全人才难以应对变化过快的网络安全形势，而机器学习在数据分析领域的出色表现，使人工智能被认为在网络安全方面将会"大有作为"。有研究机构统计发现，2016 年"网络安全"与"人工智能"两词共同出现在文章中的频率快速上升，表明越来越多的讨论将二者联系在一起共同关注。以网络安全相关的大数据为基础，利用机器学习等人工智能技术，能够在未知威胁发现、网络行为分析、网络安全预警等方面取得突破性进展。

3. 互联网与传统产业融合引发的安全威胁更为复杂

随着我国"互联网+"战略的深入推进，我国几乎所有的传统行业、传统应用与服务都在被互联网改变，"互联网+"模式给各个行业带来了创新和发展机会。在融合创新发展的过程中，传统产业封闭的模式逐渐转变为开放模式，也将以往互联网上虚拟的网络安全事件转变为现实世界安全威胁。多国央行被攻击导致巨额经济损失、智能设备被利用发起大规模网络攻击等都表明了这一趋势。传统互联网安全与现实世界安全问题相交织引发的安全威胁更为复杂，产生的后果也更为严重。

4. 利用物联网智能设备的网络攻击事件将增多

2016 年 CNVD 收录的物联网智能设备漏洞 1117 个，主要涉及网络摄像头、智能路由器、智能家电、智能网关等设备。漏洞类型主要为权限绕过、信息泄露、命令执行等，其中弱口令（或内置默认口令）漏洞极易被利用，实际影响十分广泛，成为恶意代码攻击利用的重要风险点。随着无人机、自动驾驶汽车、智能家电的普及和智慧城市的发展，联网智能设备的漏洞披露数量将大幅增加，针对或利用物联网智能设备的网络攻击将更为频繁。

5. 网络安全威胁信息共享工作备受各方关注

及时、全面地获取和分析网络安全威胁，提前做好网络安全预警和部署应急响应措施，充分体现了一个国家网络安全综合防御能力。通过网络安全威胁信息共享，利用集体的知识和技术能力，是实现全面掌握网络安全威胁情况的有效途径。美国早在 1998 年的克林顿政府时期就签署了总统令，鼓励政府与企业开展网络安全信息共享，到奥巴马政府时期更是将网络安全信息共享写入了政府法案。近年来，我国高度重视网络安全信息共享工作，在《网络安全法》中明确提出了促进有关部门、关键信息基础设施的运营者以及有关研究机构、网络安全服务机构等之间的网络安全信息共享。面对纷繁复杂、多维度的数据源信息，如何高效地开展共享和深入分析，需建立一套基于大数据分析的网络安全威胁信息共享标准。目前，我国很多机构已经在开展网络安全威胁信息共享的探索与实践，相关国家标准和行业标准已在制定中，CNCERT/CC 也建立了网络安全威胁信息共享平台，在通信行业和安全行业进行相关共享工作。

6. 国家级网络对抗问题受关注度将继续升温

目前，我国互联网普及率已经达到 53.2%，民众通过互联网获得新闻资讯越来越快捷方便，民众关注全球政治热点的热度不断高涨。2016 年美国总统大选"邮件门"事件、俄罗斯黑客曝光世界反兴奋剂机构丑闻事件等，都让网民真切感受到有组织、有目的的一场缜密的网络攻击可以对他国政治产生严重的影响，将国家级之间的网络对抗从行业领域关注视角延伸到了全体网民。随着大量的国家不断强化网络空间军事能力建设，国家级网络对抗事件将会热点不断、危机频出，全民讨论的趋势将会持续升温。

（严寒冰、丁丽、李佳、狄少嘉、徐原、何世平、温森浩、李志辉、姚力、张洪、朱芸茜、郭晶、朱天、高胜、胡俊、王小群、张腾、吕利锋、何能强、李挺、陈阳、李世淙、徐剑、王适文、刘婧、饶毓、肖崇蕙、贾子骁、张帅、吕志泉、韩志辉、马莉雅、徐丹丹、雷君、邱乐晶、王江波）

第 17 章　2016 年中国互联网治理状况

17.1　概述

互联网是一个由互联网企业、使用者、政府乃至国际组织等多元主体构成的虚拟空间，互联网治理也应是由所有利益相关方共同参与的治理过程。2016 年，中国进一步加大互联网治理力度，网络治理已成为社会治理的重要组成部分，中共中央总书记习近平 4 月在网络安全和信息化工作座谈会上发表重要讲话，对当前我国互联网建设和发展中遇到的相关问题指明了方向，厘清了我国互联网发展的总体目标。

习近平总书记强调要发挥政府、国际组织、互联网企业、技术社群、民间机构、公民个人等的作用，既体现了全球互联网治理的属性要求，也是执政党治理互联网的基本原则。经过长期的探索和实践，中国逐步构建起了法律规范、行政监管、行业自律、技术保障、公众监督和社会教育相结合的互联网治理体系。在互联网治理的具体实践中，各治理主体各司其职、良性互动。政府发挥统筹引领作用，制定法律规范、实施行政管理、制定产业政策、明确技术标准等。互联网企业积极履行社会责任，开展行业诚信自律。中国互联网协会、中国互联网发展基金会、中国文化网络传播研究会、中国互联网信息中心、中国互联网金融行业协会等行业组织，积极开展行业自律、倡导网络文明、培养良好风尚。广大网民踊跃开展监督，参与互联网违法和不良信息举报。

一年来，网络治理顶层设计不断强化，法律法规逐渐完善，"政企合作、行业协同、群防群治"的多主体网络治理格局正在形成，不断推进清朗、稳定、和谐与安全的网络空间建设，政府互联网服务能力和网络公信力得到大幅提升。

17.2　治理政策

坚持依法治网、规范秩序，是中国互联网快速发展的有力保障。习总书记指出，网络空间不是"法外之地"，要坚持依法治网、依法办网、依法上网，让互联网在法治轨道上健康运行。在此背景下，2016 年我国互联网法治体系建设不断推进，颁布了多条互联网法律及部门规章，引导网络健康发展。

2016 年 1 月 13 日，国家互联网信息办公室发布《互联网新闻信息服务管理规定》（修订征求意见稿），对互联网信息服务提供者从注册资质到处罚程序进行了规定。其中明确，互联网新闻信息服务提供者转载新闻信息，应当完整、准确，不得歪曲、篡改标题原意和新闻信息内容。互联网新闻信息服务提供者及其从业人员，不得通过采编、发布、转载、删除新闻信息，干预搜索结果，干预发布平台呈现结果等手段谋取不正当利益。

2016年1月15日，国家工商行政管理总局印发《关于促进网络服务交易健康发展规范网络服务交易行为的指导意见（暂行）》，提出建立网络服务经营主体数据，完善网络服务交易经营主体经济户口分类；以网络服务交易平台为监管重点，有序推进网络服务监管工作；完善网络信息化监管平台功能，建立健全网络服务交易信息化监管数据标准。

2016年6月25日，国家互联网信息办公室发布《互联网信息搜索服务管理规定》，该规定要求，互联网信息搜索服务提供者应当落实主体责任，建立健全信息审核、公共信息实时巡查等信息安全管理制度，不得以链接、摘要、联想词等形式提供含有法律法规禁止的信息内容；提供付费搜索信息服务应当依法查验客户有关资质，明确付费搜索信息页面比例上限，醒目区分自然搜索结果与付费搜索信息，对付费搜索信息逐条加注显著标识；不得通过断开相关链接等手段，牟取不正当利益。

2016年6月28日，国家互联网信息办公室发布《移动互联网应用程序信息服务管理规定》，该规定要求，移动互联网应用程序提供者和互联网应用商店服务提供者不得利用应用程序从事危害国家安全、扰乱社会秩序、侵犯他人合法权益等法律法规禁止的活动，不得利用应用程序制作、复制、发布、传播法律法规禁止的信息内容。同时，规定还鼓励各级党政机关、企事业单位和各人民团体积极运用应用程序，推进政务公开，提供公共服务，促进经济社会发展。

2016年7月1日，文化部印发《关于加强网络表演管理工作的通知》，要求各级文化行政部门和文化市场综合执法机构要加强对辖区内网络表演经营单位的日常监管，重点查处提供禁止内容等违法违规网络表演活动。

2016年7月18日，国家工商行政管理总局出台《互联网广告管理暂行办法》，办法规定，付费搜索等五类互联网广告信息应当具有可识别性，显著标明"广告"，使消费者能够辨明其为广告等，这标志着我国互联网广告尤其是搜索引擎广告，结束了长期缺乏监管的状态。

2016年7月27日，交通运输部、工信部等7部委联合发布《网络预约出租汽车经营服务管理暂行办法》，办法要求网约车平台公司必须具备开展网约车经营的互联网平台和与拟开展业务相适应的信息数据交互及处理能力，具备供交通、通信、公安、税务、网信等相关监管部门依法调取查询相关网络数据信息的条件，网络服务平台数据库接入出租汽车行政主管部门监管平台，服务器设置在中国内地，有符合规定的网络安全管理制度和安全保护技术措施。

2016年8月17日，中国银监会、工业和信息化部、公安部、国家互联网信息办公室联合制定了《网络借贷信息中介机构业务活动管理暂行办法》，该办法对网络借贷业务经营活动实行负面清单管理，明确了包括不得吸收公众存款、不得设立资金池、不得提供担保或承诺保本保息、不得发售金融理财产品、不得开展类资产证券化等形式的债权转让等十三项禁止性行为。

2016 年 9 月 30 日，国家互联网信息办公室发布《未成年人网络保护条例（草案征求意见稿）》，为营造未成年人健康网络环境以及保护青少年网络权益提出了明确的要求和措施，目的是营造健康、文明、有序的网络环境，保障未成年人网络空间安全，保护未成年人合法网络权益，促进未成年人健康成长。

2016 年 10 月 19 日，国家工商行政管理总局发布《关于加强互联网领域消费者权益保护工作的意见》，开展网络消费维权重点领域监管执法，科学确定网络抽检的经营主体范围和商品品种，有针对性地开展网络商品抽检，有效遏制互联网领域侵权假冒行为，进一步提升网络消费维权工作水平，促进网络经济在发展中逐步规范、在规范中健康有序发展。

2016 年 11 月 4 日，国家互联网信息办公室发布《互联网直播服务管理规定》，该规定明确，互联网直播服务提供者和互联网直播发布者在提供互联网新闻信息服务时，都应当依法取得互联网新闻信息服务资质，并在许可范围内开展互联网新闻信息服务。互联网直播服务提供者应对互联网新闻信息直播及其互动内容实施先审后发管理，提供互联网新闻信息直播服务的，应当设立总编辑。

2016 年 11 月 7 日，第十二届全国人民代表大会常务委员会第二十四次会议通过《中华人民共和国网络安全法》，该法自 2017 年 6 月 1 日起施行。这是中国第一部有关网络安全方面的法律，首次明确了网络空间主权的原则、网络产品和服务提供者及运营者的安全义务，进一步完善了个人信息保护规则，建立了关键信息基础设施安全保护制度，增加了惩治破坏我国关键信息基础设施的境外组织和个人的条款，确立了关键信息基础设施重要数据跨境传输的规则。

17.3 专项行动

2016 年互联网治理侧重于强化治网意识、厘清平台责任、规范内容制作等维度，其中以国家网信办为主体开展的专项行动多达 16 个，对网络空间进行了一次次的"大扫除"，治理范围覆盖门户网站、搜索引擎、网址导航、微博微信、移动客户端、云盘等环节，治理内容包括各类违法违规文字、图片、音视频信息。其中多个专项治理行动持续时间长达数月，全国政府网站抽查、"护苗 2016"专项行动、"剑网 2016"专项行动、"清朗"系列行动更是全年开展，重拳出击，深入整治网络顽疾。

2016 年 4 月起，全国"扫黄打非"办公室在全国范围内组织开展"净网 2016"专项行动，截至 12 月 15 日全国共清理处置淫秽色情等网络有害信息 327 万余条，查处关闭违法违规网站 2500 余家，查办网络"扫黄打非"案件 862 起。

2016 年 4 月 13 日，国家工商行政管理总局、中央宣传部、中央维稳办等十七个部门联合印发了《开展互联网金融广告及以投资理财名义从事金融活动风险专项整治工作实施方案》，在全国范围内部署开展专项整治工作，对互联网金融广告和以投资理财名义从事金融活动行为进行集中清理整治，要求对大型门户类网站、搜索引擎类网站、财经金融类网站、房地产类网站以及 P2P 网络交易平台、网络基金销售平台、网络消费金融平台、网络借贷平台、股权众筹融资平台、网络金融产品销售平台等金融、类金融企业自设网站发布的广告进行重点整治。

2016 年 5 月 4 日，国家工商行政管理总局印发《2016 网络市场监管专项行动方案》，以网络交易平台和网络商标侵权、销售假冒伪劣商品、虚假宣传、刷单炒信等突出违法问题为整治重点，查办一批大案要案，公布一批典型案例，特别是对屡查屡犯的违法经营者，依法实施更严格的市场监管、更严厉的行政处罚、更有效的失信惩戒，震慑违法经营者，构建社会共治格局。

2016 年 5 月 19 日起，国家互联网信息办公室在全国开展网址导航网站专项治理，要求网址导航网站规范导航页面推荐网站入口，改变推荐网站"唯竞价排名"和"唯点击量排名"的顽疾，确保主流媒体的权威声音得到有效传播，发挥正面声音的引领作用，积极营造风清气正的网络环境。

2016 年 7 月 27 日起至 10 月底，公安部在全国范围内组织开展网络直播平台专项整治工作，重点整治三类网络直播平台：一是群众举报、网络曝光或网民反映问题集中的；二是涉嫌存在色情表演、聚众赌博以及其他违法行为的；三是企业自身管理秩序混乱、安全管理制度措施不落实的。

2016 年 12 月 22 日，国家版权局等四部门联合发布"剑网 2016"专项行动成果，通过 5 个月的专项治理，网络版权环境得到进一步净化，专项行动取得显著成效。行动期间，各地共查处行政案件 514 件，行政罚款 467 万元，移送司法机关刑事处理 33 件，涉案金额 2 亿元，关闭网站 290 家，同时还重点通报了 21 起较为典型的网络侵权盗版案件。

2016 年，国家互联网信息办公室牵头会同相关部委，针对广大网民反映强烈、举报集中的重点环节、重点内容，开展了"清朗"系列专项行动，重拳出击，深入整治网络顽疾。专项行动期间，累计关闭传播淫秽色情、虚假谣言、暴力血腥等违法违规账号 104.5 万个、空间和群组 129 万个，约谈账号持有人 600 余次，约谈网站近 500 家，关闭违法违规网站 2000 余个，查办相关案件 7.3 万余件，罚没款 9529 万元，抓获涉电信网络诈骗、传播"黄赌毒"、散布恶性谣言、侵犯公民个人信息等犯罪嫌疑人 1.7 万余名，对网络空间各类违法违规行为形成持续有力震慑。

17.4 行业自律

2016 年，中国互联网协会作为行业组织继续推进互联网行业自律工作，倡导文明办网，引导企业增强社会责任，加强自我管理与约束，积极营造公平竞争、诚信经营、文明健康的行业发展环境。

中国互联网协会发布的《"共筑网络消费新生态，你我携手同行"倡议书》，得到了 419 家会员单位的积极响应；举办 2016 中国互联网企业社会责任论坛，发布《互联网企业履行社会责任倡议书》，呼吁会员单位进一步推动中国互联网企业社会责任；发布《中国互联网分享经济服务自律公约》，倡导诚实信用、公平竞争、自主创新、优化服务；组织制定《移动智能终端应用软件（APP）分发服务自律公约》，呼吁抵制移动应用分发行业不正当竞争行为；积极完善互联网行业争议解决机制，制定了《中国互联网行业争议解决办法》和《中国互联网纠纷调解办法》，逐渐形成了"受理投诉—调查事实—专家调解/论证—出具意见—督促执行"的调解工作机制；组织开展 2014—2016 年度"中国互联网行业自律贡献奖"评选工作,对在互联网行业自律工作中做出突出贡献的 30 家从业单位进行表彰;组织开展互联网企业信用评价工作,共有 45 家企业通过评审获得 A 级以上信用等级,进一步推动了互联网企业加强诚信建设、提升信用水平。

17.5　互联网治理手段建设

17.5.1　网站备案管理

近年来,工业和信息化部针对违反国家规定提供淫秽色情、赌博、迷信、暴力等不健康信息的网站进行严肃处理,并公开曝光。各基础电信运营企业强化接入管理,按照"谁接入,谁负责"原则,严格审查接入网站的许可和准入手续,未备案不予接入,一经发现立即关停。认真做好接入网站的信息服务情况和运行情况的监督,配合有关部门严厉打击从事违规违法活动的互联网信息服务的网站。

网站备案工作自 2005 年起正式实施,截至 2016 年 12 月底,全国累计履行备案网站 1123 万个,其中有效备案网站 475.4 万个,已注销备案网站 647.6 万个。全国有效备案主体 364 万个,全国非经营性网站 473.9 万个,经营性网站 14895 个,涉及各类型前置审批的网站共计 18427 个。网站备案信息中包含的各类独立顶级域名 645.7 万个,.cn 二级独立域名 49.8 万个。全国未备案网站 385 个,网站备案率已达到 99.99%,网站备案信息准确率已达到 91.8%。截至 2016 年年底,共接到 61 批违法违规网站溯源定位任务,涉及 1436 个违法违规网站。及时、准确地完成违法违规网站定位溯源任务,并按要求向信息通信管理局提供定位溯源结果,为主管部门打击登载违法违规内容、维护网络信息安全提供了有力的支撑。

从根本上讲,网站备案管理制度是针对故意干扰网络秩序的网站主办者而制定的,因为网站一旦出现违法违规问题,又不能第一时间联系到主办者,轻者危害到个人网站的安全,重者则危害到公共信息的安全,给社会的网络环境带来极大的不良影响。在此,中国互联网协会积极发挥了主动性和积极性,积极倡导网站自律,网民绿色上网,引导互联网信息服务单位规范内部管理,完善信息发布的管控机制,从源头上杜绝不良信息在网上传播,共同创造一个清朗的网络环境。

17.5.2　网络不良与垃圾信息举报受理

截至 2016 年年底,12321 网络不良与垃圾信息举报受理中心共接到利用互联网网站、论坛、电子邮件、短信、电话、APP 等传播的不良与垃圾信息举报 217 万件次,至今累计受理近 2000 万件次。

自 2016 年 3 月,工信部开展防范打击通信诈骗专项行动以来,12321 举报中心积极协助开展通信信息诈骗举报受理工作,联动企业配合落实对改号软件、诈骗电话等的处置工作。专项行动期间,共受理举报诈骗电话 15.8 万件次,诈骗短信 3.7 万件次。及时向基础电信运营企业、移动转售企业反馈举报情况,督促处理有关信息。定期巡检并联动百度、奇虎 360、阿里云、宜搜、国搜、简搜、搜狗等搜索企业,屏蔽相关关键词 328 个,累计屏蔽搜索结果超过 2 亿条、删除下载和链接信息 29 万余条；同时联动百家手机应用商店的"安全百店"成员单位累计下架 703 个改号软件链接。

在个人信息保护方面，联动国内百家应用商店，处置侵犯网民隐私类 APP120 款，涉及链接 338 个。自 2013 年开展此工作至今，累计处置侵犯网民隐私类 APP1949 款，涉及链接 9459 个。受理用户举报涉嫌个人信息泄露的网址信息 46985 件次，经过核实，督促 26 家网站对确定泄露个人信息的内容进行删除处置。涉及网站即刻开展自查自纠，加强了技术筛查和人工审核的力度，及时处理批量泄露个人信息 80 批次，对涉及姓名、身份证号、手机号码的近 10 万条记录进行删除，保护了用户隐私。

此外，为了方便广大网民更便捷举报垃圾短信、诈骗电话、骚扰电话、网站、手机应用、个人信息泄露的情况，联动腾讯、支付宝、58 同城，在腾讯微信和手机 QQ 移动社交平台、支付宝城市服务平台，58 移动平台入口，设立举报窗口，通过数据接口，实时受理举报数据，切实保护网民的合法权益，净化网络环境。

17.5.3 电子数据取证

1. 电子数据取证与存证

电子数据就是借助于现代信息技术（包括网络技术）形成的与案件事实有关的电子形式的证据，如语音数据、电子合同数据、邮件数据、即时通信信息数据等。

以知识产权领域为例，从中国裁判文书网上检索、抽取了近三年约一万余份各类知识产权民事判决书来看，大约有 89.2% 的案件涉及电子证据问题。要侦破网络犯罪案件，关键就在于提取网络犯罪分子遗留的电子证据。

2. 电子数据保全平台

电子数据保全作为电子数据取证、存证的首要环节，保全的电子数据是否真实完整直接关系到取证的质量、鉴定的证明力、司法的公正和互联网治理的效果，其地位和作用十分重要，成为当前互联网治理的最佳切入点。

电子数据证据保全在技术原理上赋予存证电子数据一个唯一的特征码，一旦电子数据发生变动，该特征码也会发生变化，以此来核对最终提取开示的电子数据是否为原存证的电子数据，是否已经被删改、添加。

电子数据证据保全平台以无利害关系第三方的独立身份（与电子数据涉及的具体纠纷无法律上直接利害关系）提供一种标准化的电子数据存取证系统供用户使用，实现电子数据存取证的自主化、事前化和标准化，一举解决电子数据取证鉴定困难，人力、物力、时间成本高的问题。

3. 电子数据取证成果

电子数据证据在司法审判中也产生了很多现实应用案例：

（1）（2016）浙 03 民终 02566 号案件中上诉人以未收到原审法院的开庭传票，原审法院进行缺席判决违反民事诉讼法的相关规定，程序违法提起上诉，二审法院温州市中级人民法院认为原审法院通过安存语录以电话方式向上诉人送达开庭传票，上诉人也表示知悉开庭时间，认定原审法院已依法送达开庭传票，对通过安存语录进行的送达行为予以采信。

（2）（2016）浙 0110 民初 15193 号杭州信义担保有限公司诉郑华明追偿权纠纷一案中，对由第三方安存无忧存证保全平台保全的电子合同法院予以认定，并最终支持了原告的诉讼请求。

多年来，各电子数据平台广泛推广语音保全、电子合同保全、知识产权保全及互联网金融数据保全等应用，积极保障互联网用户的合法权益，为互联网法治建设和防范风险提供了坚实基础。

（钟睿、陈逸舟、刘辉、张鹏）

第三篇
应用与服务篇

第18章 2016年中国移动互联网应用与服务概述

18.1 发展概况

2016年，移动互联网已经成为互联网行业发展的重要力量，众多互联网企业纷纷在移动端进行布局，推出相应的移动端产品，移动端已经逐渐成为人们日常使用互联网的主要载体。

2016年中国境内活跃的智能手机达23.3亿部，较2015年增长106%，网民使用Android操作系统比例高达83.02%；手机网民上网时使用智能手机数量最多的品牌是苹果，网民使用比例达到16.00%，排名第二和第三的智能手机品牌是小米和华为，网民使用比例分别是14.46%和13.88%；手机用户APP应用率排名前三分别为微信、QQ和百度地图。

2016年中国移动互联网产业地图如图18.1所示。

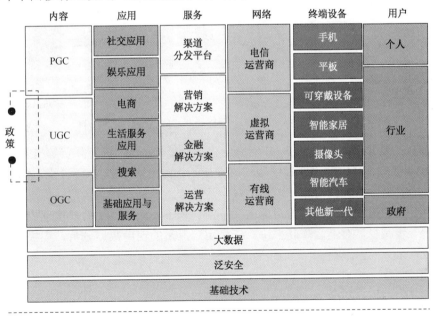

图18.1 2016年中国移动互联网产业地图

18.2 市场规模

2016 年，中国移动互联网市场规模增速明显放缓，增长率为 71.5%，总量达到 52817.1 亿元（见图 18.2）。移动购物仍然为市场主要驱动力，在移动互联网市场份额中依然保持绝对优势，占比达到 68.7%。而移动生活服务市场受 O2O 寒潮影响，在移动互联网市场份额中有所下滑，占比仅为 18.4%，较 2015 年下降 0.2 个百分点。其中，移动旅游、移动出行、移动招聘、移动教育及移动医疗均实现 70%以上的高增长，而移动团购市场的增长率仅为 15.2%。在移动娱乐市场份额中，移动游戏依然保持绝对优势，占比达到 76.4%。

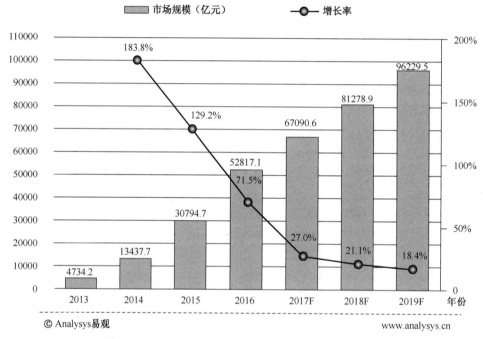

图18.2 2013—2019年中国移动互联网市场规模及预测

2016 年，三大运营商继续加快 4G 网络的建设速度，并通过提速降费等措施引导 2G、3G 用户启用 4G 网络。2016 年，4G 网络用户飞速增长，占比增加 28 个百分点，4G 用户接近六成。手机上网流量虽然大幅增加，但移动数据流量收入增长却随着运营商优惠力度的加大而放缓，流量费在中国移动互联网的市场占比下滑。未来，随着 4G 用户增速放缓，流量费的占比也将进一步减少，对于运营商来讲，依靠用户流量的使用数据分析，积极拓展数字化增值服务或成未来方向。

18.3 细分市场

18.3.1 移动营销

随着移动互联网的快速发展及移动终端设备的广泛渗透，移动端已经成为广告主营销预算分配最重要的渠道之一。2016 年，移动营销市场高速增长，市场规模达 1633.9 亿元，预计移动营销市场将继续保持高速增长态势（见图 18.3）。

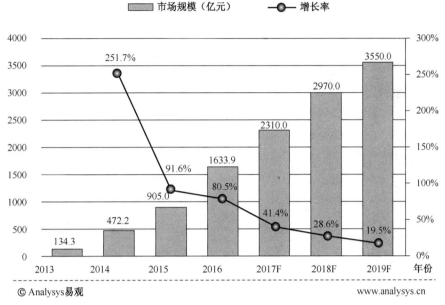

图18.3　2013—2019年中国移动营销市场规模及预测

　　互联网用户已经初步完成了向移动端的转移，流量红利消失将成为未来制约移动营销市场快速发展的重要因素，因此需要移动网络运营商进一步拓展营销流量，提升市场的供应能力。同时营销服务模式也亟待进一步成熟完善，以便广告主拓展营销预算。

　　2016 年移动搜索广告市场份额为 34%、移动视频广告 12%、移动社交广告为 13.6%、移动电商广告为 17.3%、移动资讯广告 10.3%、短彩信广告为 4.9%、其他为 7.8%（见图 18.4）。随着视频、资讯等厂商广告模式的成功，得到广告主的认可，市场份额快速增长。同时电商等具有消费场景的交易平台，其营销价值越发得到广告主的重视，未来将继续保持持续性高速增长。

18.3.2　移动支付

　　2016 年移动支付市场持续爆发式增长，市场规模达 353306.3 亿元，同比上年增长 115.9%。预计到 2019 年，中国移动支付市场规模将达到 1039905.8 亿元（见图 18.5）。

18.3.3　移动游戏

　　根据《中国移动互联网数据盘点&预测专题分析 2017》显示，2016 年中国移动游戏市场增速放缓，增长率为 20.5%，市场交易规模达到 652.7 亿元（见图 18.6）。2016 年，移动游戏整体交易规模超越客户端游戏成为中国网络游戏第一大市场份额，端游改编手游成为行业的主流产品形态。在一定程度上，许多厂商将客户端资源将大力迁徙到移动游戏布局，对整体的客户端游戏或将仅仅达到维护状态。

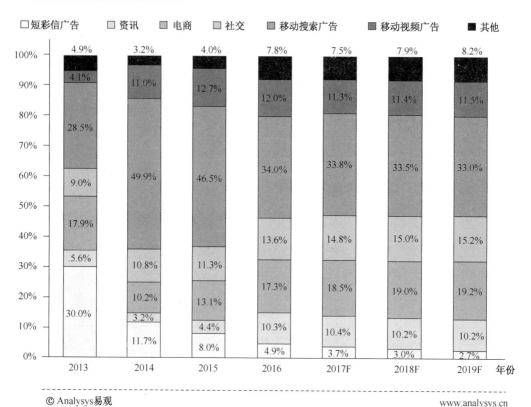

图18.4 2013—2019年中国移动营销市场结构及预测

图18.5 2013—2019年中国移动支付市场交易规模及预测

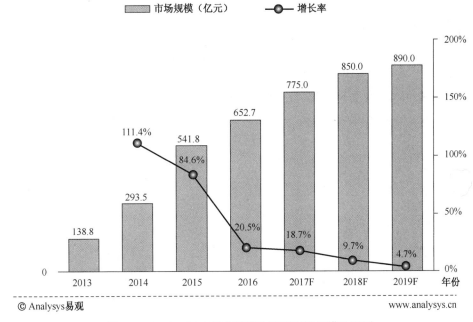

图18.6　2013—2019年中国移动游戏市场规模及预测

　　2016 年，中国移动游戏研发领域以腾讯与网易两家占据市场主导地位，两家占比超过整体市场的一半。发行商市场竞争则趋于白热化，中手游、恺英网络、龙图游戏等老牌企业不断调整自身纵线体系，哔哩哔哩等新兴发行厂商不断发起冲击，整体的移动游戏发行商市场呈现百家争鸣的状态（见图 18.7）。

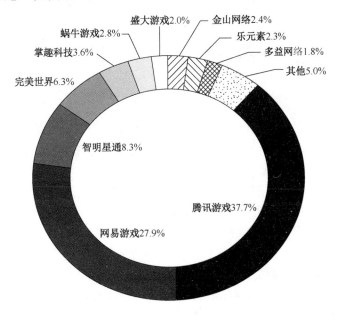

图18.7　2016年中国移动游戏研发商市场竞争格局

18.3.4 移动生活服务

2016 年，中国移动生活服务市场增速变缓，市场规模为 9725.9 亿元，同比增长 69.9%，预计到 2019 年，移动生活服务市场交易规模将达到 19281.6 亿元（见图 18.8）。在经历资本寒冬后，未能满足用户真实需求且实现持续盈利的大批生活服务项目退出市场，仅有少数垂直领域的优秀企业及规模较大的综合生活服务平台生存下来，资本投向愈发谨慎，行业发展回归理性。

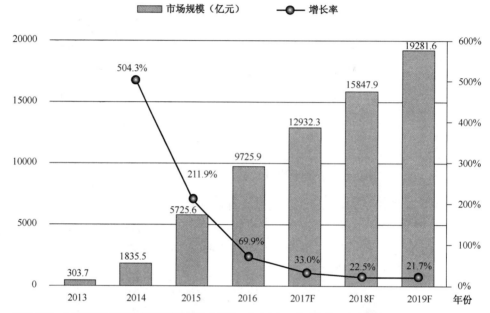

图18.8　2013—2019年中国移动生活服务市场规模及预测

2016 年，中国移动生活服务市场交易规模的提升主要来源于移动旅游、移动出行及移动团购的发展。其中，移动旅游市场规模达到 5463.8 亿元，增长率为 78.3%，在移动生活服务市场规模占比达 56.2%，较 2015 年提升 2.7 个百分点；移动出行市场交易规模达 1769.9 亿元，增长率为 159.6%，在移动生活服务市场规模占比为 18.2%，较 2015 年提升 6.3 个百分点；移动团购市场交易规模达 1905.7 亿元，增长率为 15.2%，在移动生活服务市场规模占比达 19.6%，较 2015 年下降 9.3 个百分点；移动招聘市场规模达 20.4 亿元，增长率为 148.8%，在移动生活服务市场规模占比达到 0.2%，较 2015 年提升 0.1 个百分点；移动婚恋交友市场规模达 14.4 亿元，增长率为 51.9%，在移动生活服务市场规模占比达 0.1%，与上年持平；移动教育市场规模达 32.7 亿元，达到增长小高峰，增长率为 103.5%，在移动生活服务市场规模占比达到 0.3%，较 2015 年提升 0.1 个百分点；移动医疗市场爆发式发展，市场规模达 105.6 亿元，增长率为 116.4%，在移动生活服务市场规模占比达到 1.1%，较 2015 年提升 0.2 个百分点（见图 18.9）。

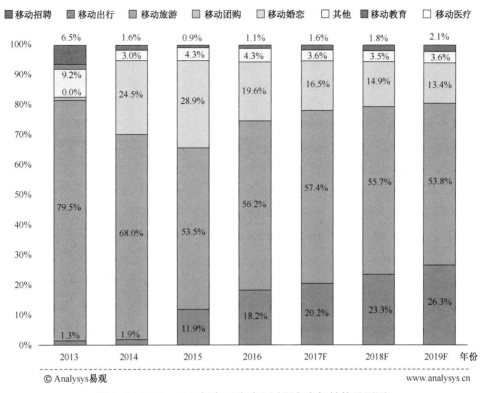

图18.9　2013—2019年中国移动生活服务市场结构及预测

18.3.5　移动阅读

根据《中国移动互联网数据盘点&预测专题分析 2017》显示，2016 年中国移动阅读市场保持稳定增长，增长率为 17.4%，市场规模达 118.6 亿元（见图 18.10）。

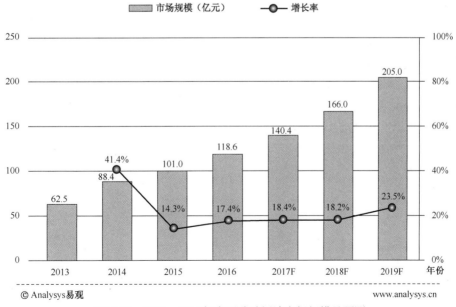

图18.10　2013—2019年中国移动阅读市场规模及预测

18.3.6 移动旅游

2016 年，中国移动旅游市场仍处于高速发展期，市场规模稳健增长。根据《中国移动互联网数据盘点&预测专题分析 2017》显示，2016 年中国移动旅游市场规模达到 5463.8 亿元，比上年增长 78.3%。预计到 2019 年，移动旅游市场规模将达到 10382.1 亿元（见图 18.11）。

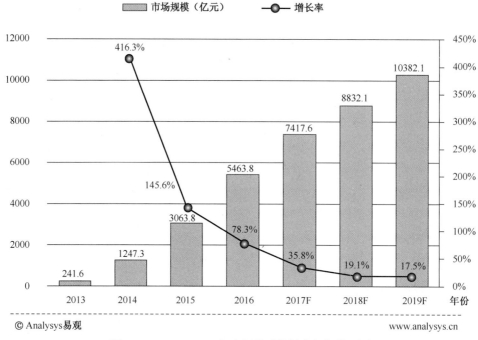

图18.11　2013—2019年中国移动旅游市场规模预测

2016 年，中国移动旅游市场格局进一步集中，以携程、去哪儿为主的携程系占据 57.23% 的市场份额，基本形成多元化用户群和立体式业务结构，并在产业链渠道端和资源端均有较高渗透率的综合型旅游生态圈；从 TOP3 份额来看，携程、去哪儿和飞猪旅行共占 71.33% 的交易份额（见图 18.12）。自 2015 年携程整合去哪儿和艺龙之后，以酒店和机票为代表的标准化产品市场基本格局日趋稳定，移动旅游市场竞争焦点逐步转向标准化程度不高的度假领域。对于厂商来说，非标准化的产品碎片化程度更高，运营难度加大，同时市场规模提升，移动旅游市场仍具有较大开发潜力。

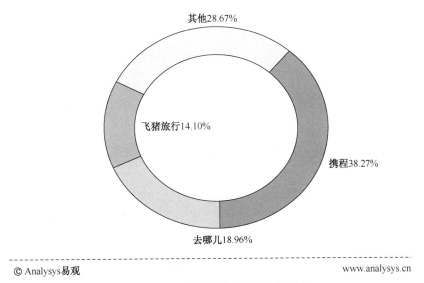

图18.12　2016年中国移动旅游市场份额

18.3.7　移动医疗

根据《中国移动互联网数据盘点&预测专题分析 2017》显示，2016 年中国移动医疗市场交易规模达 105.6 亿元，较 2015 年增长 116.4%（见图 18.13）。中国移动医疗市场正处于市场启动期，分级诊疗、多点执业等相关政策出台，有效推动了移动医疗市场的模式创新。2016年移动医疗领域不断进行创新尝试，以乌镇互联网医院为代表的互联网医院集中爆发，互联网进一步深入传统医疗行业，推进就医窗口从体制内外移，促进医疗资源平衡配置。

图18.13　2013—2019年中国移动医疗市场规模预测

18.4 用户分析

18.4.1 用户结构

1. 性别结构及偏好分析

2016 年，中国移动网民中，男性用户比例继续高于女性，男女比例为 52.4：47.6。同 2015 年相比，女性用户占比提升 2.2 个百分点，男女网民规模差距进一步缩小（见图 18.14）。

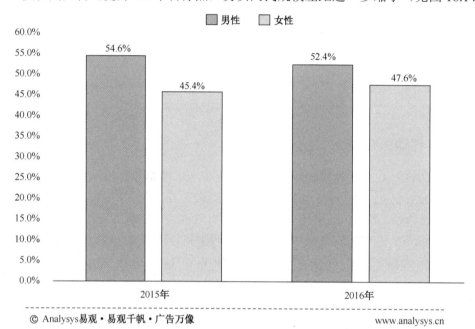

图18.14　2016年中国移动互联网用户性别结构

中国男女性移动网民在社交、购物、资讯、理财类 APP 应用的 TGI 差异较大，其中男性网民更偏好资讯、理财类应用，女性网民更偏重社交、购物类应用。在不同性别移动网民人群应用渗透 TOP10 榜单中，除微信和 QQ 等社交类应用、腾讯视频等视频类应用、酷狗音乐等音乐类应用及应用宝、360 安全卫士等基础应用类 APP 上榜外，今日头条在男性移动网民人群渗透率榜单中位列第 7 位，淘宝、支付宝在女性移动网民人群渗透率榜单中分别位列第 3、第 5 位。男性移动网民的新闻敏感度更高，而女性移动网民更热衷于购物（见图 18.15 和图 18.16）。

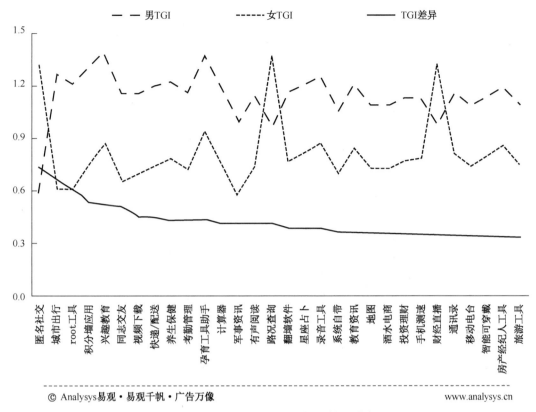

图18.15　2016年移动网民不同性别应用偏好对比

排名	1	2	3	4	5	6	7	8	9	10
男性	微信	QQ	应用宝	QQ浏览器	WIFI万能钥匙	酷狗音乐	今日头条	360安全卫士	腾讯视频	手机百度
女性	微信	QQ	淘宝	爱奇艺视频	支付宝	腾讯视频	手机百度	QQ音乐	酷狗音乐	百度手机助手

图18.16　2016年移动网民不同性别应用渗透排名

2. 年龄结构及偏好分析

30 岁以下人群依然为移动网民主力，在移动网民中占比达 57.8%，相较 2015 年，30 岁以下的移动网民占比下降 13%。而 41 岁以上的移动网民占比为 25.9%，较 2015 年提升 7.9%，移动网民开始呈现老龄化趋势（见图 18.17）。

不同年龄层的移动网民对移动应用的关注偏好有所不同，最明显的一点是年龄越大对金融理财服务的需求程度越高，36 岁以上的人群在投资理财、银行应用服务、支付、网络借贷等金融和理财领域偏好最强。24 岁以下的年轻人最重视娱乐，爱奇艺视频、腾讯视频、酷狗音乐、QQ 音乐 4 款娱乐类应用上榜；24～35 岁的移动网民对于更类应用的偏好更加多元化，社交类应用微信、QQ，购物类应用淘宝，支付类应用支付宝，视频类应用腾讯视频、爱奇艺视频均上榜（见图 18.18 和图 18.19）。

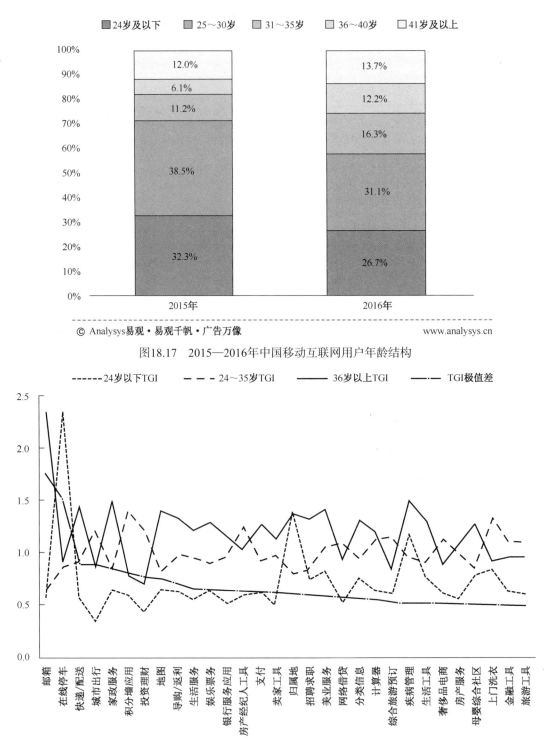

图18.17 2015—2016年中国移动互联网用户年龄结构

图18.18 2016年不同年龄移动网民应用偏好对比

排名	1	2	3	4	5	6	7	8	9	10
24岁以下	微信	QQ	淘宝	爱奇艺视频	酷狗音乐	手机百度	QQ音乐	腾讯视频	WIFI万能钥匙	QQ浏览器
24～35岁	微信	QQ	应用宝	淘宝	QQ浏览器	支付宝	腾讯视频	手机百度	爱奇艺视频	WIFI万能钥匙
36岁以上	微信	QQ	支付宝	淘宝	QQ浏览器	爱奇艺视频	WIFI万能钥匙	腾讯视频	酷狗音乐	手机百度

©Analysys 易观　　　　　　　　　　　　　　　　　　　　www.analysys.cn

图18.19　2016年不同年龄移动网民应用渗透排名

3. 地域结构及偏好分析

移动互联网用户中，北、上、广超一线城市及一线城市用户占比达 45.9%，其中一线城市网民占比最多，占比达 35.6%。二三线城市占比均为 21.1%，非线级城市及其他占比 11.8%，二三线城市及非线级城市将成为移动互联网用户增长最快的区域（见图 18.20）。

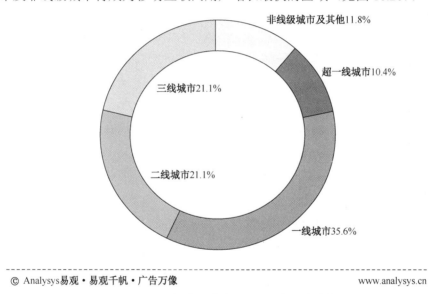

© Analysys易观 • 易观千帆 • 广告万像　　　　　　　　　www.analysys.cn

图18.20　2016年中国移动互联网用户地域分布

超一线及一线城市移动网民更加偏好城市出行、房产服务、健康管理及招聘求职等应用，这同超一线及一线城市中较高的生活压力息息相关。在不同城市移动网民人群应用渗透率 TOP10 榜单中，超一线及一线城市用户更爱使用移动支付，其中支付宝位居第 3 位；二线及三线城市用户热衷于追剧，其中爱奇艺视频、腾讯视频分别位列第 4、第 5 位；非线级城市用户更爱蹭网，其中 WIFI 万能钥匙位居第 3 位（见图 18.21 和图 18.22）。

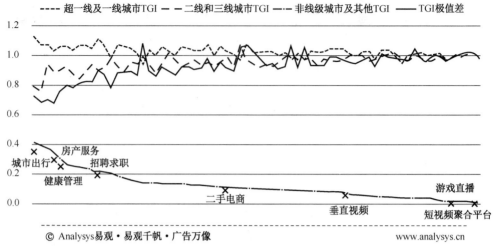

图18.21　2016年不同城市移动网民应用偏好度对比

排名	1	2	3	4	5	6	7	8	9	10
二线和三线城市	微信	QQ	淘宝	爱奇艺视频	腾讯视频	手机百度	应用宝	酷狗音乐	QQ浏览器	WIFI万能钥匙
超一线及一线城市	微信	QQ	支付宝	淘宝	QQ浏览器	应用宝	爱奇艺视频	腾讯视频	手机百度	酷狗音乐
非线级城市及其他	微信	QQ	WIFI万能钥匙	淘宝	酷狗音乐	爱奇艺视频	腾讯视频	应用宝	手机百度	QQ浏览器

©Analysys 易观　　　　　　　　　　　　　　　　www.analysys.cn

图18.22　2016年不同城市移动网民人群应用渗透排名

4. 消费能力分布及偏好分析

2016 年，中国移动网民以拥有中高消费及中等消费能力人群为主，占比达 65%，其中拥有中高消费能力的人群占比为 39.6%，中等消费能力的人群占比 25.5%。而拥有高消费能力的人群占比最低，仅为 7%（见图 18.23）。

在不同消费能力的移动网民应用偏好中，高消费能力人群的特征较为突出，此部分人群在综合购物、特卖电商、综合旅游预订等消费领域有明显的偏好，同时又注重投资理财，会花会玩会赚。在高消费人群应用渗透率 TOP10 榜单中，除微信、QQ、百度地图等应用上榜外，支付宝、淘宝及美团分别居第 3、第 4、第 7 位，高消费人群偏好线上线下联动消费；在中等及中高人群应用渗透率 TOP10 榜单中，淘宝、支付宝分别居第 3、第 4 位，说明轻奢一族多依赖网络消费；在中低及低消费人群应用渗透率 TOP10 榜单中，爱奇艺视频、腾讯视频、酷狗音乐分别居第 3、第 6、第 9 位，低消费人群更加重视影音享受（见图 18.24 和图 18.25）。

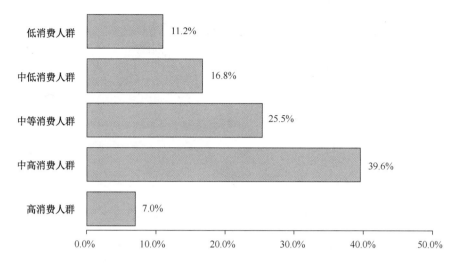

说明：易观通过监测用户在移动互联网的消费能力TGI进行划分，并结合易观自由研发模型计算河北省互联网用户消费能力分布。高消费能力指有显著的投资性及固定资产消费偏向的人群，中高消费能力指有一定的投资性、高端商旅消费偏向的人群，中消费能力指有较强的日常消费偏向的人群（如网购、生活服务、出行等），中低消费能力指有一定的日常消费偏向的人群（如网购、生活服务、出行等），低消费能力指无显示显著消费偏向的人群。

© Analysys易观·易观千帆·广告万像　　　　　　　　　　　www.analysys.cn

图18.23　2016年中国移动互联网用户消费能力分布

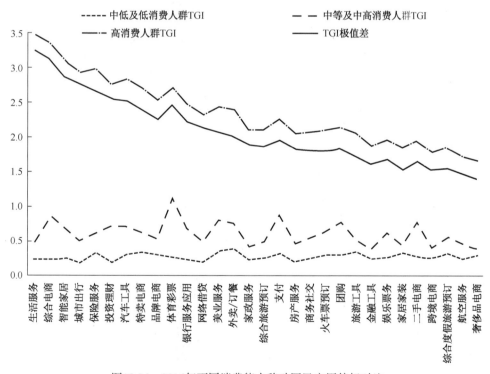

图18.24　2016年不同消费能力移动网民应用偏好对比

排名	1	2	3	4	5	6	7	8	9	10
高消费人群	微信	QQ	支付宝	淘宝	百度地图	应用宝	美团	QQ浏览器	腾讯视频	手机百度
中等及中高消费人群	微信	QQ	淘宝	支付宝	爱奇艺视频	应用宝	QQ浏览器	腾讯视频	手机百度	酷狗音乐
中低及低消费人群	微信	QQ	爱奇艺视频	应用宝	QQ浏览器	腾讯视频	手机百度	WIFI万能钥匙	酷狗音乐	百度手机助手

©Analysys 易观　　　　　　　　　　　　　　　　　　www.analysys.cn

图18.25　不同消费能力移动网民人群应用渗透排名

18.4.2　用户黏性

2016 年，中国移动网民在移动互联网全领域平均消耗时长为 45.86 分钟，共有 56 个细分领域占用户时长在均值之上，其中社交网络类应用是移动网民最离不开的应用，移动网民平均每天在社交网络花费 219.75 分钟，其次是即时通信类应用。而综合视频、综合阅读、移动电台、游戏直播、垂直视频等娱乐类应用是移动网民消遣时间的大户，移动网民每天约有 1/3 的时间徘徊在娱乐类应用中。教育类、资讯类应用同样受到网民的关注，移动网民在职业教育类、儿童教育、外语学习类应用的单日消耗时间分别为 134.3 分钟、91.54 分钟、85.55 分钟；而在综合资讯、军事资讯类应用的单日消耗时间分别为 93.51 分钟、75.12 分钟（见图 18.26）。

单位：分钟

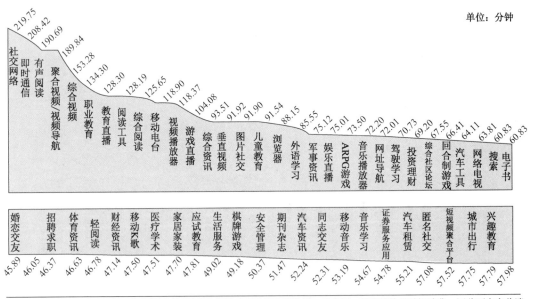

说明：数据来源于易观千帆，此处单日时间是指各领域时长的年度日均值，并非同一用户的单日时间消费，因此不存在此消彼长的逻辑关系。

图18.26　2016年中国移动网民在各领域的单日时间分布

18.5　发展趋势

1. 大数据能力将成为移动支付企业重要竞争力

从行业整体来看，在经历费改之后费率降低，预计未来仍会有一定的降幅空间。行业整体利润受到影响后，支付宝和财付通等巨头正在逐步摆脱分润的盈利方式，支付变为获取用户商业数据的入口。未来通过大数据抓取及相应的客户分析、营销服务能效将成为未来移动支付企业打造行业护城河的重要依托。掌握数据后的移动支付企业，通过利用线上云平台，将大数据分析应用到店铺管理、会员分析、营销服务以及行业解决方案等各个方面，在帮助企业精确提升销售同时，提升自我商业价值增长。

2. 新兴科技主导全面化渠道融合

电商平台与优质资源积极进行战略合作，将涉及更多实体零售业态加速对深入社区、民生、高频品类、便捷性消费场景的资源布局，如具备更强用户触达能力的连锁便利店。在新技术的驱动下，通过对供应链、实体店铺网络、多重消费场景等资源的重塑整合，网上零售业将在零售业变革中起主导作用。网络零售市场与线下实体零售的战略合作、收购的案例将更多。未来，能够向实体零售业态后端供应链提供优化服务，同时又能够聚集流量服务于终端消费用户的平台模式将成为新零售探索的一个方向。

3. 品质化升级向上游供应链延伸

在国内消费升级市场环境下，电商平台分别围绕品类、品牌、单品升级运营。新兴电商通过向上游供应链延伸，由买手选品、产品设计、原料及产地控制等专注于商品品质的创新电商模式呈现高速成长。对于消费者，个性化、定制化、优质商品的需求持续高涨，品质电商将成为满足市场消费升级的首要选择；对于供应商，随着国内制造业升级，C2B、ODM 生产模式也将帮助制造商降低市场需求的不确定性，从而制定更高效的生产计划，并将库存保持在更为健康的水平；而对于电商平台，通过与制造商更密切的合作缩短价值链，以提供削减品牌溢价的优质商品及实现更为稳定、完善的服务。未来，向上游制造商渗透的品质化电商将成为移动网购物升级的一个重要趋势。

4. 短视频将成为内容、营销的重要载体

移动社交是目前移动互联网中最成熟的市场领域，并逐渐成为移动互联网发展的底层应用，在流量分发、内容分发方面扮演了极为重要的角色，平台上内容从图文为主到视频流量占比越来越高的富媒体化进程加快与用户持续的内容消费成本降低、内容消费需求升级具有直接关联。未来将有更多的移动社交平台发挥各自平台优势，通过定位调整、功能升级、商业模式完善来加速平台内容形态、用户互动方式的丰富完善，吸引更多以视频内容为主的内容提供者以及随之而来的用户，从而增强平台核心竞争能力。另外，社会化媒体平台内容的富媒体化也为优质广告库存的增加产生了积极影响，为广告主实现品牌市场价值的最大化和更高订单转化效率带来了重要意义。在各种媒体形态之中，短视频内容快速的增长态势将会继续，用户越来越向短视频领域聚集，成为自媒体、UGC 等内容输出的主要载体，能够继续吸引广告主以及挖掘新的商业模式。时长控制在 15 秒内的短视频广告成了信息流广告的新

形式，未来随着各大社交平台的运用，视频信息流广告将会成为广告收入的主要来源。

5. 移动生活服务向精细化和高品质转变

经过初期用户积累、城市布局及获得一定市场份额后，生活服务垂直厂商迅速做出策略调整，通过细分产品品类、改进供应链流程、提升服务品质、丰富品牌内涵，进一步推动行业向便利化、精细化、品质化的方向发展。传统行业效率被提升的程度、非标准化服务被利用和打造的水平、用户体验及用户对品牌的信心和情感将会是未来垂直市场突围的核心竞争力。

另外，中国中产阶级消费升级，小众群体对生活消费品位、品质、个性化表达更细致的需求，各个垂直市场在满足现有市场部分未满足的需求及创造新需求上仍存在机会。在满足用户真实需求的前提下，差异化的切入路径和创新消费模式仍是企业发展的良机。

6. 医疗制度改革促进移动医疗市场增长

2016 年 8 月，卫计委发布了《关于印发推进和规范医师多点执业的若干意见的通知》，正式明确了医师多点执业无须再取得第一执业地点医疗机构的"书面同意"，通过放宽条件、简化程序、优化政策环境推进医师合理流动，这一举措有效地增加了移动医疗资源的丰富性。同月，《关于推进分级诊疗试点工作的通知》也随之发布，规划出 270 个城市开展分级诊疗试点，随着分级诊疗的推进与医疗资源的下沉，移动医疗企业对于联接分散的基层医疗机构将会起到重要作用。

（王会娥）

第19章 2016年中国制造业与互联网融合发展状况

互联网正在成为新一轮科技革命和产业变革的重要发展动力。以大数据、云计算、移动互联网、物联网为代表的新一代信息通信技术与经济社会各领域全面深度融合，催生了很多新产品、新业务、新模式。制造业是国民经济的主体，是实施"互联网+"的主战场。党中央、国务院高度重视制造业与互联网融合发展。习近平总书记指出，"以信息化培育新动能，用新动能推动新发展。要加大投入，加强信息基础设施建设，推动互联网和实体经济深度融合，加快传统产业数字化、智能化，做大做强数字经济，拓展经济发展新空间"。李克强总理强调，《中国制造 2025》的前途在于"+互联网"。"互联网+"行动计划、《中国制造2025》等一系列战略性、指导性文件的出台，充分说明了制造业与互联网的全面融合已成为大势所趋。

19.1 发展概况

制造业与互联网的融合发展，成为新一轮科技革命和产业变革的重大趋势和主要特征。制造业与互联网的融合强调充分利用互联网技术及理念，促使制造企业、用户、智能设备、全球设计资源以及全产业全价值链之间的互联互通与高效协同。即强调制造企业利用互联网加强企业内外部、企业之间以及产业链各环节之间的协同化、网络化发展，更多地发挥我国互联网的比较优势，促进制造业加速转型升级，提升我国制造业核心竞争力。2016 年 5 月，国务院印发《关于深化制造业与互联网融合发展的指导意见》，协同推进《中国制造 2025》和"互联网+"行动，加快制造强国建设。通过互联网与制造业的全面融合和深度应用，消除各环节的信息不对称，在研发、生产、交易、流通、融资等各个环节进行网络渗透，有利于提升生产效率，节约能源，降低生产成本，扩大市场份额，打通融资渠道。

同时，《中国制造 2025》由文件发布进入全面实施新阶段。基于互联网的"双创"平台快速成长，智能控制与感知、工业核心软件、工业互联网、工业云和工业大数据平台等新型基础设施快速发展，网络化协同制造、个性化定制、服务型制造新模式不断涌现。工业和信息化部通过出台促进智能硬件、大数据、人工智能等产业发展的政策和行动计划，协同研发、服务型制造、智能网联汽车、工业设计等新业态、新模式快速发展。一批重大标志性项目推进实施，高端装备发展取得系列重大突破，一连串发展瓶颈问题得以解决。2016 年全国规模以上工业企业实现利润总额 68803.2 亿元，比 2015 年增长 8.5%。其中，制造业实现利润总额 62397.6 亿元，同比增长 12.3%。我国数字化研发设计工具普及率、工业企业数字化生产设备联网率分别达到 61.8% 和 38.2%，制造业数字化、网络化、智能化发展水平不断提高。

2016 年 12 月举行的中央经济工作会议强调，以推进供给侧结构性改革为主线，着力振兴实体经济。2017 年是推进供给侧结构性改革的深化之年，经济下行压力之下，资本"脱实向虚"令实体经济发展面临更多挑战。制造业与互联网的融合，将在培育壮大新动能、提振产业发展方面发挥不可替代的作用。制造业与互联网的融合，将更多地瞄准制造业发展重大需求，依托现有制造业的产业基础，从供给侧改革入手，集聚创新要素、激活创新元素、转化创新成果，为效率提升和价值创造带来新的机遇。

19.2 制造业与互联网融合的关键基础——工业互联网

工业互联网是互联网和新一代信息技术与工业系统全方位深度融合所形成的产业和应用生态，本质是以机器、原材料、控制系统、信息系统、产品及人之间的网络互联为基础，通过对工业数据的全面深度感知、实时传输交换、快速计算处理和高级建模分析，实现智能控制、运营优化和生产组织方式变革。其中，网络是基础，即通过物联网、互联网实现工业全系统互联互通；数据是核心，即通过对工业数据的感知、采集和集成应用，实现机器弹性生产、运营管理优化、生产协同组织与商业模式创新；安全是保障，即通过构建涵盖工业全系统的安全防护体系，保障工业智能化。

工业互联网包括智能传感控制软硬件、新型工业网络、工业大数据平台等综合信息技术要素，这些要素是充分发挥工业装备、工艺和材料潜能，提高生产效率、优化资源配置效率、创造差异化产品和实现服务增值的关键。制造业与互联网的融合，基于物联网、大数据、云计算等新一代信息技术，贯穿于设计、生产、管理、服务等各个环节。从生产手段来看，数字化、虚拟化、智能化技术将贯穿产品的全生命周期；从生产模式来看，柔性化、网络化、个性化生产将成为制造模式的新趋势；从生产组织来看，全球化、服务化、平台化将成为产业组织的新方式。推动制造业与互联网的融合发展，需要依托工业互联网作为基础能力。工业互联网是推进制造业与互联网融合的关键基础，提供了必需的共性基础设施和能力。

工信部苗圩部长指出，我国正处于新旧动能接续转换的关键时期，顺应全球的大势加快建设工业互联网，是深化制造业与互联网融合发展、打造制造强国和网络强国的战略选择，也是促进供给侧结构性改革、加快新旧动能的接续转换的重要抓手。工业互联网为标识解析、IPv6、移动通信等网络基础能力升级发展带来了新契机，为云计算、物联网、大数据、人工智能等新一代信息技术应用提供了新的空间，为工业数字化、网络化、智能化的发展提供了新的动力。

在我国供给侧结构性改革、制造强国和网络强国建设等战略部署下，发展工业互联网已成为制造业创新转型的关键依托。国家正在部署制定工业互联网发展战略，并在"'十三五'规划纲要"等文件中明确提出要加强工业互联网建设，加快试点示范，加强对工业互联网的顶层设计和战略布局。上海、辽宁等多地也在围绕工业互联网发展做出部署，部省联动不断强化。制造业、信息通信业、互联网等领域相关单位积极参与工业互联网发展有关工作，在工业互联网平台建设、工业大数据分析以及工业互联网安全等关键领域涌现出一批综合集成解决方案和优秀应用案例。工业互联网联盟发布了我国首个工业互联网战略文件《工业互联网体系架构》，编制了《工业互联网标准体系框架》，推动中国商飞、三一重工、航天科工、中国信通院、中国电信等 20 多家单位和骨干企业参与试点示范。根据赛迪顾问的研究结果，2016 年中国工业互联网市场规模达 1896 亿元，同比增长 27.33%，"十二五"期间，年复合增长率达到 30% 以上，预计在"十三五"期间，仍能保持 25% 左右的复合增长率。

19.3　制造业与互联网融合发展新模式

19.3.1　制造业与互联网融合的智能体系架构

制造业与互联网融合的体系架构如图 19.1 所示。智能化生产、个性化定制、网络化协同、服务化制造是制造业与互联网融合的智能化提升，为智能生产和智能服务提供关键支撑。在该体系架构中，数据是核心，对工业数据的采集与同步、集成与传输、建模与分析、决策与管理在这些环节发挥着重要的作用。

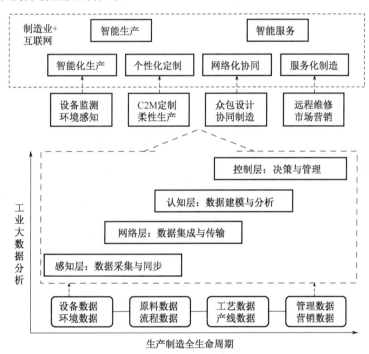

图19.1　制造业与互联网融合的体系架构

首先，在生产过程中，对设备提供的数据进行分析，了解每个生产环节的执行情况，对生产系统的健康状态进行监测和管理。如果哪个流程出现异常，就产生报警信号提供错误或者瓶颈所处位置，确保整个生产流程按照计划进行。同时，将传感器产生的数据与资源消耗相互关联，实时监控资源利用情况，当资源使用出现异常或者峰值情况，通过数据追溯至生产流程本身，通过技术改良提高资源利用率。

同时，个性化定制是一种利用工业大数据前向驱动的生产方式。C2M（Customer to

Machine）模式在每一个制造环节嵌入多个生产模块，从产品下单开始，每一道工序都通过原料数据、流程数据和生产模块的无缝切换，同每一件产品的生产要求进行匹配，在生产过程不间断的情况下实现批量化定制，为用户提供个性化的服务，满足用户定制需求。个性化定制能够改善供需关系，虽然使每种产品的产量降低，却满足了用户的各类需求，整个市场更有活力，竞争更加激烈。

利用工业数据的传递将产业链上下游企业的运营、管理信息流，以及企业内各个部门与工厂之间的生产、加工信息流有机结合起来，形成完整的控制环和生态链，利用网络协同将传统的串行工作方式转变成并行工作方式，有效地在不同企业、企业内不同工厂之间灵活调配原料、生产及人员等，缩短生产周期，优化生产流程，使整个生产系统协同优化、动态灵活。

用户与制造业企业在发生交互和交易时，会产生大量的数据信息。对这些数据的挖掘有利于了解用户的特点、喜好、购买习惯，跟踪产品使用情况，了解渠道推广效果。在此基础上细分客户并提供量身定制的服务，进一步更新产品设计、促进产品创新、完善售后服务，加强未来市场预测及决策分析。

19.3.2　制造业与互联网融合的"双创"平台

大众创业、万众创新是实现制造业转型升级、形成发展新动能的重要依托。《关于深化制造业与互联网融合发展的指导意见》把制造业与互联网融合和"双创"紧密结合起来，明确提出以建设制造业与互联网融合"双创"平台为抓手，以制造企业构建基于互联网的"双创"平台和互联网企业建设制造业"双创"服务体系为主要内容。

"双创"利用先进互联网技术和平台，能够解决过去通过线下集聚创新创业资源的高成本、信息不对称等问题，通过线上集众智、汇众力，盘活了每个创新创业者的创造力，发挥出推动制造业与互联网融合发展的新动力。　在协同研发方面，依托"双创"平台，调动企业内部、产业链企业和第三方创新资源，开展跨时空、跨区域、跨行业的研发协作；在客户响应方面，依托"双创"平台实现企业对客户需求的深度挖掘、实时感知、快速响应和及时满足；在产业链整合方面，依托"双创"平台，大企业协同中心企业促进产业链生态系统的稳定和竞争能力的整体提升。

"双创"平台可以涵盖技术支撑、要素汇聚、服务生态等方面。在技术支撑方面，运用云计算、大数据等技术构建各类开放式"双创"平台，提升企业整体创新能力，如海尔 HOPE 平台、长安汽车数字化协同研发平台、潍柴研发共同体等；在要素汇聚方面，鼓励大型企业集聚技术、资金、人才、设备等要素，带动中小微企业发展；在服务生态方面，依托"双创"平台，实现产品的交易，同时实现能力的交易，也可以发展电商、物流、金融、产品全生命周期管理等生产性服务业，推动企业自身向价值链高端环节迈进。

19.3.3　工业大数据带来的应用价值

制造业与互联网融合过程中，大数据分析围绕生产制造的全生命周期，为生产、设计、运营、销售、管理等各个阶段提供支持。对生产制造过程中的数据进行采集、存储、分析并形成决策指导生产，带来了更高的效率、更好的质量、更快的速度、更多的体验。在应用端，工业数据带来的价值主要体现在六个方面。①制造过程的透明：有利于全产业链的信息整合，实现生产系统的协同，使制造过程透明化；②生产效率的提高：对工业数据的分析使供应链得到优化、生产流程更加动态灵活，工人的工作也更加简单，在提高生产效率的同时，降低了工作量；③产品质量的提升：将工业数据、产线数据与先进的分析工具相结合，对产品进行智能化升级，利用数据挖掘产生的信息为客户提供全产品生命周期的增值服务；④资源消耗的减少：通过分析用户对于相关产品的市场需求，提升营销的针对性，减少生产资源投入的风险，避免产能过剩；⑤运营成本的降低：对工业数据的分析有助于跟踪库存和销售价格，在价格下跌时迈进，带来物流、库存、销售成本的大幅下降，对设备数据的分析实现对设备的有效监测，预测何处以及何时购买零件，减少库存；⑥商业模式的拓展：利用销售数据、供应商数据寻找用户价值的缺口，开拓新的商业模式。

19.4　制造业与互联网融合发展的典型案例

1. 基于标签识别技术的智能化工厂

上海云统创申智能科技有限公司致力于智能控制系统、智能装备产品、机械设备科技领域内的技术开发，以及机械设备及零部件的制造、加工、销售等业务。针对可信生产工艺缺失、精确智能化制造手段缺乏、质量管控技术手段不足等现状，基于物联网、大数据等技术，对智能化装备进行引入和集成，实现智能制造框架、模型、关键技术在大型破磨筛分装备离散型制造的应用。

一是制造过程透明化数字化。基于多种智能设备，如触摸屏电脑、平板电脑、手持智能终端、扫码器等作为终端数据交互和采集设备，通过后台云数据中心及数据服务系统，为生产管理人员和现场操作人员搭建高效、实时的沟通、管控、执行和协同平台。二是生产计划智能排程排产。基于约束条件，如物料信息、设备产能、设备与工具的组合、人力资源等；和基于运算规则，如按客户重要性、紧急度、交期、瓶颈工序的利用率等；和基于业务模型、模拟及数学算法，采用基因算法技术，寻找出所有的排程组合，对比得出的结果为最优的解决方案。从而最大化地利用制造资源、保证订单交期。三是生产过程智能管理。通过对生产现场的实时监控和设备运行状态数据采集，可提供设备的实时运作状况，建立起车间网络化管理平台，有效运用维护人力资源，提高设备的生产效率和产品质量。四是车间物料智能配送。基于产品生产过程中各工序提交的生产过程数据，通过智能分析，实现物料配送人员或物料自动化配送，可自动得到哪个工位，哪个人员，需要什么物料，需要多少，何时需要等物料需求信息；生产管理人员可以实时得到物料消耗报表和物料超额领用等报警信息。五是制造设备运行状态监管。基于各机械设备制造过程中的运行状态数据的提取，通过各数控机床的接口和加装传感器，结合现场视频监控，获取机床启停、运转等数据和操作人员工作视频，给管理人员和设备运维人员提供机床状态监测平台。

通过以上举措，创申离散智能工厂将实现物流、装配、质检各环节自动化，并实现对产品全生命周期的管理服务。对整个生产过程的精益管控，大大提高了产品制造过程的质量、物流、生产管控程度。能有效节约人力资源、提高生产效率，保障生产周期，促进生态节能效果，提高生产效率和制造生产的服务水平。预估运营成本降低20%，产品不良品率降低20%，人力需求降低 25%，能源消耗降低 30%，设备使用寿命延长 20%，维保费用降低 20%，整体生产效率提升 30%以上。

2. 基于制造业与互联网融合的云平台

航天云网科技发展有限责任公司（以下简称"航天云网"）是中国航天科工集团公司联合所属单位共同出资成立的高科技互联网企业，以提供覆盖产业链全过程和全要素的生产性服务为主线，依托航天科工的科技创新和制造资源，开放整合社会资源，构建以"制造与服务相结合、线上与线下相结合、创新与创业相结合"为特征的制造业与互联网融合云平台。

在资源提供端，航天云网提出在企业层形成资源、能力的网络效应，为企业创造实际效益，从而吸引企业主动开展智能化改造。航天科工集团联合相关企业首先对自身的资源进行开放，形成了初步的制造云池，依托自身在航天领域的产业基础集聚了丰富的设备资源；结合当前的网络经济模式和分享经济理念，吸引更多的企业上线；随着上线企业规模的扩大，制造云池进一步丰富，促进了企业之间的资源共享和协同合作，衍生出新的商业模式；在创新的驱动下，企业致力于产业链的纵向整合和价值链的横向扩展，自上而下对制造能力进行智能化改造，建设智能工厂。

在服务接入端，航天云网围绕云制造，集聚专家池、研究机构等研发要素，生产设备、生产线等生产要素，客户资源池、营销工具等营销要素以及项目孵化基金等资金要素，基于产业全周期打造覆盖设计云、生产云、投资云、营销云等的产业云端生态圈。以设计云为例，在云端整合设计技术资源和设计软件资源，并提供产品设计服务。长城华冠汽车采取在线研发众包的设计方法，借助云端吸收外部设计资源并降低研发成本，约 40%以上的零部件都是通过设计云开展，包括汽车车型创意设计、零部件逆向工程设计、零部件外发加工生产，等等。在生产云和营销云方面，航天云网打造江西南康家具产业创新模式云平台，为用户提供方案设计、柔性化生产、定制化服务和在线签约、众修等创意特色服务，同时打造以 B2B 为核心的在线交易平台，为家具城拓展商机合作、招投标采购和线上支付的机会，平台支持价格发布、订单跟踪和库存管理等功能。

3. C2M2C（Customer-to-Manufactory-to-Customer）i5 智能数控机床

沈阳机床与神舟数码开展"制造业+互联网"跨界合作，共同研发基于按需使用的 C2M2C（Customer-to-Manufactory-to-Customer）i5 智能数控机床。i5 是工业化、信息化、网络化、智能化、集成化（第一个英文字母均为 i）的有效集成，使机器更加智能，让机床成为智能终端，实现人机对话、机机对话。i5 智能数控机床将消费者、设计师、制造商、解决方案提供商、硬件供应商相连接，根据消费者或经销商在线下单的定制产品要求，综合参与生产企业的生产能力、设计能力、设备闲置情况、效率优势等标准，提供消费者定制需求和空闲生产力的供求撮合服务。

同时，i5 智能数控机床是沈阳机床集团全面转型为服务型制造企业的重要依托。通过集成运动控制领域的核心底层技术以及移动互联网、大数据技术，实现了加工仿真、实时监控、智能诊断、远程控制、智能管理等功能，使得工业机床"能说话、能思考"，满足了用户的个性化需求，工业效率提升 20%；通过智能终端，可以对千里之外的机床下达指令，实现"指尖上的工厂"。相比一般进口机床，i5 智能机床实现生产效率提升 20%~30%。目前，i5 智能机床已经销售到全国 26 个行业，终端用户超过 700 家，销售 4800 台，实现营业收入 10 亿～15 亿元。

19.5　制造业与互联网融合的发展趋势

1. 制造业与互联网融合的新基础加快建设

制造业与互联网加速融合的新基础涵盖自动控制与感知关键技术、核心工业软硬件、工业互联网、工业云与智能服务平台等。这些新基础的建设正在贯穿制造业研发、设计、生产、营销、服务等全周期，是提供用以支撑智能制造的信息数据全面的采集、连接、管理的能力和应用方法的基础设施。本质是互联网和新一代信息技术与制造业全方位深度融合所形成的产业和应用生态。

制造业与互联网融合的新基础是新一代信息技术产业的重要组成部分，也是 IT 产业发展的重要方向，未来将在国家经济发展中扮演十分重要的角色。微机电系统、生物智能、无线传感、自动化测量仪器仪表等自动控制与感知技术有望重点突破；工业基础软件平台、工业操作系统、工业数据管理与处理平台进一步发展；在工业互联网研发应用中，通过制订相关总体体系架构方案，促进关键技术路径，加快 IPv6、泛在无线、5G 等技术的应用；在工业云与智能服务平台建设中，更加侧重构建覆盖产品全生命周期和制造全业务活动、支持企业实现数据驱动。

2. 制造业与互联网融合的行业解决方案继续突破

围绕制造业与互联网融合，推动相关领域关键技术研发和重点行业普及应用，进而提升制造业软实力和行业系统解决方案，是推动制造业与互联网深度融合的突破口。通过关键技术的突破和产业化，推进产业链上下游相关单位联合开展制造业+互联网试点示范，以全面提升行业系统解决方案能力为目标，面向重点行业、智能制造单元、智能生产线、智能车间、智能工厂建设，探索形成可复制、可推广的经验和做法，培育一批面向重点行业的系统解决方案供应商，组织开展行业应用试点示范，形成一批行业的优秀解决方案。

我国制造业智能化转型的市场广阔，企业提升自身核心竞争力的需求迫切。面对尚未被大公司垄断的新兴市场，未来会有更多的企业拓展业务进入行业系统解决方案市场，在实践中不断提升服务能力，为开辟新市场、寻求新的增长空间提供突破方向。越来越多的制造业企业、互联网企业、软件和信息服务企业将开展跨界合作与并购重组，通过优势互补、协同创新，强化制造业与互联网融合解决方案的自主提供能力，行业解决方案将成为领先制造企业新的利润增长点。

3. 制造业与互联网融合的新模式培育壮大

《中国制造 2025》和"互联网+"行动计划的协同推进，突出了互联网对制造业的改造，尤其是对研发设计、生产方式、组织形式、商业模式等方面的创新变革，制造业智能化、网络化、个性化、服务化成为制造业与互联网融合的新模式，未来将继续发展壮大。

随着企业对工业数据的重视和利用程度逐步加深，通过对设备数据、监测数据、环境感知等数据的收集、分析和处理，工厂智能决策和动态优化的能力将显现，智能化生产对提升生产效率和质量的作用进一步放大；企业正在探索网络化协同制造新模式，通过整合资源和生产加工环节外包，向轻资产产品和服务提供商方向发展；以客户为中心的个性化定制生产深入企业理念，基于客户产品创意和需求进行设计和制造，更有利于提升产品附加值和品牌竞争力；更多的企业积极发展面向智能产品和智能装备的产品全生命周期管理和服务，实现从制造向"制造+服务"转型升级。

4. 制造业与互联网融合的安全保障成为关键

随着制造业与互联网融合发展的不断深入，越来越多的工业控制系统及其设备连接在互联网上，造成的安全风险持续加大。随着控制环境的开放，工厂控制环境可能会被外部互联网威胁渗透；工业数据在采集、存储和应用过程中存在很多安全风险，大数据隐私的泄露会为企业和用户带来严重的影响，数据的丢失、遗漏和篡改将导致生产制造过程发生混乱；网络 IP 化、无线化以及组网灵活化给工厂网络带来了更大的安全风险；设备智能化使生产装备和产品直接暴露在网络攻击之下。设备安全、网络安全、控制安全和数据安全组成了新的安全体系。

因此，制造业与互联网融合的安全保障成为关键。工业基础设施、工业控制体系、工业数据等重要战略资源的安全保障机制有望形成，通过发展工业互联网关键安全技术和完善工业信息安全标准体系，组织开展重点行业工业控制系统信息安全检查和风险评估，推动访问控制、追踪溯源等核心技术产品产业化，提升制造业与互联网融合的安全可控能力。

（苗权、赵亚利、刘叶馨、韩兴霞）

第 20 章 2016 年中国农业互联网发展状况

20.1 发展概况

1. 多项政策出台支持农业互联网

2016 年 5 月，农业部、发改委等 8 部门联合印发《"互联网+"现代农业三年行动实施方案》，提出三大目标：①大力推进物联网在农业生产中的应用，使农业生产经营进一步提质增效；②建设农业农村大数据中心，实现农业行业管理决策精细化、科学化、智能化，农产品质量安全追溯服务平台，促进农业管理进一步高效与透明；③建立与完善农业社会化服务体系，为农民提供政策、市场、技术等生产生活信息服务。

2. 互联网已经渗入农业生产和流通各个环节

近年来，互联网已经渗入农业生产、流通、金融和服务等的各个环节，主要围绕智慧生产、农业社会化服务、农业电商、农业金融四大主题展开。农业智慧生产是指通过泛互联网技术包括互联网、物联网、大数据、云计算等，结合传统农业管理技术帮助种养殖主体提升生产效率、降低生产成本；农业的社会化服务，包括技术咨询、行情资讯、市场营销、物流、金融、信息化等服务，辅助农业生产经营主体进行农事作业和采购销售的决策；农业电商包含农资电商、农产品电商、农业服务电商、农村电商四种类型，打破了信息不对称，减少了交易环节和降低交易成本；农业金融利用互联网平台针对农业产业链各个环节提供征信、支付、理财、贷款、保险、融资租赁、分期付款等金融服务，降低融资成本，增加资金利用效率。

3. 农业互联网领域频频受到各方资本的青睐

各方资本力量的介入进一步推动了农业互联网的蓬勃发展。农业云服务、农业电商、农技服务、农业金融、农业大数据等各种类型的农业互联网公司都不同程度地获得了资本市场的投资。B2C 农业电商领域获投频次和数额最多，其中每日优鲜、易果生鲜、本来生活网、中粮我买网、多利农庄、食行生鲜、天天果园等企业获得 C 轮融资，数额普遍过亿元，其中天天果园已经完成 D 轮融资。农业金融领域也展现了很强的融资能力，如 2016 年 11 月，沐金农获得团贷网、水木资本等机构 3000 万元 A 轮投资；2017 年 1 月 4 日，农分期获得贝塔斯曼亚洲投资、真格基金、源码资本、名势资本等机构 1 亿元 B 轮的投资；2017 年 1 月，什

马金融获得信中利资本等机构 B+ 轮近亿元人民币的投资。

20.2 涉农电商

1. 农资电商

在互联网浪潮的推动下，农资电商受到诸多行业的关注，也基于涉入企业的不同性质形成了多样化发展模式。当前农资电商平台可分为三种类型：阿里、京东等电商巨头建立的综合型电商平台，平台运营经验丰富、品牌知名度高、产品内容多样；农资企业发起或由资讯平台转型而来的专业农资电商平台，借助原有的线下交易和用户群发展电子商务，如农信商城、爱种网、农商 1 号、猪易商城等；新兴的专注于农业领域的电商平台，注重技术服务，如农管家在提供农技视频服务的同时提供农资团购服务。

在商业模式上，各农资电商除销售农资外，将农产品销售、行情资讯、农技服务、金融和保险服务有选择地纳入自身业务中，形成"农资电商+"模式。这些附加服务主要是为了解决农户在生产中存在的技术匮乏、资金短缺和自然风险问题，如农信互联推出的行情宝、猪病通和养猪贷等，爱种网推出的农技服务、行情资讯和爱种农险等。

2. 农产品电商

近年来，在资本和政策的双重利好下，农产品电商快速发展。各地纷纷建立电商孵化中心，并发展电商精准扶贫，推动农产品进城，代表地区如陕西周至县、海南白沙县、重庆奉节县；同时，农产品电商数量和交易额高速增长，以山东省为例，2016 年特色农产品在线经营企业和商户达 10 万余家，同比增长 40% 以上。

在农产品电商中，生鲜电商在市场规模、行业格局和运营模式方面表现抢眼，深受瞩目。艾瑞数据显示，2016 年国内生鲜电商整体交易额约 900 亿元，同比增长 80%，预计 2017 年市场规模可达 1500 亿元。生鲜电商针对从基地到消费者的一系列环节中的部分环节开展电商服务，缩短其中一个到几个环节，减少交易环节，提高交易效率，例如，B2C 生鲜电商如每日优鲜、天天果园、易果生鲜等，产销对接的 B2B 电商平台如一亩田、有粮网等，B2B 食材配送的电商平台如美菜、链农、91 农网等，C2C 生鲜平台如阿农、乡亲直供等。在运营模式上，除了传统的销售模式，以销定采的理念正在进行探索，以减少仓储成本压力，降低采购成本，如许鲜等生鲜电商通过汇总订单信息进行集中采购，并设置线下自提点，实现 C2B 交易。美菜、链农则通过汇总中小餐厅的采购需求，以批量采购、分类配送的方式将生鲜食材配送到各餐厅，革新了传统供应模式。

3. 农村土地电商

当前农村土地电商主要分两类。一类以地合网、土流网、聚土网为代表，提供土地流转撮合交易服务。随着农业适度规模经营和城镇化的加快，这类平台近年来发展迅猛。以聚土网为例，2015 年年底土地成交量累计约 500 万亩，截至 2017 年 3 月，成交量已达到 1825 万亩，增长了 265%。而国内最大的土地电商——土流网累计交易土地已突破 1 亿亩。同时土地流转电商在服务内容方面也表现不俗，土地评估与规划、金融贷款与保险、法律咨询等服务相继被推出，促进了土地流转的便利化和服务业的发展。

另一类以聚土地、有机有利等平台面向城市居民提供小块土地认购服务。该模式中，企业从农户流转土地，并将土地分块进行网络销售。在消费者认购后企业进行土地外包，并按照消费者的要求生产。消费者不仅获得认购土地的生产所得，也可实地观光和进行农事作业。受益于绿色、有机、休闲等生活理念的流行，该模式受到市区居民青睐，迎来广阔的发展空间。很多农场也纷纷借鉴该模式，发展"互联网+私人定制"的特色农业。

20.3　农业互联网融资

1. 农业融资渠道逐步完善

根据中国社科院《中国"三农"互联网金融发展报告（2016）》，自 2014 年起，我国"三农"金融需求缺口超过 3 万亿元。虽然国家对农业贷款加大了扶持力度，但农村家庭正常信贷获批率只有 27.6%，远远低于 40.5%的全国平均水平。面对如此巨大的市场，社会各界纷纷开展农业融资业务，如传统农资企业、农业电商企业以及农业服务企业。传统农资企业将产业链中的信息流、物流、资金流、商流等信息进行数字化转变，形成资信资料进行融资服务，代表企业有大北农、新希望、诺普信等。阿里巴巴、京东商城类的电商企业为了寻找新的增长点向农村市场拓展，但由于缺乏下沉的渠道，在农村相应的物流、服务、风控体系配套有待完善。专业的农资电商企业基于农资流通环节，对各个主体提供相应的金融服务，如大丰收 168 采用服务中心推荐或者担保的形式增信,借助第三方金融服务渠道提供金融服务。农业服务企业通过提供农业服务的同时获取客户的资信信息，与第三方金融机构合作对接为客户提供金融服务，代表性的企业包括农管家、农分期等。

2. 农业融资方式逐步丰富

基于农业产业链不同场景的需求，目前市场上有应收账款型、预付款型、动产质押型三种农业互联网金融产品。应收账款型适用于买方以赊欠的方式购买农资或原料的场景，其具体业务流程是融资主体将应收账款转让给金融机构并申请贷款，贷款额一般为面值的 50%～90%，后由买方直接付款至融资金融机构，如大北农的养猪贷、田田圈的种植贷和农机贷、新希望的惠农贷和兴农贷、京东京农贷的部分产品、阿里的花呗、大丰收的丰收白条、农分期的农机分期和肥宝宝、农管家的种植贷款、农机贷款以及农机 360 的信农贷；预付款型主要适用于以预付款的形式向卖方订购产品时资金不足的场景，具体业务是指经销商、厂商通过第三方金融机构对贸易中的物权控制包括货物监管等作为保证措施展开的融资业务，如大北农的农销贷，田田圈的经销商贷、零售店贷，新希望的兴业贷，京东的乡村白条等；动产质押型指企业将加工成品存放在金融机构监管下，据此向其申请贷款的融资方式，如诺普信的经销商贷、收购贷，农分期的快卖粮，农管家的流通贷款等。

20.4　农业物联网

1. 农业物联网普及应用的条件逐步成熟

第一，2015 年国务院印发的《中国制造 2025》、农业部发布的《农业机械化第十三个五年规划》、《中共中央、国务院关于深入推进农业供给侧结构性改革加快培育农业农村发展新动能的若干意见》等文件，为我国农业物联网的发展提供强大的政策支持，此外，各地方政府也积极营造物联网产业发展环境，以土地优惠、税收优惠、人才优待、专项资金扶持等多种政策措施推动产业发展，并建立了一系列产业联盟和研究中心；第二，随着我国城镇化、农业现代化进程的加快，特别是三权分置以后土地流转加速，农业的规模化经营水平稳步提高，传统农民的逐步退出，专业合作社、家庭农场、专业大户、农业龙头企业等新型农业经营主体和新农人群体不断扩大，为农业物联网的普及应用提供了环境可能；第三，随着技术的进步，物联网设备的成熟与完善，以及成本的下降，为物联网技术的进一步扩大应用奠定了坚实的基础。

2. 农业物联网的普及应用拐点临近

农业物联网已经由政府项目变为农户自发购买。第一，农业物联网经过多年的发展，性能越来越贴合农业生产实际。例如，华科智农的智能饲喂设备经过十年的发展，已经推出第5代产品，其相对于第一代产品对猪的生理属性和猪场的实际情况的理解越来越深刻；又如，天翼合创的植保无人机已经推出第四代机型，逐步解决了无人机的稳定性差、易损坏等设备问题，也逐步摸索出了玉米、水稻、小麦等作物所需要的一系列农药适宜的喷施方案。第二，农业物联网商业模式等创新解决了物联网设备价格高昂的问题。例如，阿牧网云的牛智能脚环，采用出租的方式，用户每年只需付少量的服务费而不是大额的设备采购费，解决了农户的资金问题，同时解决农户对产品的疑虑；与此同时，像宜农贷、农分期等农业金融平台为农业采购大型设备提供了小额贷款、融资租赁、分期付款等金融服务，都减轻了农户的资金压力。第三，农业服务平台和专业的社会化服务组织或个人扩大了物联网设备的作业范围。例如，农田管家推出"滴滴打药"服务，对于农户来说可以通过手机一键呼叫无人机飞防服务，对于无人机操作手来说增加了收入来源。

3. 农业物联网的普及将加速农业大数据的发展

目前，农业物联网设备已经逐步覆盖农业生产和流通各个环节，如生产环节的环控设备、水肥一体化、测土配肥、农用无人机、自动饲喂、视频、智能气象站等，流通环节的 GPS、智能分拣等，实时获取农业生产的气象、土壤、农事、农作物生长等数据，逐步解决了农业数据的采集难题，使利用大数据分析技术进行精准种养殖、产量预测、疫情预警、价格精细预测等逐步成为可能。但同时，目前不同物联网设备和系统标准不统一，系统繁多，任何一方获取的单方面数据的使用价值有限，因此只有各个环节和各个功能的物联网能够进行数据的互联互通，并进行综合分析和运用，才能发挥最大的价值。笔者预测，未来通过整合各种物联网来源的数据公司和 SaaS 服务的平台类公司，将会有极大的发展机会。

20.5 发展趋势

1. 农村在线旅游成为农村经济发展的新业态

基于绿色、自然、生态等特征，乡村旅游近年来深受青睐。互联网的普及则为乡村旅游提供了进一步发展空间，农村在线旅游产业蓬勃发展。根据商务部数据显示，2016 年上半年农村在线旅游实现网络零售额 445 亿元，占农村服务型网络零售额的 38.5%，高于城市该行业占比 12 个百分点。

一方面，网络营销作为重要的信息推广渠道，能够充分挖掘农村旅游的潜能。当前很多优秀的农村旅游项目进展缓慢，缺乏宣传是重要原因之一。通过微博、朋友圈以及村游网、中国乡村旅游网等旅游平台，农村旅游信息得到了广泛的宣传推广。例如，浙江省下樟村通过入驻"小猪漫游"电商平台，当地民宿农家乐订单数量显著增长，经济效益明显。另一方面，在线交易、电子商务等为游客在乡村旅游提供了诸多便利。游客可以在线约车满足交通需求，也可以通过支付宝、微信等交易方式实地购买旅游产品，还可以登录电商平台购买，通过便捷的物流实现在家签收。

2.　"互联网+"模式持续渗透农村生活

当前，快速发展的互联网正潜移默化地改变着农村的各个方面。不仅社交、购物和日常缴费领域互联网化明显，在文娱、教育、医疗等方面也出现了明显的"互联网+"特征，如网络游戏、网络新闻、网络小说以及在线视频成为许多农村居民新的选择。CNNIC 数据显示，2016 年网络音乐、网络游戏应用的城乡使用率仅差 4 个百分点，成为拉动农村人口上网的主要应用。在教育方面，在线教育走进农村居民尤其是中小学学生的生活中，改善了农村地区教育资源不足的状况。以四川为例，该省积极创新 IPTV 应用，目前 1 万余边远农村山区"教学点"实现设备、资源配送和教学应用"三到位"，使山区学生能够利用名校教育资源。在医疗方面，互联网医疗的创新使病人足不出户即可向名医问诊。农村居民通过互联网可以享受到在线预约、疾病咨询、远程治疗、康复指导等多样化服务。例如，乌镇互联网医院通过整合药店与医疗资源，为病人提供精准预约、远程诊疗、电子处方、药物配送等服务，大大便利了病人生活。总之，互联网使资源的流通突破了空间约束，缩小了城乡差异，正全面渗透进农村的日常生活。

（于莹）

第 21 章　2016 年中国电子政务发展状况

21.1　发展概况

2016 年以来，党中央进一步加强了对信息化工作的统筹领导，4 月 19 日习近平总书记主持召开网络安全和信息化工作座谈会，提出信息是国家治理的重要依据，要以信息化推进国家治理体系和治理能力现代化，统筹发展电子政务，构建一体化的在线服务平台。党的十八届五中全会、"十三五"规划纲要都对实施网络强国战略、"互联网+"行动计划、大数据战略等进行了重要部署。2016 年《政府工作报告》指出，要大力推行"互联网+政务服务"，实现部门间数据共享，让居民和企业少跑腿、好办事、不添堵，以互联网思维促进信息技术与政府管理深度融合，推动经济发展提质增效和转型升级，以提高政府行政效率、提升政府公共服务能力，更好地为创建法治政府、创新政府、廉洁政府和服务型政府服务。

同时，国务院先后印发了《"十三五"国家信息化规划的通知》（国发〔2016〕73 号）、《关于加快推进"互联网+政务服务"工作的指导意见》（国发〔2016〕55 号），提出要牢固树立创新、协调、绿色、开放、共享的发展理念，共享"互联网+政务服务"发展成果，到 2017 年年底前，各省（区、市）人民政府、国务院有关部门要建成一体化网上政务服务平台，全面公开政务服务事项，显著提升政务服务标准化、网络化水平。中共中央办公厅、国务院办公厅先后发布《关于全面推进政务公开工作的意见》（中办发〔2016〕8 号）、《2016 年政务公开工作要点的通知》（国办发〔2016〕19 号）、《关于转发国家发展改革委等部门推进"互联网+政务服务"开展信息惠民试点实施方案的通知》（国办发〔2016〕23 号）、《关于在政务公开工作中进一步做好政务舆情回应的通知》（国办发〔2016〕61 号）、《关于印发〈关于全面推进政务公开工作的意见〉实施细则的通知》（国办发〔2016〕80 号）、《"互联网+政务服务"技术体系建设指南的通知》（国办函〔2016〕108 号），提出要加快推进"互联网+政务"，构建基于互联网的一体化政务服务体系，强化政府门户网站信息公开第一平台作用，整合信息资源，加强协调联动，进一步加强对省、市、县级政府网站在权责清单、财政信息、执法监督、重点建设项目、减税降费、扶贫救助、环境保护等重点工作信息公开方面的具体考察要求，将政府网站打造成更加全面的信息公开平台、更加权威的政策发布解读和舆论引导平台、更加及时的回应关切和便民服务平台。

2016 年，国务院办公厅继续开展全国政府网站普查工作，持续加强对全国政府网站日常运维管理工作的督察指导，以期提高全国政府网站合格率，彻底消除"僵尸"、"睡眠"网站，提升政府的权威性和影响力。2016 年 7 月，国务院办公厅印发了《关于 2016 年第二次全国政府网站抽查情况的通报》（国办函〔2016〕68 号），随机抽查了各级政府网站 746 个，其中大部分政府网站内容保障水平显著提升，"僵尸"、"睡眠"等现象明显减少，总体抽查合格率 85%，比第一季度有所提高，国务院部门（含内设、垂直管理机构）政府网站抽查合格率为 98.5%，北京、辽宁、青海等地政府网站抽查合格率达 100%，广东、湖北、山东、浙江、四川、湖南等地政府网站抽查合格率超过 90%。同时，90% 以上的省部级政府门户网站在首页显著位置开设了国务院重要政策信息专栏，超过 80% 的网站能够在国务院重要信息发布后 24 小时内进行转载。

　　总体来看，2016 年中国政府网站逐步完善了"全领域"实用化便民服务体系建设，"全流程"一体化网上政务服务模式初现，"全方位"数据开放及应用格局初步建立，并将重点通过"全平台"融合化服务满足用户多元化的需求。根据《2016 年政府网站绩效评估结果》显示，部委网站政务公开、政务服务、互动交流和日常保障整体绩效较好，与 2015 年相比平均绩效指数均有提升，其中，日常保障指数高达 0.93，说明各部委在普查工作推进下，网站的日常运维和安全保障能力均取得显著成效，政务公开、政务服务和互动交流的平均绩效指数也都超过或达到 0.6，网站信息内容建设工作稳步推进。但网站功能与影响力指数低于 0.6，网站智能化水平和"两微一端"的建设仍是短板。各地方政府网站的政务服务平均绩效评估指数为 0.47，较 2015 年有较大提高；政务公开和日常保障表现相对较好，平均绩效指数分别为 0.64 和 0.71；互动交流平均绩效指数为 0.45，与 2015 年基本持平；网站的功能与影响力处于较低发展水平，平均绩效指数仅为 0.34（见图 21.1 和图 21.2）。此外，政府网站在智能化水平、网站传播影响力、重点领域信息公开、办事服务平台和业务资源集约化、政务服务内容实用性、主动公开与热点舆情回应、网站安全保障水平等方面还有待进一步增强和提高。

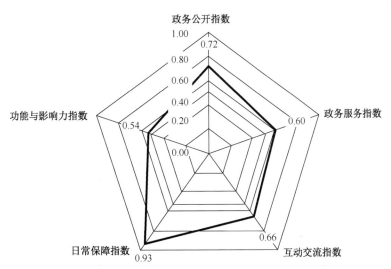

图21.1　2016年部委政府网站各项评估结果

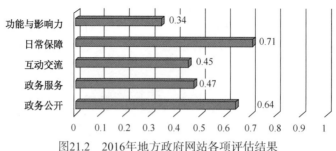

图21.2　2016年地方政府网站各项评估结果

21.2　政府门户网站建设

21.2.1　整体情况

根据《2016 年政府网站绩效评估结果》显示，部委网站 2016 年平均绩效得分稳步提升，但两极分化现象仍然存在。部委网站 2016 年平均得分为 73.3 分，40 家部委网站得分超过了平均分，占比为 60%，与 2015 年相比数量增加明显。多数网站处于中等建设水平，超过 30% 的网站绩效得分低于 60 分，两极分化现象仍然存在（见图 21.3）。

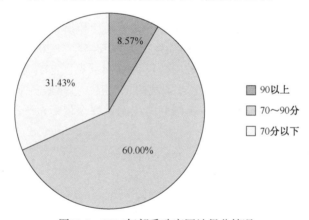

图21.3　2016年部委政府网站得分情况

地方网站整体水平稳步提升，呈现良性发展水平。根据《2016 年政府网站绩效评估结果》显示，2016 年度我国省市县政府网站总体上呈现由高到低的"阶梯式"发展，省级政府网站相对较好，绩效水平达到 0.64；地市级政府网站居中，整体水平为 0.55；区县政府网站发展缓慢，整体发展水平为 0.38，均较 2015 年有所提升（见图 21.4）。

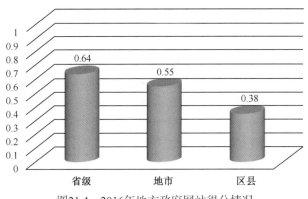

图21.4　2016年地方政府网站得分情况

21.2.2　主要特点

一是"全天候"常态化运维监管工作成效显著。2016 年政府网站绩效评估数据显示，所有部委、省级政府都建立了常态化监管工作机制，以加强政府网站日常运维工作。40 余家单位利用实时监测手段全天候开展站点运维监测。93%以上的政府网站增设"我为政府网站找错"监督举报平台入口，全天候接收网民针对网站内容的举报纠错留言，留言总体办结率达99%，网站总体合格率达到 91%。

二是"全流程"一体化网上政务服务模式初现。约 57%网站已实现或正在积极开展统一身份认证、统一支付、统一电子证照库建设，如济南市运用密码、身份证、手机短信验证相结合的方式，辅以实体大厅验证等技术手段，提供统一身份认证服务，实现政府门户网站、政务服务中心大厅等多平台用户统一，与省级身份认证系统对接，实现"一点登录，全省漫游"；浙江省依托政务服务网，通过共享数据、优化办事流程、推进线上线下融合，实现了房屋权属证明、纳税证明、驾驶证补换、会计从业资格证书申办等 10 余项便民服务的网上申请、在线服务、快递送达的全流程网上办理。

三是"全领域"实用化便民服务体系逐步完善。82%的省（市）、64%的区县政府网站针对教育、就业、医疗、社保、住房、公用事业等主要民生领域开设了便民服务专题，整合政策文件、公告提示、便民查询、在线咨询互动等服务资源，如深圳市政府网站的社保专题服务、佛山禅城区政府网站教育服务领域学前教育—幼儿园信息。

四是"全平台"融合化服务满足用户多元化需求。80 余家单位利用网站、微博、微信、移动端等渠道形成宣传矩阵，提升交流互动效果。40 余个地方政府网站探索开展第三方平台合作，为群众提供便民查询、政府办事、个人空间服务。

五是"全方位"数据开放及应用格局初步建立。25%的部委政府网站和 32%的省、地市级政府网站提供相关数据和应用开放，数据类别包括宏观经济、交通服务、医疗健康、公共信用、资源环境、城市建设、气象旅游等；提供单位包括发改委、交通、卫生计生、工商、教育、国土等部门；应用机构包括政府机关、科研院所、互联网公司等。例如，交通运输部推出的"出行云"，具备了出行数据开放、应用服务开放、决策支持服务等核心功能，运用政企合作模式，构建了开放共享的综合交通出行服务信息应用平台，成为全国首个出行数据开放与应用平台。

21.2.3 主要不足

一是重点领域信息公开水平有待提高。约 42%的地方政府网站未建设减税降费、扶贫救助相关专栏；超过 56%网站的环境保护、执法监督等领域仅公开工作动态类信息；约 40%的网站重点领域信息持续更新乏力；部分网站重点领域信息公开规范性有待加强。

二是办事服务集约化程度有待加强。部分政府网站的服务平台集约化有待加强，如江苏省政府服务网；部分网站未能全面整合各部门政务事项资源，业务资源集约化有待加强，如昌吉回族自治州、临夏州政府门户网站。

三是政府服务内容实用性程度有待提升。政务服务事项动态管理有待进一步加强，如《国务院关于第一批取消 62 项中央指定地方实施行政审批事项的决定》（国发〔2015〕57 号）明确取消"设立水利旅游项目审批"，但贵港、保定等网站未及时清理规范；《国务院关于取消和调整一批先下审批项目等事项的决定》（国发〔2015〕11 号）确定"道路客运经营许可证核发"事项改为后置审批，而衡水市、运城市政府网站未及时更新执行。

四是公开、回应第一平台作用有待增强。60%的地方网站提供的重要工作动态、政策解读、热点舆情回应信息主要来源为本地、本行业新闻网站、报纸、电视等媒体，而未能实现政府网站首先发声，如连云港市就反核事件于 8 月 7 日召开新闻发布会，其他媒体迅速追踪报道，但市政府网站直至 8 月 9 日才转引发布会相关内容。

五是基层政府网站安全防护能力有待强化。中国软件评测中心对 70 个部委、32 个省(市、区)、330 个市以及 470 余个区县政府网站开展漏洞扫描，共发现漏洞 1190 个，高危漏洞 152 个，其中，70 个部委网站扫描出漏洞 88 个，高危漏洞 12 个、中危漏洞 62 个；32 个省、直辖市网站扫描出漏洞 34 个，高危漏洞 6 个、中危漏洞 20 个；334 个地方网站扫描出漏洞 287 个，高危漏洞 19 个、中危漏洞 184 个；470 个区县网站扫描出漏洞 781 个，高危漏洞 115 个、中危漏洞 514 个。

21.3 政府信息公开

2016 年，各部门各地方按照国务院要求，继续加大政府信息公开工作力度，能够及时公开权力清单、财政预决算等重点领域和社会关注事项，及时回应关切，注重政策主动解读工作，公众向政府机关申请信息公开的渠道进一步规范，政府网站已成为深化政务公开、推进"互联网+政务服务"工作的重要实施平台。然而，大多数地方政府网站对减税降费、扶贫救助、环境保护、执法监督等重点领域信息公开的及时性、全面性有待进一步加强，超过 56%的网站在环境保护、执法监督等领域仅公开了工作动态类信息，缺乏执法监督结果类信息的发布。

21.3.1 部委政府网站

根据《2016 年政府网站绩效评估结果》显示，各部委政府网站对于依申请公开、公开目录及保障指标平均绩效指数较高，政务公开工作稳步推进，基础信息及目录保障较好。概况信息、人事信息、统计信息、法规文件及解读等信息公开较为理想，平均绩效指数均高于 0.8，其中，概况信息、人事信息指标几乎得满分，大多数部委网站较好地公开了概况信息和人事信息，超过七成的部委网站能够较为及时地对政策文件进行解读。

但各部委政府网站主动公开指标平均绩效明显偏低，网站财政信息、规划计划、新闻发布会等指标平均绩效指数表现较差，均未超过 0.6，其中，规划计划平均绩效指数只有 0.36，多数网站未能全面公开本部门（行业）"十三五"规划和年度工作计划；新闻发布会平均绩效指数只有 0.49，多数网站未能建设新闻发布会专栏，及时公开新闻发布会信息；依申请公开平均绩效较好，所有网站均能公开依申请公开指南，但能够提供在线依申请公开渠道的网站只有 50%；公开目录及保障平均绩效最好，目录框架、目录规范性、信息公开规定、信息公开指南、信息公开年报等指标平均绩效指数均超过 0.8，但目录保障平均绩效指数却只有 0.66；信息公开目录的日常保障工作仍有待改进。2016 年部委政府网站政务公开绩效指数表现如图 21.5 所示。

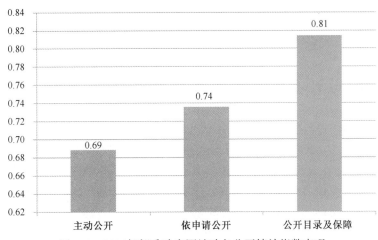

图21.5 2016年部委政府网站政务公开绩效指数表现

21.3.2 地方政府网站

根据《2016 年政府网站绩效评估结果》显示，总体上，省、地市和区县级政府网站基本信息公开相比 2015 年相差不大，绩效评估指数为 0.75。其中，绝大多数省、地市、区县级政府网站能够按照政府信息公开条例的要求，主动公开本地区概况、组织机构、领导介绍、政策文件、人事信息、规划计划、统计数据等基础政府信息，并建立政府信息公开目录、提供依申请公开政府信息渠道。约 50%的地方政府网站开通了重点信息公开专栏，围绕民生、企业关注热点，及时公开财政预决算、政府采购、权责清单、保障性住房、价格与收费、安全生产、公共企事业单位信息、征地拆迁等相关信息，政策、动态信息公开情况较好。各地方政府网站更加重视政策文件、规划计划、人事信息、统计数据等基础信息的公开，内容更加丰富、更新更加及时。

但是各地方政府网站在重点领域的信息公开虽较 2015 年有所提升，但仍处于较低水平，综合绩效评估指数仅为 0.37，仍有近一半地市、区县级政府网站对重点建设项目、减税降费、扶贫救助以及环境保护信息等国务院办公厅要求公开的重点领域信息，未能做到及时、全面公开。有部分网站在政府常务工作会议和新闻发布会等方面做得不够到位，尤其是区县级政府常务工作会议公开不足，基本未实现新闻发布会的线上直播。重点信息公开依旧参差不齐，公众更为关注的信息，如保障性住房分配结果、违法名单、房屋拆迁补偿方案等内容，公开力度明显不足。仍有超过一半地方政府网站，未开通相关专题栏目，虽不同程度地公开相关领域信息，但明显存在信息公开内容较为分散、公开内容不够全面、及时等问题。2016年地方政府网站政务公开绩效指数表现如图21.6所示。

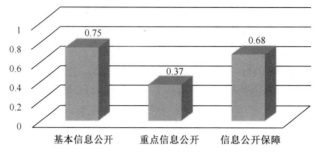

图21.6　2016年地方政府网站政务公开绩效指数表现

21.4　信息惠民建设

2016年，政府部门网站以促进政民互动和政务公开为工作重点，围绕促进"问政于民、问需于民、问计于民"，重点开展依法行政、政民互动等模式创新，利用互联网和移动互联网，通过门户网站、微门户、微博、微信等多种方式推进政府网站在线办事，以及政府和公众的双向互动，提升政府开放度和透明性，拓宽公众参与渠道，解决群众合法合理诉求，发挥互联网通达社情民意新渠道作用，积极主动回应社会关切，进一步推动部门间政务服务相互衔接，协同联动，打破信息孤岛，变"群众跑腿"为"信息跑路"，变"群众来回跑"为"部门协同办"，变被动服务为主动服务，深化简政放权、放管结合、优化服务改革，促进公共政策制定的科学性和民主性，提升依法行政水平。例如，福建省建成了电子证照库，推动了跨部门证件、证照、证明的互认共享，初步实现了基于公民身份号码的"一号式"服务；广州市的"一窗式"和佛山市的"一门式"服务改革，简化了群众办事环节，优化了服务流程，提升了办事效率；上海市、深圳市通过建设社区公共服务综合信息平台和数据共享平台，基本实现了政务服务事项的网上综合受理和全程协同办理。

21.4.1　政府网站在线办事

1. 部委政府网站在线办事

2016年，各部委政府网站在落实国务院办公厅要求，推进"互联网+政务服务"平台建设方面取得较好的成绩。绝大多数部委网站能够围绕权责清单，全面提供行政许可事项的办事指南、表格下载、在线申报等服务。在提供公共服务方面，各部委网站进步明显，多数网站均能够围绕业务职能提供查询类、名单名录类服务资源；在服务展现方面，90%的网站能够按照用户对象或业务主题对服务资源进行分类；在服务功能方面，多数部委网站能够结合业务职能和用户需求，提供办事指南、表格下载等基础性办事服务内容，其中，85%的部委网站按照统一的规范要求提供办事指南，55%部委网站提供示范文本、样表下载或填写说明等服务，超过 60%的网站能够提供在线申报服务。

但各部委政府网站在资源整合、资源集约化建设方面明显不足，在线服务的状态查询、结果公示等方面有待加强，只有很少的网站不仅能够通过大厅、专题、场景导航等方式组织办事服务内容，而且能够按照服务事项一体化整合服务相关的指南、表格、咨询、申报、查询等服务资源。2016 年部委政府网站政务服务绩效指数表现如图 21.7 所示。

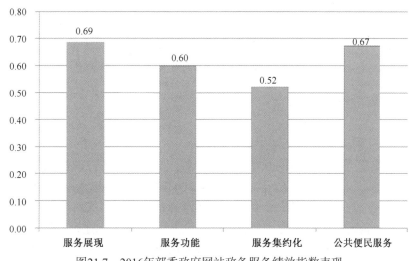

图21.7　2016年部委政府网站政务服务绩效指数表现

2. 地方政府网站在线办事

2016 年，多数地方政府网站围绕公众和企业需求，加大网上办事大厅建设力度，积极整合便民公共服务资源，合理组织相关内容，加强服务内容的实用化建设，整体水平不断提升，近七成的省、地市和县级政府网站，按照国务院办公厅有关要求，加大网上办事大厅建设力度，积极开设网上办事大厅；80%的省、地市和区县级政府网站能够围绕用户需求，建设教育、社保、就业、医疗、婚育收养等便民服务专题；近九成的便民服务专题下能够提供相关政策、指南信息；超过 60%的便民服务专题能够整合业务表格、名单名录等资源。

但地方政府网站在线办事水平与社会公众需求还存在较大差距，主要表现在网上办事大厅规范性、实用性和服务整合力度不够，公众关注度高的便民服务资源匮乏、维护机制不畅通等。网上办事大厅在服务导航、服务事项覆盖度及规范性、服务功能及特色服务提供方面存在较大差异，不足一半的网站对政务服务大厅进行了积极整合并统一入口，超过 30%的网站未提供热点办理事项推荐、咨询投诉和网上评价等服务，近四成的网站服务搜索资源存在搜索结果不准确的情况，便民服务专题存在明显覆盖不全现象，住房、交通、公用事业、证件办理等便民服务专题的建设率不足一半，服务资源内容覆盖度不够，业务查询、常见问题等资源整合率明显欠缺，不足 30%。2016 年地方政府网站政务服务绩效指数表现如图 21.8 所示。

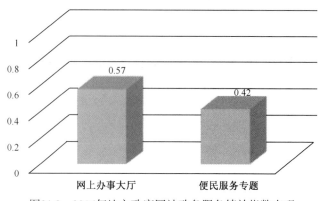

图21.8　2016年地方政府网站政务服务绩效指数表现

21.4.2　政府网站互动交流

1. 部委政府网站互动交流

2016 年，多数部委政府网站的互动交流水平持续提升，政务咨询答复反馈质量进一步提高，围绕社会热点的调查征集次数明显增加。与此同时，一些部委网站围绕当前工作重点和社会关注热点，通过互动访谈、热点专题、视频直（录）播等方式对重要政策、重大决策进行解读，及时发布新闻发布会信息，妥善回应公众质疑、及时澄清不实传言、权威发布重大突发事件信息。一是咨询投诉渠道健全，反馈答复情况普遍较好。各部委政府网站政务咨询渠道较为健全，97%的网站均提供了在线咨询投诉渠道，绝大多数网站建立了完善的答复反馈机制，能够在规定时间内对用户留言给予有效答复，答复内容比较有针对性，语气和缓，内容较为细致，有理有据，基本能够满足用户问询的需求，答复质量较高。二是在线访谈渠道建设日趋完备，互动效果明显提升。多数网站设置了实时交流渠道，能够提供在线提问功能，访谈主题与部门重点业务工作结合情况较好，能够以视频、图片、文字等形式公开在线访谈情况。

虽然各部委政府网站的调查征集渠道健全，多数部委网站能够提供网上征集调查渠道，并围绕重大政策制定、社会公众关注热点重点开展网上意见征集、调查活动，广泛征求社会公众意见，促进科学、民主决策，渠道建设趋于完善，但在征集调查活动组织上，存在明显不足，20%的网站征集调查活动数量偏少。2016 年部委政府网站互动交流绩效指数表现情况如图 21.9 所示。

2. 地方政府网站互动交流

2016 年，各地方政府网站互动交流渠道日益完善，咨询投诉渠道基本健全，95%的地方政府网站已经建立了多样化的互动渠道，能够通过咨询投诉、在线访谈、意见征集、网上调查等方式与公众开展互动交流活动；各省、地市和区县级网站互动交流的相关渠道中，咨询投诉相对较好，绝大多数网站提供了咨询投诉渠道，积极答复公众问题，民意征集次之，围绕政务开展了网上调查和征集活动；90%以上的各省、地市和区县级政府网站提供网上征集调查渠道，并围绕重大政策制定、社会公众关注热点重点开展意见征集或网上调查活动；80%的网站开设了在线实时交流渠道，邀请嘉宾和网友进行互动。

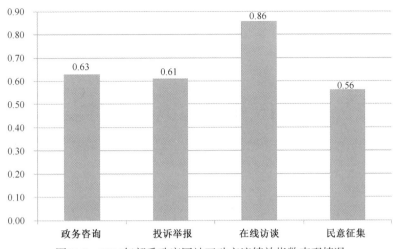

图21.9　2016年部委政府网站互动交流绩效指数表现情况

　　但是，各地方政府网站的调查征集和在线交流渠道建设不足，总体水平还有待提高，尤其在民意征集效果、公众参与度等方面明显不足。一是调查征集应用效果有待提升。在征集调查活动主题选取和组织上，存在明显不足，近两成的网上调查活动问卷设计简单，调查主题仅局限于网站改版等方面，未能充分发挥作用；60%的网站未公开征集调查结果采纳情况。二是在线交流应用效果有待提升。地方政府网站在选择交流主题和答复网民提问环节还有待加强，25%的网站实时参与和预告功能较弱，访谈主题与热会热点和政务结合不紧密，一些政府网站实时交流链接地方电视台的新闻视频等节目，仅流于形式，造成公众参与热情不高，在线访谈指标平均绩效最低，渠道建设、访谈数量及效果均表现较差。2016 年地方政府网站互动交流绩效指数表现情况如图 21.10 所示。

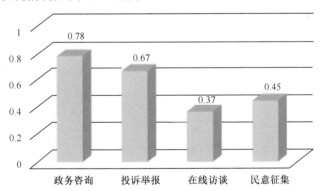

图21.10　2016年地方政府网站互动交流绩效指数表现情况

（张文娟）

第 22 章　2016 年中国电子商务发展状况

22.1　发展概况

22.1.1　政策环境

电子商务已经成为我国经济发展的支柱，2016 年中国持续加大政策扶持力度，通过"互联网+"来促进传统企业转型升级。

2016 年 5 月，发改委出台了《关于推动电子商务发展有关工作的通知》，为切实发挥电子商务对促进经济增长和产业转型升级的作用，加快培育经济发展新动力，启动了第三批电子商务示范城市创建工作，组织开展国家电子商务示范城市电子商务重大工程建设，重点支持电子商务共性信息基础设施建设、电子商务应用创新以及国际化发展。按照"择优选取、成熟一批、启动一批、储备一批、谋划一批"的原则和要求，委托第三方机构或专家开展评审评估，择优推荐项目进入国家重大建设项目库审核区，并根据资金总体情况予以支持。

同期，为加强网络市场监管，集中整治市场乱象，工商总局出台了《2016 网络市场监管专项行动方案》，提出以网络交易平台和网络商标侵权、销售假冒伪劣商品、虚假宣传、刷单炒信等突出违法问题为整治重点，依法实施更严格的市场监管。经过大力整治，网络经营者违法失信成本增加，网络市场秩序突出问题受到遏制，网络商品质量水平明显提升，网络交易信用环境显著改善，网络创业创新热情进一步激发。

为适应经济发展新常态，推动实体零售创新转型，国务院出台了《关于推动实体零售创新转型的意见》，提出要以信息技术应用激发转型新动能，推动实体零售由销售商品向引导生产和创新生活方式转变，由粗放式发展向注重质量效益转变，由分散独立的竞争主体向融合协同新生态转变，进一步降低流通成本、提高流通效率，更好地适应经济社会发展的新要求。通过调整商业结构，创新组织经营发展方式，促进多领域协同，线上线下进一步融合，从而优化整体发展环境。

22.1.2　市场规模

根据中国电子商务研究部中心发布的《2016 年度中国电子商务市场数据监测报告》显示，

截至 2016 年年底，中国电子商务交易额达 22.97 万亿元，同比增长 25.5%。B2B 市场交易额 16.7 万亿元，同比增长 20.14%；网络零售市场交易额 5.3 万亿元，同比增长 39.1%，网络零售占社会消费品零售总额比重的 14.95%，较 2015 年的 12.7%，增幅提高了 2.2 个百分点；跨境电商市场交易规模达 6.7 万亿元，同比增长 24%，其中出口跨境电商市场交易规模 5.5 万亿元，进口跨境电商市场交易规模 1.2 亿元。2016 年中国网络购物用户规模达到 5 亿人，相比 2015 年的 4.6 亿人，同比增长 8.6%。

2016 年中国宏观经济实现稳步增长，中央加快"供给侧改革"力度，旨在通过"互联网+"来促进传统企业转型升级。从中央到地方，电商已成发展之重点。伴随着"互联网+"向传统产业不断渗透，大宗电商平台近年来异军突起，推动国内 B2B 电商行业迎来发展"第二春"。网络零售仍将维持中高增速，"一超多强"竞争格局基本稳定，虚实融合、线上线下协同成为产业发展的主基调。在传统零售业绩持续下滑的背景下，互联网零售转型成为所有零售企业未来最重要的增长点之一。

22.1.3　消费金融

对电商平台而言，消费已经从早期的价格竞争转变为更加注重特色产品和服务。尤其在 2016 年，粗放式增长的流量红利消失，金融手段成为电商平台变革中的加速器。以蚂蚁花呗、京东白条、唯品花、苏宁任性付为代表的主流电商平台金融产品，都在基于用户的消费、理财、保险等需求推出一系列金融产品。而物流保险的推出意义非常重要，通过保险的方式为消费者提供退货无忧保障服务，也为改善物流服务体验提供了更多选择。

随着消费者消费理念转变及金融理财意识提升，用户对消费金融的接受程度也在逐年不断增强，通过各大电商平台推出丰富、完善的消费金融服务，带动了平台交易增长，2016 年电商市场消费金融也踏上了新台阶。

22.2　细分市场情况

22.2.1　网络零售市场

1. 市场规模

根据易观统计数据显示，2016 年中国网络零售市场交易规模达到约 4.97 万亿元，较 2015 年增长 29.6%（见图 22.1）。2016 年网络零售占社会消费品零售总额比重的 14.95%。整体来看，网络零售市场增速逐渐放缓，但依然保持较高的增长速度，在整个社会消费品零售总额中的比重也不断提升（见图 22.2）。

2016 年中国 B2C 网络零售交易规模达 27392.5 亿元，较 2015 年增长 36.0%，增速有所放缓（见图 22.3）。

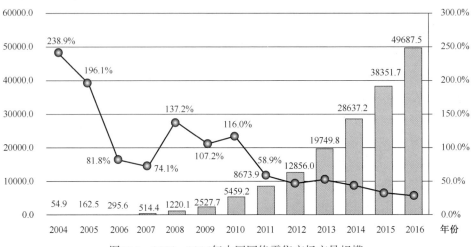

图22.1 2004—2016年中国网络零售市场交易规模

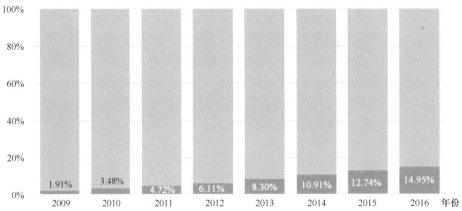

图22.2 2009—2016年中国网络零售占社会消费品零售总额比重

图22.3 2009—2016年中国网络零售B2C市场交易规模

2016 年，中国网络零售市场迎来发展变革。自 2015 年 B2C 占比超越 C2C 达到 52.5%，2016 年 B2C 规模占比更增至 55.13%，网络零售 B2C 的持续提升侧面验证了中国社会的消费升级（见图 22.4）。相比于类似跳蚤市场的 C2C 模式，B2C 模式为消费者提供了更加升级的购物体验和服务保障。另外，随着中国互联网+概念的提出，更多品牌商、制造商也不甘居于幕后，开始走向台前。以品牌商、制造商为主的 B2C 模式，逐渐取代了过去以中小型、个体营业者为主的网络零售市场，在提升消费者用户体验的同时，也为企业本身的品牌化、互联网化创造了契机。

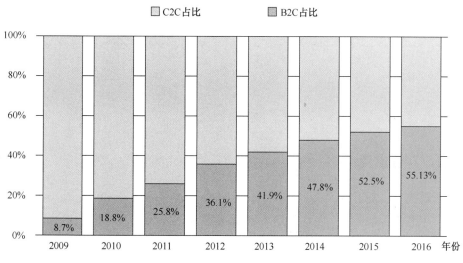

图22.4　2009—2016年中国网络零售市场结构组成

2. 市场格局

2016 年，中国网络零售 B2C 市场格局愈加清晰。天猫、京东、唯品会、苏宁易购四大平台累计市场份额接近 90%，市场集中度进一步提高。其中天猫继续领衔市场，占据半壁江山，处于绝对领先的地位，京东凭 26.2% 的市场份额紧随其后，较 2015 年 22.4% 的市场份额提升了 3.8 个百分点，并不断拉大和其他主要竞争对手的差距。唯品会的市场份额从 2015 年的 2.9% 上升至 3.6%，进一步缩小了与前序竞争对手的差距（见图 22.5）。根据易观网络零售 B2C 市场监测数据显示，2016 年全年四季度，唯品会市场份额分别为 3.0%、3.8%、3.5%、3.9%，均位居市场份额第三，预计未来将继续保持良好的发展态势。

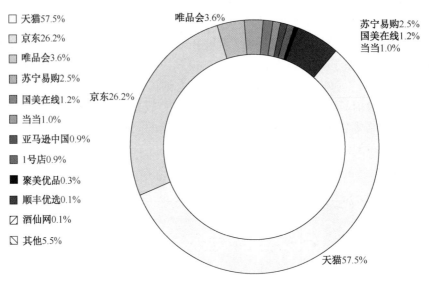

图22.5   2016年中国网络零售B2C市场份额

22.2.2　跨境电商

1. 市场规模

根据易观统计数据显示，2016 年中国跨境进口零售电商交易规模达到 3054.7 亿元，环比增长 48.0%，增速有所放缓（见图 22.6）。

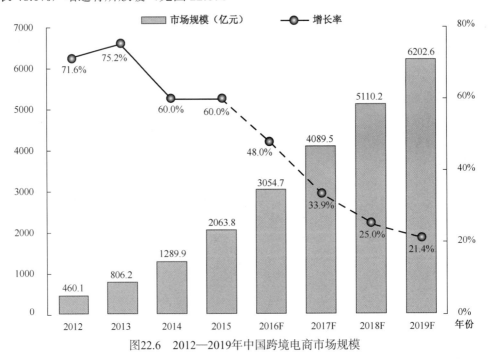

图22.6   2012—2019年中国跨境电商市场规模

2016 年政策期许下，"电商渗透率提升+传统外贸转型加速"驱动跨境电商爆发性增长。外贸景气度下滑，越来越多的商家寻找新型渠道，外贸渠道持续转型为跨境电商发展提供了持续增长动力。从政策、资本进入以及市场增速视角判断，当前正处于出口跨境电商发展的黄金期，出口跨境电商异于国内电商，其供应链较长的特征致使中后端服务痛点多，物流、支付等环节改善空间较大。

2．发展热点

"48 新政"（《关于跨境电子商务零售进口税收政策的通知》）的实施及过渡期的执行和延长，化妆品税收新政的发布，《婴幼儿配方乳粉配方注册管理办法》的实行等，一系列与跨境电商紧密相关的政策法规在 2016 年密集出台，在彰显国家有关部委为维护国内消费者的合法权益，维护国内商业环境的公平，以及维护现有法律法规的严肃性初衷的同时，还充分考虑到市场的实际情况，给了跨境电商企业必要的适应期和准备期。

2016 年 1 月，国务院同意在上海市、天津市、重庆市、深圳市、广州市、成都市、郑州市、大连市、宁波市、青岛市、合肥市、苏州市 12 个城市设立跨境电子商务综合试验区；8 月，国务院决定在辽宁省、浙江省、河南省、湖北省、重庆市、四川省、陕西省新设立 7 个自贸试验区，跨境电商在各区域的发展有了更坚实的政策和基础设施筑底，成为区域经济热点的趋势越发明显。

广东、浙江、福建等跨境试点口岸纷纷推出了跨境进口商品溯源机制。溯源机制的建立和完善，不仅有利于相关部门的监管，也有利于对消费者合法权益的保障，还有利于塑造跨境电商行业信誉和安全的形象。

跨境电商开始采用明星与网红的直播尝试销售模式的创新，波罗蜜、聚美优品、网易考拉等跨境电商都开始纷纷试水直播营销。电商+直播的方式，从单一的信息接收升级为信息的双向传递，从时空分离的购物过程升级到场景化的消费体验，电商平台能更直接和实时地触及消费者的需求，能更有效地吸引目标用户和提高转化率。

亚马逊在中国推出 Prime 会员制，在中国的跨境电商市场突破性地采用了收取年费后免费提供国际直邮服务的政策，在行业内和消费者中都产生了较大的影响。这将为中国跨境电商物流的安全性、时效性、经济性树立一个标志性意义的里程碑。

大数据、VR、AI 等前沿科技普遍被引入到跨境电商的各个环节。11 月 1 日，天猫国际联合 BUY+全球首发 VR 会场，并成功售出全球 VR 购物第一单。在当今的技术环境下，VR 模拟线下商品和线下购物过程的方案，能在一定程度上为跨境电商破解消费体验不直观的难题。

在 2016 年的"双 11"大促中，跨境再次成为关注热点和增长热点：天猫国际用九个半小时超过 2015 年全天销售额，并诞生国内首个单日跨境破亿商家；京东全球购订单量同比增长 170%；网易考拉海购用 23 分钟超过 2015 年"双 11"全天销售额，并在凌晨 1 点突破 1.5 亿元销售额。跨境市场规模的扩大，以及消费者认知度、接受度的提升，共同推动了年底促销活动的增长。

采用区块链技术的跨境支付，相比传统支付模式，具有高效率、低成本、差错少、低风险的特点。而具有区块链技术背景的金融科技公司纷纷将目光投向中国，开拓中国的银行、金融平台、汇款公司等金融企业级市场，甚至个人用户市场。在跨境电商通过利用区块链技术的金融企业进行跨境支付时，可以达到简化办理手续、全时段使用、实时到账、费用低廉、提现简捷等效果，能有助自身降低资金风险、提高资金利用效率。

22.2.3　电商物流

随着中国网络零售业务的持续高速发展，作为电子商务核心支撑业务的物流快递业亦迎来爆炸式发展。2007 年，中国快递业务量仅为 12 亿件，截至 2016 年年底，中国快递业务量已达 312.8 亿件，较 2015 年同比增长 51.3%（见图 22.7）。快递业务收入方面，2007 年，中国快递业务收入仅为 342 亿元，截至 2016 年年底，全国快递业务收入已达 3974.4 亿元，较 2015 年的 2769.6 亿元增长 43.5%。

图22.7　2007—2016年中国快递业务量

在电商的带动下，快递行业得以迅速崛起，加之近年来国家对物流快递行业的政策支持，快递业面临新的发展契机，业务量已跃居世界第一。

由于物流体系建设需要庞大的资金支持，国内电商物流早期基本依赖第三方物流。自 2007 年，京东借助资本的引入，自建物流体系，以高质量的物流服务迅速切入电商市场。其后，唯品会、苏宁、1 号店、亚马逊中国也纷纷自建物流，国内电商掀起一轮自建物流高潮。

伴随电商产业跃升式发展，产业链也发生了深度变革，各项配套基础设施已形成超出行业水平的服务能力。此外，所属电商平台的物流体系、支付平台，由封闭转向开放，以第三方服务运营商的主体角色向业内提供垂直功能领域的专业服务。未来，电商平台为了提升造血能力，品牌下的第三方垂直服务开放平台将提供更加多元、完善的服务产品，与垂直服务主流市场形成竞争。同时，也凭借开放化平台服务帮助电商平台导入新增上游品牌商。

22.3　发展趋势

1. 垂直服务功能平台化

电商产业在跃升式发展的同时，产业链也发生了深度变革，培育出的各项配套基础设施已形成超出行业水平的服务能力。电商在产品分发环节，上游品牌商对厂商新品首发、过季清仓、尾货特卖等商品进行渠道选择。此外，所属电商平台的物流体系、支付平台，由封闭转向开放，以第三方服务运营商的主体角色向业内提供垂直功能领域的专业服务。未来，电商平台为了提升造血能力，品牌下的第三方垂直服务开放平台将提供更加多元、完善的服务产品，与垂直服务主流市场产品形成竞争。同时，也凭借开放化的平台服务在一定程度帮助电商平台导入新增上游品牌商。

2. 渠道融合全面化

在电商平台与优质资源的积极战略合作过程中，将涉及更多实体零售业态，加速对深入社区、民生、高频品类、便捷性消费场景的资源布局，如具备更强用户触达能力连锁便利店。在新技术的驱动下，通过对供应链、实体店铺网络、多重消费场景等资源的重塑整合，网络零售业将在零售业变革中起主导作用。网络零售市场与线下实体零售的战略合作、收购的案例将出现更多。未来，能够向实体零售业态后端供应链提供优化服务，同时又能够聚集流量服务于终端消费用户的平台模式，将成为新零售探索的一个方向。

3. 品质化升级向上游供应链延伸

在国内消费升级市场环境下，电商平台分别围绕品类、品牌、单品升级运营。新兴电商通过向上游供应链延伸，由买手选品、产品设计、原料及产地控制等专注于商品品质的创新电商模式呈现高速成长。对于消费者，个性化、定制化、优质商品的需求持续高涨，品质电商将成为满足市场消费升级的首要选择；对于供应商，随着国内制造业升级，C2B、ODM 生产模式也将帮助制造商降低市场需求的不确定性，从而制定更高效的生产计划，并将库存保持在更为健康的水平；而对于电商平台，通过与制造商更密切的合作缩短价值链，以提供削减品牌溢价的优质商品及实现更为稳定、完善的服务。未来，向上游制造商渗透的品质化电商，将成为网络零售业升级的一个重要趋势。

（蔡利丽）

第 23 章　2016 年中国网络媒体发展状况

23.1　发展概况

网络媒体主要分为四类：一是移动新闻客户端；二是传统媒体开设在社交媒体账号；三是媒体从业人员开设的自媒体及具有媒体属性的"大 V"账号；四是网络直播，主要是指现场随着某个事情的发生、进展进程同步制作和发布信息，具有双向流通过程的信息发布方式。2016 年，社交媒体、手机浏览器及新闻客户端已成为移动新闻市场主要入口。同时，中国市场直播平台出现井喷，视频直播越发火热。根据《第 39 次中国互联网络发展状况统计报告》，截至 2016 年年底，网络直播用户规模达到 3.44 亿人，占网民总体的 47.1%。

2016 年，互联网新闻产业链日渐完善，在新闻生产、渠道分发环节都形成了相对成熟的发展机制，市场监管日益完善，参与主体日趋多元。生产模式上，UGC 用户生产方式逐渐向机构化过渡，形成了专业新闻生产业与用户生产相融合的发展趋势；分发模式上，"算法分发"逐渐成为网络新闻主要的分发方式；传播模式上，媒体"去中心化"和传播"多层次化"的特征日渐显现；商业模式上，呈现出商业广告为主，多样化模式探索并存的局面。

同时，网络媒体平台化建设进程持续加速。2016 年，网络媒体之间的竞争已经从之前的内容、产品、营销、渠道竞争上升到了平台之争。3 月 1 日，腾讯正式推出企鹅媒体平台，全面打通了旗下微信公众号、手机 QQ 新闻插件、天天快报、新闻客户端、腾讯 QQ 浏览器等多个腾讯系产品出口，实现了内容的最大化传播；4 月 19 日，网易推出了全新的媒体订阅平台——网易号，提供"问吧"、在线直播、人工定向推荐、联合发布等一系列功能，还推出了亿元自媒体奖励计划。此外，今日头条、搜狐网、凤凰网等互联网公司也在积极布局其旗下的媒体平台。

23.2　发展环境

23.2.1　政策环境

2016 年，网络媒体监管日益规范化、法治化。2016 年，国家互联网信息管理办公室、国家新闻出版广电总局等相关主管部门密集出台了多部法律法规和政策意见，不断完善网络媒体的管理体系。

2016 年 1 月,国家网信办发布《互联网新闻信息服务管理规定(修订征求意见稿)》,将应用程序、论坛、博客、微博、即时通信工具、搜索引擎以及其他具有新闻舆论或社会动员功能的应用都纳入管理范围内;转载新闻不得歪曲、篡改标题原意,保证新闻信息来源可追溯;明确总编负责制、内容管理制、用户实名制、公众号备案制等多重机制。6 月 2 日,国家网信办发布《互联网信息搜索服务管理规定》,明确要求互联网信息搜索服务提供者应当落实主体责任,为网民提供客观、公正、权威的搜索结果;7 月 3 日,国家网信办发布《关于进一步加强管理制止虚假新闻的通知》,要求各网站始终坚持正确舆论导向,采取有力措施,确保新闻报道真实、全面、客观、公正,严禁盲目追求时效,未经核实将社交工具等网络平台上的内容直接作为新闻报道刊发;8 月 17 日,国家网信办发布《网站履行主体责任八项要求》,针对新闻信息内容、安全技术保障、用户经营管理、新产品发布运营等方面提出了具体详细的要求;9 月,广电总局发布《关于加强网络视听节目直播服务管理有关问题的通知》,要求提供网络视听节目直播的机构必须具备相应资质,且须依法开展直播服务;11 月 4 日,国家网信办发布《互联网直播服务管理规定》,对于提供互联网新闻信息服务的直播者提出了具体的资质要求,且对直播服务内容、审核机制进行了规定。这一系列的法律法规和政策建议,充分表明了监管部门对于净化网络生态环境、规范网络信息传播的重视,对于网上虚假信息、不良行为继续保持高压监管态势。

随着法律法规的不断完善,监管空白的不断填补,网络空间、网络媒体的管理也将更加规范化、法治化。

23.2.2　经济环境

根据国家统计局数据显示,2016 年前三季度第三产业占国内生产总值比重为 52.8%,比 2015 年同期上升 1.6 个百分点,高于第二产业 13.3 个百分点。其中,文化产业下的新闻传媒业作为国民经济的重要组成部分仍具备较强的发展动能。

随着"互联网+"信息服务进入快速发展阶段,互联网信息服务市场正逐步驶入快速发展阶段,迸发出巨大的市场发展潜力。2016 年,网络直播平台在资本推手的运作下火爆起来,网络直播井喷式发展。从 2012 年起,视频直播领域的融资项目数量逐年上升;从 2014 年起,融资金额逐年上升,2015 年融资金额近 10 亿元,2016 年 1—5 月,融资金额已经超过 10 亿元,资本市场对视频直播的关注度提升。

同时,互联网广告服务行业也显现出勃勃生机。易观智库发布的《中国互联网广告市场季度监测报告》数据显示,2016 年上半年互联网广告运营商市场规模为 1187.1 亿元,同比增长 27.3%。

23.2.3　社会环境

2016 年,中国已经进入资讯多样化的时代。受众方面,媒体正在"去边界化",内容传播本身也在"去中心化",人人都可以是信息内容的生产者和传播者。尤其是随着移动互联网时代社会化程度的不断提高,每个受众成了信息发布和传播的重要载体,可以利用社交媒体和网络社群评论或转发热点新闻,表达自身阶层的利益诉求。传播终端方面,不仅仅是电

脑、手机、平板、可穿戴、车载设备以及 VR 设备等，甚至人们在生活中见到的任何物件，都在成为信息的发送和接收终端。传播终端多样化、传播方式多样化，随之而来的传播平台也进一步多样化。

23.2.4　技术环境

媒体技术历来是推动媒体发展进步的一支重要力量。新技术带来的不仅仅是信息生产流程的革新、产品形态的丰富、商业模式的升级，更是传媒业与互联网、人工智能技术的深度融合。

一方面，4G 应用普及极大改善了网民移动上网体验。工业和信息化部数据显示，截至2016 年 11 月，移动宽带用户总数达到 9.17 亿户，占移动电话用户的 69.5%。另一方面，随着大数据挖掘与处理、VR（虚拟现实）技术、AR（增强现实）技术、移动互联技术、人机交互等新媒体技术的突破与发展，网络媒体在报道形式、报道方式、传播渠道、与用户互动等方面有了可观的创新与进步。在 2016 年，VR 新闻报道、新闻写作机器人、数据新闻报道、云直播等成为网络媒体探索利用新媒体技术的一系列亮点。

23.3　用户行为

1. 新媒体用户付费行为逐渐形成

根据艾瑞统计数据显示，33.8%的新媒体用户已经产生过对新媒体内容的付费行为，还有 15.6%的用户有进行付费的意愿但是还没有进行付费的行为，50.6%的新媒体用户不愿意也不打算为新媒体内容付费，而在 2014 年的调研数据中，有 69.7%的用户不愿意为新媒体付费。

由于网民传统免费观看和阅读习惯，以及我国知识产权意识相对薄弱，我国网民对除游戏产品外的互联网产品的付费意愿一直不高。如今，有近半用户已产生付费行为或打算付费，这说明对新媒体用户付费获得优质内容的用户教育已经初见成效，尚需营销契机或者付费过程简化来吸引有相当数量消费意愿但尚未完成消费的新媒体用户。

2. 新媒体跨屏使用行为普遍

根据艾瑞调研数据显示，68.5%的新媒体用户在观看视频的同时"玩手机"，38.5%的新媒体用户选择同时使用笔记本电脑或者台式电脑。看电视时"多任务"现象的普遍存在，在观看视频的同时，互联网用户会用其他设备进行在社交网络交流等行为。

23.4　网络新闻媒体

23.4.1　门户网站

根据 CNNIC 统计数据显示，最近半年仍有 37.1%的用户通过 PC 端网站获取新闻，其中浏览过商业门户网站的网民占比为 51.3%。利用搜索网站主动搜索过新闻的比例为 48.4%，从电脑弹窗被动浏览的比例为 34%。

PC 端新闻市场，商业门户和传统新闻网站各有优势。商业门户网站仍具备流量优势，但新闻网站公信力更强。《求是》杂志旗下《小康》杂志公布《2016 年媒体公信力调查》数据显示，1/3 的受访者最信任人民网，紧随其后的是央视网、中国新闻网、腾讯网和凤凰网，凤凰网从往年的第一跌落至第五，新浪网退出前五位，意味着主流新闻网站逆袭商业网站公信力不断提升。从新闻网站的传播影响力来看，中央媒体的传播影响力仍居首位。据国家互联网信息办公室主管的《网络传播杂志》数据显示，截至 2016 年 7 月，人民网、新华网及中国网位列中国新闻网站综合传播力前三甲。

23.4.2　移动新闻客户端

2016 年，国内移动新闻客户端市场已经进入以传统媒体、门户或新闻网站媒体以及聚合媒体三大运营主体为主，图文、视频、音频等多种内容形式共同发展，"人工+算法"混合智能推荐的阶段，中国移动新闻客户端市场已基本成熟。

从用户规模看，移动新闻客户端已成为网民获取新闻的主要渠道。根据 CNNIC 发布的《2016 年中国互联网新闻市场研究报告》显示，截至 2016 年 6 月，互联网新闻市场用户规模达到 5.79 亿人，其中手机端网络新闻用户规模为 5.18 亿人，占移动网民的 78.9%，互联网新闻已成为网民高频使用的基础类网络应用。在移动新闻客户端中，以腾讯新闻、今日头条为代表的头部新闻客户端占据较大的用户规模比重。腾讯基于多年新闻门户网站积累，同时依托 QQ、微信等社交媒体强大的渠道优势稳居首位，今日头条则利用算法技术为用户提供个性化的新闻资讯推荐，形成差异化优势并超越多数门户网站。2016 年第四季度，腾讯新闻以 41.0% 的活跃用户占比领跑中国移动新闻客户端市场，今日头条则以 34.8% 的占比紧随其后。

从战略定位看，由于目前互联网新闻内容同质化较严重，多数新闻仍来源于传统新闻媒体或自媒体转载，各家媒体平台都在试图打破产品同质化瓶颈，实现品牌差异化定位。例如，今日头条以"你关心的，才是头条"为口号，通过新闻资讯个性化推荐，突出算法优势；网易新闻以"有态度的新闻"为口号，突出评论跟帖功能；天天快报以"一款让你更有料的兴趣阅读 APP"强调个性化和娱乐化；搜狐新闻以"看新闻，还是得用搜狐"强调搜狐新闻在网络新闻中的重要地位；澎湃新闻以"专注时政与思想"口号定位于时政思想类内容等。

从用户行为看，2016 年下半年，市场节奏转变，用户规模增速放缓，黏性提高。艾瑞咨询数据显示，2016 年第三季度和第四季度，中国移动新闻客户端用户规模为 5.94 亿人，增长率为 4.4%。整体上看，增速处于持续放缓阶段，新闻客户端的增长不再以获取新用户为主，而是更多地进行精细化运营，提高用户活跃度和黏性，挖掘存量用户价值。2016 年第四季度，整体用户黏性有所提高，今日头条依然是黏性指数最高的新闻客户端。此外，与上半年相比，网易新闻、凤凰新闻、ZAKER 均有所增长。

从技术平台看，个性化推荐成为新闻客户端关注重点。2016 年，随着 UC 头条、百度好看等独立个性化推荐产品的上线，处于中国互联网第一梯队的 BAT 已经完全进入到个性化新闻市场。自 2012 年今日头条开创个性化推荐模式以来，经过了多年的充分发展，进入 2016 年，各新闻客户端已经基本完成了个性化推荐新闻的布局，基于大数据和算法的个性化推荐成为新闻客户端关注的重点。

从内容形式看，移动新闻直播逐渐常态化，短视频的便捷性使其成为移动新闻重点。直播作为传统新闻报道的重要模式，在新闻客户端也有较为广泛的应用，但大多面对突发重点新闻。进入 2016 年之后，随着移动直播行业和技术的发展，很好地匹配了用户对新闻的实时性、互动性需求的移动新闻直播，应用频率不断提高。凤凰推出"凤直播"，网易菠萝平台成立，今日头条推出媒体视频直播解决方案"快马直播"，移动新闻直播正在逐渐走向常态化、垂直化、丰富化。短视频方面，2016 年下半年，今日头条重磅发布 10 亿元短视频作者补贴计划、新京报联合腾讯推出短视频新闻项目"我们视频"、梨视频项目正式上线，同时，凤凰新闻、搜狐新闻等纷纷全面整合自身的视频资源。无论从市场还是产品上看，短视频已经成了名副其实的移动新闻新风口。

23.5　社交新媒体

中国移动社交应用主要分为即时通信、综合社交、兴趣社交、同性交友、婚恋交友、母婴社区、校园社交、图片社交、陌生人社交、商务社交等主要类型。其中，随着移动应用技术的发展和用户需求的延伸，即时通信与综合社交之间在功能上出现融合趋势，围绕各自产品展开的移动社交生态布局越来越成熟，社交媒体的属性也在平台型应用功能中体现得更加明显。

一方面，"两微一端"传播矩阵成为标配，渠道资源合作态势开启。在经历 2014 年媒体融合元年和 2015 年融合发展布局后，2016 年媒体融合继续深化。传统新闻媒体、新闻网站以及移动新媒体在移动端渠道争夺更加激烈，也因此呈现出新的"竞合"态势。传统新闻单位及新闻网站在移动渠道的竞争布局加速，以微信、微博、今日头条客户端为代表的新闻客户端已成为标配，"两微一端"矩阵架构搭建完成。中国社科院新闻与传播研究所发布的《2016 年中国新媒体发展报告》数据显示，传统媒体微博已达到 17323 个；泛媒体类公众号超过 250 万个，全国的主流媒体客户端达 231 个，且超过九成的传统媒体都建立了专门的"两微一端"人才队伍。

另一方面，社交媒体已逐渐成为新闻获取、评论、转发、跳转的重要渠道，成为网络舆论重要源头。CNNIC 数据显示，2016 年下半年，通过社交媒体获取过新闻资讯的用户比例高达 90.7%，在微信、微博等社交媒体参与新闻评论的比例分别为 62.8%和 50.2%，通过朋友圈、微信公众号转发新闻的比例分别为 43.2%、29.2%。

23.6　自媒体

2016 年，自媒体行业政策监管和行业自律逐步完善，资本市场高度关注，行业发展稳健。

在政策上，2016 年 9 月 1 日《互联网广告管理暂行办法》正式生效，对自媒体发布商业广告进行了规范，要求显著标明"广告"二字；2016 年 10 月 27 日，全国首个官方指导下的省级自媒体联盟——上海自媒体联盟成立。

在资本运作上，2016 年开始自媒体受到资本市场的高度关注，进入高速发展阶段，以papi 酱为代表的自媒体拿到高额融资。一是商业互联网巨头对于优质内容的大力扶持。2016年里，腾讯、百度、今日头条等相继出台或强化了各自的优质内容扶持计划。3 月 1 日，腾讯公司宣布正式启动"芒种计划",打造媒体共赢生态圈,对于那些坚守原创、深耕优质内容的媒体(自媒体),还将给予全年共计 2 亿元的补贴;9 月 28 日,百度正式上线"百家号",为内容创作者、自媒体提供了一个内容发布、变现和粉丝管理的综合媒体平台;8 月 30 日,今日头条正式启动今日头条创作空间二期项目,为内容创业者提供融资、补助等一系列的服务。对于网络媒体来说,巨头们的扶持提供了一条优质内容变现的捷径。二是内容打赏付费模式。打赏付费模式并非新生事物,但在 2016 年获得了长足发展。一方面,原创内容价值得到越来越多用户认可;另一方面,网络社区互动氛围的高涨及付费基础工具(设施)不断完善。2016 年,微信、QQ 兴趣部落、网易新闻客户端、新浪微博、简阅等媒体平台都推出或深化了相关服务功能,原创内容品质高的媒体(自媒体)从中受益匪浅。

在用户规模上,随着移动互联网的高速发展,自媒体用户规模不断扩大,主流平台账号数量增长迅速。截至 2016 年 11 月,微信公众号平台账号数量达到 2300 万以上,每日认证公众号超过 1 万,日活账号约 280 万。今日头条头条号平台账号数量达到 25 万以上,头条号自媒体总数达 27 万,日均内容发布量 19 万,日均内容阅读/播放量 21 亿。

23.7 网络直播

2016 年,网络直播迅速发展成为一种新的互联网文化业态,据 CNNIC 统计数据显示,截至 2016 年年底,网络直播用户规模达到 3.44 亿人,占网民总体的 47.1%,较 2016 年 6 月增长 1932 万人。其中,游戏直播的用户使用率增幅最高,半年增长 3.5 个百分点,演唱会直播、体育直播和真人聊天秀直播的使用率相对稳定。

23.7.1 行业现状

网络直播市场的爆发首先建立在智能手机的普及和网络技术的提高基础之上。智能手机的普及,智能手机高清摄像头的标配,4G+WiFi 高速网络介入,使直播随时随地,想播就播;而互联网的技术进步,硬件设施的不断完善,电脑及手机设施产品成本的下降大大降低了网络直播的门槛。

当前,网络直播行业主要有四类:一是秀场直播,包括最为知名的泛娱乐直播和泛生活类秀场直播;二是人气最高的游戏直播;三是垂直领域直播平台;四是版权直播。艾媒咨询数据显示,目前国内 58% 的网络直播平台类型为泛娱乐直播平台,旨在增强用户参与感,助力粉丝经济。2016 年,随着映客、花椒等移动端直播平台的发展壮大,网络直播正从泛娱乐时代向泛生活时代迈进。

TalkingData 移动数据研究中心和 Android 平台数据显示,从应用数量上来看,真人秀场类应用的款数最多,占比超过六成,其次是体育直播类应用,其他直播类应用起步较晚,应用款数较少。从用户覆盖率来看,真人秀场和游戏直播类应用的用户覆盖率相对更高,其中,YY、斗鱼和映客直播的用户覆盖率分别以 3.05%、2.05%、1.67% 排在前三位。从用户活跃率看,真人秀场和游戏直播类应用的用户活跃率相对更高,映客直播、YY 和斗鱼的用户活跃率分别以 0.73%、0.59%、0.53% 位居前三,花椒直播以 0.50% 紧随其后。此外,体育直播、真人秀场用户的活跃度略高于游戏直播用户,其中,体育直播用户在凌晨至早 8 点较其他两

类更为活跃，真人秀场在早 9 点至夜间活跃度高于其他两类。

由此可见，移动视频直播各细分领域中，真人秀场发展较为成熟，用户规模最大；游戏直播用户规模较高且增速较快；其他直播包含商务直播、财经直播等，其起步较晚，虽然用户规模很低，但发展潜力巨大。

与此同时，当前以秀场直播为主导的直播市场，色情和暴力等问题较为普遍，内容导向整体偏低。网络社交具有匿名性、私人性等特点，本身较易激发和释放大众个体本我，这就为网络直播涉黄涉暴提供了市场缘由；直播市场激烈竞争下，直播平台和网络主播的利益驱使亦是导致乱象出现的原因；全民直播情境下，直播门槛低，监管难也致使涉黄涉暴频发。网络直播中裹挟色情、暴力等低俗内容，使网络直播的社会印象受损。

2016 年以来，全国"扫黄打非"办公室、工信部、公安部、文化部、国家新闻出版广电总局、网信办等多部门已针对网络直播乱象出台各项措施。11 月网信办《互联网直播服务管理规定》的推出，确立了网信办在互联网直播监管中的总体负责协调角色，标志着网络直播进入系统治理阶段。

23.7.2　企业布局

据不完全统计中国在线直播平台超过 200 家，市场规模达到百亿级，网络直播成为当下互联网行业最吸引眼球的"风口"。2016 年，各类互联网企业纷纷在视频直播领域展开布局。

1. BAT

百度旗下的百秀直播，以真人秀场为主，主打泛娱乐直播；2016 年 5 月，淘宝直播平台正式上线，主打消费直播，商家和消费者直接互动，吸引用户边看边买；2016 年 4 月，推出"腾讯直播"，以真人秀场为主；同时腾讯还投资斗鱼、龙珠，布局游戏直播。

2. 其他互联网企业

2016 年 5 月，新浪携手秒拍推出一直播，以真人秀场为主；网易 BoBo，以真人秀场为主；网易 CC，主打真人秀场和游戏直播；360 旗下的花椒直播，则以真人秀场为主。

3. 传统视频企业

合一集团旗下的来疯直播，以真人秀场为主；2015 年，投资光圈直播和火猫 TV，分别以真人秀场和游戏直播为主；搜狐旗下的千帆直播，主要专注于真人秀；2016 年 1 月，乐视视频收购章鱼 TV，主打体育直播。

4. 短视频企业

2016 年 1 月，美拍增加直播功能，以真人秀场为主；秒拍视频推出直播平台秒拍直播，以真人秀场为主。

23.7.3　案例分析

1. YY

欢聚时代（NASDAQ：YY）于 2012 年 11 月在美国纳斯达克 IPO 上市，布局多款直播平台，力图打造"泛娱乐+泛生活"的内容布局，向多元化和综艺化发展。其中以注重直播内容布局的 YY Live 为突出代表。YY Live 隶属于欢聚时代 YY 娱乐事业部，最早建立在一款强大的富集通信工具——YY 语音的平台基础上。凭借先发优势和内容优势，拥有稳定的主播和客群体系，形成了稳定的商业模式，是国内网络视频直播行业的奠基者。

目前 YY Live 是一个包含音乐、科技、户外、体育、游戏等内容在内的全民娱乐直播平台，注册用户达到 10 亿人。

2. 斗鱼

斗鱼直播于 2014 年 1 月上线，日活跃用户约 300 万，估值超过 10 亿美元，是典型的游戏直播平台。斗鱼直播在内容上更加注重 UGC 模式，以拥有 LMS、LPL 等赛事直播权，按游戏和直播内容分类，具有关注功能，可根据兴趣推荐，也有部分娱乐直播。在融资方面，斗鱼直播目前获得 B 轮 1 亿美元，由腾讯领投。

3. 映客

映客是北京蜜莱坞网络科技有限公司旗下的直播平台，于 2015 年 5 月正式上线，曾创下半年内完成三次融资的纪录，是典型的移动直播平台之一。作为一款移动直播社交应用，映客主推全民直播，致力于打造主播与用户、用户与用户之间的社交关系，推出了"我的一天"、"附近的人"、"三连麦"功能等新鲜互动玩法，并发力探索广泛 UGC 内容，目前已有 1.3 亿注册用户，且月均增速 146.4%。映客开展"直播+"，不断尝试直播和不同行业深度结合，让直播拥有无限嫁接的可能，给未来的商业、文化、生活带来新的改变和机遇。

23.8　发展趋势

时下，网络媒体已经迈入众媒时代。所谓众媒时代，主要有五方面的特征：一是表现形态的"众"，用户的多元新需求，推动媒体表现形态分化，媒体内容不再受传统表现形式的限制，其文化更加多样；二是生产主体的"众"，各种机构、各种人皆可为媒体，信息生产的进入门槛进一步消解；三是传播结构的"众"，与以前相比传播结构更为复杂，以用户的人际关系网络为传播基础的设施的社交化传播成为常态；四是媒体平台的"众"，内容平台、关系平台、服务平台在今天都成为了媒体；五是屏幕和终端的"众"，除智能手机之外，媒体终端日趋多样化。

在人工智能、物联网、VR／AR 等新技术的推动下，未来网络新媒体将趋向智能化，主要体现为万物皆媒、人机共生、自我进化。万物皆媒是指，过去的媒体是以人为主导的媒体，而未来，机器及各种智能物体都有媒体化可能。人机共生是指，智能化机器、智能物体将与人的智能融合，共同作用，构建新的媒体业务模式。自我进化则是指人机合一的媒介具有自我进化的能力，机器洞察人心的能力、人对机器的驾驭能力互为推进。

新技术对于网络媒体带来的改变已经影响力专业新闻的生产领域，未来或将对新闻生产的环节带来颠覆性的改变。智能技术与新闻生产的结合，将带来五种新的新闻生产模式：个性化新闻、机器新闻写作、传感器新闻、临场化新闻以及分布式新闻。

未来的传媒业生态也将在用户系统、新闻生产系统、新闻分发系统、信息终端等方面实现无边界重构。

（郑炜康）

第 24 章　2016 年中国网络广告发展状况

24.1　发展概况

1. 广告管理持续从严，市场秩序渐趋规范

2016 年 7 月，工商总局发布了《互联网广告管理暂行办法》（以下简称《办法》），界定了互联网广告范围，强化了互联网广告的监察和管理措施，并首次提出程序化购买。《办法》中对网络广告进行了定义，"通过网站、网页、互联网应用程序等互联网媒介，以文字、图片、音频、视频或者其他形式，直接或者间接地推销商品或者服务的商业广告，包括以推销商品或者服务为目的的，含有链接的文字、图片或者视频等形式的广告、电子邮件广告、付费搜索广告、商业性展示中的广告以及其他通过互联网媒介商业广告等"。

近年来，我国互联网广告发展迅速，已成为我国广告产业规模最大和增速最快的板块。继 2015 年《广告法》发布，此次《互联网广告管理暂行办法》的出台是对渐趋繁荣的互联网广告市场加强管理的又一动作。持续从严的政策治理将促进互联网广告市场秩序渐趋规范，并将对网络广告及中国互联网广告市场产生结构性影响。

2. 视频和短视频信息流广告高速发展

经过 2015 年的探索，2016 年，信息流广告已经成为最受关注的广告形式之一，热度持续攀升，玩法也愈加多元，其中，视频和短视频信息流广告得到高速发展。目前，视频或短视频信息流广告已成为 QQ 空间、微信、微博等社交平台标配，而今日头条等新闻资讯客户端也纷纷推出相关广告产品。视频和短视频信息流广告为广告内容的展现提供了更大的创意空间，促进了广告主与平台的互动。

在网络条件不断提高、上网成本逐步下降的大背景下，信息量集中、展现形式生动直观的视频和短视频，成了更受欢迎的内容载体。信息流广告的多媒体化，迎合了用户消费多媒体信息的上网习惯。

3. 程序化购买迎来调整期

自 2012 年"程序化元年"起，程序化购买在中国落地已有五年。五年间，程序化购买受到资本的热烈追捧，上百家程序化购买平台先后出现，在促进中国程序化购买市场发展，提升广告投放效率和效果，发挥技术和数据在广告投放中重要作用的同时，也出现了虚假流

量、虚假交易、投放过程不透明、品牌安全受到伤害等问题,这些问题经过多年累积,在 2016
年集中爆发,程序化购买受到广告主的广泛质疑,与之相伴随的是广告主预算削减,程序化
购买交易规模下滑,这引起了程序化购买市场上下游企业的深刻思考,程序化购买市场迎来
调整期。

这些问题并非由程序化购买本身带来,而是一批浑水摸鱼的企业及其引发的浮躁的市场
环境所致。这恰恰说明,程序化购买发展还不够成熟和彻底,要解决当前程序化购买市场面
临的诸多问题,仍然要依靠产业链各方深入理解和操作程序化购买。这次调整只是程序化购
买发展中的一朵小浪花,技术和数据驱动数字营销大势不可阻挡。

24.2　市场概况

24.2.1　中国广告市场现状分析

根据艾瑞咨询数据统计,2016 年中国五大媒体广告市场总体规模达 4237.4 亿元,其中
网络广告收入达 2902.7 亿元,在五大媒体广告收入中的占比已达到 68%;同期电视广告收入
1049.9 亿元,在五大媒体广告收入中的占比约为总体的 1/4。受网民人数增长、数字媒体使
用时长增长、网络视听业务快速增长等因素推动,未来几年,报纸、杂志、电视广告将继续
下滑,而网络营销收入还将保持较快速度增长(见图 24.1)。

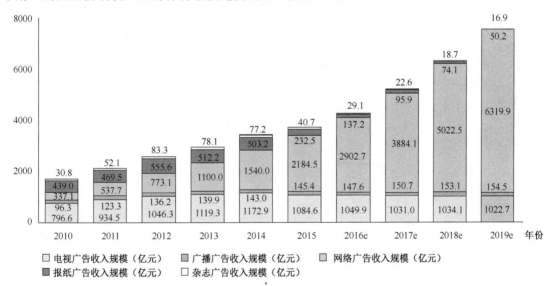

资料来源:传统媒体市场规模数据依据中国广告协会数据推算,其中广播广告及电视广告数据来源国家广电总局及《广电蓝皮书》,
报纸广告及杂志广告来源国家工商行政管理总局及《传媒蓝皮书》,网络广告市场根据企业公开财报、行业访谈及艾瑞统计预测模
型估算。艾瑞咨询研究院自主研究及绘制。

© 2017.4 iResearch Inc.　　　　　　　　　　　　　　　　　　　　www.iresearch.com.cn

图24.1　2010—2019年中国五大媒体广告收入规模

24.2.2　中国网络广告市场整体发展分析

根据艾瑞咨询 2016 年度中国网络广告核心数据显示,中国网络广告市场规模达到 2902.7

亿元，同比增长 32.9%，较 2015 年增速有所放缓，但仍保持高位。随着网络广告市场发展不断成熟，未来几年的增速将趋于平稳，预计至 2019 年整体规模有望突破 6000 亿元（见图 24.2）。

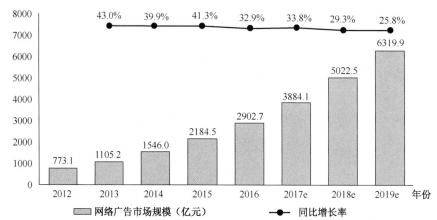

注：1. 网络广告市场规模按照媒体收入作为统计依据，不包括渠道代理商收入；2. 此次统计数据包含搜索联盟的联盟广告收入，也包括搜索联盟向其他媒体网站的广告分成。
资料来源：根据企业公司财报、行业访谈及艾瑞统计预测模型估算。

© 2017.4 iResearch Inc.   www.iresearch.com.cn

图24.2　2012—2019年中国网络广告市场规模

2016 年移动广告市场规模达 1750.2 亿元，同比增长率达 75.4%，依然保持高速增长。移动广告的整体市场增速远远高于网络广告市场增速。预计到 2019 年，中国移动广告市场规模将接近 5000 亿元，在网络广告市场的渗透率接近 80%。用户注意力的转移为移动广告市场发展创造了巨大的发展空间，用户使用时长不断增长，移动媒体的多样化使得移动广告市场进入了新的发展阶段。基于大数据积累，结合用户属性、地理位置等指标而升级的精准化投放技术，不断提高移动广告的投放效率；同时基于用户观看内容而生的原生广告形式兴起，降低了广告对于用户体验的影响，进一步拓展了广告形式和广告位资源。移动广告技术的不断迭代带来了移动广告市场规模的持续高速增长（见图 24.3 和图 24.4）。

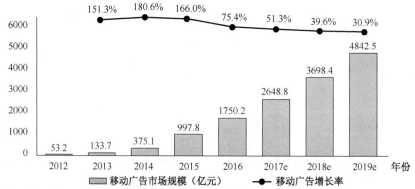

注：从2014年Q4数据发布开始，不再统计移动营销的市场规模，移动广告的市场规模包括移动展示广告（含视频贴片广告，移动应用内广告等）、搜索广告、社交信息流广告等移动广告形式，统计终端包括手机和平板电脑。短彩信、手机报等营销形式不包括在移动广告市场规模内。
资料来源：根据企业公司财报、行业访谈及艾瑞统计预测模型估算，仅供参考。

© 2017.4 iResearch Inc.   www.iresearch.com.cn

图24.3　2012—2019年中国移动广告市场规模

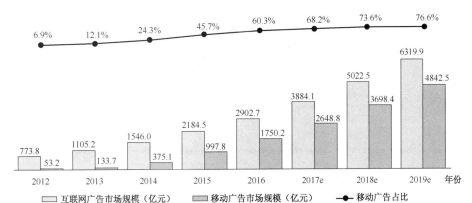

注：从2014年Q4数据发布开始，不再统计移动营销的市场规模，移动广告的市场规模包括移动展示广告（含视频贴片广告、移动应用内广告等）、搜索广告、社交信息流广告等移动广告形式，统计终端包括手机和平板电脑。短彩信、手机报等营销形式不包括在移动广告市场规模内。网络广告与移动广告有部分重合，重合部分为门户、搜索、视频等媒体的移动广告部分。
资料来源：根据企业公司财报、行业访谈及艾瑞统计预测模型估算，仅供参考。

© 2017.4 iResearch Inc.　　　　　　　　　　　　　　　　　　　　www.iresearch.com.cn

图24.4　2012—2019年中国网络广告与移动广告市场规模对比

24.3　不同形式广告发展情况

24.3.1　不同形式广告市场份额

2016 年，中国网络广告在细分领域市场出现了较大的结构性变化，一直保持领先地位的搜索广告由于政策与负面事件影响，份额出现了较大程度的下滑，首次跌破 30%，与 2015 年同期相比，份额下降近 5 个百分点；电商广告占比为 30.0%，与 2015 年同期相比，份额大幅度上升，2016 年电商广告的整体份额也首次超越搜索广告，升至首位。此外，从 2016 年起，信息流广告在整体结构中单独核算，以社交、新闻、视频等为主要载体的信息流广告在 2016 年市场份额达到 11.2%，增速明显（见图 24.5）。

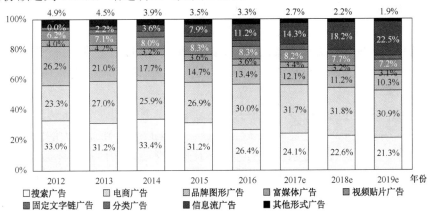

注：1. 搜索广告包括搜索关键字广告及联盟广告；2. 电商广告包括垂直搜索类以及展示类广告，例如淘宝、去哪儿导购类网站；3. 分类广告从2014年开始核算，仅包括58同城、赶集网等分类网站的广告营收，不包含搜房等垂直网站的分类广告营收；4. 信息流广告从2016年开始独立核算，主要包括社交、新闻资讯、视频网站中的信息流效果广告等；其他形式广告包括导航广告、电子邮件广告等。
资料来源：根据企业公司财报、行业访谈及艾瑞统计预测模型估算。

© 2017.4 iResearch Inc.　　　　　　　　　　　　　　　　　　　　www.iresearch.com.cn

图24.5　2012—2019年中国不同形式网络广告市场份额

24.3.2 细分网络广告发展情况

2016 年，品牌图形广告市场规模达 389 亿元，同比增长 21.0%，与 2015 年相比增速略有上升，但仍低于网络广告市场。品牌图形广告作为最成熟的网络广告形式，增长速度将保持在相对稳定水平（见图 24.6）。

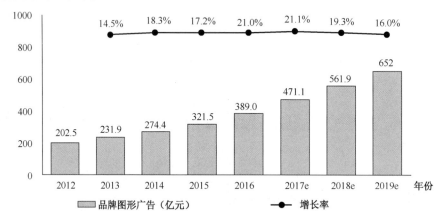

注：网络广告统计口径包括各个网络媒体的广告营收，不包括渠道和代理商收入。
资料来源：根据企业公开财报、行业访谈及艾瑞统计预测模型估算。

© 2017.4 iResearch Inc.   www.iresearch.com.cn

图24.6　2012—2019年中国品牌图形广告规模

随着程序化购买产业链的快速发展，广告主在品效合一方面的需求越来越高，品牌图形广告市场未来还将有较多资源投入到程序化购买的资源池，依然会有较多广告主重视该部分广告的投放，而随着移动互联网的不断发展，广告位资源和广告形式仍在不断更新，整体品牌图形广告市场将保持平稳发展。

2016 年视频贴片广告市场规模为 242.2 亿元，同比增长 34.3%，与整体网络广告增速相当。随着视频网站黏性不断提升，用户规模持续增加，视频贴片广告已经成为视频媒体中最为重要也更加成熟的一种广告形式。2016 年，在线视频网站不断创新广告产品、提升广告效果，视频贴片广告也获得了较快增长。但未来，随着内容付费习惯的养成，视频网站会员的不断增加，在线视频网站的整体营收结构或将调整，视频贴片广告在整体营收的占比或将降低（见图 24.7）。

2016 年的网络广告市场中，广告形式的创新与大数据应用及分析能力的提升成为主要特征。广告主对于曝光与效果的双重需求不断凸显，效果广告得到了更大的发展。随着奥运会、娱乐圈大事件、全球公共政治事件等的爆发，社交媒体、新闻门户、视频媒体及垂直媒体纷纷布局自身的信息流广告产品，使得中国原生信息流广告增势迅猛，在 2016 年达到 325.7 亿元，同比增长率为 89.5%。预计未来几年增速将仍保持在 50% 以上，在 2019 年将突破 1400 亿元（见图 24.8）。此外，2016 年热炒的网红概念、资本市场助推的直播平台等，都使网络广告的形式和创意不断变化，内生广告或也将成为未来的发展新趋势。

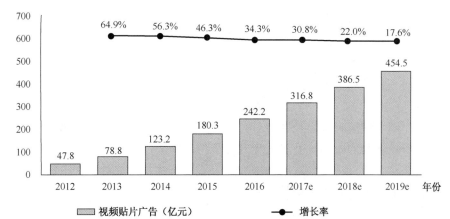

注：网络广告统计口径包括各个网络媒体的广告营收，不包括渠道和代理商收入。
资料来源：根据企业公开财报、行业访谈及艾瑞统计预测模型估算。

© 2017.4 iResearch Inc.　　　　　　　　　　　　　　　www.iresearch.com.cn

图24.7　2012—2019年中国网络广告市场贴片广告规模

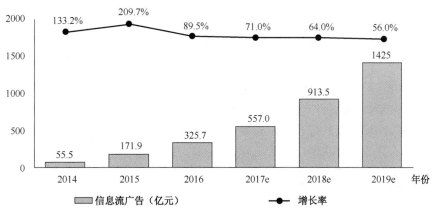

注：网络广告统计口径包括各个网络媒体的广告营收，不包括渠道和代理商收入。信息流广告从2016年开始独立核算，主要包括社交、新闻资讯、视频网站中的信息流效果广告等。
资料来源：根据企业公开财报、行业访谈及艾瑞统计预测模型估算。

© 2017.4 iResearch Inc.　　　　　　　　　　　　　　　www.iresearch.com.cn

图24.8　2014—2019年中国信息流广告规模

24.4　不同网站类型广告发展情况

24.4.1　发展概述

2016 年搜索引擎不再是占据最大份额的媒体形式，占比下降 5 个百分点至 27.2%，位列第二。电商网站广告成功逆袭，超越搜索引擎成为广告份额最大的媒体形式，占比为 30.0%。未来几年，电商网站广告仍将稳定在 30%左右的份额。其他媒体形式中，门户及资讯广告（不含非门户业务）占比为 7.4%，在线视频网站占比为 11.0%，社交广告占比为 8.3%，较 2016 年增长较快，随着社交领域与场景的不断结合，广告位资源和信息流广告形式的不断优化，未来几年份额将持续上升。

24.4.2 移动网络广告

2016 年受新广告法影响，搜索类广告收入增速有所放缓，与此同时，随着用户对电商的依赖和使用行为的转移，移动端电商类广告收入持续保持较高速度增长，在整体移动广告市场中居首位，占比达 27.3%，预计 2017 年将达 30%。此外，社交类、视频类分别作为用户使用频率最高、用户使用时间最长的服务，通过原生广告、信息流广告等新兴广告形式，降低了广告对于用户体验的影响，并进一步开发了用户价值，未来仍会有较大的增长空间。与此同时，随着移动广告市场马太效应的增加，中长尾平台及流量对广告主的吸引降低，包括中长尾流量在内的垂直行业未来增长乏力。

24.4.3 门户及资讯类广告

2016 年门户及资讯广告统计口径调整，不再计入非门户业务的广告收入，在此口径下，市场规模为 214.1 亿元，同比增长 36.4%，增速维持较高水平。2016 年新闻移动客户端仍旧是传统门户的重要发展方向，各家均在产业链上下游进行深度布局。上游不断扩大自身优质内容与自媒体资源的数量，下游通过算法分发，将内容更精准有效地推送给用户，整个链条的不断尝试也为商业化提供了更多机会。

2016 年电子商务（以网络购物为主）网站广告营收达到 871.1 亿元，同比增长 48.1%，增速较 2015 年持续上升（见图 24.9）。电子商务网站（含 APP）广告规模的增长主要来自：①消费升级大背景下，品牌广告主对于自身品牌形象的打造和优化需求更加迫切；②企业在扩展品类、布局跨境电商等过程中，需要不断提升自身的品牌影响力；③此外，生活场景的精准推荐与智能化、多样化的广告形式，为不同广告主提供灵活的营销方式，获得了更好的效果，直播、VR 等多种新技术的不断落地，使电商广告形式更加丰富与多元，助力电商广告市场开拓新的增长点。

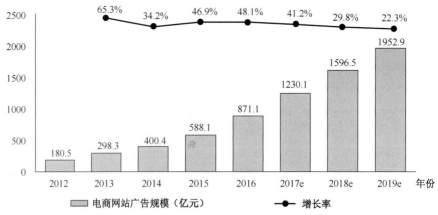

注：电子商务网站包括C2C、B2C等网站。
资料来源：根据企业公开财报、行业访谈及艾瑞统计预测模型估算。

© 2017.4 iResearch Inc.　　　　　　　　　　　　　　　　　www.iresearch.com.cn

图24.9　2012—2019年中国电子商务网站广告规模

24.4.4　社交网络广告

根据艾瑞统计数据显示，2016 年中国社交广告规模为 239.6 亿元，预计到 2019 年将超过 800 亿元（见图 24.10）。中国及全球的社交网络营销整体均呈现快速增长的趋势。广告技术不断进步，展示广告与效果广告的结合提升了社交广告的效果，立足于社交网络而不断发展的原生信息流广告、视频广告等形式的演变将社交广告推向高速发展期。

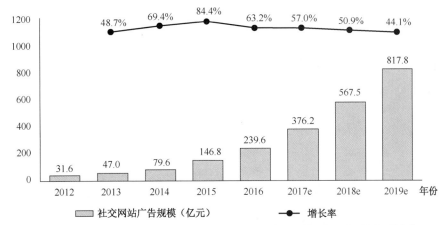

注：社交网络广告包括SNS社交网站、传统社区、博客等类型，也包括门户旗下的网络社区及微博、微信等。
资料来源：根据企业公开财报、行业访谈及艾瑞统计预测模型估算。

© 2017.4 iResearch Inc.　　　　　　　　　　　　　　　www.iresearch.com.cn

图24.10　2012—2019年中国社交网络务广告规模

24.4.5　搜索引擎广告

2016 年，中国搜索引擎网站广告市场规模为 790.1 亿元，同比增长 11.9%，增速明显放缓（见图 24.11）。

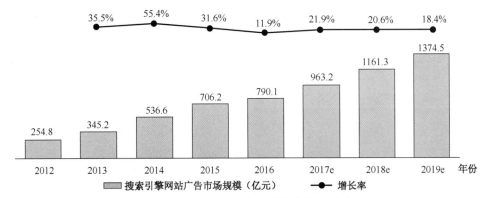

注：搜索引擎广告业务收入为关键词广告收入、联盟展示广告收入及导航广告收入之和。
资料来源：根据企业公开财报、行业访谈及艾瑞统计预测模型估算。

© 2017.4 iResearch Inc.　　　　　　　　　　　　　　　www.iresearch.com.cn

图24.11　2012—2019年中国搜索引擎网站广告规模

2016 年，中国搜索引擎企业总收入中，关键词广告收入 652.0 亿元，占比为 72.3%；联盟展示广告收入 113.1 亿元，占比为 12.5%；其他广告收入 105.7 亿元，占比为 11.7%；导航广告收入 25.0 亿元，占比为 2.8%；非广告收入 6.3 亿元，占比为 0.7%。关键词广告是搜索引擎市场最核心的业务，关键词广告收入的增长对其整体表现起到决定性作用，联盟展示广告收入对搜索市场整体收入起到良好的补充作用。与此同时，搜索引擎企业收入规模中其他广告收入规模快速扩大，主要是得益于爱奇艺及百度糯米外卖等业务营收的快速增长。

24.4.6 在线视频行业广告

2016 年，中国在线视频广告市场规模达 319.5 亿元，同比增长 37.1%（见图 24.12）。新广告法实施使得视频贴片广告优势凸显，此外，视频企业逐渐进行除贴片广告外的其他广告形式的探索，并通过加快自制内容布局，进行深度内容原生广告植入的探索，一定程度上缓解了用户付费与广告收入之间的矛盾。

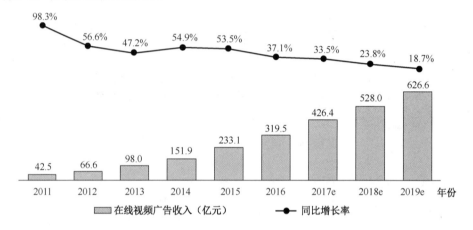

资料来源：综合企业财报及专家访谈，根据艾瑞统计模型核算，仅供参考。

©2017.4 iResearch Inc.   www.iresearch.com.cn

图24.12 2011—2019年中国在线视频行业广告规模

随着用户行为向移动端倾斜，移动端广告收入占比随之持续增加，2016 年，移动端广告市场规模已达总体规模的 64%，收入高达 204.5 亿元，同比增长 95.5%（见图 24.13）。预计移动端广告收入将会持续保持较快速度增长，到 2019 年，移动端广告收入占比将接近九成。

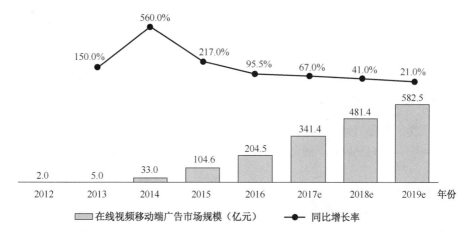

资料来源：综合企业财报及专家访谈，根据艾瑞统计模型核算，仅供参考。

© 2017.4 iResearch Inc.　　　　　　　　　　　　　　　　www.iresearch.com.cn

图24.13　2012—2019年中国在线视频行业移动广告规模

24.5　中国主要行业网络展示广告投放分析

24.5.1　主要行业展示类广告投放分析

2016 年展示类广告的行业广告主中，前四类投放规模总计占比为 59.8%，主要集中在交通、房地产、快消、网络服务等领域，投放集中度较强；这一比例与 2015 年的 58.0% 也进一步有所提升，梯队化发展特征明显（见图 24.14）。

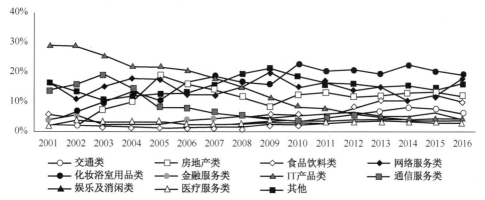

注：以上数据为艾瑞通过 iAdTracker 即时网络媒体监测得到，历史数据可能产生波动，如有差异请以 iAdTracker 系统作为参考使用。艾瑞不为发布以上的数据承担法律责任。

资料来源：iAdTracker.2016，基于对中国 200 多家主流网络媒体品牌图形广告投放的日监测数据统计，不含文字链及部分定向类广告，费用为预估值。

© 2017.4 iResearch Inc.　　　　　　　　　　　　　　　　www.iresearch.com.cn

图24.14　2001—2016年中国展示类行业广告市场规模

在展示类广告投放广告主 TOP20 中，投放规模均超过 2 亿元，总计为 108.7 亿元，投放规模较 2015 年的 99.7 亿元有较大提升。从广告主类型来看，游族、恺英网络、三七玩等游戏类广告主投放额明显提高，一汽大众、上汽大众、等品牌广告主排名领先，榜上前六的投放量均超过 6 亿元。与 2015 年相比，宝洁、上海通用、东风日产等广告主投放额有所下降。

24.5.2 交通类展示广告

2016 年交通类广告主投放规模为 82.6 亿元，同比下降 11.7%。自 2011 年以来，交通类展示广告投放规模增幅整体呈下降趋势，2014 年有所回升，2016 年首次出现负增长。这与网络广告品效合一的发展趋势密不可分，作为主要的品牌广告主类型，交通类广告主也开始纷纷尝试效果类广告，探索更有效的整体解决方案。但未来随着汽车企业的品牌竞争加剧，中国交通类广告主对于网络营销的需求并不会减少。

从交通类广告主投放 TOP10 来看，一汽大众、上汽大众汽车、东风日产投放规模均在 4 亿元以上。与 2015 年相比，上汽大众汽车上升至第二位，而上汽通用、东风日产等的投放规模下降幅度较大。

从细分市场来看，汽车厂商投放占比 84%，较 2015 年下降了近 2 个百分点；其次是机动车相关服务，占比为 11.6%。交通运输服务的展示广告投放份额较 2015 年增长明显。

从投放类型来看，汽车网站是交通类广告主最重要的投放媒体，占比为 60.2%，较 2015 年的 49.8%增长明显，门户网站占比则下降了 10 个百分点。随着广告主对于广告效果与投放技术的需求不断提高，更加细分与精准的匹配用户注意力成为广告的关键，汽车网站因更加垂直的内容，更贴心的服务，更全面的产业链环节覆盖，受到越来越多交通类广告主的重视。

（殷红）

第25章　2016年中国网络音视频发展状况

25.1　发展环境

2005 年以来，中国网络视频行业迅速发展，网络视频用户规模不断扩大，网络视频行业的运营模式逐渐规范和成熟，并探索出顺应市场的发展路径，已经成为媒体行业中最重要的新兴业态之一。2015—2016 年，网络视频行业所处的产业环境变化主要表现在以下几个方面。

25.1.1　政策环境

随着视频网站的媒体影响力不断增强，国家相关主管部门对网络视频行业的监管也日益严格，这对于提升网络视频行业的竞争力、规范行业的发展具有积极的促进作用。2016 年，我国陆续颁布了多项影响网络视频行业的政策。

2016 年 2 月，国家新闻出版广电总局和中华人民共和国工业和信息化部第 5 号令，发布《网络出版服务管理规定》。规定要求，从事网络出版服务，必须取得《网络出版服务许可证》，同时对网络出版服务单位实行年度核验制度。规定明确提出，网络游戏上网出版前，必须向所在地省、自治区、直辖市出版行政主管部门提出申请，经审核同意后，报国家新闻出版广电总局审批。从事网络出版服务，必须取得《网络出版服务许可证》。图书、音像、电子、报纸、期刊出版单位从事网络出版服务，应当具备确定的从事网络出版服务的网站域名、智能终端应用程序等出版平台；有确定的网络出版服务范围；有从事网络出版服务所需的必要的技术设备，相关服务器和存储设备必须存放在中华人民共和国境内。

2016 年 5 月，国家新闻出版广电总局发布了《专网及定向传播视听节目服务管理规定》（6 号令），同时废止 2004 年 7 月 6 日发布的《互联网等信息网络传播视听节目管理办法》（39 号令）。6 号令的出台，完善了新兴媒体的监管体系，将对我国视听媒体产业的发展走向产生重大而深远的影响。

2016 年 8 月，国家互联网信息办公室在京召开专题座谈会，就网站履行网上信息管理主体责任提出了八项要求。从事互联网新闻信息服务的网站要建立总编辑负责制，总编辑要对新闻信息内容的导向和创作生产传播活动负总责，完善总编辑及核心内容管理人员任职、管理、考核与退出机制；发布信息应当导向正确、事实准确、来源规范、合法合规；提升信息内容安全技术保障能力，建设新闻发稿审核系统，加强对网络直播、弹幕等新产品、新应用、新功能上线的安全评估。

2016 年 9 月，国家新闻出版广电总局针对网络直播出台了《关于加强网络视听节目直播服务管理有关问题的通知》，该通知指出根据有关规定，进行网络直播的相关单位和个人需要具备相应的许可证。不符合条件的机构及个人，包括开设互联网直播间以个人网络演艺形式开展直播业务但不持有《许可证》的机构，均不得通过互联网开展上述所列活动、事件的视音频直播服务，也不得利用网络直播平台（直播间）开办新闻、综艺、体育、访谈、评论等各类视听节目，不得开办视听节目直播频道。未经批准，任何机构和个人不得在互联网上使用"电视台"、"广播电台"、"电台"、"TV"等广播电视专有名称开展业务。

2016 年 10 月，《国家新闻出版广电总局关于公布 2016 年度网络视听节目内容建设专项资金扶持项目评审结果的通知》（以下简称《通知》）。《通知》表明，总局将继续引导和鼓励优秀网络视听节目制作播出，不断提升网络视听节目内容品质，推动传统媒体与新兴媒体融合发展。开展优秀内容扶持工作，并投入内容建设扶持资金推动媒体融合以及网络视听内容品质的提升。

2016 年 11 月，全国人大常委会表决通过了国务院提出的关于《中华人民共和国电影产业促进法（草案）》，从电影创作、摄制、发行与放映等各方面入手，较为全面地对我国电影产业的健康发展做出了明确的可操作性的规定，这对于促进我国电影市场的发展具有重大意义，也为视频网站及付费用户规模的不断增长提供了良好的外部环境。

25.1.2 经济环境

2016 年，中国互联网产业以"产业生态"的模式积极带动上下游产业链扩张发展，网络广告市场持续侵蚀传统媒体的广告资源，同时网络视频行业创新运营模式扩大吸金能力。传统媒体的广告预算持续向新媒体转移，网络广告在整体广告市场中的份额继续扩大。伴随着在线视频广告市场的稳定快速发展，视频企业开始着眼为广告主提供更为丰富、精准的营销服务，大数据及其他技术类应用，更多的新型广告模式被开发，视频媒体的价值被进一步挖掘。

25.1.3 社会环境

智能电视、网络盒子等设备的推广为视频网民提供了多样的收看设备。自 2012 年开始，传统电视厂商、互联网企业纷纷涉足智能电视产业，智能电视销量逐年迅速增长，传统电视市场份额被不断压缩，智能电视在电视市场中的比重不断扩大，据多家数据研究机构的综合数据显示，2016 年上半年智能电视的渗透率已超过 85%，未来智能电视用户仍有增长空间。

互联网电视在中国是政策管理下的市场运营产业，整个行业需要按照"181 号文"的要求规范发展。目前，互联网电视行业产业链中，牌照商、内容提供商、终端设备厂商等各环节的品牌格局已经初步形成，牌照方和内容方的结合提供了互联网电视最重要的内容价值，加上终端设备方的密切合作，使互联网电视行业的生态价值不断提升。这一切都为网络视听行业的发展提供了良好的发展空间。

25.1.4　技术环境

在技术环境方面，互联网的特点就是开放性，某一项新技术的开发几乎在瞬间就传遍全国，中国全球新兴的互联网媒体中几乎是紧跟甚至领先世界潮流。

1. 虚拟现实

虚拟现实是利用电脑模拟产生一个三维空间的虚拟世界，为使用者在视觉、听觉、触觉等感官上提供一种模拟环境，该模拟环境让使用者如同现实般身临其境，可以及时、没有限制地观察三度空间内的事物。当前国内 VR 用户中，超过七成人数使用 VR 设备观看视频，而使用 VR 设备玩 VR 游戏的用户仅占两成左右，由此可见 VR 行业中的影视行业具有巨大的市场前景。在目前的 VR 影视中，全景内容可划分为：UPGC、影视剧目、综艺节目、直播四个大类，目前国内 VR 影视行业中最为活跃的部分为 UPGC 以及综艺节目。

由 VR 设备带来的观影体验和互动效果的提升，推动互联网视频行业进入了新的发展阶段，国内各互联网企业也开始在技术和内容等方面进行探索和应用，希望能够通过从内容生产到网络分发、内容播放、社交互动等多环节，形成开放、完整的产业链布局，让虚拟现实真正走进千家万户，人人都能够享受全新观影体验。

2. 网络直播

网络视频直播平台是基于移动终端的信息实时发布与社交互动平台，充分融合了移动化、视频化、社交化三大互联网发展趋势，并不是简单的"电视直播+移动端互动"，而是以社交为基础，满足碎片式、场景化、主题性的互动需求。2016 年，资本市场对网络直播趋之若鹜，正说明网络直播将是带动网络视频产业的新契机。相关行业数据显示，截至 2016 年 10 月，全国在线直播平台数量超过 200 家。预计到 2020 年，网络直播市场规模将达到 600 亿，有研究甚至认为 2020 年网络直播及周边行业将撬动千亿级资金。

网络传输是直播的必备基础条件，未来的大视频和 VR 时代更不能离开网络传输。目前，直播平台相当一部分的成本是花在了宽带上，带宽、网速直接关系到平台的用户体验，在以直播为代表的互联网应用需求增长的驱动下，全网流量快速增长。长期来看，互联网多媒体内容需要依赖软件加速，做 CDN 及网络加速器的公司将长期受益于行业的整体机会。

3. 短视频

短视频是指视频长度以秒计数，主要依托于移动智能终端实现快速拍摄和美化编辑，可在社交媒体平台上分享的一种视频形式，它融合了文字、语音和视频，可以更加直观、立体地满足用户之间展示与分享的诉求。随着移动互联网的发展，信息越来越碎片化，网络用户对于个性化、垂直化资讯信息的需求越来越强烈。

短视频逐渐兴起于 2013 年。2014 年，美拍、秒拍、微拍等主要的短视频应用确立了各自在行业内的领先地位。目前，单纯的短视频应用规模相对较小，短视频更多的是作为即时通信工具、社交媒体的一个基本功能为用户所熟悉并使用。短视频所具有的视觉效果与社交应用的传播力相互叠加，形成具有身在其中的现实传播效果。

目前，中国短视频应用的热门内容产生主要集中在大 V、明星和网红。未来，短视频应用的商业价值仍有较大的开发空间。

4. 移动音频

移动音频电台是指利用智能手机、平板电脑、车载音响、可穿戴设备等移动终端作为载体，通过在线收听、APP 下载等方式，提供语音收听等服务，内容包括传统电台，音乐电台，相声评书，综艺娱乐，百科知识，小说，影视原音，广播剧，教育培训，新闻资讯等音频内容的业务总称。在移动互联网下，诞生了更丰富、更强大的音频媒体。在传统媒体与新媒体融合发展的大趋势下，传统广播电台的优质音频内容搭上了移动互联网的"快车"。

5. 弹幕网站

弹幕（Barrage），即大量评论以字幕弹出形式同时出现在视频播放过程中的社交模式。弹幕视频系统源自日本弹幕视频分享网站，国内首先引进为 AcFun（一般称为 A 站）以及后来的 BiliBlili（哔哩哔哩，一般称为 B 站）。"弹幕"的使用人群多为二次元爱好者，主要是 90 后，特别集中在 95 后。

25.2 视频网站格局

2016 年，网络视频行业依旧未能摆脱对资本和流量的诉求，马太效应愈发凸显。无论在 PC 端还是在移动端，行业的角逐主要在爱奇艺、优酷、腾讯视频之间展开，乐视视频、搜狐视频、芒果 TV、暴风影音、PPTV 或有独家内容资源，或占据应用工具、多终端优势，亦有较好的市场表现；凤凰视频、酷六网、风行网、响巢看看等视频网站偏垂直类，用户相对小众。

2016 年，从 PC 端看，爱奇艺在版权购买上获粉丝热捧，拉动付费会员数量迅速上涨，同时自制剧收获了良好口碑，热门网络综艺节目也有不俗表现，引发了视频网民对爱奇艺的持续关注；在优酷的大开放平台下，优酷一方面升级 UGC、强化自频道，增加更多的垂直化内容和自媒体资源，另一方面通过超级大综艺、超级网剧等大制作，以及阿里等收购方在内容投资、家庭娱乐、数据分享、视频电商等方面的联动，在各方面都有不俗表现；腾讯视频一方面在版权内容方面实现规模化覆盖，另一方面抢占更多顶级 IP 资源，并与国际一线内容资源品牌建立独家合作，形成亮点及差异化，为用户奉献"视全视美"的视听盛宴体验。这三家视频网站的整体用户规模居行业前列，处于第一梯队。

乐视视频、搜狐视频、芒果 TV、暴风影音、PPTV 等综合视频网站的整体用户规模相对于第一梯队略低，处于网络视频行业第二梯队；凤凰视频、酷六网、风行网、响巢看看等视频网站处于第三梯队（见图 25.1）。

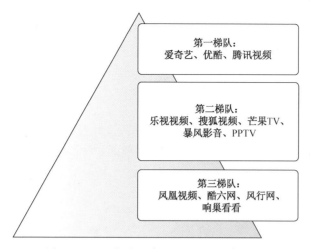

图25.1　2016年中国商业视频网站整体格局

从移动端看，以手机 APP 为主构成移动视频收看节目的主要渠道。与 PC 端的使用行为不同，在手机端，因为手机内存容量的限制，用户通常会安装 1～2 个视频类的 APP，有想看的视频节目时，会在现有的 APP 里搜索。如果是独播节目，现有的 APP 里找不到时，50%的用户不会"为了某部剧或者节目而新装一个 APP"，另外 22.8%的用户虽然会因为某部剧或者节目而新装 APP，但看完之后会立即卸载，只有 27.2%的用户会新装 APP，同时看完这部剧之后还会继续使用这个 APP。因此，用户对视频类 APP 的安装和使用较为集中，爱奇艺、腾讯视频、优酷这三个 APP 的安装、使用率相对较高，处于第一梯队；乐视、芒果 TV、搜狐视频处于第二梯队；PPTV、暴风影音、百度影音、360 影视大全、凤凰视频、央视影音、风行网、酷六网、响巢看看等 APP 应用处于第三梯队（见图 25.2）。

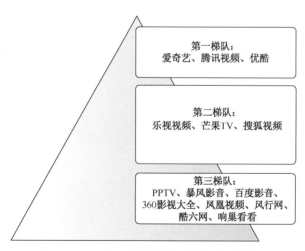

图25.2　2016年中国商业视频网站移动端格局

25.3 用户属性分析

25.3.1 性别结构

根据 CNNIC 统计数据显示，截至 2016 年年底，网络视频用户占整体网民的 74.5%，视频网民的性别构成与整体网民相当，男女比例为 52.3：47.7，男性占比比女性高出 4.5 个百分点，渐趋平衡（见图 25.3）。

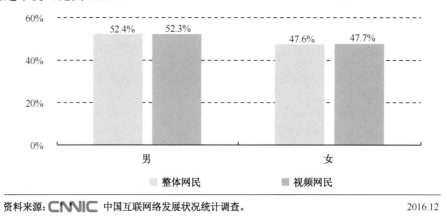

资料来源：CNNIC 中国互联网络发展状况统计调查。 2016.12

图25.3 2016年中国视频网民性别结构

25.3.2 年龄结构

从用户的年龄结构来看，网络视频用户相对年轻化，年龄在 29 岁以下的用户占比为 55.2%，比整体网民高出 1.5 个百分点，40 岁以上用户占比相比较小（见图 25.4）。

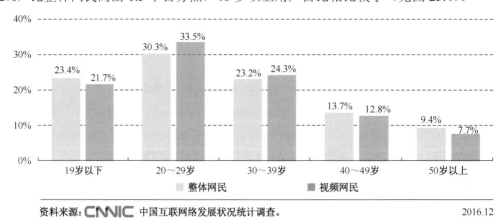

资料来源：CNNIC 中国互联网络发展状况统计调查。 2016.12

图25.4 2016年中国视频网民年龄结构

25.3.3 学历结构

从学历结构来看，网络视频用户学历相对较高，大专及以上学历用户占 23.1%，比整体网民高出 2.5 个百分点,其中本科及以上学历用户占 13.1%,比整体网民高出 1.6 个百分点(见图 25.5)。

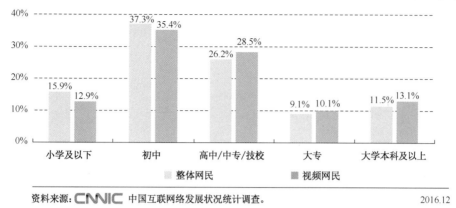

资料来源: CNNIC 中国互联网络发展状况统计调查。　　　　　　　2016.12

图25.5　2016年中国视频网民学历结构

25.3.4　职业结构

从职业结构来看,在校学生、个体户/自由职业者、企业/公司一般职员是视频网民的主要职业构成(见图 25.6)。

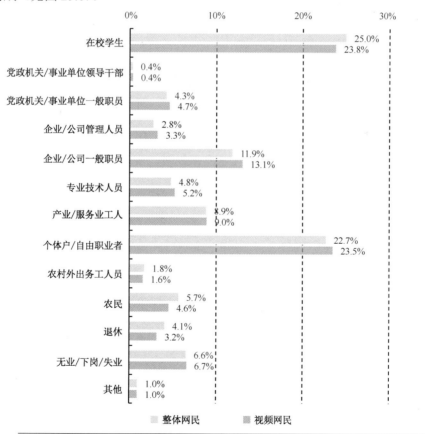

资料来源: CNNIC 中国互联网络发展状况统计调查。　　　　　　　2016.12

图25.6　2016年中国视频网民职业结构

25.3.5　收入结构

从收入结构来看，网络视频用户收入相对较高，月收入 3000 元以上的用户占 43.6%，比整体网民高出 3.8 个百分点（见图 25.7）。

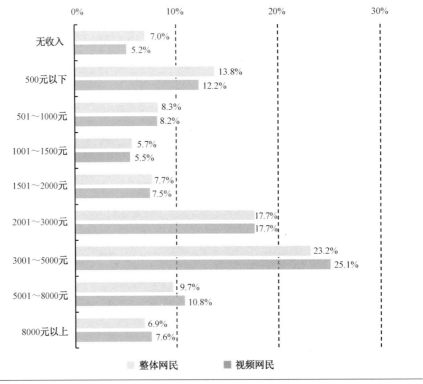

资料来源：CNNIC 中国互联网络发展状况统计调查。　　　　　　　　　　　　　2016.12

图25.7　2016年中国视频网民个人月收入结构

25.4　用户行为分析

25.4.1　用户收看行为

根据 2016 年网络视频用户 CATI 调研显示，从网络视频用户终端设备的使用情况来看，94.9% 的视频用户选择使用手机收看网络视频节目，手机成为视频用户收看网络视频节目的最主要设备；台式电脑的使用率为 54.1%，排在第二位；使用智能电视收看网络视频节目的用户占比为 47.5%，在 2015 年基础上增长了一倍以上，智能电视的共享性、智能性和可控性迎合现代家庭娱乐需求，已经成为一种新兴的家庭娱乐模式；笔记本电脑、平板电脑、网络盒子等设备的使用率都在30%以上，不同收看设备满足了不同群体在不同环境下的娱乐需求，网络视频收看设备呈现多样化趋势（见图 25.8）。

Base：**整体视频用户**，*N*=3000。

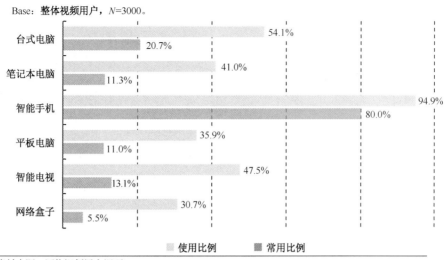

资料来源：**网络视频用户调研**，2016.9。

图25.8　2016年中国网络视频用户对终端设备的使用情况

从常用率上来看，80%的智能手机用户表示经常用手机收看网络视频节目，与其他设备间拉开非常大的距离，手机作为网络视频第一收看终端的地位稳固。未来，以电视屏为代表的家庭娱乐仍有较大的增长空间。

从 2015—2016 年的数据对比来看，视频用户在智能手机端、平板电脑端、电视端的使用率分别提升了 18.2 个、13.3 个、31.9 个百分点，手机端实现在高位的持续增长，电视端的使用率则翻了一番以上，不同收看设备满足了不同群体在不同环境下的娱乐需求，网络视频收看设备呈现多样化趋势（见图 25.9）。

资料来源：**网络视频用户调研**，2016.9。

图25.9　2016年中国网络视频用户终端设备使用情况对比

网络视频满足的是用户娱乐需求，收看网络视频节目在网民生活中是一种高频行为。调查结果显示，过去半年内收看过网络视频节目的用户中，几乎每天都看的用户占 46.4%，每周看 5～6 天的用户占 5%，网络视频成为网民生活中必不可少的一种娱乐方式。经常使用各类终端看网络视频节目的用户中，智能电视、网络盒子由于其在客厅中的重要地位，其用户最为忠诚，分别有 56.4%、64.5%的用户几乎每天都看网络视频节目（见图 25.10）。

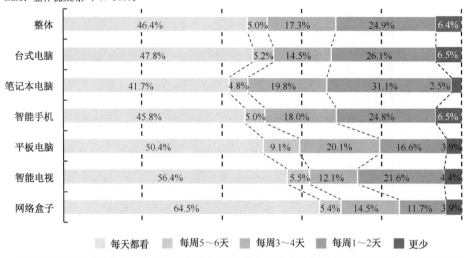

资料来源：网络视频用户调研，2016.9。

图25.10 2016年中国视频用户不同终端设备收看频率

整体来看，用户平均每天对网络视频节目的收看时长在 106 分钟左右，平均每天看视频的时间在 3 小时以上、2～3 小时的用户占比均在 20%左右，收看时长在 1～2 小时的用户占32.9%，收看时长在 30～60 分钟、30 分钟以内的用户占比分别为 16%、11.5%。从不同设备来看，经常使用智能电视、平板电脑收看网络视频节目用户的收看时长相对较长，经常通过手机收看网络视频节目用户的收看时长相对较短（见图 25.11）。

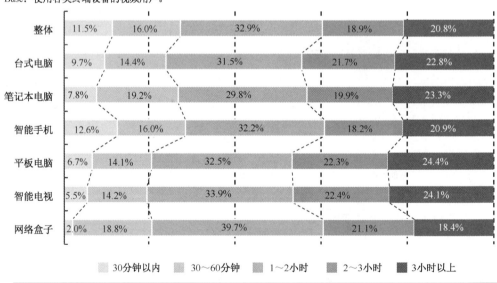

资料来源：网络视频用户调研，2016.9。

图25.11 2016年中国视频用户不同终端设备使用时长

25.4.2　用户付费行为

2010 年，各大视频网站开始尝试付费服务，主要涉及在线点播和会员付费，内容以好莱坞电影为主，辅之以少量国产新片。2013 年以前，各视频网站版权库储量较少，加之电影窗口期较长、更新较慢，网上支付技术也不够成熟，操作复杂，这些都限制了会员付费业务的增长。2014 年后，国家打击盗版的力度不断加大、移动支付便捷，为视频行业付费会员规模的快速增长营造了一个良好的环境。片库的极大丰富，让越来越多的用户关注和使用视频付费服务。目前，各大视频网站在自制剧、独播剧、演唱会、纪录片、教育等领域持续发力，未来针对付费会员的用户增值业务会有巨大的增长空间。

1. 付费视频使用情况

2015 年，主流视频网站联合各方力量，打击盗版盗链，营造了行业健康的影视版权环境，再加之移动支付市场的发展，给用户提供安全、便捷的用户付费体验，整个行业的付费用户迎来了快速发展，用户付费习惯逐渐养成。2016 年，一方面，各大视频网站继续通过热门剧目的差异化编排来吸引付费用户；另一方面，影视版权方逐步缩短窗口期，视频网站成为电影重要发行渠道，付费内容向多元化发展，带动用户迅速增长。调查结果显示，过去半年内，35.5% 的网络视频用户有过付费看视频的经历，在 2015 年基础了增长了 18.5 个百分点，实现了近几年内最为快速的增长（见图 25.12）。

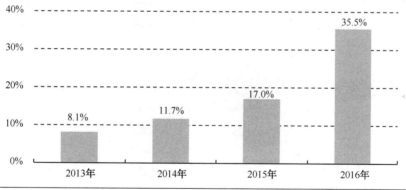

资料来源：网络视频用户调研，2016.9。

图25.12　2016年中国视频用户付费比例

2. 付费驱动因素

内容是付费的第一驱动力，83.8% 的付费用户因为"想看的内容必须付费才能看"而选择付费，69% 的用户因为"片源多，可观看更多付费内容"而选择付费；大部分视频网站都有针对付费会员的免广告服务，这也是吸引用户付费的主要原因之一，77.3% 的付费用户是因为"可以不用看广告"而选择付费；此外，付费后"清晰度更高"、"下载速度快"也是吸引付费用户的重要原因，提及率分别为 52.4%、43.7%（见图 25.13）。

Base：最近一年内购买过视频网站付费服务的用户，*N*=1299。

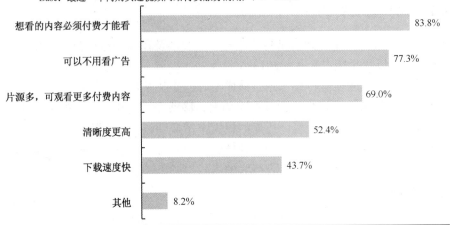

资料来源：网络视频用户调研，2016.9。

图25.13　2016年中国视频用户愿意付费的原因

对于各大视频网站提供的 VIP 会员服务，55%的用户表示"满意，还会继续使用"，10.9%的用户表示"一般，但不考虑换"，另外有 18.3%的用户表示"一般，有考虑换"，未来各大视频网站之间在付费会员上的竞争还将继续（见图 25.14）。

Base：最近一年内购买过视频网站付费服务的用户，*N*=1299。

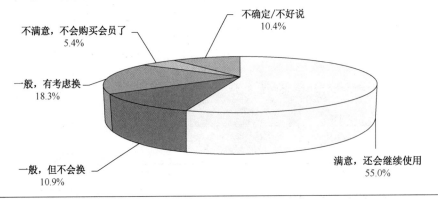

资料来源：网络视频用户调研，2016.9。

图25.14　2016年中国视频付费会员满意度

3. 付费内容

"想看的内容需要付费才能看"是吸引视频用户付费的主要原因，那么，什么样的内容才是用户想看的内容呢？调查结果显示，影院热映新片、独播网络电影是用户最愿意付费的内容，60%以上的人愿意为之付费；此外，用户对独播网络剧、电视上热播剧的付费意愿也相对较高，50%左右的人愿意为之付费；愿意为独家自制综艺节目、动漫、体育节目/直播等付费的用户比例分别为 35.9%、31.4%和 26.2%（见图 25.15）。

Base：最近一年内购买过视频网站付费服务的用户，*N*=1299。

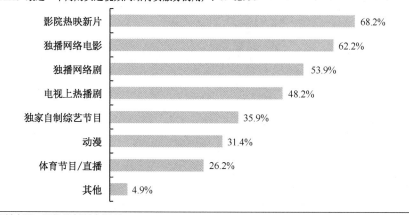

资料来源：网络视频用户调研，2016.9。

图25.15　2016年中国视频付费用户愿意为之付费的内容

4. 付费支付情况

中国网络视频付费主要有三种形态，即单次点播、去广告服务和包期服务。通常，我们把后两种付费形态的个人用户视为付费会员。

单次点播就是指用户单次点播视频内容收取一定费用。这种付费形态多见于视频付费的早期阶段以及现在的好莱坞大片专属，用户可以按照单部进行购买，一般用于电影内容的观看，每次点播付费 5 元，在有限时效内（如 48 小时）可以无限次点播该内容。

会员模式指用户通过付费买断一定时间段视频内容服务的行为，这些用户被称为视频企业的"会员"。按照不同目的，会员模式分为两种，即为达到去除广告的目的支付费用以及为长期享有优质视频内容产生的包期支付，一般有月包、季包和年包三种不同期限。

在会员模式下，纯粹去广告（白银会员）的包期行为仅是出于观看省时的便捷需求，而为追求优质内容（黄金会员）的包期行为才是我们普遍认知中的最精准的会员付费。对比可以发现，去广告的白银会员在资费上往往比黄金会员便宜很多。

对于付费会员来说，包月是主要的付费方式，过去一年内，63%的人采用包月的方式付费。此外，电影作为视频用户最爱看的节目类型，各大视频网站上的热门电影大都在会员包月之外仍需要用券（点播付费）观看，因而单次点播依然在付费中占有重要地位，有23.4%的付费用户采用单片付费的方式，这部分人群主要为爱看的电影买单，未来随着网络大电影片库的扩大、院线电影"窗口期"的缩短，视频网站必将成电影重要发行渠道，对"热映电影"单片付费的用户比例将进一步增长。包年相对于包月而言，有一定的优惠，有 13.2%的忠实用户选择包年的方式。包季度、包半年的用户占比相对较小，分别为 4.1%、3.8%（见图 25.16）。

从 2014—2016 年的数据对比来看，单次点播付费用户的比例呈逐年下降趋势，包月用户增长趋势明显，包年用户占比由 2015 年的 18%下降到 13.2%，考虑到 2016 年调研中新增的包季度、包半年用户占 7.9%，整体来看包年用户占比基本稳定（见图 25.17）。

Base：最近一年内购买过视频网站付费服务的用户，N=1299。

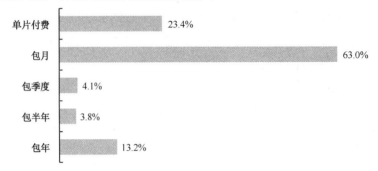

资料来源：网络视频用户调研，2016.9。

图25.16　2016年中国视频用户付费观看方式

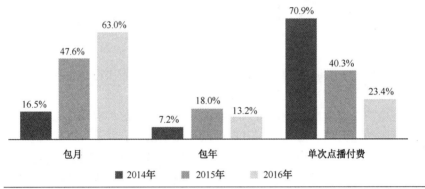

资料来源：网络视频用户调研，2016.9。

图25.17　2014—2016年中国视频用户付费模式对比

目前，我国五大主流视频网站针对 VIP 会员的单月套餐费用在 18～20 元之间，55.7%的付费用户能接受每个月在视频网站上花费 10～30 元，与目前视频网站的收费标准基本吻合。此外，8.7%的用户能接受每月在视频网站上花 30～40 元，20.2%的用户能接受每月在视频网站上花 40 元以上，各网站可根据针对这部分用户提供包月之外的其他服务，一方面更好地满足用户需求、提升用户体验，另一方面也能开拓网站的收入来源（见图 25.18）。

Base：最近一年内购买过视频网站付费服务的用户，N=1299。

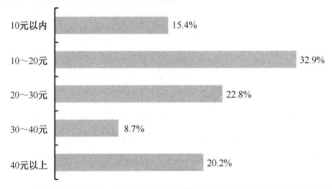

资料来源：网络视频用户调研，2016.9。

图25.18　2016年中国网络视频付费会员月支出上限

5. 非付费用户不愿意付费的原因

目前，各大视频网站主要是针对独家内容进行差异化编排，付费用户可以在第一时间看到最新的内容，非付费用户则需要等待一段时间才能看到更新的内容；尽管行业一致抵制，但仍有一些不法网站存在，部分用户可以在上面看到盗版视频内容，"等到免费了再看"、"可以找到免费的节目资源"是非付费用户不愿意付费的主要原因，占比均在 70% 以上；此外，54.2% 的非付费用户是因为不经常使用视频网站而没有付费，48.2% 的非付费用户则是因为只为了一两部剧而开通 VIP 付费用户，"性价比不高"而选择不付费，另外也有 39.4% 的非付费用户觉得"视频网站的片库资源太少"而选择不付费，各大视频网站可以针对潜在付费用户的具体原因，采取合适的策略，进一步扩大付费用户比例（见图 25.19）。

Base：最近一年内没有购买过视频网站付费服务的用户，N=1701。

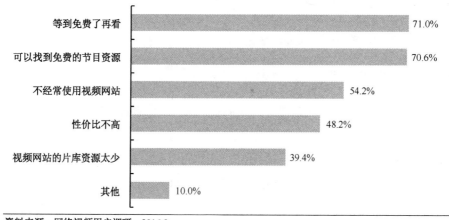

资料来源：网络视频用户调研，2016.9。

图25.19　2016年中国视频用户不愿意付费的原因

目前尚未为视频网站付过费的用户中，3.2% 的用户表示未来一年内肯定会付费，33.1% 的用户表示"如果有特别想看的内容，不介意付费"，另外有 57.7% 的用户表示"绝对不会考虑付费"。未来视频网站如能进一步提供制作水准精良的多元化内容，付费用户将有进一步增长空间（见图 25.20）。

Base：最近一年内没有购买过视频网站付费服务的用户，N=1701。

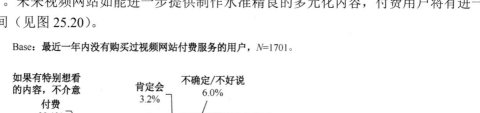
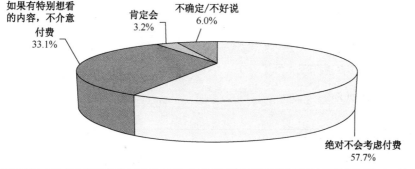

资料来源：网络视频用户调研，2016.9。

图25.20　2016年中国网络视频未付费用户未来一年内付费意愿

25.4.3 网络视频用户广告消费行为

2016 年网络视频用户调查结果显示，视频广告的到达率为 45.5%，这部分人在视频节目出现广告时会选择收看，与 2015 年相比，这一比例下降了 7.9 个百分点；与此同时，15.8% 的用户会使用白银会员"去广告功能"，比 2015 年提升了 8.2 个百分点，随着视频网站用户增值服务的丰富，越来越多的人倾向于用付费换取好的用户体验。此外，有近 40% 的用户在放广告时会"离开一会再回来"或者"先在网上看点别的"，对于这部分用户而言，广告的传播效果相对较差，植入广告、中插小剧场等广告形式或许能收到更好的效果（见图 25.21）。

Base：**整体视频用户**，*N*=3000。

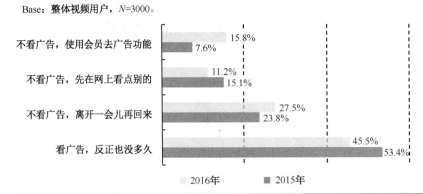

资料来源：网络视频用户调研，2016.9。

图25.21 2016年中国网络视频用户对广告的态度

对于看广告的用户而言，能忍受的广告时长也是有限度的，71.5% 的用户能忍受 60 秒以内的广告，其中 12.8% 的用户对广告的忍受度是 15 秒，16.9% 的用户对广告的忍受度是 30 秒，四成以上用户能忍受 60 秒以内的广告（见图 25.22）。广告时长设定在用户能忍受的范围之内，一方面，能实现较高的广告触达率；另一方面，不会引起用户反感，是双赢的选择。视频网站在创新广告形式的同时，也要注意控制广告时长。

Base：**看广告的视频用户**，*N*=1217。

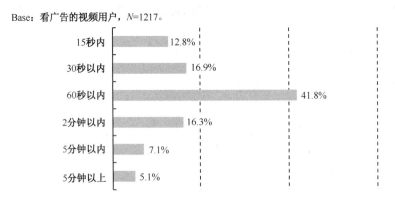

资料来源：网络视频用户调研，2016.9。

图25.22 2016年中国网络视频用户能忍受的广告时长

25.5　发展趋势

1. 移动网络成为网络视听服务的最重要渠道

截至 2016 年年底，使用手机、智能电视、网络盒子收看网络视频节目的用户占比分别为 94.9%、47.5% 和 30.7%，经常使用这三类设备的用户分别占 80%、13.1% 和 5.5%。手机成为个人网络视频服务中最重要的一屏，智能电视/盒子的共享性、智能性和可控性迎合现代家庭娱乐需求，为视频用户的增长开拓了新的空间，未来有良好的发展空间。

2. 网络视频付费带动上下游产业繁荣

自 2015 年起，随着政府相关部门和社会各界对版权保护力度的加大、网络支付的便捷、网民付费观念的转变、尤其是我们对正版内容的需求，共同促进了视频付费产业的崛起。各大视频网站通过大剧排播模式创新、VIP 会员内容的有效开拓，积极拓展会员服务在网民中的渗透。CNNIC 网络视频专项调查数据显示，过去半年内，35.5% 的网络视频用户有过付费看视频的经历，在 2015 年基础了增长了 16.8 个百分点，增长率为 89.8%，实现了近几年内最为快速的增长。

随着网络付费用户的迅速增长，影视版权方逐步缩短窗口期，视频网站成为院线电影的重要发行渠道，院线电影从而也能获得更高的分账收入，用户、片方和平台实现多方共赢。当前在美国和英国电影院线后付费市场是院线期间的 1.8 倍，日本则高达 3.3 倍，而该数据 2016 年在中国市场预计为 20% 左右，电影在中国的院线后收入拥有极大增长空间。

3. 网络自制剧朝着精品化方向发展

国内网络自制剧从 2008 年开始发展，2010 年以后逐渐形成规模，2014 年作为自制剧元年，自制剧已被各大视频网站上升到战略层面，2015—2016 年自制剧在数量、质量上都得到了迅速发展，自制剧独播成为各大视频网站差异化特性和吸引付费会员的重要方式。据中国网络视听节目协会综合统计，2015 年 10 月 1 日—2016 年 9 月 30 日，各视频网站制作网络原创节目 5162 部、90747 集，原创自制节目时长总计 10981 小时。中国网络自制剧走出自己独特的发展路径，开始步入稳定发展期。

在自制剧市场发展过程中，也存在用迎合部分群体需求，以低俗内容来博取关注的现象，2016 年 1 月、10 月，接连发生两起自制剧大规模下架事件，政策监管进入实质性阶段，未来这将成为影响自制剧发展不可忽视的重要因素。

（谭淑芬）

第 26 章　2016 年中国网络游戏发展状况

26.1　发展环境

26.1.1　国家大力支持，引导产业创新

2016 年 4 月，国家发改委发布《关于印发促进消费带动转型升级行动方案的通知》。明确指出在做好知识产权保护和对青少年引导的前提下，以企业为主体，举办全国性或国际性电子竞技游戏游艺赛事活动；7 月，在体育总局发布的《体育产业发展"十三五"规划》中，将电子竞技作为具有消费引领性的重点项目之一给予支持；9 月，教育部公布《普通高等学校高等职业教育（专科）专业目录》，在体育类专业中增设"电子竞技运动与管理"，鼓励有相关资质的院校开启招生，为培养电子竞技人才开辟渠道，为快速发展的电子竞技产业培养和输送人才；2016 年 10 月，国家文化部下发了关于推动文化娱乐行业转型升级的意见，该意见肯定了网络游戏和电子竞技在文化娱乐产业中的重要地位，通过多种措施鼓励网络游戏的技术、业态和内容的创新和发展。

自 2003 年国家体育总局将电子竞技确定为第 99 个体育项目以来，国家对网络游戏和电子竞技发展的支持不断加强。国家的支持，不仅能够为网络游戏提供直接的政策支撑，更重要的是，能够改善网络游戏的人才供应、社会认知、产业协同等基础环境因素。另外，网络游戏的创新能够为电子竞技产业提供丰富的内容和用户基础，而电子竞技的快速发展也能够进一步带动网络游戏的市场增长。

26.1.2　行业监管加强，促进良性发展

2016 年，广电总局下发了《关于移动游戏出版服务管理的通知》，并且《移动游戏内容规范（2016 年版）》出台，此规定将进一步引导行业自律，加强移动游戏内容建设，促进移动游戏出版健康繁荣发展；12 月，文化部发布了《关于规范网络游戏运营加强事中事后监管工作的通知》，通过明确定义、消费者保护等方式，进一步规范网络游戏市场秩序，保护消费者和企业合法权益，促进网络游戏行业健康有序发展。

在 2010 年发布的《网络游戏管理暂行办法》框架下的监管体系，对于网络游戏运营的定义已无法适应行业的快速发展，新的监管体系的构建，能够更有效地适应网络游戏的发展

和变化，营造良好的市场监管环境。同时，监管体系的不断完善，能够有效地规范行业市场秩序，进一步促进网络游戏行业的良性发展。

26.2　市场情况

26.2.1　市场规模

2016 年，中国网络游戏整体市场规模达到 1501.6 亿元，增长率为 10.3%，预计 2017 年将增长 8.6%，达到 1630 亿元。随着整体网民增速的减缓，中国网络游戏市场在人口增量红利方面的受益将逐渐减弱（见图 26.1）。从整体上看，中国网络游戏的市场规模在经历了较为高速的增长之后，增幅正在不断缩小，整体市场已经进入了缓慢增长的后红利时代。在后红利时代，以发行、渠道为主的增量市场发展方式将逐渐转变，网络游戏厂商将以内容质量为根本，通过加强内容研发、IP 运营等方式加强存量用户的精细化运营和价值挖掘。

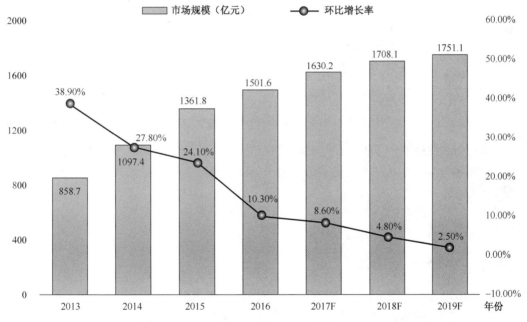

说明：中国广义网络游戏市场包含：1. 中国客户端网络游戏市场；2. 中国网页游戏市场（含社交网页游戏）；3. 中国移动游戏市场，数据来自上市公司财务报告、专家访谈、厂商深访以及易观推算模型得出。

© Analysys易观　　　　　　　　　　　　　　　　　　　　　www.analysys.cn

图26.1　2013—2019年中国网络游戏市场规模及预测

26.2.2　市场结构

2016 年中国网络游戏市场中，客户端游戏占比为 40.3%，网页游戏占比为 16.2%，而移动游戏占比则达到了 43.5%，与 2015 年相比，客户端游戏和网页游戏的占比均有小幅的下降，而移动游戏占比则上升了 3.7%（见图 26.2）。从整体上看，移动游戏在 2016 年实现了对客户端游戏的超越，市场结构从以客户端游戏为主变为以移动游戏为主，预计移动游戏的占比将持续上升，移动游戏将成为网络游戏发展的核心引擎。

图26.2　2013—2019年中国网络游戏市场结果

经济社会的发展催生了不断提升的国民娱乐需求，轻量化的移动游戏体验匹配了用户的碎片化需求，为移动游戏发展奠定了市场需求基础。同时，移动互联网快速发展，移动互联网使用率大幅提升，也为移动游戏的发展提供了庞大的用户基础。在大量的游戏厂商和资本方不断加大对移动游戏的投入的市场环境下，移动游戏用户规模不断增长，同时，移动游戏商业模式逐渐成熟，行业发展逐渐规范化。

26.2.3　细分市场情况

在细分市场方面，2016 年，中国移动游戏市场规模达到 652.74 亿元，环比增长率为 20.5%；客户端游戏市场规模达到 604.8 亿元，环比增长率为 3.85%；网页游戏市场规模达到 244.04亿元，环比增长率为 2.72%，预计 2017 年移动游戏将增长 18.7%，而客户端游戏和网页游戏的环比增长率将下降到 0.36% 和 1.62%（见图 26.3～图 26.5）。

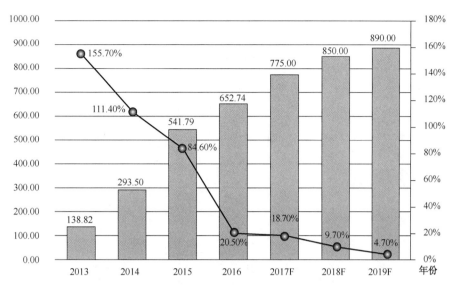

说明：1. 中国移动游戏市场规模，即中国游戏企业在移动游戏业务方面的营收总和。2. 具体包括其运营及研发的移动游戏产品所创造的用户付费收入以及企业间的游戏研发与代理费用，游戏周边产品授权，内容外包与海外代理授权费用的总和。3. 上市公司财务报告、专家访谈、厂商深访以及易观推算模型得出。

© Analysys易观　　　　　　　　　　　　　　　　　　www.analysys.cn

图26.3　2013—2019年中国移动游戏市场规模及预测

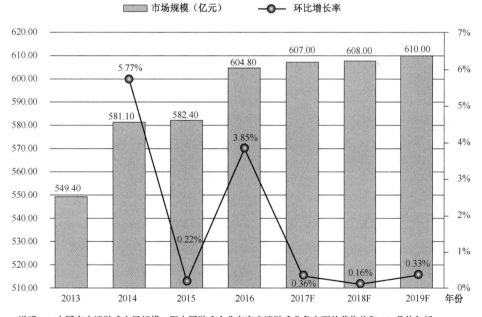

说明：1. 中国客户端游戏市场规模，即中国游戏企业在客户端游戏业务方面的营收总和。2. 具体包括其运营及研发的客户端游戏产品所创造的用户付费收入以及企业间的游戏研发与代理费用，游戏周边产品授权，内容外包与海外代理授权费用的总和。3. 上市公司财务报告、专家访谈、厂商深访以及易观推算模型得出。

© Analysys易观　　　　　　　　　　　　　　　　　　www.analysys.cn

图26.4　2013—2019年中国客户端游戏市场规模及预测

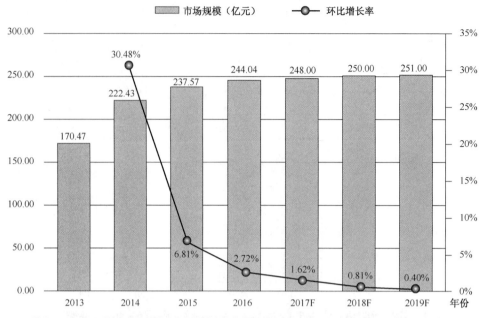

图26.5 2013—2019年中国网页游戏市场规模及预测

整体上看，虽然移动游戏经历了 2015 年及以前的高速增长之后，进入 2016 年以后增速有所放缓，但是，与其他细分市场相比，移动游戏市场的增速仍将保持在较高的水平，并有望持续增长。相比之下，随着用户上网终端的迁移，以 PC 为主要终端的客户端游戏和网页游戏将呈现下行趋势，增速下降到较低的水平。另外，客户端游戏和网页游戏发展较早，其增速的下降也说明其已经得到了充分的发展，而移动游戏是随着移动互联网的崛起而发展的，目前仍处于较高增速的快速发展阶段。

26.3　移动游戏

26.3.1　市场格局

中国移动游戏研发商市场份额较为集中，其中，腾讯游戏以 37.70% 的市场份额占据市场第一，网易游戏则以 27.90% 的市场份额紧随其后，两大厂商的市场份额占比总计为 65.6%（见图 26.6）。游戏研发商作为游戏内容的供应方，是游戏产业链的核心要素。随着用户增量红利的减退，对游戏品质具有较高把控权的研发商在产业中的话语权逐渐提高，对渠道的掌控不断加强，以腾讯游戏、网易游戏为典型代表的拥有丰富的渠道和内容资源的传统厂商的市场竞争力不断提高，从而形成市场份额较为集中的市场格局。

与集中的研发商市场格局不同，在发行商方面，市场格局分布较为分散，其中，中手游以 18.3% 占据首位，而恺英网络、龙图游戏、乐逗游戏等则以较小的差异紧随其后（见图 26.7）。

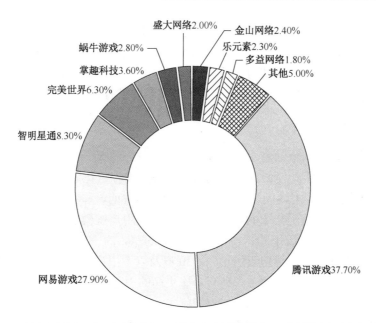

说明：1. 中国移动游戏研发厂商竞争格局，以其分成后营收规模计，即中国游戏企业在移动游戏方面的业务收入。2. 研发商定义为自研游戏业务收入占收入来源较大比例的厂商。3. 数据来自上市公司财务报告、专家访谈、厂商深访以及易观推算模型得出。

© Analysys易观　　　　　　　　　　　　　　　　　　www.analysys.cn

图26.6　2016年中国移动游戏研发市场格局

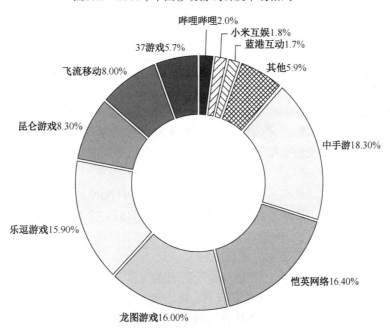

说明：1. 中国移动游戏发行商：以游戏代理发行为主要经营业务的中国游戏企业，通过对游戏产品的独家代理，多渠道发行，来完成业务经营。2. 份额以厂商在大陆市场代理发行的产品流水统计。3. 上市公司财务报告、专家访谈、厂商深访以及易观推算模型得出。

© Analysys易观　　　　　　　　　　　　　　　　　　www.analysys.cn

图26.7　2016年中国移动游戏发行市场格局

发行商作为产业链中游要素，向上需要面临加强建设自主渠道的研发商，向下则需要面对拓展发行业务的渠道商，渠道压力不断加大。由于缺乏渠道掌控能力，自研业务仍处于探索过程中的发行商的竞争壁垒较低，使得市场同质化风险加大，竞争不断加剧，未能出现类似于研发商市场中的腾讯游戏、网易游戏的具有明显领先优势的行业巨头。

26.3.2　用户结构

从性别结构来看，中国移动游戏的用户性别分布较为均衡，男性用户占比为 52%，仅比女性用户多出 4%。相对于其他游戏，移动游戏拥有更加轻量化的体验和休闲性的内容，如 MOBA 类、消除类等游戏，吸引了大量的女性用户。这说明，移动游戏的发展，能够突破传统网络游戏的以男性为主的用户限制，有利于网络游戏用户规模的增长。

从年龄结构来看，24 岁以下用户占比达到了 31.56%，24～30 岁用户占 28.52%。从整体上看，中国移动游戏用户年龄结构较为年轻，30 岁及以下用户占比合计超过 60%。不过，与其他领域或整体互联网相比，移动游戏拥有占比更高的中老年用户群体，41 岁及以上用户占比高达 12.85%，这主要得益于棋牌游戏的发展。

从城市分布来看，广州市用户分布占比最高，为 2.82%，而重庆市和上海市则以 2.45% 紧随其后，其余如北京市、成都市、深圳市、天津市等则分列其后。从整体上可以看到，移动游戏的用户主要是分布在经济发展水平较高的一二线城市之中，这可以说明，游戏作为休闲娱乐类产品，其城市分布结构不仅与地区的移动互联网渗透率有关，还与地区经济发展水平和文化娱乐需求存在一定的关系。从具体结构上看，广州虽然在人口总量上不及其他一线城市，但却拥有最多的移动游戏用户，这与广州较为发展动漫游戏等娱乐产业不无关系。

26.3.3　产品类型分析

从整体上看，中国移动游戏市场主要以棋牌、消除、益智、跑酷等休闲类产品为主，其中，棋牌类产品拥有最大的用户规模，2017 年 4 月月活跃用户规模达到了 16361.8 万人，而另一个拥有上亿用户规模的类型则是消除类产品，除此之外，其他类型的月活跃用户规模均达到了 5000 万以上。

从各产品类型的发展趋势来看，MOBA 类产品的用户规模从 2016 年年底开始迅速增长，迅速超过益智类和跑酷类产品，并于 2017 年 4 月达到 8574.77 万人，仅次于棋牌类和消除类产品。同时，除 MOBA 类产品外，其余休闲类产品的用户规模均呈现不同程度的下降趋势，其中棋牌类产品的下降幅度最大（见图 26.8）。

MOBA 类产品的迅速增长，主要得益于腾讯游戏旗下《王者荣耀》的发展和成功，该产品将 MOBA 这一竞技类游戏进行重新设计，从而使其更适合移动游戏的轻量化特征，同时，依靠腾讯在社交领域的优势，该产品将游戏与社交很好地结合在一起，从而在春节即 2017 年 1 月至 2 月期间获得大量的新增用户，并依靠社交链不断扩大用户规模。同时，由于该产品的成功，移动游戏也逐渐从休闲化转为轻量竞技化，在一定程度上影响了其类型产品的用户增长。这也说明，在整体市场增量价值降低的环境下，基于存量用户的产品竞争将不断加剧。

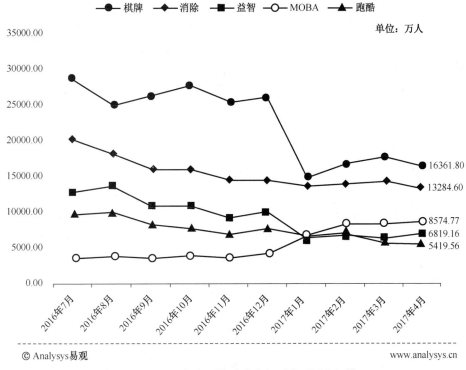

图26.8　2016年中国移动游戏主要类型用户规模

26.4　发展趋势

1. 整体市场增速放缓，下乡出海成为新的增量市场

从市场规模来看，网络游戏的市场规模增速已经进入缓慢增长阶段，而客户端游戏和网页游戏将进入下行趋势，移动游戏成为网络游戏市场的核心细分市场。然而，随着移动互联网网民增速的下降，市场增量价值有限，经历了充分的高速增长之后，移动游戏的增速也将逐渐降低。因此，寻找新的增量市场将成为网络游戏市场发展的下一阶段的重点。

我国网络游戏用户城市分布主要集中在一线城市及以上，证明产品数值与付费设置更贴合一线城市及以上消费能力。但是在我国的二三线城市中同样也有不少用户群，在某些领域类型上，二三线甚至占据更多的市场份额。随着通信基础设施的不断完善，二三线及以下城市的互联网渗透率将不断提高。互联网化的推进，用户更倾向更便捷的方式处理碎片化时间，一线城市生活节奏加快、碎片化时间有限，而相比于二三线城市则拥有更多的碎片化时间，存在更大的市场发展空间。同时，在移动游戏成为核心市场的基础上，网络游戏的消费成本与 PC 时代相比将得到大幅度的优化，随着二三线城市用户收入水平的提高和消费升级的推进，二三线及以下城市用户也是强大的消费用户群。

另外，经过了前期的充分发展，中国网络游戏市场已日趋成熟，各大游戏厂商在多年的发展过程中积累了丰富的产品研发、渠道等经验，同时也在收入增长和投资增多的情况下积累了一定的资本优势。中国网络游戏厂商与国际游戏厂商的差距正在不断缩小，已基本具备海外市场拓展能力。同时，在中国移动互联网进入存量市场的宏观行业环境下，云计算、数字营销、文化娱乐、电子商务、社交等领域的海外布局已经逐渐展开，这也为网络游戏的出海提供了有力的行业资源基础。以腾讯、巨人、游族等为代表的厂商已经通过对海外游戏企业的收购，完成了初步的海外资源布局，而以中手游、飞流为代表的发行商也正在不断推进海外市场和渠道的建设。

无论是向以二三线城市为代表的中小城市的覆盖推进，还是向以欧美和东南亚为主的海外市场的拓展，都是中国网络游戏在长期发展过程中逐渐成长，在现有市场完成挖掘之后的新的增量市场获取方式。

2. 游戏产品呈现中重度化、IP 化和精品化特征

在中国网络游戏长期的发展过程中，积累了大量以 16～25 岁的年轻网生一代为核心的用户，同时，随着触网年龄的不断降低和网生一代的成长，网络游戏的主要市场将以这一批拥有较为丰富的游戏经验的用户为主。作为网络游戏的核心用户，网生一代对游戏的体验要求更高，学习成本更低，对游戏产品的社交性和对抗性要求越来越高。轻度、休闲的游戏很难为用户带来实时、沉浸式的体验，而中重度游戏则能够为用户带来更加丰富的游戏体验。同时，以消除、棋牌等为代表的轻量游戏虽然能够通过渠道布局和流量采购快速扩张，并且获得大量的活跃用户。但是，轻量游戏由于内容和玩法简单，缺乏一定的世界观架构，不能让用户获得更有沉浸式的体验，大多依靠广告营销实现盈利，存在盈利能力差、生命周期短等问题，而 MMO 等中重度游戏则拥有较为丰富的玩法和内容，能够使用户有更高的参与度，并且可以依靠内容和社交链的构建不断提高用户的黏性，从而获得更强的盈利能力和空间。因此，随着用户群体的成长和商业价值的驱动，网络游戏产品的发展将越来越中重度化。

随着流量购买价格上涨，传统的以货币换流量，并通过流量进行用户转化和盈利的流量采购方式成本越来越高。在此前提下，泛娱乐 IP 的优势越发显著，除了能够依靠 IP 前期积累的用户进行直接转化，明显降低用户获取成本，还能因为粉丝玩家的情感溢价获得营收增加的可能。目前的 IP 形式以端游 IP 为主，而且呈现"一个 IP+多款产品"的现象，如腾讯《梦幻诛仙》与完美世界《诛仙》手游为同 IP 产品，而网易的《梦幻游戏》手游化也取得了得到较好的市场成绩，说明网络游戏产品的 IP 化是具有较大的可操作性的。随着文化娱乐产业不断发展，未来网络游戏的 IP 形式会向电影、电视剧、小说和动漫作品等泛娱乐领域拓展，而网络游戏产品的 IP 化特征将会越来越明显。

随着"版号"新规的实施，网络游戏监管体系不断完善，新的游戏产品的监管和审批更为严格，监管机构对网络游戏产业发展的把握和理解不断加深，政策层面对游戏质量了提出越来越高的要求。同时，以腾讯、网易为代表的研发厂商近年来积极推进精品战略，对游戏产品质量的追求越来越高，更多地追求产品的质量，而不以激进的数量战略取胜，打造了《王者荣耀》、《阴阳师》等一系列的现象级产品，在市场口碑和收入方面均取得了不错的成绩，成果显著，起到了良好的标杆作用，从而在市场环境层面上营造了追求精品的趋势。另外，国内网络游戏市场趋于成熟，越来越多的网生用户成为市场主体，拥有丰富的游戏经验的玩家对产品品质要求越来越高，用户对游戏品质的判断能力不断增强，低质量产品难以取得市

场成就，在用户需求的驱动下，不断追求精品化的产品为王的时代到来。

3. 电子竞技和游戏直播促进游戏衍生市场增长

随着国家对电子竞技的认识的提高，电子竞技一系列政策反映出政府态度由打压转变为扶持，尤其地方政府和体育部门扶持最大。电子竞技已经从游戏发展为具有消费引领性的体育活动，不仅能够直接产生巨大的竞赛和娱乐市场价值，还能够通过电子竞技赛事和相关产业带动会展、营销、数字硬件等多个相关产业的发展。同时，随着产品的中重度化、IP 化和精品化，网络游戏的发展将为电子竞技提供更为充足的游戏产品和用户基础。更重要的是，电子竞技作为网络游戏的核心附加产业，对于保持网络游戏产品生命力具有重要的战略及经济意义，能够持续激活用户的活跃价值，加强对游戏厂商产品的长线运营能力，持续带来营收。在精细化运营要求的驱动下，电子竞技将成为厂商对产品价值持续挖掘和运营的重要手段，而电子竞技也将持续促进游戏衍生市场的发展和增长。

游戏直播作为网络直播的核心内容之一，拥有大量的用户基础。通过游戏直播，玩家可以生产大量新鲜内容，并通过直播和其他媒体对用户进行持续的广泛触动，达到免费宣传的目的，一方面减少了获取用户和维持曝光率的费用，另一方面节省了人员推广精力。同时，厂商可以根据直播渠道的特点策划变现为目的的运营活动，而且直播玩法能快速聚集大量玩家及观众，增加全新的营收。更重要的是，游戏直播市场自身是一个拥有一定规模的市场，也能够与电子竞技实现联动，实现网络游戏、电子竞技和游戏直播三大市场的协同运营和发展。已有的客户端游戏成熟的直播运营经验和市场，能够为移动游戏厂商在游戏直播方面的发展提供一定的基础和信心，游戏直播将在移动游戏不断发展成熟的过程中持续发挥其衍生市场的价值。

（黄国锋）

第27章　2016年中国搜索引擎发展状况

27.1　发展概况

1. 移动搜索入口分散，推动搜索服务多元化

移动设备普及、移动搜索用户规模逐渐接近整体用户规模，移动搜索对整体流量的贡献率连年保持大幅增长。但是随着移动端垂直应用极大丰富，移动搜索流量的入口地位出现下降、商业变现效率仍然偏低，搜索企业加速业务转型。目前，百度搜索直达的实物商品、本地生活服务、金融产品、文化产品等品类持续丰富，购买与支付方式也越发简便；搜狗搜索、360搜索、神马搜索等也已经上线网络购物和O2O生活服务平台业务并取得一定的业绩。随着移动搜索流量持续扩大，搜索引擎企业的服务收入占比也保持高速增长，业务发展和收入结构也进入了转型期。

2. 人工智能助力个性化搜索服务

人工智能开始深度应用于搜索技术，在信息多样性、搜索便捷度、结果准确性等方面大幅提升用户搜索体验。目前，市场上主流搜索引擎的机器识别技术已经能够以较高的成功率探测或者识别语音、图像、视频等，进一步帮助用户实现所想即所搜、所搜即所得；人工智能机器人辅助搜索，已经成为各大搜索引擎的标准配置，如百度的"度秘"、搜狗的"语音助手"、必应的"小冰"等，正逐渐受到用户的认可和欢迎。

3. 垂直搜索连接消费服务

综合搜索引擎正在出现信息分类搜索的垂直化、专业化发展趋势。其一，搜索信息的种类更加丰富，如搜狗搜索相继接入微信、QQ兴趣部落、知乎等，并与微软必应达成合作，在社交、新闻、专业问答、英文和学术搜索等垂直领域强化优质内容的吸收力度，构建新型内容生态、形成差异化竞争力；其二，搜索引擎针对用户在新闻热点、公益查询、应用分发、商品消费等不同领域的搜索需求，推出更加智能、全面、专业的搜索产品；其三，搜索应用直接将用户与商品、服务进行资金、物流进行连接，成为搜索服务的创新价值点。多领域深耕新作、创新服务增加营收，引发了搜索引擎行业出现新的垂直、专业化发展趋势。

27.2　市场概况

27.2.1　整体市场规模

2016 年，中国搜索引擎市场整体规模达 821.2 亿元，同比增长 5.0%，增速相比 2015 年大幅下降。受 2016 年搜索引擎市场不良事件的影响，搜索引擎市场整体规模增速出现明显放缓，尤其在 2016 年第四季度政府管理、企业应对措施基本落实后，搜索引擎营收规模出现环比下降（见图 27.1）。

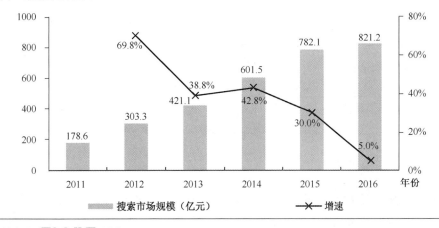

资料来源：CNNIC 预测。

图27.1　2011—2016年中国搜索引擎市场规模与增速

搜索引擎市场相对成熟，网民红利消失导致流量增长放缓，影响以关键字为主的广告收入增长放缓。此外，由于搜索引擎的互联网流量入口地位，对于搜索引擎服务兼顾商业价值与社会价值提出了较高的要求，受"魏则西事件"的影响，搜索引擎广告位减少以及广告主的重新审核都对市场收入造成了负面影响。

但是，搜索引擎关键字营销仍然是目前主流互联网营销渠道中，转化率较高的方式，其营收规模一直占据整体互联网广告市场的半壁江山，广告主仍然认可搜索引擎的营销价值，搜索引擎的营销服务在市场中仍有较大的需求空间：一方面，新的技术应用与新的服务出现将产生更多的流量进行广告变现；另一方面，新的交互方式对于用户体验的提升将间接促进广告转化效果，提升单位流量的价值。根据 Statista 公布的数据，全球搜索引擎营销市场增速最快的国家将是中国，未来 5 年复合年增长率在 18% 左右，到 2021 年中国搜索广告收入将接近 549 亿美元。

27.2.2　移动市场规模

2016 年，中国移动搜索引擎市场规模达 491 亿元，同比增长 24.3%（见图 27.2）。一方面，移动搜索流量保持高速增长、移动搜索商业化进程深入推进，各大搜索引擎营销服务商的移动营收贡献占比持续上升；另一方面，移动搜索营销也在一定程度上受到广告市场政策收紧的影响，整体规模出现增长放缓。两方面共同作用，使得移动搜索引擎市场规模增速均出现下降，但与整体市场规模相比仍实现逆势上涨，并在市场规模上远超过 PC 端、差距不断拉大。

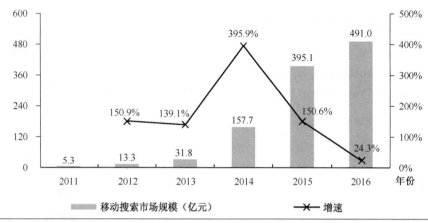

图27.2　2011—2016年中国移动搜索引擎市场规模与增速

27.2.3　市场份额

根据中国互联网数据平台的统计数据显示，2016 年下半年，在 PC 端搜索引擎网站用户覆盖比例方面，百度搜索最高，覆盖了所有 PC 端搜索引擎用户的 91.5%；360 搜索位列第二，覆盖比例超过 1/3；搜狗搜索位列第三，覆盖用户比例超过一半。爱问搜索、一淘、搜库等知识类、购物类、视频类垂直搜索引擎的半年累计用户覆盖比例分别达 22.3%、16.3% 和 11.6%（见图 27.3）。

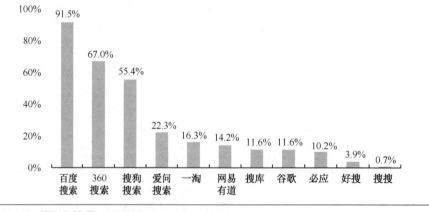

图27.3　2016年下半年PC端主要搜索引擎网站用户覆盖比例

根据易观发布的《2016 年第四季度中国移动搜索市场季度监测》报告数据显示，2016年第四季度，在搜索引擎访问次数方面，百度以 78.1% 的访问次数占比排名第一，搜狗的份额为 7.8%，位列第二，宜搜的份额为 5.2%，位列第三（见图 27.4）。在信息碎片化的移动互联网时代，用户对信息搜索服务的需求日益个性化，搜索引擎利用人工智能技术，通过在海量数据、语音识别、机器学习等方面的积累，逐渐将智能化服务在移动端落地，提升用户体验。

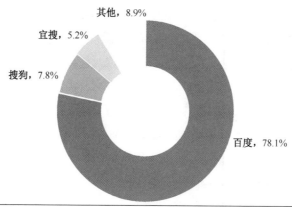

资料来源：Analysys易观。

图27.4　2016年第四季度中国移动搜索引擎搜索访问次数比例

27.2.4　企业搜索营销开展情况

根据 CNNIC 统计数据显示，2016 年中国企业通过互联网开展营销推广的比例相比 2015 年上升近 5 个百分点，延续了自 2013 年以来的增长趋势（见图 27.5）。随着企业品牌推广意识提升、电子商务日益普及，以及中国互联网广告市场逐步规范，互联网营销市场仍有很大的增长空间。

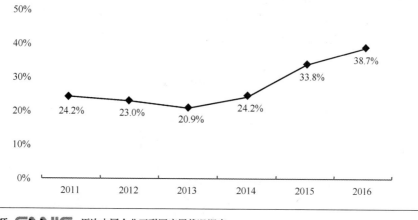

资料来源：CNNIC 历次中国企业互联网应用状况调查。

图27.5　2011—2016年企业互联网营销开展比例

在各种主流互联网营销渠道中，利用即时聊天工具营销推广的使用率最高，达 65.5%；利用电子商务平台推广、搜索引擎营销推广分列第二、第三位，使用率分别为 55.1%和 48.2%。利用即时聊天工具营销推广、利用电子商务平台推广、搜索引擎营销推广，长期占据企业互联网营销推广渠道的前三位置（见图 27.6）。

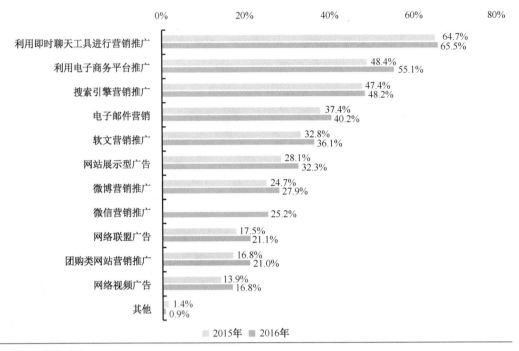

资料来源：CNNIC 历次中国企业互联网络应用状况调查。

图27.6 中国企业各互联网营销渠道使用比例

在开展过互联网营销的企业中,通过移动互联网进行营销推广的比例为83.3%,相比2015年的46.0%增长近一倍,其中高达67.8%的企业使用了付费推广（见图27.7）。随着消费者向移动互联网全面转移,移动流量保持高速增长,在经过一段时间的探索后,专注于移动互联网营销推广的产品逐渐成熟,并得到企业客户的认可和接受。可预见的是,在未来较短的时间内,移动互联网营销推广的使用比例将逐渐接近整体互联网营销推广比例,市场规模也将保持快速增长。

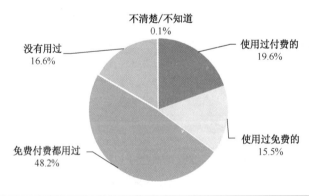

资料来源：CNNIC 中国企业互联网应用状况调查。   2016.12

图27.7 2016年中国企业移动互联网营销开展情况

在各种移动营销推广方式中,微信营销推广使用率最高,为75.5%。尽管企业移动推广渠道的使用情况相比 2015 年变动不大,但从大型互联网企业纷纷公布其移动营收占比突破关键转折点可见，企业客户正在转向移动营销市场（见图 27.8）。

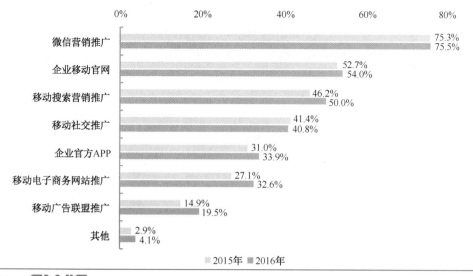

资料来源：CNNIC 中国企业互联网络应用状况调查。　　　　　　　　　　　　　　　　2016.12

图27.8　企业各移动互联网营销渠道使用比例

27.3　用户分析

27.3.1　用户规模

根据 CNNIC 统计数据显示，截至 2016 年年底，中国搜索引擎用户规模达 6.02 亿人，使用率为 82.4%，用户规模较 2015 年增加 3615 万人，增长率为 6.4%（见图 27.9）。搜索引擎是中国网民的基础互联网应用，使用率仅次于即时通信。

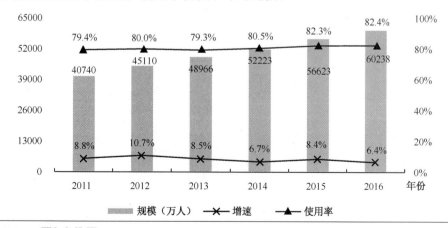

资料来源：CNNIC 历次中国互联网络发展状况统计调查。

图27.9　2011—2016年中国搜索引擎用户规模、增速与使用率

截至 2016 年，中国手机搜索用户数达 5.75 亿人，使用率为 82.7%，用户规模较 2015 年增加 9727 万人，增长率为 20.4%（见图 27.10）。手机搜索是整体搜索引擎市场快速发展的持续推动力，自 2011 年至今，手机搜索用户规模年增长速度一直快于搜索引擎领域整体，在全国互联网渗透率、搜索引擎使用率长期保持小幅增长的背景下，手机搜索使用率的增长幅度更大。

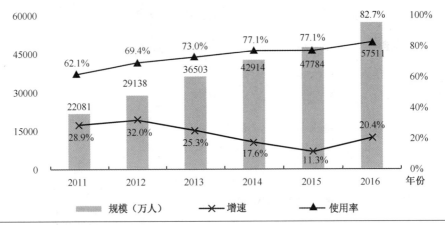

资料来源：CNNIC 历次中国互联网络发展状况统计调查。

图27.10 2011—2016年中国手机搜索用户规模、增速与使用率

27.3.2 用户结构

根据中国互联网数据平台统计数据显示，2016 年下半年，PC 端搜索引擎网站覆盖的用户中，男性占比为 55.1%，女性占比为 44.9%（见图 27.11）。根据 CNNIC 统计数据，中国网民中男性、女性的比例为 52.4∶47.6，对比可见，男性网民使用搜索引擎应用相对女性更加积极。

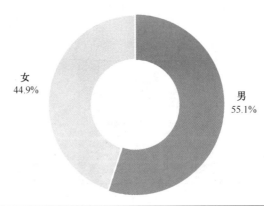

资料来源：CNNIC 中国互联网数据平台www.cnidp.cn。

图27.11 2016年下半年PC端搜索引擎网站覆盖用户的性别结构

根据中国互联网数据平台统计数据，2016 年下半年，PC 端搜索引擎网站覆盖的用户中，20～39 岁的青年用户占比合计达 56.8%，50 岁及以上的用户占比也超过 10 个百分点。全国

50 岁及以上的网民比例不足 10%，搜索引擎应用以其基础性、易用性，受到年龄较大网民的广泛使用（见图 27.12）。

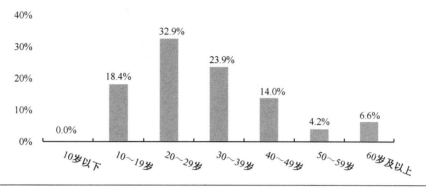

资料来源：CNNIC 中国互联网数据平台www.cnidp.cn。

图27.12　2016年下半年PC端搜索引擎网站覆盖用户的年龄结构

　　根据中国互联网数据平台的统计数据，2016 年下半年，PC 端搜索引擎网站覆盖的用户中，初中、高中/中专/技校等中等学历的用户占比合计超过六成，大专及以上的高等学历用户占比达 37.3%（见图 27.13）。截至 2016 年年底，全国网民中，高等学历网民比例仅为 20.5%，对比可见，搜索引擎用户的学历高于全国平均水平。

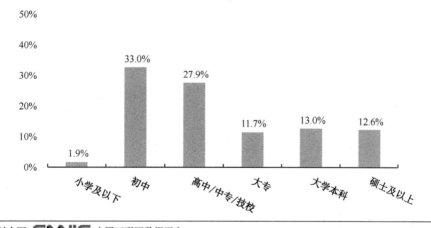

资料来源：CNNIC 中国互联网数据平台www.cnidp.cn。

图27.13　2016年下半年PC端搜索引擎网站覆盖用户的学历结构

　　根据中国互联网数据平台统计数据，2016 年下半年，PC 端搜索引擎网站覆盖的用户中，学生群体占比最高，接近 1/4，其次为企业/公司一般职员，占比接近 20%（见图 27.14）。而在同期全国网民中，企业/公司一般职员占比仅为 11.9%，搜索引擎应用在上班族日常工作中的重要性可见一斑。

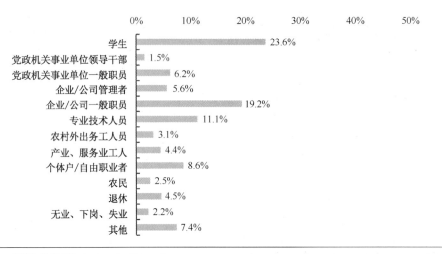

资料来源：CNNIC 中国互联网数据平台www.cnidp.cn。

图27.14 2016年下半年PC端搜索引擎网站覆盖用户的职业结构

根据中国互联网数据平台统计数据，2016 年下半年，PC 端搜索引擎网站覆盖的用户中，收入在 2001～5000 元的群体占比较大，合计接近一半（见图 27.15）。截至 2016 年年底，全国网民中，收入超过 2000 元的网民比例合计为 57.5%，对比可见，搜索引擎用户的收入水平也高于全国网民平均水平。

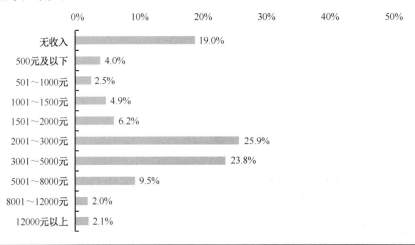

资料来源：CNNIC 中国互联网数据平台www.cnidp.cn。

图27.15 2016年下半年PC端搜索引擎网站覆盖用户的收入结构

27.3.3 用户行为分析

根据中国互联网数据平台统计数据显示，2016 年下半年，在 PC 端搜索引擎、新闻网站、网络视频、购物网站、微博五大类主流互联网应用中，搜索引擎网站覆盖用户的规模在各个月都是最高的，且领先其他应用的优势非常明显（见图 27.16）。

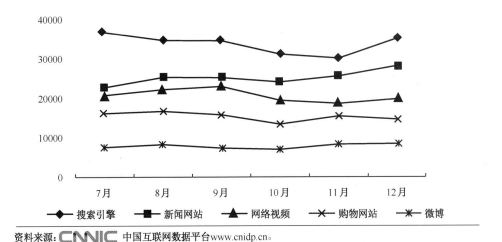

资料来源：CNNIC 中国互联网数据平台www.cnidp.cn。

图27.16　2016年下半年PC端五类网站的用户覆盖趋势比较

由于搜索引擎网站的"中间页"特征明显，尽管其覆盖用户规模方面在五类网站中最高，但从人均单日访问时长来看，搜索引擎网站远低于网络视频网站和购物网站，与新闻网站、微博比较接近（见图 27.17）。

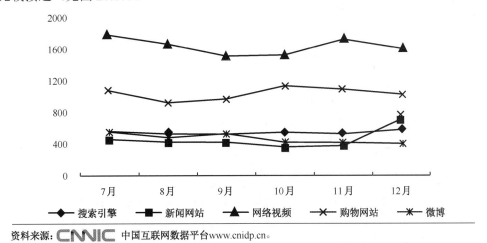

资料来源：CNNIC 中国互联网数据平台www.cnidp.cn。

图27.17　2016年下半年PC端五类网站的用户人均单日访问时长比较

根据中国互联网数据平台统计数据显示，2016 年下半年，百度依靠其搜索引擎市场的领先地位，半年内用户平均访问天数最高，达 26.9 天。一淘尽管在用户覆盖方面落后于主要综合搜索引擎，但在访问天数上位列第三（见图 27.18）。

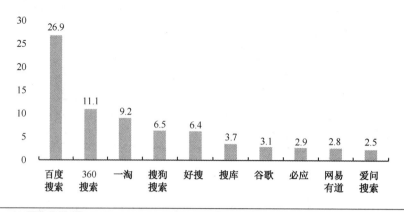

资料来源：CNNIC 中国互联网数据平台www.cnidp.cn。

图27.18　2016年下半年PC端主要搜索引擎网站用户平均每人访问天数

由于综合搜索引擎与垂直搜索引擎、不同品牌搜索引擎所提供的服务内容差异，故在用户平均每页访问秒数方面，各主要搜索引擎的排名出现较大变动。专注于资源、知识领域的爱问搜索平均每页访问时长最多，达78.5秒，其次是专注于翻译的网易有道，平均每页访问时长为74.6秒；而综合搜索引擎如百度搜索、必应、搜狗搜索、360搜索，则均不足1分钟（见图27.19）。

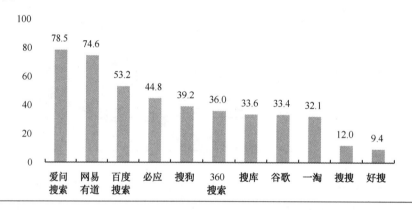

资料来源：CNNIC 中国互联网数据平台www.cnidp.cn。

图27.19　2016年下半年PC端主要搜索引擎网站用户平均每页访问秒数

27.4　企业发展状况

1. 百度广告营收受掣制，加注连接服务与人工智能

财报数据显示，百度2016财年总营收为人民币705.49亿元（约合101.61亿美元），比2015财年增长6.3%；移动营收在百度2016财年总营收中所占比例为63%，高于2015财年的53%。个人用户方面，截至2016年年底，百度移动搜索业务的月度活跃用户人数（MAU）为6.65亿人，比2015年同期增长2%；企业营销方面，百度2016财年网络营销营收为人民币645.25亿元（约合92.94亿美元），比2015财年增长0.8%，活跃网络营销客户数量约为

98.2 万家，比 2015 财年下滑 6.4%。

2016 年，百度进一步加强搜索引擎的信息分发能力与内容生产循环互补效应，以搜索引擎技术和手机百度信息流为基础，通过"搜索+推荐"的方式分发百家号等自有内容和联盟内容，提升内容与用户的适配度和广告的转化能力。此外，百度一直在人工智能、机器学习方面开展持续深入研究，并且将人工智能技术逐步应用到搜索服务和产品中，显著提升用户的搜索体验，语音搜索、图像搜索等新兴搜索方式正在被越来越多地使用。百度官方公布的数据显示，在百度上，用户每天有 3000 万次的语音搜索量和 1000 万次的图像搜索量。最后，移动化趋势越发显著，2016 年第四季度，百度移动端对搜索业务的贡献达到了 65%，移动端的变现能力增长速度也大大超过 PC 端，预计移动端的变现能力将很快超越 PC 端。

2. 搜狗深入布局垂直搜索，加大内容投入力度

2016 年，搜狗营收 44 亿元，同比增长 19%，非美国会计准则下的净利润为 6.4 亿元人民币。截至 2016 年年底，搜狗已经连续 12 个季度实现了持续盈利，并且保持良好的增长态势。截至 2016 年 12 月底，搜狗搜索整体流量较一年前增长 30%，特别是移动搜索流量增长 70%，对整体流量的贡献达 3/4。

2016 年，搜狗在搜索内容差异化上继续扩大优势：5 月，搜狗推出了"搜狗明医"频道，旨在向用户提供权威、真实有效的医疗信息，优先维基百科、知乎社区、学术期刊、丁香园以及专业机构的内容，降低用户搜索过程中，由于信息不对称造成的风险，自上线以来，搜狗明医的搜索流量增长 150% 以上；8 月，搜狗发布"知音"搜索，在语音识别、语义理解和语音合成方面取得成果，使其搜索产品在人机交互方面的表现更加优秀；随后，搜狗推出了"英文搜索"和"学术搜索"两个垂直频道，为中国用户打造权威、全面、精准的英文搜索体验；第四季度，搜狗英文搜索全面升级为海外搜索，成为全球首个跨语言搜索引擎，并发布 APP5.0 升级版，继续加深在垂直搜索布局，推出漫画垂直频道及"看漫画"卡片功能，接入大量优质漫画资源。

3. 360 搜索放弃医疗广告，全面布局"放心搜"

2016 年，360 搜索回归 360 母品牌，依托用户对母品牌的"安全"印象，重新树立"干净、安全、可信赖"产品理念，在拦截恶意网站、打击虚假广告、搜索欺诈全赔等方面做出一系列切实举动。应对 2016 年搜索引擎市场发生的不良事件，360 搜索在 5 月宣布"彻底清除医疗商业推广"；6 月，360 搜索与运营商和公安机关开展合作，在搜索功能中内置了电话号码查询系统，通过与用户上传警报标注诈骗号码对接，连接诈骗库数据；在人工智能融合搜索产品方面，360 搜索推出"你搜我看"产品，利用 360 搜索的大数据和人工智能技术，通过深度学习能力，努力深度洞察用户的个人喜好，推送其感兴趣的内容。

4. 神马搜索背靠阿里巴巴优势，助力企业营销升级

阿里巴巴公布的财报显示，2016 年，阿里巴巴集团包括 UCWeb、神马搜索、高德地图等在内的移动互联网业务，收入实现高速增长，增速为 51%。一方面，神马由于在知识图谱、深度学习等技术领域的不断积累，也逐渐开始扮演"大数据技术中台"的角色，为同属阿里旗下的 UC 浏览器、阿里游戏、阿里文学、PP 助手等业务提供推荐引擎、语音搜索、营销平台等多方面技术支持；另一方面，借助阿里巴巴的强大平台优势和 UC 浏览器市场占有率，

神马搜索持续布局生活服务平台。4月，神马搜索与房地产O2O整合服务平台乐居控股，正式对外宣布达成战略合作协议，双方将以各自的互联网产品及服务为核心，在品牌搜索、精准广告两个方面展开全面合作，扩展房产家居行业的创新移动营销模式；6月，神马搜索在京举办了"以数为智 万网归移——神马搜索分享会"，探讨大数据营销的发展趋势，帮助广告主在移动互联网时代进行更好的转型与升级。

27.5 发展热点

1. 技术发展推动算法优化，基础搜索服务效率提高

长久以来，搜索引擎都是用户获取互联网信息的第一大入口，用户主动搜索所形成的海量数据沉淀在搜索引擎中，雄厚的资源积累使得搜索引擎服务商在深度学习、语义分析方面拥有先天的优势。搜索引擎充分利用了互联网数据的特点，网页之间的超链接、网民自发在网页上留下的足迹等，都成为搜索引擎对网页进行排序的依据。同时，搜索引擎不断根据用户对相关结果的点击行为，进行算法好坏的评估，将算法系统设计为一个不断自我学习和改善的系统。基于机器学习算法的排序系统不断地学习，以及总结不同用户对搜索引擎的反馈，以神经网络、决策树等为基础的网页排序算法形成，以大规模机器学习系统为基础，将搜索引擎的排序精度不断地提升。

发展至今，基于大规模数据的机器学习、自然语言处理、图像识别、声音识别、知识图谱等新技术不断应用于搜索引擎中，使算法在原有学习结果上不断优化，在信息量爆炸式增长、冗余信息充斥其中的现在，帮助提高搜索效率、提供更有价值的信息，使得结果更加精确、用户体验更加完善。目前，主流搜索引擎的机器识别技术已经能够以较高的成功率探测或者识别语音、图像、视频等，进一步帮助用户实现所想即所搜、所搜即所得。随着技术创新推动算法优化水平不断提高，搜索引擎的智能水平还将拓展到将更多非常规数据种类纳入分析，通过数据洞察用户的使用行为的方方面面，从而提供更多有价值的服务，创造更大的商业价值。

2. 搜索产品丰富发展，连接用户、内容与商品服务

综合搜索引擎仍然是最大的互联网流量入口，但随着用户注意力日益稀缺、搜索广告经营环境日益规范、广告主投放日益精打细算，综合搜索引擎面临创新流量变现方式的压力。目前，综合搜索引擎在对个人用户提供服务方面不断优化服务以争取流量，其一，在不断简化用户的输入过程，通过语音、图片、联想输入，解放用户双手；其二，提高搜索结果的精准度、丰富结果展现形式，通过关联推荐、知识图谱等，想用户之所想；其三，不断丰富搜索连接的内容信息、商品和服务，拓展新闻信息流、直达购买等搜索服务，直达用户所需；其四，通过建立赔付机制，提高用户在使用搜索引擎过程中的信息安全、消费保障水平。通过增加用户规模、提高用户黏性，达到确保流量入口地位的目的，才能更有效地将流量与商业相连接、建立长久的盈利模式，反过来为搜索引擎为用户提供更好的服务提供资源，形成良性的流量循环生态圈。

3. 人工智能机器人成为移动流量争夺战的重要工具

在人工智能成为驱动搜索服务发展的核心动力的趋势下，依托于搜索引擎的各类机器人助手有望成为新晋流量入口，如百度推出的对话式人工智能秘书"度秘"，通过语音识别、自然语言处理和机器学习技术，用户可以使用语音、文字或图片，以一对一的形式与度秘进行沟通，可以提供叫车、订外卖、买电影票、预定餐厅，甚至还能提供叫早等辅助个人生活的服务；微软的人工智能机器人"小冰"正在与必应融合，打造下一代人工智能搜索引擎。此外，类搜索引擎应用如苹果人工智能助手 Siri，正在侵蚀传统搜索引擎的流量，高度智能的机器人助理正在取代传统的手机网页搜索、应用内搜索，通过向人工智能助手发起询问，用户就可以快速查找网页信息、搜索周边服务，甚至可以直接订餐或是购买电影票、立刻手机内付款，这是传统的移动搜索无法提供的。

4. 搜索引擎服务商营收渠道多元化发展

向网站提供搜索技术支撑或相关服务的营收相对稳定，而一直是搜索引擎服务商营收支柱来源的关键字广告却正面临营收增长的天花板，营销客户数量、投放金额增长缓慢，网络媒体平台数量却高速增长，分散了广告主的投放。为应对传统关键字广告的下降趋势，搜索引擎创新营收渠道：百度推出信息流广告服务，对于搜索广告进行补充，根据百度官方发布的消息，信息流广告得到了广告客户的广泛使用，尤其是在汽车和房地产行业的广告客户，用户对他们搜索的流量不足以很好地推广他们的产品，但是信息流广告可以帮他们找到目标客户，同样对于本地商家和教育服务提供商而言，信息流广告也是向本地用户推广产品不错的选择。搜狗搜索则在内容方面挖掘更多的营收潜力，除了传统的综合信息搜索，搜狗在垂直搜索领域建立了一定的竞争壁垒，接入知乎、微信等大流量应用，布局英文搜索、学术搜索、医药搜索等，都是通过提供专业、优质的搜索服务吸引流量，从而维持较高的利润增长。

27.6　发展趋势

1. 人工智能深度融合，搜索体验日新月异

用户对本地化、个性化、智能化搜索的需求日益旺盛，推动搜索引擎企业不断加大在前沿技术领域的投入。2017 年，各大搜索引擎将持续以人工智能为核心不断创新产品和服务，在信息搜索的广度、连接服务的横向拓展已接近天花板的情况下，新技术应用对推动搜索产品向更加精准的纵深方向发展具有重要意义——搭载语音和图像识别、基于大数据的信息推荐、人机交互等技术必将成为搜索产品的标配，用户将会享受到更加个性化、场景化和更加精准的信息搜索服务。

百度发布人工智能产品"百度大脑"，语音识别成功率、人脸识别准确率已经达到高水平，未来将在医疗、交通、金融、无人驾驶等领域获得应用，并不断加大在人工智能硬件方面的投入，如智能家居、无人汽车在未来将可能成为重要的流量入口；搜狗已经将人工智能确立为长期核心战略，搜狗与清华大学共同创设的天工智能研究院将持续致力于人工智能领域的前沿研究，并将研究成果直接应用于相关产品与服务中；360 搜索则将搜索语音语义分析人工智能技术的研发成果应用于其硬件产品的人机对话功能，并不断拓展搜索服务入口、

丰富搜索应用场景。

由此可见，未来搜索将持续深入到各种场景下、嵌入多种智能硬件产品中，并通过声音、图片、视频进行搜索，大量应用人工智能技术进行分析与结果呈现，更加强大的搜索引擎能够让用户在任意场景和产品中利用视觉、听觉甚至触觉等交互形式搜索，可搜索的内容也不仅包括当前搜索引擎已经索引的内容，还将纳入更多服务、物体、设备和数据。未来，搜索将会无处不在，实现想人所想。

2. 搜索营销市场日益规范，市场增长转向质量推动

2016 年 5 月，搜索引擎领域出现侵害用户权益的事件，造成广泛的社会影响，搜索引擎营销广告市场得到严格规范，用户权益的保障水平有所提高。涉及公共服务领域，尤其是医疗领域搜索信息的公平公正问题，得到主管部门的高度重视。由国家网信办会同国家工商总局、国家卫生计生委和北京市有关部门成立联合调查组，对相关企业进行调查、对商业推广信息提出整改要求。搜索企业积极响应，减少或放弃医疗广告、推出公益信息搜索产品、为网民建立互动交流平台，搜索结果的规范性得到提升。

6 月 26 日，国家互联网信息办公室发布《互联网信息搜索服务管理规定》，首次明确提出了"互联网信息搜索服务"的概念，其中对付费搜索信息做出了较为详细的规定，包括明确信息页面比例上限、与自然搜索结果区分、加注显著标识等。随后，国家工商总局于 7 月 8 日正式对外发布《互联网广告管理暂行办法》。政府监管、企业社会责任与商业行为准则的完善，将共同推动互联网广告市场日趋规范，网民所享受到的信息搜索服务将更加客观、公平、权威。不良商业推广信息大幅减少，网上信息搜索环境得到改善。随着政策深入贯彻落实、搜索引擎企业积极作为，以及网民安全上网意识逐步提高，互联网环境正在日益清朗、用户权益也将获得更大保障。

但受监管趋严的影响，搜索引擎营销市场规模增速持续减缓，预期未来遇冷态势将会持续，昔日 20%以上的高速增长状态将暂告一段落；同时，随着网民增长的人口红利结束，提升用户黏性将成为搜索引擎行业竞争重点；此外，国内外经济环境压力迫使企业对营销预算的控制更加严格。如何通过调动互联网行业各方参与建设基于大搜索的生态体系，助力"互联网+"趋势下的行业变革和发展，将成为搜索引擎服务市场规模稳健增长与服务质量持续提升的核心。

3. 搜索引擎入口地位弱化，变现渠道需多方创新

移动互联网时代下，搜索引擎 APP 与移动搜索网站的地位与 PC 端不可同日而语。对用户而言，PC 端上网与使用移动设备上网的目的、行为、所处情景已截然不同，用户更多地在移动设备上进行购物、娱乐、享受生活服务，主要围绕数个核心 APP 满足起需求，传统 PC 端的综合搜索引擎重要性大幅下降；对广告主而言，移动社交媒体、新闻媒体能大幅提高品牌知名度和参与度，而搜索广告帮助品牌提高流量、培养潜在顾客、提高销量的优势则在移动设备上受到页面展示限制的影响，优势未能完全得到复制。面对上述转变和冲击，搜索引擎的流量入口地位日益下降，面临流量变现的多重压力。

不仅中国如此，从全球范围看，搜索引擎应用都在受到挑战。eMarketer 的研究显示，七成消费者在社交媒体上搜索商品。例如，全球知名的社交媒体 Facebook 的广告营收预计达 260 亿美元，超过百度总营收 1 倍之多，其广告市场建立在竞价基础上，通过兴趣和人口属

性进行定位投放广告，类似于搜索引擎关键词竞价广告。在使用量方面，大量证据显示消费者正在使用社交平台搜索和发现商品。

此外，中国互联网广告市场的规范化发展，一方面，有效保障了网民、广告发布者和经营者的权益；另一方面，短期内互联网广告市场收入，尤其是搜索关键字广告可能会受到负面影响。搜索引擎企业正在通过多终端、多领域业务布局谋求转型。以百度为例，其在线营销收入占总营收的比例很高、且保持增长，但网络营销客户数量增速却远不及收入增速，意味着这一业务面临增长乏力的困境；尤其是医疗广告事件爆发、监管政策相继出台，将会对广告收入产生一定影响。面临诸多困境，百度正在大力拓展互联网消费业务，服务总成交额从 2015 年第三季度以来一直保持增长，到 2016 年第一季度达人民币 160 亿元，尽管尚未成为收入的支柱性来源，但从市值、市场份额表现来看，百度的业务转型受到了股东、网民和监管部门的部分认可。

作为基础应用，搜索引擎需要继续向连接更多信息、更多商品、更多服务、更多个人、更多产业的基础支撑技术和流量分发渠道方向发展，搜索流量价值的广告变现方式将成明日黄花。

（高爽）

第 28 章　2016 年中国社交网络平台发展状况

28.1　发展概况

当前，我国互联网社交平台的数量与种类不断丰富，并呈现出社交平台与其他互联网平台相互融合的趋势，互联网社交平台的范围更加广泛，众多传统意义上的其他类网络平台也吸收借鉴了社交类平台的特点与模式。中国社交网络平台分类如表 28.1 所示。

表 28.1　中国社交网络平台分类

	类别		代表应用
社交应用	即时通信工具		微信、微博、QQ、陌陌
	综合类社交应用		新浪微博、微信朋友圈、QQ 空间
	垂直类社交应用	图片视频社交	美拍、秒拍
		职场社交	领英、脉脉
		社区社交	百度贴吧、虎扑论坛、天涯社区、豆瓣
		单一主题社交	果壳、世纪佳缘、穷游

28.1.1　社交网络平台使用率

2016 年，中国网民使用即时通信互联网应用的用户规模已达 66628 万人，较 2015 年增长 6.8%。即时通信工具使用率达 91.1%，居各类互联网应用之首，使用率明显高于其他网络应用平台（见表 28.2）。其中，手机即时通信用户达 63797 万人，较 2015 年年底增长 8078 万人，占手机网民的 91.8%，手机社交网络平台增长趋势明显（见表 28.3）。

表 28.2　2015—2016 年社交网络平台用户规模及使用率

（单位：万人）

应用	2016 年		2015 年		全年增长率
	用户规模	网民使用率	用户规模	网民使用率	
即时通信	66628	91.1%	62408	90.7%	6.8%
搜索引擎	60238	82.4%	56623	82.3%	6.4%
网络新闻	61390	84.0%	56440	82.0%	8.8%

续表

应用	2016 年		2015 年		全年增长率
	用户规模	网民使用率	用户规模	网民使用率	
网络视频	54455	74.5%	50391	73.2%	8.1%
网络音乐	50313	68.8%	50137	72.8%	0.4%
微博	27143	37.1%	23045	33.5%	17.8%
论坛/BBS	12079	16.5%	11901	17.3%	1.5%

表 28.3　2015—2016 年社交网络应用用户规模及使用率

（单位：万人）

应用	2016 年		2015 年		全年增长率
	用户规模	网民使用率	用户规模	网民使用率	
手机即时通信	63797	91.8%	55719	89.9%	14.5%
手机搜索	57511	82.7%	47784	77.1%	20.4%
手机网络新闻	57126	82.2%	48165	77.7%	18.6%
手机网络视频	49987	71.9%	40508	65.4%	23.4%
手机网络音乐	46791	67.3%	41640	67.2%	12.4%
手机微博	24086	34.6%	18690	30.2%	28.9%
手机论坛/BBS	9379	14.0%	8604	13.9%	13.2%

　　根据 Quest Mobile 统计数据显示，截至 2016 年 3 月，使用微信的月活跃用户和日活跃用户分别为 7.07 亿人与 5.44 亿人，同比增长分别达 34.2%、42%，微信使用率为 96.1%。微信已超过即时通信工具 QQ，稳居 2016 年我国网民使用的社交平台之首，且增速迅猛（见图 28.1）。

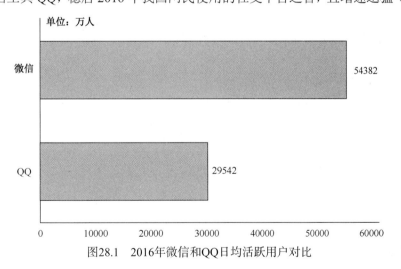

图28.1　2016年微信和QQ日均活跃用户对比

　　在综合类社交应用方面，2016 年 12 月排名前三的分别为微信朋友圈、QQ 空间与微博。其中微信朋友圈、QQ 空间作为即时通信工具所衍生出来的社交服务，用户使用率分别为 85.8%与 67.8%。微博作为社交媒体，由于明星效应、网红效应的影响，以及短视频和移动直播在 2016

年的异军突起，用户使用率持续回升，达到37.1%，比2016年6月上升3.1个百分点。

在垂直类社交应用平台中，豆瓣、知乎、天涯社区较为典型，其使用率均在7%～8%，领英作为第一大职场类垂直社交应用平台，也拥有近3%的使用率。说明当前我国针对不同场景、不同人群的细分社交平台进一步丰富，正向小众化、精细化方向发展，用户将更多地根据个人需求与兴趣，在使用即时通信工具与综合性社交应用平台的同时，更多地选择专属某一领域的专业社交应用平台（见图28.2）。

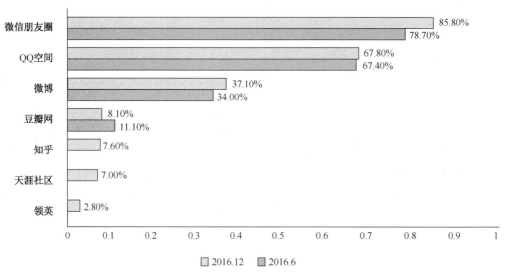

图28.2 2016年下半年典型社交应用使用率

28.1.2 社交网络平台使用对象

2016年，我国30岁以下社交网民占整个移动社交网民的56%，40岁以上移动社交网民仅占10.9%。年轻网民更愿意尝试互联网新功能，更容易适应互联网新变化，同时具有较高的社会交往需求，因而网络社交平台的使用对象具有突出的年轻特点（见图28.3）。

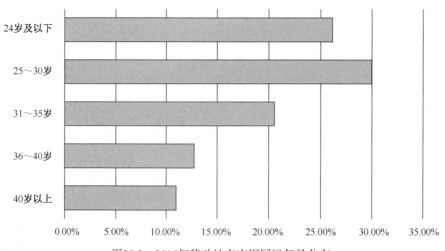

图28.3 2016年移动社交应用网民年龄分布

具体以微信朋友圈、QQ 空间、微博为例，虽然其同属综合性社交应用，但在社交关系的紧密度、用户属性以及地域特征上存在较大差异。从交流属性来看，微信朋友圈相对较为封闭，信息更多集中在熟人间的交互与分享，微博是基于社交关系来进行信息传播的公开平台，用户关注的内容主要基于兴趣的垂直细分领域，带有更多的个人偏好色彩，QQ 空间介于二者之间。

从用户特征看，微信朋友圈用户渗透率高，除低龄（6～9 岁）、低学历人群（小学及以下学历）外，各群体网民对微信朋友圈的使用率并无显著差异；五线城市网民、10～19 岁网民对 QQ 空间的使用率明显偏高，产品用户下沉效果明显，更受年轻用户青睐；微博用户则更明显，一线城市网民、女性网民、20～29 岁网民、本科及以上学历网民、城镇网民对微博的使用率明显高于其他群体。

28.2　微信

28.2.1　用户规模

截至 2016 年 9 月，微信平均日登录用户数量达到 7.68 亿人，已当之无愧成为我国使用人数最多的互联网应用平台。微信使用人群基数大是其最为显著的优势，使得微信发展空间非常广阔。

28.2.2　职业分布

从使用微信用户的职业分布情况看，企业职员占比最大，达到 40%，同时自由职业者、学生和事业单位工作人员群体在整个使用之中也占有较大比重（见图 28.4）。微信使用用户具有较为稳定的收入来源与消费能力，使得微信具备较大的市场潜力。另外，在职业分布中占有较大比例的企业、自由职业、学生、事业单位人员都拥有明显的个人社交圈，来自该职业的用户拥有更强的社交动机，也更有意愿使用并推广社交圈内流行的社交工具。

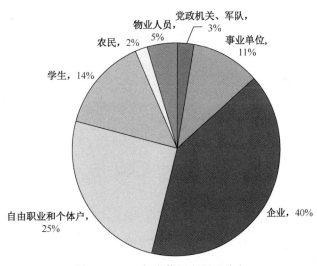

图28.4　2016年微信用户职业分布

28.2.3　使用频率与时长

从用户使用频率上看，超过六成用户每天打开微信达 10 次以上。同时，每天打开 30 次以上的微信用户占 36%，想超过 1/5 的用户每天打开微信 50 次以上。而至少每天使用一次微信的用户占比为 94%。显而易见，微信用户对于微信有相当高的依赖程度，微信已经成为绝大多数使用者不可或缺的社交应用平台（见图 28.5）。

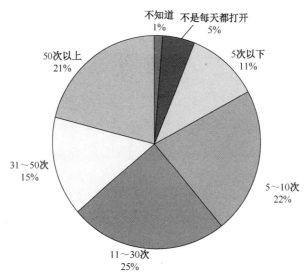

图28.5　2016年微信用户日均启动次数

同时，从使用时间上看，每天使用 10 分钟以内的用户仅占 7%，55% 的用户每天使用微信超过 1 小时，逾三成用户每日使用超过 2 小时，近 2 成用户每日使用在 4 小时以上（见图 28.6）。

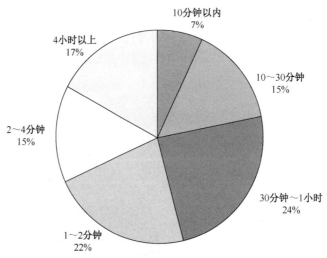

图28.6　2016年微信用户日均使用时长

综合而言，微信在用户使用频率与使用时长方面都表现出较为突出的用户黏性。用户的黏性与忠实度也是微信发展的重要优势之一。

28.2.4　主要功能

微信不仅拥有基本的社交功能，同时还在多个领域衍生出自己的产品。使用功能的进一步广泛也扩大了微信的使用受众范围，提高了微信的用户黏度。

朋友圈、收发消息、微信公众号、微信红包转账与微信支付是受众使用最多的微信功能。据统计，在使用微信的用户中，逾八成属于高黏度用户，同时超六成的微信用户在每次使用微信时都会同步刷新朋友圈。朋友圈功能已经成为微信最主要的社交平台。另外，据数据显示，84.7%的用户使用微信红包、58.1%的用户使用微信支付功能，支付功能已成为继社交后微信第二大功能，也拥有广泛的受众基础。此外，使用微信的新媒体资讯、生活服务类功能也拥有大量用户，并且功能仍在拓展。在社交基础上发展出的微信功能，也成为其发展的重要优势。

28.2.5　发展趋势与问题

2016 年，随着功能的进一步丰富，微信深度融合互联网+模式，已经基本形成社交+生活、社交+新闻等的服务方式，微信已经越来越成为一款综合性社交平台。

微信是基于点对点传播的社交平台，具有一定的私密性和封闭性。基于朋友间强关系的私密性与封闭性在增强了使用者之间信任的同时，也使得谣言等有害信息的传播更加迅速与隐蔽。相较于其他社交平台，对于通过微信传播谣言现象也相对更加难以监管。

28.3　微博

28.3.1　用户规模

截至 2016 年 9 月，微博月活跃人数达 2.97 亿人，较 2015 年增长 34%，日活跃用户达 1.32 亿人，较 2014 年增长 32%。

28.3.2　用户年龄分布

从用户年龄结构看，微博用户低龄化特征明显。30 岁以下的使用者占整个微博使用用户的 82.1%，其中 23～30 岁青年群体占比最大，达 38.7%，18～22 岁青年群体占 30.1%（见图 28.7）。

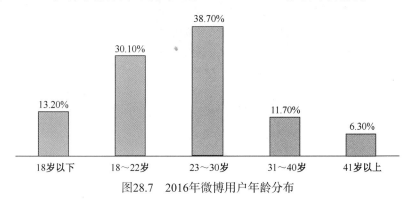

图28.7　2016年微博用户年龄分布

28.3.3　用户性别与学历分布

在使用人群的性别方面，微博男性使用者略多于女性，占比为 55.5%，女性使用者占比为 44.5%。

在使用人群学历方面，微博使用者受教育情况良好，据数据统计，大学以上高等学历的使用者占整个微博用户的 77.8%，中等学历使用者占比为 15.7%，初等学历使用者占 6.5%（见图 28.8）。

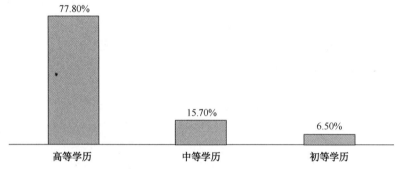

图28.8　2016年微博用户学历分布

28.3.4　用户地域分布

在用户地域分布方面，微博用户当前仍主要集中在珠三角、长三角和环北京地区，用户分布受人口、区域经济因素影响较为明显。其中广东、浙江、江苏微博使用者占比均超过 6%。

同时，微博用户正呈现进一步下沉趋势，一线、二线、三线和四线及以下城市的分布均为均匀，二线、三线和四线及以下城市用户已占到整个使用者的 82%，城市发展水平和城乡差异已不再是影响微博用户分布的重要因素（见图 28.9）。

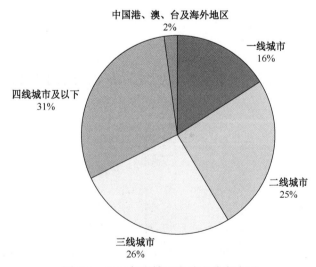

图28.9　2016年微博用户城乡分布水平

28.3.5　用户使用时长与设备

在使用时长与设备方面，2016 年微博用户月均登录天数在 15 天及以上的比例为 51.4%，且 89% 的微博用户选择使用移动电子设备。

28.3.6　内容形式

2016 年，微博内容的最主要形式依然以文字加配图为主，而短视频逐渐成为当前微博用户保持活跃的重要驱动力。在明星与网红现象的作用下，短视频在微博取得了明显的播放增幅，2016 年第三季度微博短视频播放量较 2015 年第三季度同比增长 740%。短视频在丰富微博内容形式的同时，已成为 2016 年微博发展的重要原因。

同时，微博短视频用户的年龄分布也与微博整体用户年龄分布较为契合，89.2% 的短视频使用者年龄在 30 岁以下，其中 23～30 岁用户占比最大，达 39.1%，短视频用户主题依旧为青年与青少年群体（见图 28.10）。

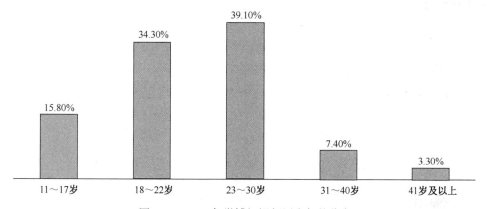

图28.10　2016年微博短视频用户年龄分布

除短视频外，直播也成为微博的重要内容。2016 年第三季度，微博直播场次超过 2300 万次，平均每天直播 26 万场，观看人数达到 538 万人。

在微博主题方面，2016 年第三季度微博月阅读量超百亿的领域中，明显呈现泛娱乐化的趋势，同时生活主题、教育读书主题也较为明显。从受关注的主题中可以看出，用户使用微博更多抱有娱乐与生活目的，且该领域已成为 2016 年微博内容的主要领域。

28.4　电子邮件

电子邮件是互联网最早的社交工具，也是唯一全球通用的互联网身份证，不仅在全球范围内互联互通、广泛使用，也常常被用作其他互联网平台的 ID 入口。自 1998 年中国自主研发出第一套中文电子邮件系统 Coremail 以来，电子邮件已经进入一个成熟平稳的发展阶段，成为人们日常生活、工作中重要的沟通交流方式。

按照电子邮件的主要用户来划分，可分为企业用户和个人用户。随着即时通信的蓬勃发展，其更强大的社交属性和用户黏性，使其在个人生活场景中越来越受欢迎，而电子邮件的碎片化、延后性使其个人社交属性逐渐弱化，与此同时，电子邮件具有其他社交工具所缺乏的权威性、正式性，因而在企业协同中越来越重要。

28.4.1　个人邮箱

根据 Coremail 统计数据显示，个人邮箱的用户男女比例为 63.9%：36.1%，男性用户占比明显高于女性；个人邮箱用户的整体受教育程度较高，本科占比为 47.7%，大专占 28.4%，其他占 23.9%；在用户职业结构上，职场人士占个人邮箱用户的 76.4%，而非职场用户占比为 23.6%。在职用户中，企业中高级管理层占比为 27.6%，企业基层员工占 22.3%，党政机关企事业单位基层员工占 16%。

28.4.2　企业邮箱

根据 Coremail 统计数据显示，使用企业邮箱的用户主要集中在政府及事业单位、IT 互联网公司、房地产、金融证券、交通物流、教育机构、能源行业、机械制造等行业，其中政府及事业单位、IT 互联网公司、金融证券占较大比例（见图 28.11）。

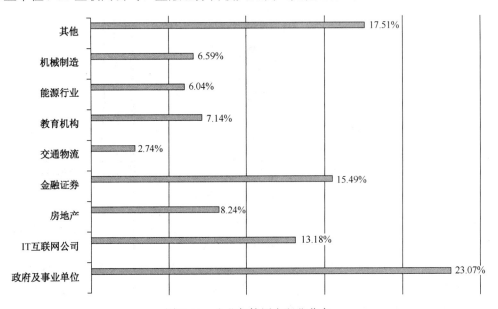

图28.11　企业邮箱用户职业分布

不同用户在使用邮箱过程中，对邮箱的功能需求不同。从主要功能类需求差异上可划分为普通用户和企业管理员。普通用户主要功能需求包括：接收邮件、发送邮件、组织通讯录、日程管理、组织和参加会议、个人设置、企业网盘及个人档夹。其中最主要功能使用为收发邮件，占比分别为 63.29% 和 71.42%。企业协作是企业邮箱有别于个人邮箱的重要功能，包括组织通讯录、企业网盘、组织和参加会议等。

对于企业管理员，主要使用功能在用户管理、安全管理、统计查询。邮箱的安全管理十分重要，涉及企业信息安全，这是电子邮件作为企业协同工具，优于其他社交工具的特点之一。安全管理功能主要为设置密码策略、反垃圾安全管理、反病毒管理、反信人规则、关键字监控规则等。

互联网硬设备是邮箱发展的基础，当今互联网硬设备的发展与升级让邮箱的使用和连接方式更加多样化。用户使用主要通过 PC 客户端、Webmail、移动 APP 等其他（客户端插件、专用协议）方式。其中在 PC 客户端使用选择上，Coremail 闪电邮以其优良性能在企业邮箱类应用中占比较高，Outlook、Foxmail 等也是企业通常选择使用的，市场份额占比靠前。

28.5　发展趋势

1. 低线城市社交平台使用增长迅速，年轻化趋势凸显

社交平台向低线城市下沉势头明显。目前低线城市的社交平台使用已经从 QQ 一家独大向各家齐头并进趋势发展。2016 年微博上线同城频道，实现了微博内容的本地化与区域化。据统计，微博同城已迅速覆盖了国内 340 个城市，下沉步伐顺利。同时，越来越多的社交平台开始立足低线城市，2016 年，网络视频直播社交平台快手的火爆正式体现了深交平台的充分下沉，与其他直播平台专注于明星效应不同，快手将目标用户集中在低线城市与乡村，通过"接地气"的直播要素，迅速覆盖了大量低线城市与农村人群。

2. 动态内容占据优势，轻松内容受到欢迎

在形式方面，2016 年短视频在我国迅猛发展，秒拍、小咖秀等短视频产品分别将自己定位于短视频媒体平台与短视频社交平台，通过与新浪微博的合作，迅速形成自身的短视频社区。同时，短视频还成为微博用户保持活跃的重要动力。在以 papi 酱为代表的网红与明星的作用下，短视频在微博取得了明显的播放增幅，丰富了微博内容形式的短视频，已成为 2016 年微博等社交平台发展的重要原因。

在内容方面，带有轻松特点的内容明显受到用户欢迎。精练的篇幅、简短的时长与泛娱乐化的主题成为用户在进行内容选择时优先考虑的要素。

3. 综合发展与垂直发展并行趋势显现

一方面，部分社交平台在互联网+的作用下，越来越向综合性方向发展，不断完善社交功能，并衍生出其他功能。微信已不再满足于作为一款即时通信工具，随着微信朋友圈内容的推陈出新、微信支付的不断推广扩散、微信运动的风靡以及越来越多线上线下领域的融合，微信已经成为一款基于社交关系的综合性工具。在新内容形式的补充下，新浪微博、微信等社交平台，不但具有即时通信、短消息发布等社交平台特性，还具有视频观看、图片分享等特性，一款社交平台将多种社交平台作用融于一体。

同时，更多互联网其他领域的平台逐渐向社交领域靠拢，发展出形形色色的社交平台。以互联网金融为主打的支付宝也在推进自身的社交功能。

另一方面，社交平台垂直化发展也在逐渐发力。专注于单一领域的社交平台，诸如知乎、果壳、穷游等影响力有所扩大，更多受众根据自身兴趣爱好与需求，选择小众、单一的平台进行社交活动。

4. 社交平台的新闻传播作用更加突出

社交平台已成为重要的互联网新闻分发渠道，社交平台移动端已成为互联网新闻最主要的竞争市场。最近半年内通过手机上网浏览新闻的网民占比达到 90.7%，只用手机浏览新闻资讯的比例高达 62.9%，最经常使用手机浏览新闻资讯的网民占比高达 85%。用过微信、微博获取新闻的比例分别为 74.6%、35.6%，手机浏览器占比为 54.3%，新闻客户端占比为 35.2%。社交平台已经与新闻传播深度融合。同时社交平台新闻传播也亟待规范管理。

（张宇鹏、陈磊华）

第 29 章　2016 年中国网络教育发展状况

信息科技一日千里，互联网拉近了人与信息、人与人、人与物之间的距离。在教育信息的传递上，互联网突破了时空的限制，让教与学都变得随时随地。之于教师，借助互联网可以让一堂课覆盖成千上万人；之于学生，借助互联网可以随时随地获取海量的教育资源。自 20 世纪下半叶互联网与教育开始结合以来，互联网科技的不断发展一直推动着教育行业变革。

29.1　发展概况

2016 年，教育资本运作逐渐趋于理性，早期项目的投资开始减少，而中后期的项目投资开始增多。2016 年，互联网教育的并购潮来临，一些大型的互联网教育企业及上市公司都开始并购线上、线下的产业。2016 年，互联网教育开始由膨胀期走向平稳上升期，预计未来 3 年会步入互联网教育的资源整合期，行业内会呈现一些小型在线互联网教育企业陆续倒闭的现象。另外，一些目前发展不错的互联网教育企业会进一步走向成熟，预计在 2018 年会迎来一股互联网教育企业的上市潮。未来，大型互联网公司也会进一步布局互联网教育，其他领域的上市公司也会通过跨界并购的方式进入互联网教育领域，未来会出现在某些领域几家独大的鼎立局势。

2016 年，互联网直播热潮辐射到了教育领域，多家互联网教育企业纷纷步入直播行业，近几年获得多轮融资的题库和答疑项目也开始做起了网络直播。

2016 年年初，邢帅教育搭建了自身的直播系统，并将其放在了网站首页，每天提供超过 100 堂直播课。6 月，邢帅教育更是在直播系统中加入了打赏功能，以最流行的方式直接让直播变现。中国移动旗下咪咕学堂也在平台中上线了直播学院，并尝试打造教育直播网红。优酷学堂也上线了双向直播课，成为业内首个将教学过程和学习过程同时直播的平台。

在线教育直播的方式主要分为两种：一种是直播班课，另一种是直播一对一。其中直播一对一早前在英语培训领域已初步成功，海风教育、掌门 1 对 1、三好网等在线教育机构陆续实行教育直播一对一模式。

2016 年 2 月 29 日，伟东云教育集团并购欧洲第二大职业教育培训机构德莫斯，拉开了 2016 年互联网教育领域大并购的序幕。7 月 19 日，立思辰宣布以 3.44 亿元收购 360 教育集团，在教育行业内激起轩然大波。8 月 18 日，勤上光电正式完成以 20 亿元的价格收购龙文教育。20 亿元的收购价格比肩 2015 年银润投资并购学大教育的收购价格。除了并购 360 教育集团外，立思辰还在 9 月 26 日和 10 月 12 日分别以 2.83 亿元和 2.51 亿元的价格并购了互联网升学服务品牌百年英才，以及中小学在线教育平台跨学网。除立思辰外，2016 年的大并购案还有，8 月 22 日猪八戒网收购职业技能学习平台萝卜教育，创立独立的八戒教育品牌；8 月 26 日，慧科教育宣布并购创意设计职业教育机构莱茵教育（换股 70%）、互联网产品社群产品壹佰和一站式互联网学习平台美好学院，与慧科旗下 IT 教育品牌开课吧构建成职业教育事业群。

29.2　产品分析

中国互联网教育根据不同业务板块产生多项差异化产品，根据产品的特征和功能，各板块的产品与服务模式可进行如下分类。教育信息化的产品主要分为三类，一类是整体解决方案，包括三通两平台、智慧校园、智慧课堂；一类是单一功能的软件系统，包括测评系统、排课系统、批改系统；还有一类是信息化硬件产品，包括电子书包、智能黑板等。在线教育产品主要有在线题库、在线测评、在线答疑、在线教学、教育游戏、学习辅助工具、自适应学习等。在线教育技术的主要产品与服务有网校平台技术、课程录播技术、课程直播技术、运营教学管理平台、课件制作工作、课程外包服务。在线教育平台主要有课程分享平台、家教预约平台、教育培训门户三种（见图 29.1）。

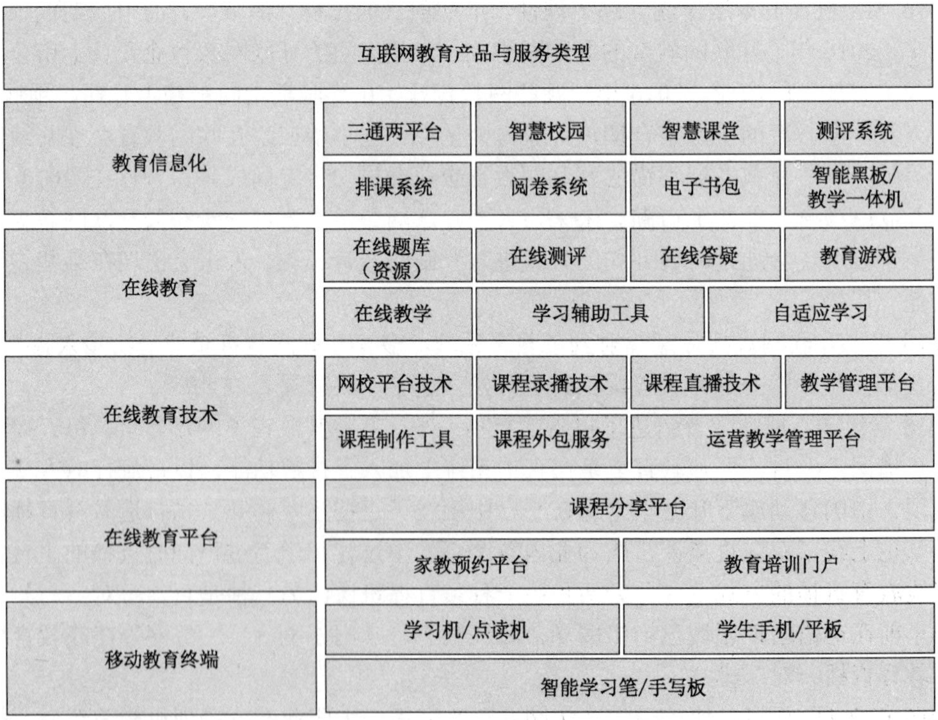

图29.1　互联网教育产品与服务模式

29.2.1 教育信息化

1. 三通两平台

三通两平台是刘延东副总理 2012 年提出的教育信息化顶层设计方案，也是我国现阶段教育信息化的建设目标。三通包括宽带网络校校通、优质教育资源班班通、网络学习空间人人通；两平台包括教育管理公共服务平台、教育资源公共服务平台，教育信息化服务企业正围绕三通两平台开发一系列的教育产品与服务；典型的提供三通两平台企业有全通教育、颂大教育、万朋教育等。

2. 智慧校园

智慧校园在近两年诞生，是基于整个校园的课堂教学、校园管理、教务管理、家校互动等活动开发的新一代互联网教育信息化产品。目前提供智慧校园产品的企业有拓维教育云校园、腾讯智慧课堂等。

3. 智慧课堂

智慧课堂是在新的教育理念、教育技术背景下围绕课堂教学过程打造的智慧型教学产品，对于智慧课堂的理念不同的人有不同的理解，但其中高度一致的观点是认为智慧课堂当以学生为中心，促进学生的人格发展。目前，提供智慧课堂产品服务的企业有科大讯飞畅言智慧课堂。

4. 测评系统

测评系统是指学校用来为学生进行学情分析、身心健康、综合素质等测试与评价的软件系统。随着大数据、云计算技术深入应用，教育行业也希望通过数据分析的方式对学生个人做出多方位的评价。中小学阶段的家长希望通过数据找出学生知识的缺陷，幼儿阶段的家长希望通过数据看到孩子每天的身体健康状况。

5. 排课系统

排课系统是指通过排课算法为学校各班级编排课程安排表的软件系统。排课系统最主要解决两个问题：第一是避免课程冲突，完成所有的课程编排；第二是使课程编排更加合理，提升学校、教师、甚至班级学生满意度。早期学校排课一般通过手动的方式完成，随着教育信息化的深入，更多的学校有了想拥有自动排课系统的需求。

6. 阅卷系统

阅卷系统是指以计算机网络技术和电子扫描技术为依托，实现客观题自动阅卷，主观题网上评卷的一种现代计算机系统。阅卷系统释放了教师批阅大量试卷的压力，同时减少了很多人为因素的误差。阅卷系统代表产品有全通纸笔王网上阅卷系统和乐华网上阅卷系统。

7. 电子书包

电子书包是利用信息化设备进行教学的便携式终端，除了传统家校通包含的家校沟通功能，电子书包还提供更加丰富的教育信息化功能，如数字化教育资源、学生成长史等。电子书包代表产品有优学派电子书包、盈动电子书包和汉王电子书包等。

8. 智能黑板/教学一体机

智能黑板（教学一体机）是在常规电教及计算机设备基础上发展起来的，兼具教学、学术报告、会议、综合性研讨、演示交流及远程教学、远程改卷、远程上课、远程出题、远程会议等功能。智能黑板代表企业有鸿合科技、万里智能和深圳巨龙等。

29.2.2　在线教育

1. 在线题库

在线题库是指所有与教育相关的线上材料。根据材料性质的不同，题库内容资源可分为课程、课件、试题。目前市面上的内容资源类产品都是综合其两者或者三者的。题库内容资源类产品有学科网和寓乐湾等。

2. 在线测评

在线测评是指通过大数据技术或标准化的数据模型，对用户的知识或者能力进行测试和评价。目前市面上的在线测评产品主要有五种：口语测评、文本测评、基础知识测评、升学测评和职业规划测评。口语测评类产品有口语 100、多说英语、英语流利说等。文本测评类产品有批改网、极致批改网等。基础知识测评类产品主要是基于海量的题库，因此多是题库类产品，如猿题库、易题库等。升学测评类产品有升学网等。职业规则测评类产品有升学网和 ATA 等。

3. 在线答疑

在线答疑是指通过海量知识库或在线教学模式，及时线上解决用户遇到的问题。目前市面上的在线答疑主要有两种模式：拍照搜题和在线答题。通常这两者被集合在一个产品上，其中拍照搜题是免费的，在线答题是收费的。典型的在线答疑产品有学霸君、小猿搜题、作业帮、阿凡题和口袋老师等。

4. 在线教学

在线教学是指教师通过互联网实时对学习者进行授课。根据教师和学习者连接关系的不同，在线教学产品可分为在线教学班课，在线教学一对一，在线教学平台。在线教学班课产品有很多，如沪江网校、邢帅教育、华图教育。在线教学平台类，主要是由大型的互联网公司所搭建，提供给机构和个人在平台上开课，典型平台有腾讯课堂、百度传课、网易云课堂和淘宝教育等。

5. 教育游戏

教育游戏是指将学习过程游戏化类的教学产品，多见于学前教育阶段产品。教育游戏类产品创意很多，在此不再细分。典型的教育游戏类产品有一起作业网、花朵网、宝宝巴士和小伴龙等。

6. 自适应学习

自适应学习是指利用云计算技术，根据学习者在该产品上的学习记录及评价，深度理解学习者的学习需求、进度、强弱点等，自动为学习者推动当前应当学习的内容。典型的自适应学习产品有义学教育、学霸课堂和优易课等。

29.2.3　在线教育技术

1．网校平台技术

网校平台技术是指为教育培训机构提供在线课程直播、点播功能的网校搭建技术，网校系统对于课程界面设计、流媒体播放、网络带宽、并发量等有非常高的要求。典型的提供网校平台技术的企业如 EduSoho 等、云学堂和 268 教育等。

2．课程录播技术

课程录播技术是指为教师授课提供视频录制的功能，录播技术对于画质的清晰度、声音的清晰度、文件的存储型要求都很高。课程录播技术的典型企业有北京文香、盈可视和中轻集团等。

3．课程直播技术

课程直播技术是指教师通过网络平台进行在线授课的技术，课程直播技术应当包含视频直播、课程展示、互动问答等功能，对于直播的清晰度、及时性、并发量都有很高的要求。典型的平台如 CC 视频、展视互动和爱学堂等。

4．课程外包服务

课程外包开发是指为在线教育企业提供课件制作、课程设计与开发的企业。典型的课程外包服务企业如时代光华、盛世智联和赢诺科技等。

5．教学管理平台

运营教学管理平台是指为培新机构提供招生报名、学员管理、课程教学作业提交与批改等功能的网络软件系统。典型的教学管理平台有校宝、BOSS 校长和大家汇等。

6．课件制作工具

课件制作工具是指具有课程排版、课件转视频、声音录制功能的工具软件。典型的课件制作工具有 iSpring、Articulate 和知牛网等。

29.2.4　在线教育平台

1．课程分享平台

在线课程分享平台是指为教育机构、教师个人提供在线授课、互动教学、课程展示服务等方面的在线教育平台。在线课程分享平台一般由大型互联网企业所搭建，在广告导流、数据并发、后期服务等方面具有天然优势，典型的课程分享平台有腾讯课堂、淘宝教育、传课网、网易云课堂和 YY 教育等。

2．家教预约平台

辅导老师预约平台源于教育 O2O 的概念，希望将教育培训去中介化，直接连接学生/家长和家庭教师。平台基于学科、地理位置、客单价等信息提供家庭教师的服务信息，学生/家长在线进行交易，家庭教师上门授课。典型的 C2C 交易平台产品有跟谁学、请他教和神州佳教等。

3. 教育培训门户

教育培训门户是指为学习者提供培训机构基本信息浏览、机构间对比、与机构沟通等功能的信息服务平台。典型的培训机构引导平台有教育宝和决胜网等。

29.2.5 移动教育终端

1. 学习机/家教机/点读机

学习机在中国有十几年的历史，早期的学习机只具备资料存储和查询的功能，而随着移动互联网教育的快速发展，现在的学习机早已包含了教学视频、教育游戏、多媒体课件等多种丰富的教学内容，家教机、点读机等也都具备了听、说、读、写等多种学习功能。

2. 学生手机/平板

学生手机和学生平板是移动互联网教育背景下诞生的产品，几乎具备了所有常规平板的功能，并且制造商基于安卓系统开发了更适合学生网络学习的后台系统，具有如时间控制、视力保护、内容过滤等各方面的教育特性。典型的学生手机和学生平板教育电子厂商有绿网天下、优学派。

3. 智能学习笔/书写板

智能学习笔是在近两年物联网、万物互联的背景下诞生的移动教育产品。目前市面上的智能学习笔主要有两种：一种是通过内部传感器纠正学生视力、坐姿、书写手法，并通过网络记录学生学习习惯的辅助学习笔；另一种是基于电格书写板通过 USB OTG、蓝牙或 WiFi 与电脑、手机等连接，从而将书写笔记转为电子档或实时同步演示的教学工具笔，具备教学、作业、演示等多种功能。第一种智能学习笔的典型产品有唯赐宝、AppCrayon Deluxe。第二种智能学习笔的典型产品有鲁伯特智慧笔、Equil 智能笔、WorldPenScan X。

29.3 发展趋势

1. 互联网教育产业资源进一步整合

2015—2016 年，互联网教育资本开始变得理性与谨慎，投资的选择不再单纯追随行业热点，而是更多地投向已被市场验证过，具有较高可行性的商业模式。因而早期项目投资减少、而早期已获得融资的中后期项目融资开始增多，行业的增长趋势也开始减缓，但到 2016 年年底互联网教育企业仍超过 10000 家。2016 年，一些大型的互联网教育企业开始收购与自身产业链相关的优质项目，同时一些上市公司进一步在互联网教育领域布局。但到目前为止，中国的互联网教育仍处于发展初期，2017 年互联网教育企业预计会达到 12000 家。此后也会有新的企业进入，但行业会进入小幅平稳增长的趋势。

2. 互联网教育环境不断优化

2016 年，体制内的教育信息化政策不断完善，国家对教育及其信息化的投入规模也越来越大。

2016 年，上千家互联网教育创业企业陆续步入这个行业，同时还有数百家为在线教育服务的技术型和平台型企业进行转型升级。此外，BAT 等互联网巨头和上市企业也开始关注在线教育，从而进一步拓宽了互联网教育的市场规模。2016 年互联网教育行业虽然步入资源整合期，行业增速有所放缓，但仍达到了 2900 亿元的市场规模。预计，2017 年互联网教育的市场规模将达到 3500 亿元，未来两三年将是互联网教育行业的高速生长期。

（吕森林）

第 30 章　2016 年中国网络健康服务发展状况

30.1　发展概况

网络健康服务是指利用互联网或是移动互联网提供医疗服务，包括向大众用户或者患者提供的在线健康保健、在线诊断治疗服务，以及与这些服务有关的提供药品、医疗用具的业务，和向医生提供的社交、专业知识（如临床经验、病例数据库、医学学术资源等）及在线问诊平台等服务和工具。按照服务终端形态可分为：在线医疗 PC 端和在线医疗移动端（移动医疗）；而在移动医疗中，健康保健类 APP 占据较大比重，其次是挂号问诊类。

2016 年，中国网络健康服务出现"井喷"式发展。在网络健康服务的总体市场规模和用户规模不断增长的基础上，其垂直细分领域，如在线问诊、线上挂号、自诊自查、线上售药、疾病管理等都得到了较大程度的发展。当前网络健康服务主要面向患者、医生、医院、医药企业、保险公司及行政监管部门六大主体，包括了健康管理、院前咨询、导诊挂号候诊、诊断、支付、处方药、治疗、住院及院后康复等不同的环节。在移动医疗方面，面向不同的主体、不同的环节均有不同的应用，如健康管理与康复、慢病管理、在线问诊、辅助就医（挂号、导诊、分诊）、互联网医院、医药电商、医生工具、支撑平台等，这些应用都在不同程度地改善旧有的医疗健康服务业态。在具体产业发展的同时，网络健康服务的商业模式逐渐成形并不断完善。

2016 年，资本运作进一步加速网络健康产业布局，推动行业快速发展，形成了大型互联网企业、创业公司、医药产业链企业、地产保险等众多企业"群雄逐鹿"的竞争局面。网络健康服务市场并购潮逐渐出现，并与资本市场呈现深度对接的态势。而在投资总额的绝对数值不断增长的同时，2016 年国内网络健康服务投资事件首次呈现下降趋势，这种现象的出现，一方面是由于我国 2016 年经济大环境较冷，因此导致网络健康服务投资事件数量下降；另一方面也反映了 2016 年资本对于网络健康服务呈现理性调整态度，资本呈现向头部流动的趋势。

30.2　发展环境

30.2.1　政策环境

2016 年我国网络健康产业在宏观政策方面主要集中在对既定政策的推行和实施上。从 2016 年开始，国务院印发的《关于推进分级诊疗制度建设的指导意见》正式开始在全国范围内实施。这部在 2015 年制定的指导意见允许临床、口腔和中医类别医师多点执业，提出推进医师合理流动，放宽条件、简化注册审批程序，探索实行备案管理或区域注册，优化医师多点执业政策环境。明确多点执业的医师应当具有中级及以上专业技术职务任职资格。使得作为医改重点内容的医师多点执业进一步放开，为移动医疗市场医疗资源的开放和丰富提供了保障。

在《关于推进分级诊疗制度建设的指导意见》实施的同时，我国分级诊疗制度建设也在不断开展，2016 年基本上完成了计划中所规定的内容，预计 2017 年基本实现大病不出县，2020 年在全国范围内基本建立分级诊疗制度。分级诊疗制度的建立，为医疗信息化企业、互联网企业、移动医疗企业提供了发展空间。

在政策建设和实施不断推进的过程中，政府也开始对旧有问题进行调整和改革。2016 年 7 月，国家食品药品监管总局分别通知河北省、上海市、广东省食品药品监管局，要求结束互联网第三方平台药品网上零售试点工作。这一举措是针对已经开展的互联网第三方平台药品网上零售试点工作进行的调整。国家通过结束互联网第三方平台药品网上零售试点工作，已解决在第三方平台网上零售试点工作中所存在的第三方平台与实体药店主体责任不清晰、对销售处方药和药品质量安全难以有效监管等问题。通过这一政策的实施，不仅保护了消费者的合法权益，而且对网络健康服务行业的健康发展以及互联网医药销售工作的有序开展有着重要意义。

30.2.2　社会环境

近年来，随着医疗卫生机构诊疗人次不断上升，就医流程烦琐，卫生机构处理效率水平较低等诸多问题亟待解决。在医院方面，医疗服务性质导致医院收支失衡，医疗资源分配失衡；在医生方面，医生与医院深度捆绑导致医生陷入道德困境，医生资源不足导致工作强度过高；在患者方面，医院基础分配资源失衡导致看病难、看病贵，从业人员服务性差导致质量差、矛盾深。这些问题的解决不仅要靠医疗体制的改革，还需要借助现代互联网手段。

30.2.3　技术环境

1. 可穿戴医疗健康设备

可穿戴健康技术是 20 世纪 60 年代美国麻省理工学院媒体实验室提出的创新技术，意在让人们更加方便地利用智能化设备对自己的身体情况进行实时监测。2016 年，我国的可穿戴医疗健康设备技术有了较大的发展，主要体现在：①可穿戴医疗设备所涉及的领域越来越广，现已经涉及运动数据监测、个人心率监测、睡眠质量监测、个人血压监测、身体异常信号监测以及其他监测的不同方面；②消费者对可穿戴医疗设备的认可度不断增加，根据艾媒咨询数据显示，2016 年有 55.5%的消费者使用可穿戴医疗设备，较 2015 年有大幅增长。可穿戴医疗设备的发展其实正是网络健康服务技术中医疗技术与互联网信息技术共同发展的产物，而它的发展，也为其他网络健康服务技术的发展提供了技术支撑。

2. 医疗服务大数据

伴随着互联网大数据时代的到来，数据在医疗行业，特别是网络健康服务行业的发展过程中扮演着不可或缺的角色。2016 年不同的地区都先后创办了互联网医院，同时，医药电商等也逐渐向"线上—线下"模式转变，而这些现象的出现，正是得益于大数据平台的建立以及医疗算法的不断提高。

30.3 市场概况

30.3.1 市场规模

根据易观统计数据显示，2016 年，移动医疗市场规模达到 105.6 亿元，较 2015 年增长了 116.4%，呈现指数级增长态势（见图 30.1）。

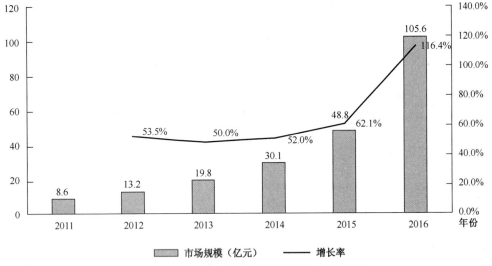

图30.1 2011—2016年中国移动医疗市场规模

在投融资方面，2016 年，网络健康领域投资事件较 2015 年减少 16.3%，全年共计投资事件 415 件。这一方面体现了网络健康服务领域的投资仍然是互联网投资的一大热点，同时也反映了在经历过 2014 年、2015 年网络健康服务领域投资"爆发"式增长以后，网络健康服务市场投资逐渐回归理性（见图 30.2）。

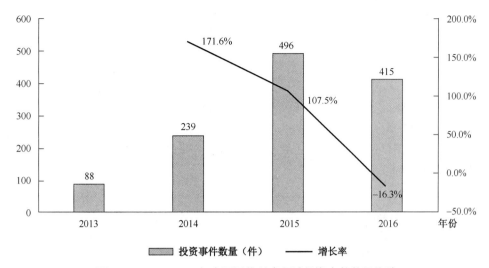

图30.2　2013—2016年中国网络健康领域投资事件数量统计

在移动医疗市场方面，2011—2016 年，中国移动医疗市场规模呈现"爆发式"增长，仅2016 年移动医疗市场规模就达到 105.6 亿元，较 2015 年增长 116.4%，但是，随着网络健康服务市场的不断成熟，移动医疗市场的增长率在 2016 年达到峰值，2017—2019 年虽然市场规模将不断扩大，到 2019 年将达到 408.6 亿元，但是市场规模增长的速度将呈现下降趋势（见图 30.3）。这表明在资本的强力驱动下，中国移动医疗产品正在逐渐趋向成熟，用户群体逐渐稳定，产业生态圈正在逐步完善。

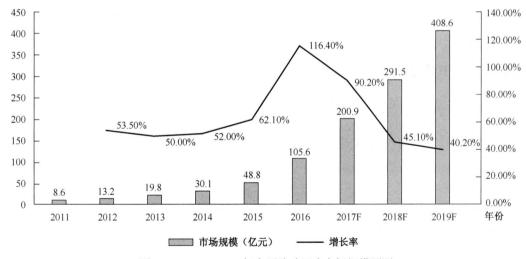

图30.3　2011—2019年中国移动医疗市场规模预测

30.3.2　市场格局

2016 年，网络健康服务市场在市场格局上的主要变革体现在用户城市的级别上。根据易观数据统计，从 2016 年下半年开始，我国网络健康服务用户城市级别变化显著，其中，超一线城市如上海、北京以及一线城市移动医疗用户在全国范围的占比出现明显下降，而三线城市和其他城市的占比出现明显增加，但同时需要注意的是，虽然二线以下城市用户占比提高，但其绝对占比仍不足五成。

这种现象的出现，一方面是由于我国医疗行业本身存在的医疗行业资源分配不均，中小城市就医资源缺乏，从而促使人们开始向网络健康服务行业寻求资源；另一方面是由于伴随着网络健康服务行业的不断发展，特别是 2016 年我国分级诊疗的推行，使中小城市市场打开了突破口，同时，AI+医疗的出现也为基层医师服务水平的提高提供了帮助。因此，根据2016 年下半年所表现的趋势预测，未来 1～3 年内，二线以下城市将成为网络健康服务行业市场的主要战场（见图 30.4）。

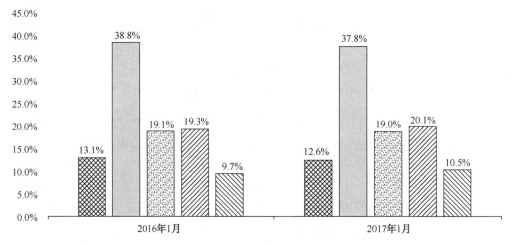

图30.4　2016年中国移动医疗用户城市级别变化

30.3.3　市场结构

自 2011 年以来，在线医疗在网络健康服务市场占比连续六年呈现持续下降趋势，2016年在线医疗在网络健康服务市场中的占比仅有 57%。而与此相对的是移动医疗占比的激增，由 2011 年的 17% 上升至 2016 年的 43%。伴随着手机等移动信息终端的日渐普及，预计到 2017年，移动医疗占比将超过在线医疗在网络健康服务市场中的比重（见图 30.5）。

在投融资地域方面，网络健康服务的投融资主要集中在北京、上海、广东、江苏等地。除了京津冀、长三角和珠三角这三个传统的创业热门区域之外，江苏跃居网络健康服务领域创业区域第三名（见图 30.6）。

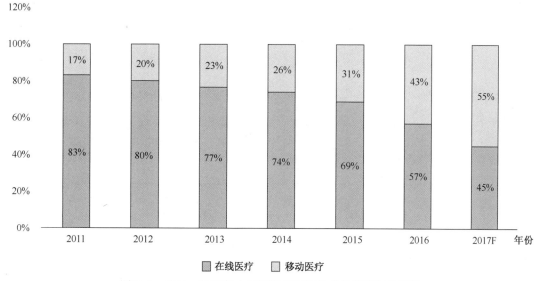

图30.5　2011—2017年中国网络健康服务交易规模结构预测

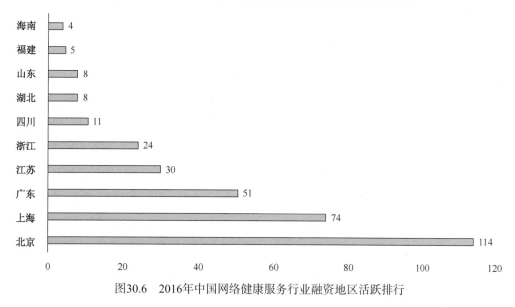

图30.6　2016年中国网络健康服务行业融资地区活跃排行

根据中商产业研究院数据显示，在投融资细分领域方面，2010—2016 年我国资本在网络健康服务领域主要流向健康保健和医疗信息化两个方面，其投资事件分别达到 313 件和 248 件，而医生服务在六年中投资数额和公司数量都较少（见图 30.7）。伴随着传统医疗与网络健康服务的结合以及分级诊疗制度的推行，医生服务作为传统行业与互联网技术结合的产物，必然会迎来一个大的发展。

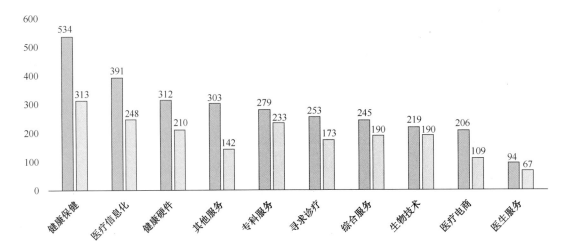

图30.7　2010—2016年中国网络健康服务投资分布

30.4　商业模式

在中国网络健康服务市场规模的不断扩大和融资的理性化回归这一背景下，网络健康服务市场在 2016 年打破以往单一集中发展模式，向多种模式共同引领市场发展的方向转变。通过对 2016 年网络健康服务发展数据进行整理、分析以及对具有代表性的案例进行分析总结，我们可以发现，2016 年中国网络健康服务商业模式主要由五种模式共同组成。

30.4.1　互联网医院市场模式

互联网医院是指具有医疗机构资质，可以从事诊疗活动的；同时具有线上—线下协同特质和专业的医疗人员和诊疗规范的医院。在国家将有关健康医疗产业的纲要提高至国家层级的战略以及浙江、贵州、四川等地对远程医疗服务的政策支持的背景下，2016 年互联网医院市场得到了快速的发展，并衍生出不同的业务形态：①网络健康服务机构化：网络健康服务企业通过与线下医院合作或自建院区得到医疗资质，从而形成线上—线下闭环；②医院互联网化：传统医疗机构根据自身医疗信息管理系统，建立网络医院，实现区域联通，提高患者就诊效率。其主要代表是浙大一院互联网医院。

30.4.2　医生服务市场模式

2016 年，医疗从业人员市场蓬勃发展，医疗从业人员与医疗机构契合关系渐弱。伴随着国务院印发的《关于推进分级诊疗制度建设的指导意见》正式开始在全国范围内实施，医生多点执业成为可能，这就打破了原有计划经济体制下医生与医疗机构深度捆绑，形成医疗行业核心供给方的旧有格局。很多医生通过互联网的方式为医疗机构提供服务，而医疗机构通过市场化服务定价的方式付给医生相应的报酬。这种方式的代表是医联和医护到家。

30.4.3　在线问诊市场模式

在线问诊市场的不断发展并对传统医疗实现有效补充是 2016 年网络健康服务市场的又一模式。

通过对图 30.8 中传统医疗模式与移动问诊模式的对比可以发现，与传统单项沟通相比，互联网在线问诊的出现实现了患者与医生的双向沟通，患者根据文字、图片、视频途径获取医疗咨讯，而在线问诊医生通过诊前咨询和后续服务的结合，能够有效提高患者端的就医体验。这种模式的主要代表是春雨医生。

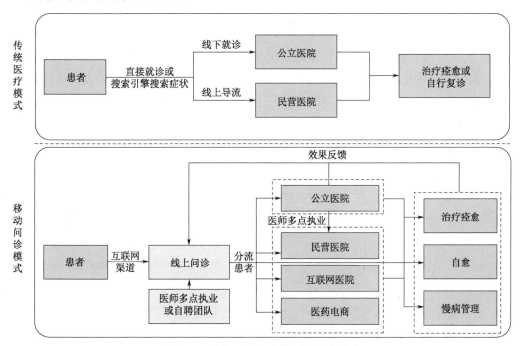

图30.8　传统医疗与在线问诊模式对比

30.4.4　医药电商市场模式

在两票制、药品招标采购、医保控费、药企利润空间在医院端受到压缩的背景下，医药电商市场模式开始受到人们的重视。2017 年 1 月，SFDA 宣布《互联网药品交易资格证书》B、C 证审批取消，显示了国家对医药电商的鼓励态度。医药电商市场得到快速发展，药品交易资格证书发送数量参与者比 2015 年增加近一倍，由 2015 年 11 月的 521 张上升至 2017 年 2 月的 913 张。同时，医药电商市场还呈现出多领域合作拓展售药渠道，增加流通效率的特点。这种市场模式的代表有叮当快药、七乐康等。

30.4.5　"AI+医疗"市场模式

2016 年被称为"AI 时代元年"，AI 技术得到了快速发展。与此同时，网络健康服务市场中，AI+医疗市场也成了一种新型商业模式，医疗人工智能产业形态逐渐完善，数据形态多样化。这种商业模式的出现一方面有助于对肿瘤以及病灶的识别；另一方面也促使工作流程和治疗过程提效；并且还可以通过对精神健康监测以及提供个性化生活习惯干预与预防性健康管理计划等方式来实现健康管理。这种模式的代表有康夫子和 Deepcare。

30.5 用户情况

30.5.1 用户规模

2016 年，我国网络健康服务用户规模为 1.9476 亿人，占网民的 26.6%，虽较 2015 年增长了 28%，但相比于其他网络应用，网络健康服务的使用习惯仍有待继续培养。

在网络健康服务用户的使用率方面，通过对 2016 年不同种类网络健康服务使用情况进行分析可以发现，医疗保健信息查询、网上预约挂号的使用率最高，分别为 10.8%和 10.4%，网上咨询问诊、网购药品/医疗器械/健康产品、运动健身管理占比也较高，在 6%左右（见图 30.9）。

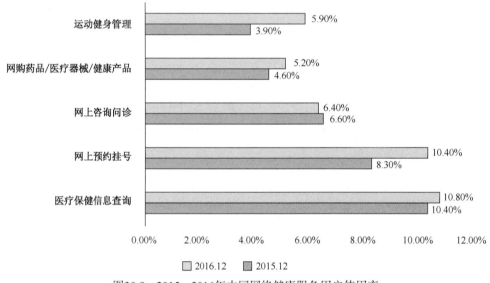

图30.9　2015—2016年中国网络健康服务用户使用率

30.5.2 用户特征

从健康医疗 APP 的用户性别分布数据看，男女比例为 33.9∶66.1，女性占比明显大于男性，这与整体网民男多女少的情况形成鲜明对比，反映出女性用户对于健康医疗信息和服务的需求大于男性（见图 30.10）。

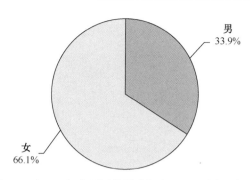

图30.10 2016年中国网络健康服务APP用户性别对比

从健康医疗 APP 的用户年龄分布数据看，35 岁以下的年轻用户占八成，是健康医疗的主要用户群体。19 岁以上、35 岁以下的人群通常是在校大学生和职场年轻人，对互联网健康医疗应用关注较多（见图 30.11）。尤其是其中的女性群体使用健康管理应用者较多。

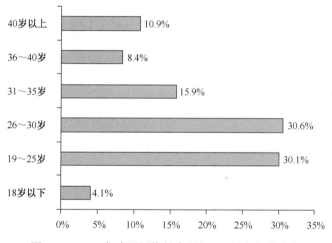

图30.11 2016年中国网络健康服务APP用户年龄分布

从健康医疗 APP 的用户学历分布数据看，本科及以上用户占多数，反映出互联网健康医疗更容易被高学历人群所接受（见图 30.12）。

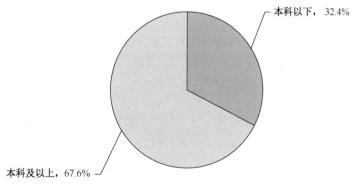

图30.12 2016年中国网络健康服务APP用户学历分布

从地域分布来看，网络健康用户在北京、广东、浙江等地的比例相对较高（见图 30.13）。

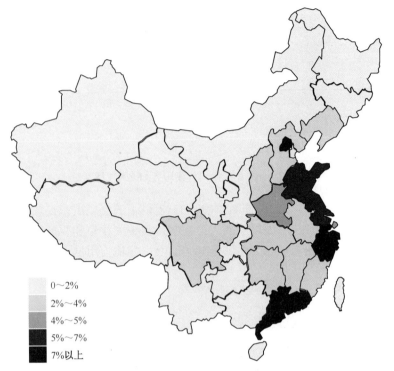

图30.13　2016年中国网络健康服务APP用户地域分布

30.5.3　用户黏性

从健康医疗 APP 活跃设备日人均启动次数分布数据看,每天启动 3 次以上的用户不到四成。用户黏性相对较低,一方面,由于健康医疗行为具有天然的低频性,属于正常现象;另一方面,也与产品的用户体验欠佳有关(见图 30.14)。

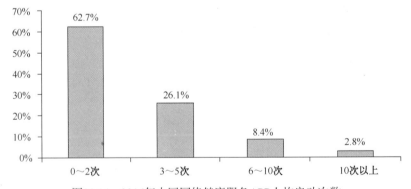

图30.14　2016年中国网络健康服务APP人均启动次数

从健康医疗 APP 活跃设备日人均使用时长分布数据看,每天使用时长不超过 15 分钟者占九成(见图 30.15)。使用时长较短说明用户浏览的内容相对较少,对于内容生产方而言,呈现更丰富的优质内容,更好地满足用户的需求对于用户黏性的提升有一定积极作用。

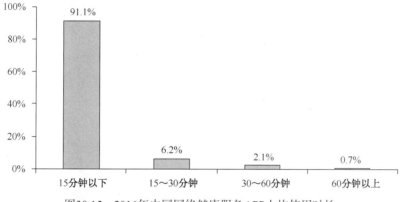

图30.15　2016年中国网络健康服务APP人均使用时长

30.6　网络健康服务产品方向

1. 以大数据为基础的个性化医疗产品将成为发展的主要方向

医疗健康的核心在于数据，企业对于数据的重视度将会极大提升，随着在线问诊平台、互联网医院、区域医疗信息化平台等大数据平台逐步搭建完成，企业将积累百万级甚至千万级的医疗基础数据。通过数据挖掘与数据分析进而构建独特的商业模式将对这类企业的发展有极大的促进作用。

未来几年内，网络健康服务行业将在以大数据为技术支撑的基础上，着重进行对个性化医疗产品的开发。主要集中在个性化健康管理（通过智能手机和网络健康服务 APP 持续对自己的生命体征数据进行管理，并将数据实时传送到医疗+互联网云平台进行分析，一旦发现异常，平台会将监测结果发送给本人和医师，以便有效管理个人健康）、个性化疾病防治（个人通过网络健康服务 APP 对自己的健康情况进行分析，据此了解自身可能患有某种疾病的风险，提前预防治疗）等方面。

2. 可穿戴设备将成为移动医疗市场产品研发的主要关注点

目前，可穿戴设备在移动医疗领域的应用正逐步扩大。除了能监控人体各项数值变化外，近期已有智能穿戴设备投入医用治疗领域。随着"互联网+医疗"深入推进信息化，以及"健康中国"建设的全面提速，可穿戴医疗设备有望步入快速发展期。

30.7　发展趋势

1. 传统医疗机构与网络健康服务融合，问诊预约购药闭环完善

网络健康服务的各种设备和服务必须通过医生的对接才能真正发挥作用，因此，网络健康服务与传统医疗的融合也就成了其发展的必然趋势。与此同时，网络健康服务的出现也为解决传统医疗存在的问题提出了新的解决方案。

通过对 2014 年、2015 年、2016 年三年网络健康服务发展数据进行比较可以发现，网络健康服务通过发展 O2O 的经营模式，有效发挥医院医师的作用，开展线上诊疗和咨询服务，

而随着新一轮药品集中招标采购和"医药分开"的逐步实施，网络健康服务和线下医疗得以更好地结合，问诊预约购药开始形成闭环并逐渐完善。

2. 网络健康服务市场逐渐出现并购潮，开始深度对接资本市场

当前网络健康服务市场呈现较快发展，但现阶段网络健康服务市场存在着产品同质化较为严重的问题。这将会导致网络健康服务市场竞争加剧，移动医疗健康行业可能会掀起一轮横向整合、并购风潮。伴随着行业内部整合并购风潮的出现，资本市场中的资本巨头逐步进入网络健康服务行业，完成对行业更深层次的渗透，网络健康服务市场将逐渐与资本市场形成深度对接。

3. 多渠道盈利模式下，医药电商将迎来爆发式发展

目前部分移动医疗企业面临营收上的难题，但随着移动医疗服务内容多元化、服务对象多方化，未来移动医疗企业能够在药品制造、临床治疗、保险产品制定、广告精准投入等方面收获新的商业价值，全面带动网络健康服务企业的发展。

随着处方药电子商务销售和监管模式的创新以及互联网延伸医嘱、电子处方等网络健康服务健康服务的应用，处方药网售权限有望开放，医药等企业也将更多地利用电子商务平台优化采购、分销体系，提升企业经营效率。医药电商的发展可以进一步推动医药分离，通过互联网有效降低药品销售对医院渠道的依赖性，从而打造完整的购药电商平台生态，医药电商有望迎来爆发式增长。

4. 商业保险企业推动网络健康服务行业生态链的优化

自 2015 年国家颁布了三大关于个人税收优惠健康险的相关政策以来，我国在借鉴美国商业保险发展的基础上，开始了相关的探索。

在商业保险方面，政策提出加快发展商业健康保险，不仅有助于夯实多层次医疗保障体系，更有利于网络健康服务探索发展新的商业模式。商业保险因其具有盈利性，不同于社保具有的公共服务属性，因此在控费意愿和管理水平上均高于社会医保。一方面，商业医保更有意愿使用网络健康服务做控费；另一方面，网络健康服务很难以分成模式与社保合作，只能以系统服务费形式，而商业医保可以方便地以分成方式与网络健康服务企业合作，随着网络健康服务业务量的提升，商业保险将形成更加规模化的商业模式。

（任艳、任兵、张长春）

第31章 2016年中国网络出行服务发展状况

2016年，网络出行服务行业在庞大的市场需求和资本的热捧助推下，整体维持了强劲的发展势头，但随着政府监管约束的逐步收紧、行业巨头声势浩大的竞争合并、以共享单车为代表的新热点迅速兴起，网络出行服务行业整体格局也迎来了深刻变革。

31.1 发展概况

1. 以分享经济为核心的网络出行保持旺盛需求

移动互联网的快速发展、智能手机的高普及率以及居民移动支付习惯的逐步养成，为网络出行产业的快速发展奠定了良好基础。与此同时，受到一二线城市交通状况持续恶化、地方汽车限购限行相关政策的陆续出台、远超全球平均水平的油价负担等的影响，城市私家车辆保有和使用成本居高不下，此背景下以分享经济为核心的网络约车等网络出行服务，近年来以其低成本、低门槛、高效率、高体验的优势，在满足用户个性化出行需求、盘活存量车辆资源等方面发挥了重要作用，并得到消费者的广泛认可。根据统计数据显示，2016年我国交通出行领域分享经济交易额约为2038亿元，同比增长104%，网络出行市场总体保持了良好的发展势头。

2. 竞争加剧与热点转移引发行业格局变化

经历了2015年滴滴、快的合并以及一系列中小平台的消亡，2016年网约车市场的竞争进入了巨头博弈的时代，上半年滴滴出行与优步中国在专车市场"烧钱补贴"大战愈演愈烈，备受媒体与公众关注，后又以8月初滴滴出行突然公布收购优步中国事件宣告终止，网约车市场竞争格局再次迎来巨变，合并后新的滴滴出行占据中国专车市场的份额超过90%，成为新的行业"巨无霸"，但也引发了消费者关于市场垄断和价格上涨的担忧情绪。

与此同时，在近年来喧嚣的网约车市场竞争背后，互联网出行生态体系正逐步发展成熟，在激烈竞争中生存下来的滴滴出行、易到用车、神州专车等大平台均向大而全的方向发展，逐步整合了包括专车、拼车、租车、顺风车、代驾等在内的各类出行服务，成长为多品类综合性服务平台，在行业内基本呈现垄断趋势，并开始向旅游等上下游产业链延伸。在行业巨头的包围下，以互联网巴士为代表的一些细分业务市场由于政策利好、运营特点有别于私家车等特点，滴滴等综合性平台与部分专攻巴士市场的企业各自占据了一定的份额，呈现较为开放的竞争形势。

此外，随着 2016 年下半年共享单车的迅速风靡，以及共享汽车模式逐渐进入公众视线，硬件共享模式逐渐成为网络出行领域的新热点。不同于网约车等专人服务模式，硬件共享模式为用户带来了更多的自主权和使用灵活性，特别是共享单车模式因填补了公众"最后一公里"的出行需求而备受青睐，摩拜单车、ofo 小黄车等共享单车迅速遍地开花，成为下半年网络出行领域关注的焦点。

3. 监管政策出台对行业发展产生明显影响

网约车等新兴的网络出行方式因盘活了闲置车辆资源、提升了资源整合配置效率、便利了公众交通出行而深得民意、迅速发展，但与此同时监管措施的滞后、缺位也使其积弊逐渐暴露，网约车与出租车、司机与乘客及约车平台等之间的矛盾纠纷大量出现，引发社会关注，呼吁出租车行业改革、赋予网约车合法地位、加强网约车规范监管的呼声不断增强。经过长时间调研和社会充分讨论，2016 年 7 月至 8 月间，国务院办公厅、交通运输部等部门先后发布了《关于深化改革推进出租汽车行业健康发展的指导意见》和《网络预约出租汽车经营服务管理暂行办法》等规定，明确了网约车与巡游出租车同等的合法地位，并对网约车的准入和日常运营等明确了一系列规范标准。在国家政策的带动下，截至 2016 年年底，全国共有 42 个城市正式发布网约车管理实施细则，140 余个城市向社会公开征求意见，各地网约车正式进入法治监管轨道。

但网约车新政在实施过程中也暴露出新的问题，特别是部分城市对车辆、驾驶员、服务价格等设置的高门槛引发了从业者的不满以及民众的担忧，部分地区打车难现象开始重现。如何平衡好网约车规范监管与行业发展之间的矛盾，有效满足社会公众的出行需求，仍是监管部门当前急需解决的难题。

31.2　细分市场情况

31.2.1　网约车

网约车是指以互联网技术为依托构建服务平台，整合供需信息，使用符合条件的车辆和驾驶员，提供非巡游的预约出租汽车服务的经营活动，即区别于城市巡游出租车的各类网络专车、快车、顺风车等的统称。

1. 市场规模

根据 CNNIC 统计数据显示，截至 2016 年年底，我国网络约车用户总规模（含网约车与网络预约巡游出租汽车）达到 3.93 亿人，比 2016 年上半年增加 29%。其中，网约车用户规模为 1.68 亿人，比 2016 年上半年增加 4616 万人，增长率为 37.9%；网约车用户在网民中占比为 23.0%，比 2016 年上半年提升 5.8 个百分点（见图 31.1）。

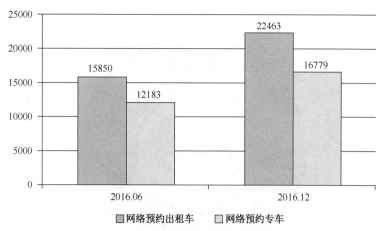

图31.1　2016年网络约租车用户规模及使用率

行业内部构成方面，经历了前期激烈的市场竞争选择，中小网约车平台逐渐被淘汰或兼并，2016 年网约车市场竞争主要由滴滴、优步、神州、易到等几大平台主导。根据艾媒咨询发布的《2016 中国网约车新政对市场影响度监测报告》数据显示，2016 年滴滴出行拥有的司机数量占 68.4%，优步中国占 15.7%，且 8 月滴滴收购优步后在司机数量上牢牢占据了绝大多数份额，除此之外，神州、易道等平台也颇具规模（见图 31.2）。

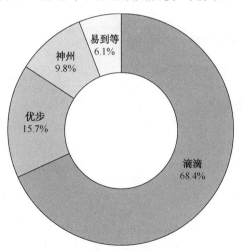

图31.2　2016年中国网约车司机所在平台分布

2. 用户行为

在用户构成方面，网约车用户呈年轻化态势，16～30 岁用户占比为 58.6%，成为网约车服务的消费主体，30～50 岁用户占比为 26.7%，16 岁以下及 50 岁以上用户占比较低（见图 31.3）。

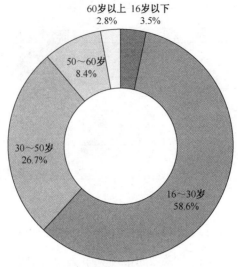

图31.3 2016年中国网约车用户群体年龄分布

用户选择偏好方面，2016 年中国移动出行用车用户中，63.7%的用户更倾向于使用滴滴，18.8%的用户选择优步，而神州专车与其他软件则分别占据了 12.9%和 4.6%的市场（见图31.4）。用户使用习惯总体上与各平台车辆投放规模成正相关。

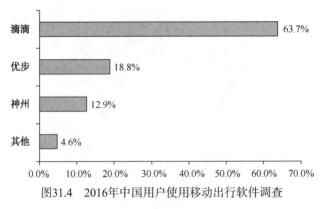

图31.4 2016年中国用户使用移动出行软件调查

用户体验方面，根据中国消费者协会发布的《2016 年网约车服务体验式调查报告》显示，各网约车平台服务总体表现较好，各平台体验得分差异不大（见图 31.5）。相对于线上约车的体验情况，线下乘坐体验部分存在的问题相对突出，主要包括：个别车辆线上登记信息与线下车辆不一致、部分网约车司机存在不安全驾驶行为或服务态度差、部分网约车平台设置不公平的订单取消条款、平台开具服务发票受到条件限制等。

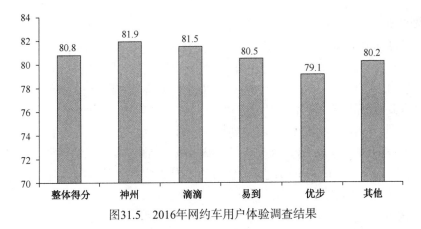

图31.5　2016年网约车用户体验调查结果

根据艾媒统计数据显示，当前用户认为网约车市场的痛点主要在于城市网约车数量猛增致使当地交通更为拥堵、乘坐安全性得不到充分保障、司机素质参差不齐、存在个人信息泄露隐患等问题（见图 31.6）。网约车市场在为人们提供出行便利的同时，也存在着诸多问题亟须改善。

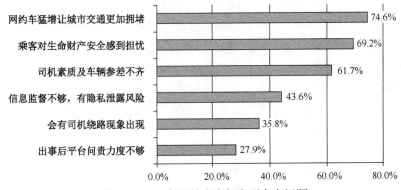

图31.6　2016年网约车市场主要存在问题

在对网约车服务的未来改善期望方面，调查数据显示，74.6%的网民期望服务价格上涨幅度不要太高，68.5%的网民希望叫车可以容易一些，另有超过半数的网民希望提高司机素质、加强市场规范监管等（见图 31.7）。

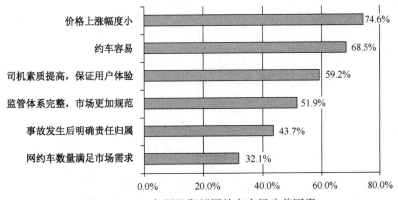

图31.7　2016年网民期望网约车市场改善因素

3. 典型企业

2014 年，优步正式进入中国市场，最初由较高端的专车业务起步，后推出低价专车"人民优步"加入网约车市场争夺，至 2016 年 8 月被收购前已经进入国内 61 个城市。滴滴出行则由滴滴打车和快的打车在 2015 年 2 月合并而来，业务从在线打车发展到专车、快车、顺风车、代驾等多条产品线，覆盖全国超过 400 个城市。

2016 年 8 月，滴滴出行与优步宣布达成战略协议，优步中国并入滴滴出行，而优步全球将持有滴滴 5.89% 的股权，标志着双方烧钱补贴大战的结束。此次合并有助于双方整合资源、减少补贴等运行成本，但行业格局巨变的同时也引发了公众和专车司机对于市场垄断、补贴下降、价格上涨的担忧情绪。

4. 政策监管

2016 年网约车领域另一大热点是政府一系列监管政策的陆续出台。2016 年 7 月，国务院《关于深化改革推进出租汽车行业健康发展的指导意见》出台，明确推进出租汽车改革工作，构建包括巡游出租汽车、预约出租汽车新老业态共存的多样化服务体系。2016 年 11 月 1 日起，由交通运输部、工业和信息化部等部门联合印发的《网络预约出租汽车经营服务管理暂行办法》开始施行，明确将网约车纳入出租车体系，并要求强化网约车安全运营保障。总体上看，有关政策正式赋予了网约车合法地位，对于网约车行业长期规范经营和发展是根本性的利好；且随着新政对网约车服务安全性的更高要求和公安、工商等多部门监管责任的明确，未来用户的人身安全、个人隐私、消费权益将得到更有效保障。

但与此同时，随着 2016 年下半年北、上、广、深等网约车服务较为发达的地区网约车管理实施细则的陆续出台，部分地方规定中对车辆、驾驶员的高要求、高门槛引发了社会广泛关注，其中滴滴等以 P2P 为主的网约车平台受有关政策制约相对较大，而神州等以 B2C 业务为主的平台受影响相对较小。根据艾媒咨询数据显示，综合车辆和车主准入标准条件，各地方网约车新政实施后，符合或有能力达到新政要求的司机或仅占 10.4% 左右。在无法达标的司机中，有 38.2% 的考虑冒险从事黑车服务，27.6% 的司机打算留在本市寻找其他行业工作，有可能造成网约车服务市场供不应求，有导致价格上涨及非法约车服务滋生的风险，监管部门需引起注意（见图 31.8）。

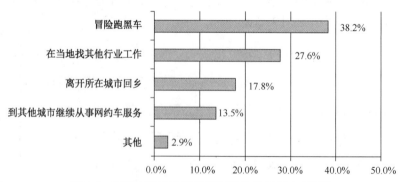

图31.8 网约车新政意见稿实行后外地司机应对行为

总体来说，2016 年网约车行业总体上处于逐步规范发展的轨道之中，前期企业的盲目增长、过度竞争、资源过剩、粗放发展模式随着网约车新规的出台得到有效规范和遏制，滴滴出行与优步中国的合并宣告烧钱大战的基本结束和行业"一超多强"新格局的形成，资本大战的暂时降温使网约车企业重新专注于提升业务能力和用户体验，有利于网约车行业走上健康可持续发展轨道。

31.2.2　共享单车

共享单车模式起源于欧洲，自 2007 年引入中国后主要形式为政府主导的城市定点公共自行车模式，2014 年后随着 ofo 等校园共享单车企业的成立，以及 2016 年摩拜单车等城市单车正式投放市场，共享单车经济才快速掀起热潮。

1. 市场规模

目前国内风靡的智能共享单车模式普遍为利用扫码等智能方式一键解锁自行车，通过后台远程监控车辆运营状态的单车运营形式。相较于网约车，共享单车使用方便，取还车灵活，使用性价比高，节约了用户等车的时间成本及服务的费用成本，更好地解决了用户"最后一公里"的出行痛点，使得自行车重新成为城市居民重要的出行方式之一，也赢得了市场和用户的广泛认可。根据艾媒咨询统计数据显示，2016 年中国共享单车市场规模达到 12.3 亿元，用户规模达到 2800 万人，且预计在未来几年间将继续保持超高速增长（见图 31.9）。

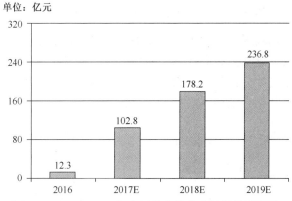

图31.9　2016—2019年中国共享单车市场规模及预测

截至 2016 年年底，共享单车行业的参与者已有 ofo、摩拜单车、永安行、优拜单车、小鸣单车、骑呗单车等 17 家平台。根据艾瑞咨询发布的《2017 年中国共享单车研究报告》显示，国内各共享单车平台中，使用摩拜单车的用户比例最高（61.9%），其次为 ofo（52.1%），如图 31.10 所示。

图31.10　2017年1月中国各单车平台用户使用率

2. 用户行为

从用户出行行为调查数据分析，近七成用户会配合其他公共交通工具协同使用共享单车，比例远大于单独使用单车出行的用户数量，说明共享单车主要成为接驳地铁、公交等公共交通工具与目的地的解决方案。相应地，用户对共享单车的短程使用需求占比较大，骑行距离在 2 千米以内的共享单车使用需求超过总量的 74%；特别是骑行距离在 1~2 千米的比例最高，超过 40%（见图 31.11）。

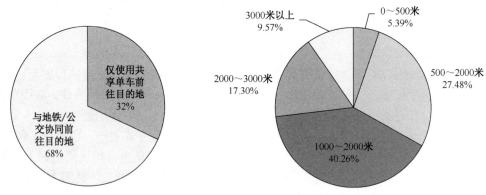

图31.11　2017年1月中国共享单车用户出行方式

进一步深挖用户使用场景，高频用户出行场景相对更为多元化，但用户整体出行场景均主要集中在地铁站、公交站与家、商区之间的代步。用户单次骑行时长普遍在 30 分钟以内，高频用户骑行时长超过 30 分钟的比例约为低频用户的两倍，反映出部分用户将共享单车用作日常通勤加体育锻炼相结合的模式（见图 31.12）。

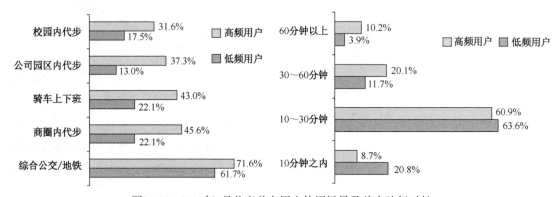

图31.12　2017年1月共享单车用户使用场景及单次骑行时长

从用户使用意愿看，道路拥挤度及空气质量是影响用户骑行意愿的关键因素。路况拥挤程度对用户的骑行意愿影响最大，路况不佳时，用户更愿意使用共享单车以躲避交通拥堵，骑行意愿提升 10.1%，而当道路通畅时，用户的骑行意愿则会降低 11.4%；在北京、上海、广州、深圳四座共享单车主要布局城市中，深圳用户对道路拥挤度和空气质量满意度最高，骑行意愿也最高。

在用户体验方面，据调查数据显示，用户认可的共享单车最大优点主要包括为随骑随走随停方便快捷、缓解地铁公交等公共交通压力、节省自身单车管理成本等（见图 31.13）。

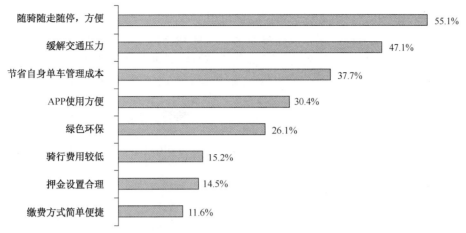

图31.13　中国共享单车用户认可分布

与此同时，共享单车行业存在的普遍问题包括车辆投放数量不足、分布点不合理、停车点少、押金较高、定位不准等，成为困扰用户使用的痛点（见图 31.14）。

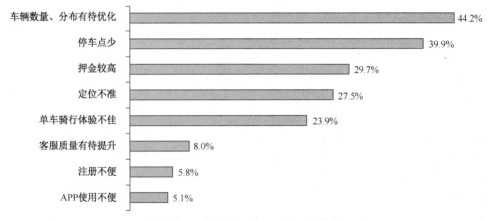

图31.14　中国共享单车用户痛点分布

此外，数据显示共享单车被恶意毁影响使用、私人占有、乱停乱放等行为也影响了正常的使用秩序，引发用户关注和担忧（见图 31.15）。

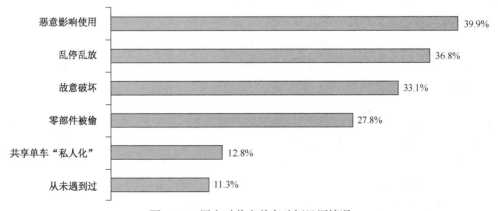

图31.15　用户对共享单车破坏经历情况

另外，共享单车租赁平台为保护资产、规范用户行为而普遍实行的用户实名制规则，也引发了用户群体的观点分歧。根据艾媒数据统计，有 68.8%的用户对此表示支持，而因个人隐私原因表示不太同意或坚决反对的用户占到 18.9%，侧面反映出当前全社会对个人隐私保护意识的不断提升，以及用户对"互联网+"趋势下个人隐私泄露风险的担忧。

3. 典型企业

目前国内共享单车市场份额最大、知名度最高的两家企业分别是摩拜单车和 ofo 单车。根据艾瑞统计数据显示，截至 2016 年年底，摩拜单车、ofo 单车周活跃用户（WAU）规模分别达到 559.3 万人和 154.6 万人，且均保持了极高的增长势头，在整体网络出行服务行业中的渗透率最高分别达到 9.5%和 2.8%。

两家典型企业在发展历程、技术路线特点等方面存在显著差异。其中，摩拜单车起步于 2016 年 4 月，其技术特点在于拥有多项创新机械设计以及智能锁、GPS 和通信模块等多种信息技术加成的车体，以及一整套车辆定位、在线交易管理、运营和维护数据分析等后台支撑体系，在此基础上摩拜单车成为首个进入城市公共范围的共享单车品牌并迅速走红。相比之下，ofo 单车起步于更早的 2014 年，最初在北京大学等校园开始投放，至 2016 年 10 月已覆盖 200 余所高校，其主要技术特点在于造价相对低廉、以机械锁为主的常规车体，加以远程接收密码、在线支付为支撑的一套网络运营管理体系；随着 2016 年下半年城市共享单车热潮的兴起，ofo 迅速跟进，于 11 月开始正式宣布开启城市服务并迅速从北京上海向成都、厦门等城市扩张。

在技术层面，摩拜单车由于采用了基于 GPS 通信模块的实时监测技术，在对车辆的位置信息掌控方面拥有优势，为用户 APP 找车、提前预约、一键开锁以及车辆本身的远程监控维护方面提供了更大的便捷性；ofo 的比较优势在于简单车身设计带来的较低的投放成本、更轻松的用户骑行体验、更低的押金，也为其迅速大面积投放、不断拓展新的城市市场提供了便利。据统计，截至 2016 年年底，ofo 单车已扩张至国内 13 个城市，而同期摩拜单车覆盖城市 8 个；后续随着资本助推下的市场竞争愈发激烈，对各个城市布局的争夺将成为今后行业争夺的热点之一。

从总体上看，随着资本的大量涌入以及用户需求的显现，2016 下半年以来共享单车行业迅猛发展，部分一线城市的共享单车数量已经超过 10 万辆；与此同时伴生的诸多问题也开始凸显，包括乱停车侵占公共资源、不规范骑行等影响社会公共秩序的行为，以及大量存在的人为损坏、私人霸占偷藏等行为，一方面迫使企业付出更多的管理和运维成本，另一方面也给城市规划和公共交通秩序带来了管理压力等。长期来看，共享单车行业当前仍处于高速增长阶段，在投资热潮推动下行业竞争将越发激烈，为抢占市场和争夺用户，各企业间将有可能爆发与滴滴优步之争类似的价格补贴大战。

31.2.3　共享汽车

共享汽车即互联网汽车分时租赁，是指基于互联网的、通常以使用时长计费、随订即用的自助式汽车租赁服务方式。类似于共享单车，共享汽车模式由某个平台来协调车辆并负责车辆保险和停放等问题，而用户付费享受规定时间内对汽车的驾驶权。与传统租车模式所需到店办理手续不同的是，分时租赁模式借助移动 APP 实现了地图找车、就近取车、自动还车、移动支付等，具有随取随还、灵活计费、省时省力等优势。

1. 市场规模

自 2011 年国内共享汽车服务出现以来经历了一段时间的探索成长期，至 2016 年随着各大汽车厂商和资本的纷纷进入，共享汽车开始大规模投放，加之共享单车引发的硬件共享和分时租赁热潮兴起，共享汽车模式开始逐渐进入公众视线。据艾媒咨询数据显示，2016 年中国互联网汽车分时租赁市场规模达 4.3 亿元，预计到 2020 年将达 92.8 亿元，互联网汽车分时租赁市场在未来两年将继续保持较快速度增长（见图 31.16）。

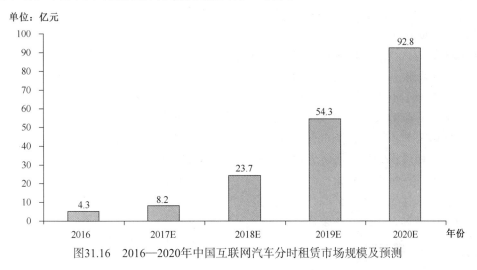

图31.16　2016—2020年中国互联网汽车分时租赁市场规模及预测

2. 用户行为

用户使用意愿方面，根据艾媒咨询统计数据显示，有 76.6%的手机网民未来愿意尝试使用共享汽车服务；而使用过共享汽车的用户当中，有 86.5%的用户表示未来会继续使用共享汽车服务。作为新兴的互联网汽车租赁模式，用户的使用意愿较高对于共享汽车行业未来发展是重要利好。

但用户体验方面，调查数据显示，有 52.3%的共享汽车用户不满意现有共享汽车服务体验，其中用户关注的问题主要集中在停车不够方便、汽车投放数量不够多、驾驶安全保障需提升等方面（见图 31.17）。

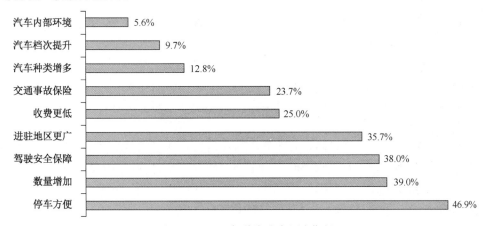

图31.17　2016年共享汽车用户期望

3. 典型企业

相较于共享单车，共享汽车的市场门槛显然要更高，特别是共享汽车的核心硬件——汽车本身的制造方面，目前行业尚未有较成熟的互联网代工生产模式，未来共享汽车的发展仍依赖互联网资本与传统汽车厂商的合作。目前共享汽车平台从来源分主要分两类：一类是以汽车厂商为主导的平台，国外汽车巨头包括福特、戴姆勒、大众、宝马、沃尔沃等近年来在此领域早有布局，其中戴姆勒公司的 car2go 业务于 2016 年 4 月开始进军中国市场，主要运行的是戴姆勒旗下的 smart 车型；另一类是由互联网平台为主导、传统汽车厂商参与的平台，如一度用车、盼达用车、EVCARD、URCar 有车、TOGO 途歌等，其中值得注意的是大批国内新能源车制造企业纷纷以各种形式参与到共享单车领域中来。随着互联网资本和汽车制造厂商均加大资源投入和推广力度，国内共享汽车行业目前处在加速推广阶段，但总体上各平台试点投放的城市覆盖范围还比较小，平台之间也尚未拉开明显的梯队差距。

未来，随着城市限购限号措施导致的汽车供求矛盾日益突出，以及消费者对共享观念逐渐接受、城市公共停车点和充电桩逐步扩建、厂商和资本对共享汽车领域的投入不断增加，共享汽车分时租赁作为解决消费者城市短途汽车使用需求、满足城市绿色发展需要的有效解决方案，其需求量将持续增长；但与此同时，共享汽车的高门槛、高成本以及城市路面资源总量的日益紧张等也将对共享汽车的发展持续形成制约，未来共享汽车行业的有序发展还需要政府的超前规划、规范监管以及企业共同合作努力。

31.2.4　互联网巴士

互联网定制巴士是指基于互联网平台汇集用户城市公共出行线路需求并加以规划分配，利用旅游大巴等闲置资源，完成从出发地到目的地"一人一座"、"一站式直达"线路定制服务的公交服务，通常用于城市上班族日常通勤以及城市周边旅游等。从满足用户出行需求的角度看，互联网巴士填补了城市公共交通服务的空白，使乘客可以用低于出租车的价格体验高于地铁和公共汽车的服务获得出行的最优方案；从城市发展的角度看，互联网巴士更加契合绿色环保的"集约化出行"方式，相较于网约车更有助于提升运输效率、缓解城市交通压力。

1. 发展概况

互联网巴士的前身是城市定制公交，自 2013 年以来北京、上海、沈阳、天津等城市陆续推出定制公交服务，一般采用站点较少或为直通车、确保一人一座、价格高于普通公交低于出租车。2015 年后在"互联网+"浪潮推动下，小猪巴士、嘟嘟巴士、嗒嗒巴士等平台先后成立，滴滴、快的平台也上线了巴士业务，互联网巴士市场快速成长，用户规模迅速壮大。截至 2016 年 8 月，互联网巴士服务已覆盖上海、广州、北京、深圳、南京，武汉，西安，厦门、汕头、杭州、成都等多座城市。

与网约车不同，互联网巴士的主要车辆来自旅游公司或者租赁公司等具有合法资质的企业，从事运营的车辆实际上有运营资质，只是通过软件平台进行运营，目前对互联网巴士运营的合法性尚无较大争议，且目前公交优先政策对互联网巴士的发展具有良性促进作用。

从市场分布看，目前互联网巴士企业主要覆盖一二线城市，北、上、广、深一线城市覆盖密度较高，南方覆盖率高于北方，覆盖率最高的城市是深圳。

2. 用户行为

互联网巴士的主要用户群是 25～40 岁、月收入在 6000～20000 元的上班族群体，特别是 25～29 岁、月收入在 6000～10000 元的较为年轻的上班族群体。分析认为互联网巴士利用自身优势在使用户保持较低出行成本的同时享受到更好的出行服务体验。

从用户选择看，多数互联网定制巴士用户是从城市地铁、公交等公共交通工具转化而来，另有部分网约车和自驾车用户也选择了换用互联网巴士通勤（见图 31.18）。

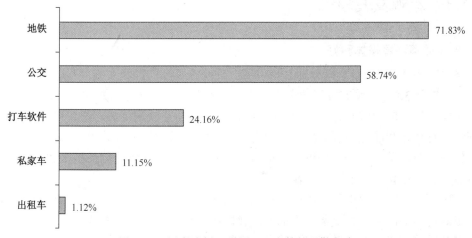

图31.18　用户选择互联网巴士之前的通勤方式

互联网巴士让上班族们告别了公交转地铁再转公交等多次、复杂的转乘方式，避免了通常情况下人挤人的公共出行体验。调查显示，用户选择互联网巴士的理由主要是节省等车时间、乘坐舒适、定制路线上班更加便利等（见图 31.19）。

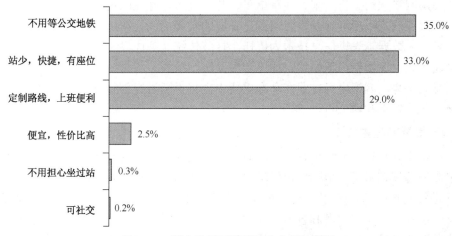

图31.19　用户选择互联网巴士出行的原因

3. 典型企业

互联网巴士行业目前以区域分散竞争为主，一线城市需求突出、业务集聚，但由于行业进入门槛低，服务商众多且竞争激烈。2016 年互联网巴士市场的主流服务商包括小猪巴士、嘟嘟巴士、嗒嗒巴士以及滴滴巴士等，仍有新的服务商不断涌入市场。

总体上，随着网约车等行业竞争格局渐趋平稳，互联网巴士作为新的市场增长点将迎来重要发展契机，在不断增长的用户需求驱动以及各地绿色出行、公交优先的有利政策推动下，呈现出良好发展势头。同时，互联网巴士带来的高效率和高服务质量也将对传统公交行业产生巨大的影响，长期来看城市公交运营体系与互联网定制巴士将逐渐形成合作互补共赢的关系。

31.3　宏观发展趋势

1. 宏观政策环境整体利好

2016 年，在"互联网+"行动计划指引下，政府有关部门抓紧实施"互联网+交通"领域整体布局。7 月 30 日，国家发展改革委、交通运输部联合印发了《推进"互联网+"便捷交通促进智能交通发展的实施方案》，旨在全面推进交通与互联网更加广泛、更深层次的融合，加快交通信息化、智能化进程，推动我国交通产业的现代化发展。其中，汽车作为交通系统当中的核心环节被重点关注，提出了积极布局车联网与自动驾驶的创新技术和应用，推进汽车的智能化和网联化等发展方向。在宏观政策指引下，未来车联网与自动驾驶等科技创新发展趋势和应用推广路径对于网络出行产业发展将产生多方面利好，包括利用日益成熟的用户大数据更好地开展网络出行供需双方的精确化匹配，提升行业资源配置效率和企业管理运作水平，以及通过技术创新提升用户体验和安全性保障等，远期还将以技术升级带动网络出行服务模式的不断升级。

2. 产业模式持续创新

随着技术的不断发展进步，能够适应和满足社会公众个性化、高品质出行需求的服务模式蓬勃发展，网络预约出租汽车、共享单车、共享汽车、互联网定制巴士等类型众多、形态各异的出行服务模式不断涌现，呈现出百花齐放的发展局面。在此进程中，新兴产业以互联网、云计算、大数据等先进信息技术为依托，打破传统业务边界并向传统客运服务领域加速渗透，倒逼传统企业创新组织模式、加速转型升级，新业态与传统业态呈现出交互渗透、竞争融合的发展态势，网络出行行业在动态更新中也将不断进行创新升级，涌现出类似于共享单车的新业务爆发点和增长点。

3. 规范发展将是主旋律

以社会资本为基础的网络出行是对政府社会公共交通服务的有效补充，在城市的交通治理结构中需统筹规划考虑，根据城市经济水平、产业结构、功能布局规划、交通出行供需现状等特征进行整体配置。近年来网约车等网络出行服务快速发展与政策标准相对滞后的矛盾，引发一系列社会焦点问题和各界广泛关注，随着 2016 年《关于深化改革推进出租汽车行业健康发展的指导意见》和《网络预约出租汽车经营服务管理暂行办法》等规定的正式颁布实施，整体上为以网约车为代表的网络出行行业规范发展搭建了总体监管框架。下一步，对互联网出行资源的合理配置共享以及规范化管理，将是政府实现城市有效治理、提升社会出行效率的必然选择和总体基调。

4. 对用户体验的关注度提升

经过了数年的发展，网约车、共享单车等网络出行方式已成为广大公众的常用出行方式，但整体而言网络出行的服务参差不齐，与业务规模的巨大体量极不相称。在市场服务供给日益充分、竞争日趋激烈、网约车等业务竞争格局逐渐趋于稳定的情况下，对用户体验的关注和追求已成为网络出行平台新的竞争发力点。当前"互联网+"潮流带来的不仅仅是平台的网络化，更深层次是服务的科学性和智能性，从而最大限度地满足用户不断增长的个性化出行需求。新一阶段网络出行服务的重要发展方向之一是在价格竞争基础上的服务质量竞争，普遍优质的服务质量和用户体验将是行业走向成熟的标志。

（李志强）

第 32 章 2016 年其他行业网络信息服务发展情况

32.1 房地产信息服务发展情况

32.1.1 市场动向

2016 年上半年的一系列政策利好刺激中国楼市一路向阳，成交量价同升，而与此同时调控政策也在步步收缩，在进入 10 月之后猛然刹车，先后有 20 余个城市重启限购限贷，号称史上最严格限购。防范房价泡沫、严控金融风险、遏制投机性地产投资成为 2016 年第四季度房产政策的主要基调。在收紧的政策之下，楼市热度持续降温回归理性。与之相对应，房地产信息服务行业也自第一、二季度的火热后，第三、四季度出现降温。根据艾瑞咨询监测数据显示，2016 年房产网站广告投放费用在第二季度达到年内高值后，在第三、四季度缓步下滑。第四季度房产网站投放广告的广告主数量减少至 2341 个，同比下降 18.1%，环比下降 21.0%，房地产类网络广告投放费用在总体网络广告投放的占比在第四季度也出现下降情况，份额被其他类型广告挤占。在第四季度限购限贷政策影响下，房地产行业线上网络营销的热情整体呈现降温趋势（见图 32.1）。

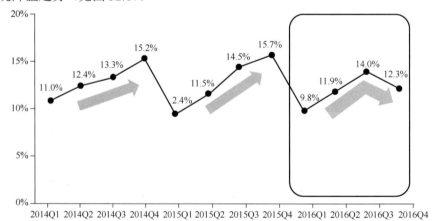

资料来源：iAdTracker2017.2基于对中国200多家主流网络媒体品牌图形广告投放的日监测数据统计，不含文字链及部分定向类广告，费用为预估值。

图32.1　2014—2016年房地产类网络广告投放费用占比

32.1.2　网站情况

根据 Alexa 网站数据显示，从网站覆盖度指标看，全国房地产网站排名在前三位的分别为腾讯房产、新浪乐居和搜房网。焦点房地产网、安居客、365 地产家居网、智房网、深圳市房地产信息网、凤凰房产、Q 房网分列四至十位（见图 32.2）。

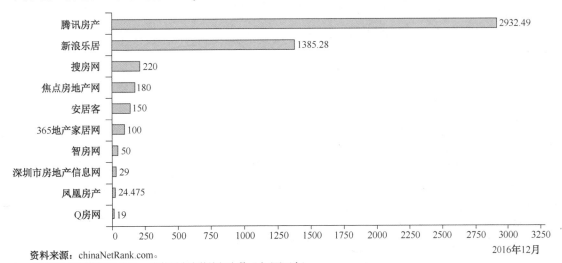

资料来源：chinaNetRank.com。

2016年12月

覆盖UV=平均每百万名Alexa安装用户中的访问人数（人/百万人）。

图32.2　2016年房地产类网站覆盖情况

32.1.3　用户情况

根据艾瑞咨询监测数据显示，2016 年第一、二季度房产网站出现持续升温，第三季度在房地产契税调整、二手房营改增、公积金手续简化等利好政策出台的背景下，市场购房信心大增，吸引了大量购房者进入市场，但 9 月下旬各大城市出现限购限贷政策，用户规模开始缩小。第四季度房产网站 PC 用户覆盖人数 1.7 亿人，环比第三季度下降 5.5%，与 2015 年同期相比下降 1.4%。2016 年第四季度房产网站 PC 端用户规模相比第三季度有所减少，房地产买方市场狂欢状态冷却，房产网站用户规模随之收缩（见图 32.3）。

根据艾瑞咨询监测数据显示，2016 年第三季度房产网站用户季度总浏览页面量为 76.7 页，环比上升 3.1%，和 2015 年同期相比，下降 28.7%。在房产网站中，新浪乐居、腾讯房产、搜房网的人均单页有效浏览时间处于领先地位。其中新浪乐居最高，达到 72 秒；其次是腾讯房产，为 71 秒，居第二位；搜房网为 59 秒，居第三位。

单位：万人

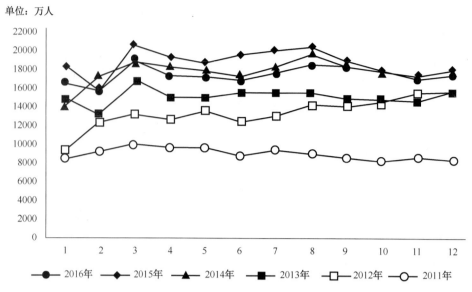

● 2016年	◆ 2015年	▲ 2014年	■ 2013年	□ 2012年	○ 2011年

资料来源：iUserTracker 2016.9，基于对40万名家庭及办公（不含公共上网地点）样本网络行为的长期监测数据获得。

© 2016.9 iReseatch Inc.   www.iresearch.com.cn

图32.3　2011—2016年房地产类网站月度覆盖变化

　　同时，随着 2016 年直播概念持续火热，房地产网络营销开始尝试房产+直播的营销新模式。比如乐居在 8 月推出了"乐居 Live"直播平台，聚焦新房、二手房、家居、家修工地四个领域，率先通过专业化、多角度的直播方式，打造地产传播模式的新玩法，直播首周就吸引了累计 10 余万人在线观看，收获网友点赞数 30 万余次，其中乐居二手房房源直播作为房产信息传播方式的创新，是一次针对认证真房源全新诠释的补充和升级，标志着房地产正式进入了直播时代。在此基础上，乐居与易居集团共同研发推出了专业房产直播平台"首播"APP，开启了在线直播看房这一全新的模式。艾瑞分析认为：乐居通过直播这一创新的形式，可以为开发商在重大营销节点提供具有传播力和影响力的营销解决方案，也可以为用户带来更加高效的服务体验。

　　此外，互联网已经深入改变了房地产行业的开发、策划、销售、后期服务等各个环节，信息逐渐透明化，服务业务体系不断综合化发展，服务水平和用户体验成为新的考验，"互联网+传统房地产"的服务模式仍在不断探索和磨合中。在这个房地产市场调整期+"互联网"时代的背景下，房地产企业如何寻找到有需求的用户，如何将匹配的信息精准投放，如何提升转化效率，如何清晰地定位企业的目标和着力点，在这个过程中，互联网和大数据将扮演越来越重要的角色。在未来的房产营销中，将利用互联网技术、产品和资源，开发利用包括房子、用户和流程等方面在内的各种数据，深度扩展房地产营销的社交网络化和场景化应用，提升用户体验和转化率。在房地产行业中的大数据运用是大势所趋。

32.2　IT 产品信息服务发展情况

32.2.1　市场情况

随着电商市场体系的逐步扩大和服务的高效便捷，人们对数码产品的需求转向在电商中直接购买数码产品，使得 IT 产品信息服务网站的优势逐步减弱，不少网站陷入困境。2016年 IT 产品信息服务网站用户自然增长下降，电子产品厂商在 IT 垂直网站的广告支出继续走低，整个市场规模陷入萎缩。IT 产品网站目标一直瞄向的是两大关注人群：具备主流社会消费能力的人群，这是 IT 产品主流消费人群，也是广告主看中的；年轻新用户，通过对该类人群 2～3 年的体验培育，以此影响其工作后的习惯，但是如何培育习惯是此前 IT 产品网站最欠缺的事情。随着技术和网络的发展，IT 互联网进入了新融合发展的时期，企业产品与消费产品关系愈加密切，未来的 IT 产品网站绝对不是单一的产品型、导购型、资讯型、甚至是商城型，而是更加综合体验型的平台，或者是一种愈加注重个性体验的融合型 IT 产品。

32.2.2　网站情况

根据 Alexa 数据显示，从网站覆盖度指标看，全国 IT 产品信息服务网站排名在前三位的分别为 eNet 硅谷动力、cnBeta 和赛迪网。中关村在线、万维家电网、电脑之家、IT168、中国家电网、爱活网、PCPOP 电脑时尚分列第四至第十位（见图 32.4）。

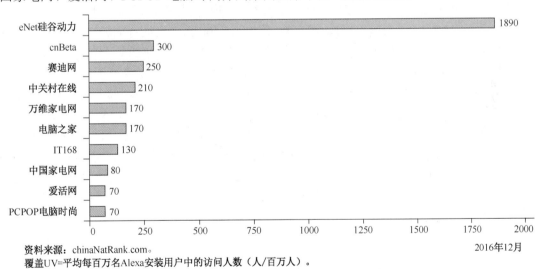

资料来源：chinaNatRank.com。　　　　　　　　　　　　　　　　　　　2016年12月
覆盖UV=平均每百万名Alexa安装用户中的访问人数（人/百万人）。

图32.4　2016年IT产业信息服务网站覆盖情况

根据艾瑞统计数据显示，2016 年 9 月，垂直 IT 网站有效浏览时间达 6234 万小时。其中，中关村在线有效浏览时间达 709 万小时，占总有效浏览时间的 11.4%；CSDN 有效浏览时间达 663 万小时，占总有效浏览时间的 10.6%；驱动之家有效浏览时间达 614 万小时，占总有效浏览时间的 9.8%（见图 32.5）。

排名	网站	月度有效浏览时间 （万小时）	月度有效浏览时间比例	排名变化
1	中关村在线	709	11.4%	↑
2	CSDN	663	10.6%	↓
3	驱动之家	614	9.8%	→
4	太平洋电脑网	426	6.8%	↑
5	博客园	397	6.4%	↓
6	脚本之家	341	5.5%	→
7	cnBeta	273	4.4%	→
8	51CTO	218	3.5%	↑
9	IT之家	207	3.3%	↓
10	红色联盟	190	3.0%	↑

注：月度有效浏览时间比例=该网站月度有效浏览时间/该类别所有网站总月度有效浏览时间

资料来源：iUserTracker.家庭办公版2016.9，基于对40万名家庭及办公（不含公共上网地点）样本网络行为的长期监测数据获得。

© 2016.10 iReseatch Inc.   www.ireseorch.com.cn

图32.5　2016年IT网站有效浏览时间排名

32.2.3　用户情况

根据艾瑞咨询统计数据显示，2015 年 1 月至 2016 年 9 月，中国 IT 产品信息服务网站日均覆盖人数总体呈低位震荡趋势。其中 2016 年 3 月出现年度最高点，垂直 IT 网站日均覆盖人数也仅为 2748.2 万人，其余月份均在 2300 万人至 2600 万人之间徘徊。2016 年 9 月，垂直 IT 网站日均覆盖人数达 2659.9 万人（见图 32.6）。其中，中关村在线日均覆盖人数达 340 万人，网民到达率为 1.4%，位居第一；太平洋电脑网日均覆盖人数达 279 万人，网民到达率为 1.2%，位居第二；CSDN 日均覆盖人数达 230 万人，网民到达率为 1%，位居第三。相比而言，2015 年 1 月垂直 IT 网站日均覆盖人数就达到 2868.7 万人；而 2015 年 3 月，垂直 IT 网站日均覆盖人数更是达到 2943.7 万人的高位。从此也可以看出，垂直 IT 网站日均覆盖人数已经出现逐年递减的趋势。分析认为，中国 IT 产品信息服务网站重点受到电商冲击。2016 年，电商体系已经基本完善，其服务内容广泛，消费下单便捷，运送速度加快，折扣力度加大，网络用户的购物明显转向。从大而全的综合类电商平台看，阿里、京东等企业无论在流量还是交易额方面已经在市场中占据绝对优势，且地位稳固。

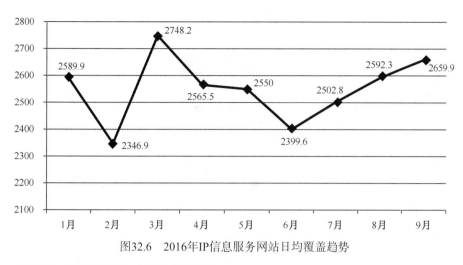

图32.6　2016年IP信息服务网站日均覆盖趋势

资料来源：根据艾瑞咨询 iwebchoice 数据整理。

32.3　网络招聘发展情况

32.3.1　市场分析

"互联网+"时代的来临，对招聘行业也带来了巨大的改变，依靠传统招聘形式已经无法解决人才结构性问题，必然需要面临升级转型。互联网技术在招聘领域的应用不断发挥着区别于传统招聘渠道的优势，以加大应聘者与招聘者双向联系，提高招聘效率。近年来创业热情高涨以及城镇化进程加快带来劳动力市场大规模增长的态势，为招聘市场创造出繁荣的景象。互联网的发展和择业规模的扩大促进互联网招聘市场的不断发展演进。中国在线招聘行业从2000 年开始起步，2010 年后正式进入高速发展期。由于求职者数量已经非常庞大，因此 2010年至 2016 年增速逐步减缓。根据速途研究院分析师团队最新报告数据，2016 年在线招聘市场规模为 54.7 亿元，预计 2018 年将达到 87.0 亿元，求职者规模将突破 1.6 亿人（见图 32.7）。

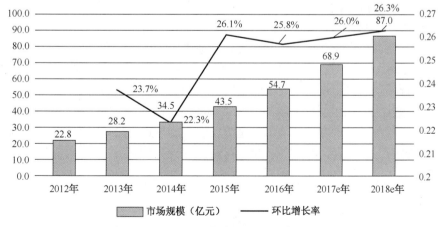

图32.7　2012—2018年中国在线招聘市场规模

32.3.2 网站情况

根据 Alexa 数据显示，从网站覆盖度指标看，全国招聘网站排名在前三位的分别为前程无忧、智联招聘和英才网联。应届毕业生求职网、应届生求职网、百大英才网、河南九博人才网、猎聘网、中华英才网、过来人求职网分列第四至第十位（见图 32.8）。

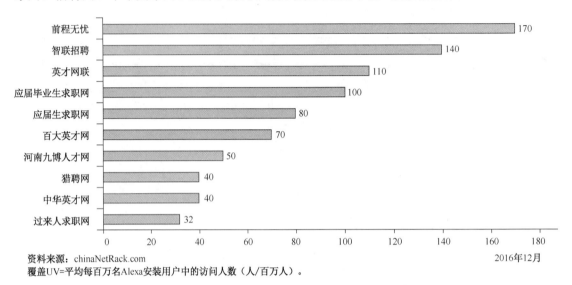

资料来源：chinaNetRack.com   2016年12月
覆盖UV=平均每百万名Alexa安装用户中的访问人数（人/百万人）。

图32.8　2016年中国在线招聘网站覆盖情况

根据艾媒咨询数据显示，两大传统综合类招聘 APP 前程无忧和智联招聘的活跃用户占据第一、第二名，分别为 21.3% 和 15.6%，但较第二梯队 APP 的优势已不明显，智联招聘活跃用户百分比仅比第三名猎聘同道高 2.9%。新兴品牌猎聘同道、拉勾、BOSS 直聘表现亮眼，三者分别代表在线招聘与猎头招聘、互联网垂直领域和移动社交的结合，都面向中高端人才市场并提倡人性化的招聘理念，反映了求职群体对新兴招聘方式的接纳和认可。

随着互联网招聘朝着垂直领域深耕发展，新的人性化招聘方式受青睐，移动招聘细分行业的市场竞争会逐步白热化，中高端人才招聘市场是热点。传统互联网招聘企业如前程无忧、智联招聘已提供互联网招聘服务近 20 年，积累了良好的用户基础和扎实的资本基础，但综合性招聘泛而不精的缺点在垂直领域品牌崛起后被进一步放大，在竞争中处于劣势，革新转型成为必然。移动 APP 领域的用户体验是竞争关键，在社交化高度发展的情况下，探索适应移动端的、符合移动手机用户使用习惯的招聘模式和商业化模式，将成为市场竞争的重点。而随着招聘平台壮大，在求职竞争激烈的现实环境下，PC 端用户依然有较强的付费意愿以获得更好的求职服务，对所有 PC 端用户免费反而可能导致用户体验不佳，进而流失用户。因此，PC 端收费在新型招聘模式下依旧是可行且必要的盈利模式。

32.3.3　用户情况

根据艾媒咨询发布的《2016—2017 中国移动招聘市场研究报告》显示，2016 年中国移动招聘用户规模达到 1.07 亿人，预计 2018 年将达到 1.38 亿人（见图 32.9）。随着移动互联网的发展和惯用智能手机的年轻群体步入职场，移动求职者的规模还会持续增长，互联网招聘应用作为一贯的刚需产品，向移动端迁移成为大势所趋。

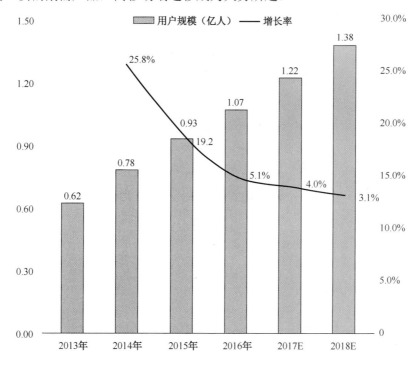

资料来源：艾媒北极星（截至2016年12月底，北极星采用自主研发技术已经实现对6.98亿名独立装机覆盖用户行为监测）

图32.9　2013—2018年中国移动招聘用户规模

根据速途统计数据，在线招聘 APP 用户年龄结构方面，30 岁以下的用户占比为 74%，这部分人群多为初入职场的新人。在职场生涯最初几年，缺乏稳定、长远的职业发展规划，跳槽比例较高，因此这部分人群便成为在线招聘 APP 的主要用户群体。30 岁以上的职场人士多为中高管阶层，职业规划明确、稳定，并且这部分人群更换工作大多为职业猎头推荐，因此这部分人群一般不会使用在线招聘 APP。使用在线招聘 APP 本科以上的高学历用户占比为 71.9%，本科学历占比近半成。初、高中、技校以及大专用户占比为 28.2%，随着在线招聘职位的丰富，为这部分学历较低但具有一定擅长技能的人群提供更多的求职机会（见图 32.10 和图 32.11）。

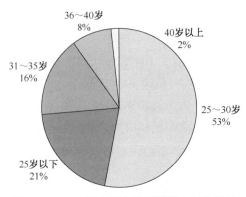

图32.10　2016年中国在线招聘用户年龄结构

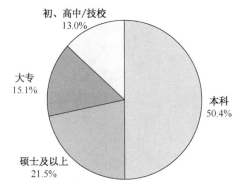

图32.11　2016年中国在线招聘用户学历结构

32.4　旅游/旅行信息服务发展情况

32.4.1　市场动向

在线旅游 APP 已经成为国民日常使用的最多功能，不论是外出旅游，还是其他出行中的机票、酒店预定、甚至春节抢票，在线旅游 APP 都能满足用户需求。

根据艾瑞统计数据显示，2016 年中国在线旅游市场交易规模达 6026 亿元，同比增长 34.3%，预计 2019 年中国在线旅游市场交易规模将超万亿元（见图 32.12）。在线旅游市场交易规模的快速增长主要得益于用户和企业两端：从用户端看，用户旅游决策和旅游预订行为进一步向移动端迁移，用户周边游、度假游、出境游等多元旅游需求比例提升；从企业端看，在线机票、住宿、度假市场的头部企业集中度提升，传统航空公司、酒店集团不断向线上延伸，满足用户长尾需求的创新企业也不断涌现，在线旅游在旅游整体市场中的渗透率不断提升，未来仍将保持中高速增长。

根据艾瑞统计数据，从交易额格局来看，2016 年机票市场份额仍为最大，但占比有所下滑，降至 56.8%；住宿市场的增速相对稳定，占在线旅游市场总体份额的 19.9%；而在线度假市场份额进一步提升，占比超过 18%（见图 32.13）。艾瑞分析认为，未来在线度假市场仍将保持高速增长，其市场份额在 2017 年将突破 20%。

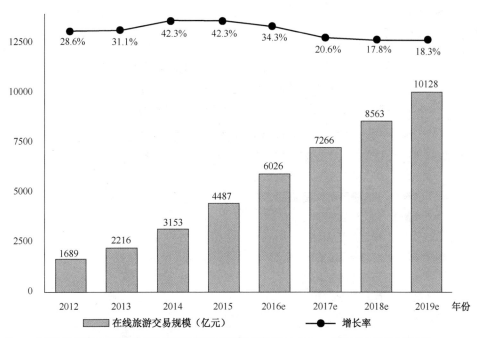

注：1.在线旅游市场交易规模指在线旅游服务提供商通过在线或者Call Center预订并交易成功的机票、酒店、度假等旅行产品的价值总额；2.包括供应商的网络直销和第三方在线代理商的网络分销。

© 2016.12 iResearch Inc.　　　　　　　　　　　　　www.iresearch.com.cn

图32.12　2012—2016年中国在线旅游市场规模

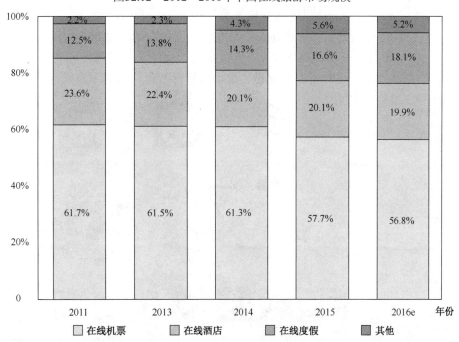

注：1.营收规模指在线旅游OTA企业佣金营收规模总和；2.考虑到目前用户电话预订比例较高，故营收规模包括电话预订的营收，并包含号码百事通、12580等电信旗下企业相应的营收。
资料来源：根据企业公开财报、行业访谈及艾瑞统计预测模型估算，仅供参考。

© 2016.12 iResearch Inc.　　　　　　　　　　　　　www.iresearch.com.cn

图32.13　2012—2016年中国在线旅游交易结构

32.4.2 网站情况

根据 Alexa 数据显示，从网站覆盖度指标看，全国旅游网站排名在前三位的分别为同程旅游、亚洲航空官方网站和阿里旅游。携程网、途牛旅游网、艺龙旅游网、中国国际航空股份有限公司官方网站、去哪儿网、铁道部 12306、驴妈妈旅游网分列第四至第十位（见图 32.14）。

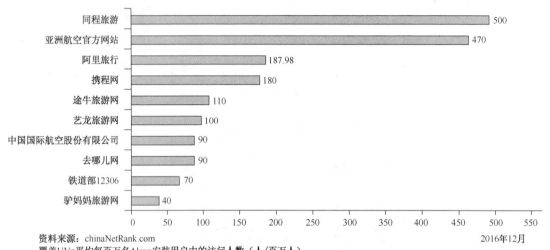

资料来源：chinaNetRank.com   2016年12月
覆盖UV=平均每百万名Alexa安装用户中的访问人数（人/百万人）。

图32.14 2016年中国在线旅游网站覆盖情况

根据艾瑞统计数据显示，从月度独立设备数指标来看，可将在线旅游 APP 划分为三个梯队，其中铁路 12306、携程旅行、去哪儿旅行月度独立设备数均超过 4000 万台，为第一梯队，同程旅游、飞猪、智行火车票、高铁管家、艺龙旅行、途牛旅游等月度独立设备数超过 100 万台，为第二梯队，其余 APP 月度独立设备数均未超百万台，为第三梯队（见图 32.15）。

资料来源：艾瑞咨询研究院自主研究及绘制。

图32.15 2016年中国在线旅游APP梯队

根据比达咨询网年度报告数据，从市场份额来看，携程、去哪儿、艺龙合并后的携程系已经在市场上形成绝对优势，占据整体市场的 43.6%，途牛在获得海航及京东的投资后，在近两年发力明显，以 22.7% 的市场份额稳坐市场第二把交椅。阿里系作为后来者，占据了市场 13.4% 的份额。万达旅游并入同程后，同程系占 11.1%。此外，驴妈妈旅游占 4.2%，芒果旅游占 1.4%，其他占 3.6%（见图 32.16）。

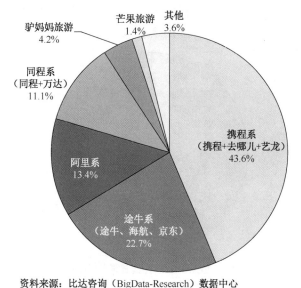

资料来源：比达咨询（BigData-Research）数据中心

© 2017.2 比达咨询 http://www.bigdata-research.cn/

图32.16　2016年中国在线旅游市场份额

根据速途统计数据，从在线旅游 APP 下载量排行来看，携程系占据了整体市场的大半江山。在下载量分布中，去哪儿旅行的下载量接近 9 亿次，携程旅行、同程旅行的下载量超过 5 亿次，途牛、艺龙的下载量分别在 4.7 亿次和 2.6 亿次，驴妈妈下载量在 1.6 亿次，阿里旅行的升级品牌飞猪下载量在 1 亿次。其他品牌的移动旅行 APP 下载量均在 1 亿次以下（见图 32.17）。

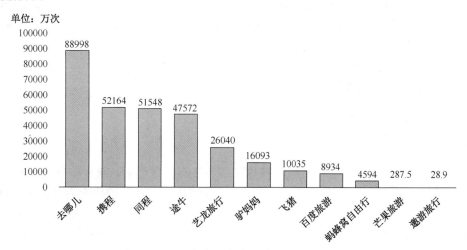

图32.17　2016年中国在线旅游APP下载量分布

32.4.3 用户情况

根据速途统计数据，2016年中国在线旅游用户的城市分布，一线城市仍旧占据主导，用户占比为 40.7%，二线城市用户占比为 36.4%，三线以三线以下城市占比为 22.9%。但透过当前的地域情况来看，一线城市的用户占比在 50% 以下，市场已经开始向二三线城市、农村逐渐下沉。随着移动互联网的普及和国民的出游意识逐渐增强，三线城市、农村都有着广阔的市场可以挖掘，正在逐渐成为很多行业的增长点（见图 32.18）。

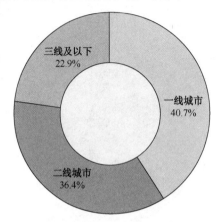

图32.18 2016年中国在线旅游用户城市分布

随着中国农村收入水平的逐渐提高，消费意识不断升级，农村市场已经成为越来越多互联网行业必须开拓的第三战场，此前电商方面的阿里、京东的布局就证实了这一点。而透过数据可以看到，农村的旅游市场彰显出巨大潜力。从 2012 年开始，每年农村境内出游的人次都超过十亿，是巨大的市场所在。但农村地区属于互联网覆盖较偏远地区，大部分居民仍然通过旅行社等传统机构出行，自主定制出行计划的情况并不多见。随着在线旅游的不断覆盖，相信会有大批用户向线上聚拢。

中国在线旅游市场会保持稳定增长，赢利模式上仍有较大成长空间。但行业回归理性之后，烧钱大战的补贴模式将会逐渐消退，各大厂商将会把主要精力放在旅游产品的改造上，持续提升用户体验。农村市场彰显的巨大潜力，让在线旅游市场不得不开始重视，预计三线城市、农村将成为在线旅游的下一个战场。

32.5 体育信息服务发展情况

32.5.1 市场情况

2016 年年底，国家体育总局、国家统计局联合发布报告显示，国家体育产业总产出（总规模）为 1.7 万亿元，增加值为 5494 亿元，占同期国内生产总值的比重为 0.8%。纵观 2016 年体育行业，热点不断。国家及部委层面发出的关于足球、冰雪、全民健身、体育消费等的政策高达十几份，政策春风也有效吹热了赛事、大众运动、足球、冰雪等细分市场，全民运动遍地开花，健身、跑步、马拉松刷屏。体育明星纷纷走出训练场，或投入体育创业大潮，或上综艺节目，变现自身的体育价值和商业价值。

在"互联网+"的推动下，包括互联网体育在内的体育信息服务业获得巨大发展空间，在 2016 年迎来发展元年。各种健身、骑行、跑步、运动商城、体育社交 APP 被广泛应用，表明互联网全方位改变了体育下游产业特别是传统体育服务形态，线上线下有机融合，成为体育信息服务业的重要组成。传统体育企业纷纷走上转型之路，尤其是体育 O2O 发展势头迅猛。体育制造业的企业建设体育商城，将线下的资源放到线上的电子商务平台，实现在线上打开用户流量的入口；线上体育商城开设线下体验店，为用户提供线下多元化体验，打通线上线下资源渠道。

随着互联网的全面普及，国民观看体育赛事、体育节目的主要阵地已经从传统的电视、广播完成了向互联网的转移，互联网体育用户逐年递增，发展到 2016 年的 4.1 亿人。其中，2016 年在线体育用户向移动端转移。速途研究院调查结果显示，在线体育用户观看体育赛事直播的主要设备已经集中在移动端。2017 年移动端在线体育的用户也首次超过 PC 端，占比为 57.3%，领先 PC 端 14.6 个百分点。除了传统体育赛事外，电子竞技和移动直播的兴起为移动端的在线体育提供了更多用户，成为互联网体育一个新的增长点。中国互联网体育产业图谱如图 32.19 所示。

资料来源：艾瑞咨询研究院自主研究绘制。

图32.19　中国互联网体育产业图谱

32.5.2　网站情况

门户网站体育频道和体育网站因平台体量大、信息全面、包括视频图文等丰富多样的传播形式，仍占据绝对传媒优势。但综合艾瑞、前瞻网等各网站统计数据看，与往年月度覆盖人数上亿量级相比，2016 年主流互联网体育平台月度覆盖人数呈现下降趋势。从各网站排名来看，搜狐体育、新浪竞技风暴、腾讯体育、网易体育、直播吧、虎扑体育等仍处于行业领先地位。据前瞻网 2016 年 9 月体育网站平台总覆盖人数统计数据显示，新浪体育 1809.60 万人次，腾讯体育 1872.60 万人次，搜狐体育 1645.30 万人次，网易体育 796.2 人次。除搜狐体育月度覆盖人数较 8 月增长 20.69%外，新浪体育、腾讯体育、网易体育分别减少 28.10%、29.50%、39.54%。

与此同时，聚合了个性化新闻、视频、直播、资料数据、实时排名等功能的体育类 APP 迎来爆发期，站在了移动互联网的前沿。据猎豹全球智库奥运期间一个问卷调查显示，超过 85%的手机端用户使用 APP 关注体育新闻。腾讯体育、虎扑体育、新浪体育等不少体育网站也纷纷开发 APP 抢占市场一席之地。据猎豹全球智库对中国体育 APP 进行排名显示，截至 2016 年 10 月底，乐视体育、腾讯体育、懂球帝、虎扑体育、章鱼直播占据排行榜前五位。其重要排序指标是活跃渗透率，活跃渗透率=APP 的活跃用户数/中国市场活跃用户数。从渗透率来看，目前体育 APP 还处于比较低的水平，进步空间非常大。

企业大力购买各类赛事版权占据市场。例如，乐视体育成立以来就大力购买版权。2016 年 8 月，乐视体育续约 2016—2017 赛季英超版权，入股 WSG，在直播上动作频频也同样是为体育铺路。腾讯是买版权+布局直播。2015 年 5 月，腾讯以 5 年 5 亿美元签下 NBA 网络独家直播权。大量版权的购买来源于背后的融资支持。据 it 桔子数据，2016 年 1—11 月，体育运动方面获得融资的公司一共有 200 多家，拥有体育 APP 的公司获得 B 轮及以上融资的有 3 家：足球魔方、乐视体育、懂球帝。

32.5.3 用户情况

互联网体育用户规模的不断扩大反映出日益增长的市场需求。据速途研究院数据显示，国内互联网体育用户从 2012 年的 0.8 亿人发展到 2016 年年底的 4.1 亿人，平均每年有一亿的用户增长。其中，男性用户仍占据整体用户的性别主导，男性占比为 64.6%，女性占比为 35.4%，但随着国民对于体育内容的关注度逐渐提升，女性用户的比例也逐年提升，对体娱活动的参与渴望也越来越强。和男性用户相比，女性用户有着更多的付费属性可待挖掘。京东等电商平台数据显示，80 后是体育消费的黄金一代，比如在垂钓用品、户外装备等品类的消费上，26～35 岁人群的消费占比均在 51%以上。

据艾瑞统计数据显示，截至 2016 年 11 月，互联网体育用户规模突破 3.5 亿人，尤其 8 月奥运期间线上体育用户规模一度突破 5 亿人，达到史上最高。目前，PC 端体育用户稳定在 2.8 亿人左右，覆盖了 1/3 的 PC 端网民。相比而言，移动端的增势要更猛烈些。截至 2016 年 11 月，移动端体育用户月活达到 2.5 亿人，相比 2016 年 1 月的增长率高达 56.3%，全年新增近 1 亿用户。照此增长态势，预计 2017 年移动端将追平 PC 端体育用户。

在体育用户消费层面，以京东大数据为基础的《2016 中国体育消费生态报告》显示，满足特定人群的"小众"运动项目正逐渐成为热潮。从 2013—2015 年的消费轨迹来看，基础性的体育用品消费比重呈现明显下降的态势，垂钓用品、骑行运动的消费增速最快，到 2016 年上半年，消费额增速均超过 75%。在阿里巴巴平台上，2015 年体育消费（指装备消费）1270 亿元，户外运动占比为 21.7%，尤其以冰雪、钓鱼为典型，钓鱼在整个户外运动中占 29%，即近 80 亿元。

32.6　婚恋交友信息服务发展情况

32.6.1　市场情况

根据艾瑞统计数据显示，2016 年中国网络婚恋交友行业市场营收为 34.4 亿元，在整体婚恋市场中占比为 36.5%，预计到 2019 年网络婚恋交友市场规模在整体婚恋市场中将达到41.7%（见图 32.20）。网络婚恋企业在线下市场与移动端积极布局，且随着互联网和移动互联网的发展，网民规模持续增加，用户使用互联网交友习惯不断养成，网络婚恋交友在整体婚恋市场中占比将逐渐提升。

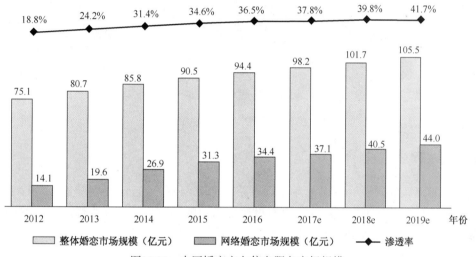

图32.20　中国婚恋交友信息服务市场规模

2015 年之后中国网络婚恋行业进入到转型期。一方面，在资本的推动下，百合网和有缘网先后发布招股书，随后世纪佳缘与百合网宣布合并，行业竞争格局发生变化。另一方面，随着互联网+技术的不断发展，以世纪佳缘、百合网等为代表的核心企业通过尝试延伸产业链进入婚庆行业，VR+婚恋、直播+婚恋、保险+婚恋、人工智能+婚恋的方式，持续探索创新服务模式。以世纪佳缘为例，2016 年，缘缘助手人工智能机器人上线，同时推出视频聊天和芝麻信用服务；之后定制化开发了一款婚恋交友 APP，并正在探索 VR 在社交和婚恋领域的应用。百合网则与花椒直播合作，同时旗下百合密语社区增加视频直播节目。有缘网则与腾讯云达成合作，正式使用腾讯云智能语音服务。

网络婚恋经过近二十年的发展，PC 端服务较为成熟，随着移动互联网的发展和用户需求挖掘逐渐成熟，网络婚恋服务企业持续拓展服务范围。横向切入兴趣社交、熟人社交、情侣互动等拓展人群范围，提高用户规模，纵向涉足婚庆服务、婚姻咨询、投资理财等服务深挖用户需求，完善服务链条。从总体来看，以网络婚恋服务为圆点，市场存在较多可被拓展的可能性（见图 32.21）。

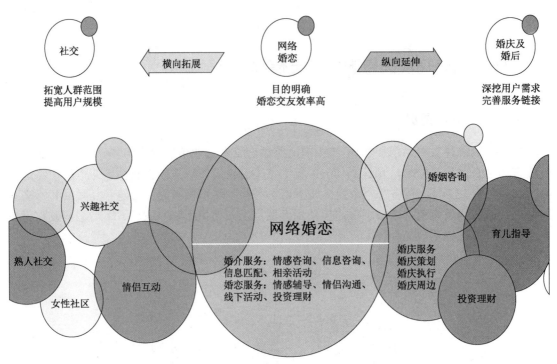

图32.21 中国婚恋交友行业服务维度

32.6.2 网站情况

根据艾瑞统计数据显示，2016 年中国网络婚恋交友服务 PC 端月度覆盖人数持续小幅降低。从整体来看，网络婚恋交友 PC 端月度覆盖人数随季节变化增长小幅波动，预计未来网络婚恋 PC 端人群规模将趋向稳定（见图 32.22）。

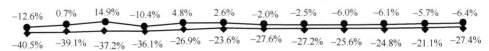

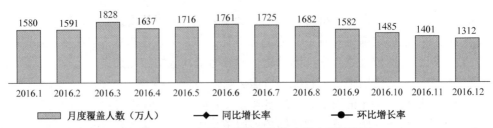

图32.22 2016年中国婚恋交友信息服务覆盖情况

根据艾瑞统计数据显示，2016 年 9 月网络婚恋交友移动端人群覆盖规模首次超过 PC 端人群覆盖规模，以移动端为主导的网络婚恋交友服务正式来临。2016 年 9—12 月，中国婚恋交友服务 PC 端月度覆盖人数依次为 1582 万人、1485 万人、1401 万人、1312 万人；移动端月度覆盖人数依次为 1781 万人、2145 万人、1897 万人、1924 万人，连续 4 个月超过 PC 端月度覆盖人数。从增长角度来看，PC 端月度覆盖人数从 5 月起呈现逐月下降趋势，移动端成为网络婚恋用户增长核心渠道，10 月环比增长一度达到 20.4%。中国网络婚恋 PC 端位于第一梯队的核心企业世纪佳缘、网易花田&同城交友、珍爱网和百合网相较于其他企业量级优势明显，在 2016 年 11 月中国网络婚恋月度覆盖人数 TOP10 网站排名前四，月度覆盖人数分别为 498.8 万人、344.4 万人、301.7 万人、291.8 万人。而移动端部分核心企业如世纪佳缘、百合网和珍爱网仍存在量级优势，在艾瑞咨询 2016 年 11 月中国网络婚恋移动端 APP 月独立设备数 TOP10 网站排名前三，月独立设备数分别为 322.6 万台、195.7 万台、185.3 万台。但企业间梯队区隔仍在形成阶段，未来发展的可能较多，企业竞争将进一步加剧。

据艾瑞统计数据显示，2016 年网络婚恋交友服务核心企业移动端月度总使用时间，各核心企业呈波动增长状态，世纪佳缘居首位。各核心企业 11 月度总使用时长排名第一的是世纪佳缘（2.69 亿分钟）。世纪佳缘目前拥有 1.7 亿名注册会员，移动端平台用户使用量已超过总使用量的 70%。后面依次为百合婚恋 1.78 亿分钟、珍爱网 1.64 亿分钟、有缘婚恋 0.63 亿分钟和网易花田 0.52 亿分钟。

32.6.3   用户情况

2016 年中国网络婚恋交友用户主要集中在 26～34 岁之间，且随着年龄增大，男性用户占比逐渐拉大与女性用户的差距（见图 32.23）。

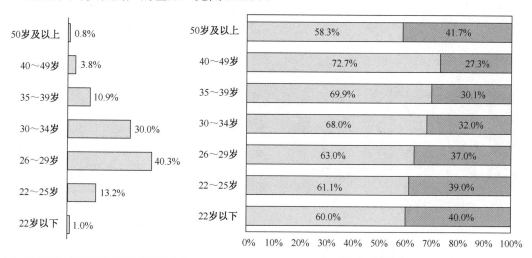

（a）2016年中国网络婚恋交友用户年龄分布   （b）2016年中国不同年龄婚恋交友用户性别分布

图32.23   2016年中国婚恋交友用户年龄及性别分布

2016 年中国网络婚恋交友近八成用户为本科及以上学历，超过五成用户的月均收入集中在 5000～9999 元（见图 32.24）。

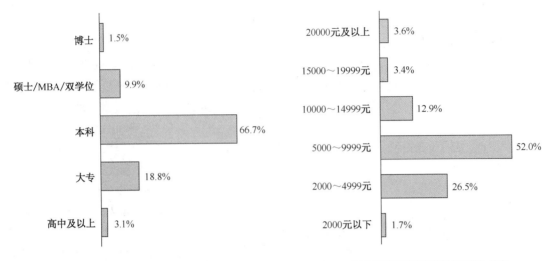

(a) 2016年中国网络婚恋交友用户学历分布　　　　　(b) 2016年中国网络婚恋交友用户月收入分布

图32.24　2016年中国婚恋交友用户学历及收入分布

　　根据艾瑞统计数据显示，2016 年中国婚恋交友服务 PC 端月度浏览时长基本保持稳定，其中 5 月和 10 月的波动增长，主要是由于婚恋人群倾向于在 520、521 和国庆假期时间节点推进关系进一步发展，从而促进了月度浏览时长的增长（见图 32.25）。

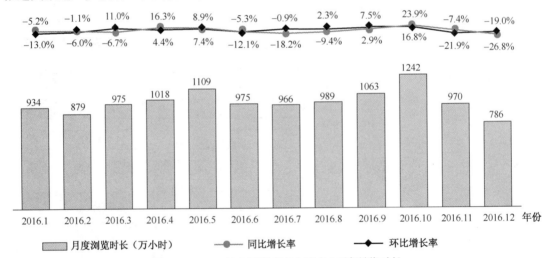

图32.25　2016年中国婚恋交友服务PC端浏览时长

　　根据艾瑞统计数据显示，2016 年网络婚恋交友服务移动端月度总有效使用时间持续增长，其中 11 月受 11 日"光棍节"氛围影响，目标用户婚恋需求被激发，活跃度提高，月度总有效使用时间达到峰值 13.9 亿分钟（见图 32.26）。

图32.26　2016年中国婚恋交友服务移动端浏览变化

32.7　母婴网络信息服务发展情况

32.7.1　市场动向

随着 2016 年全面二孩政策正式实施落地，一定程度上将加速新生儿数量的增长，加之移动互联网的发展，用户的网络使用和消费行为较 PC 时代已发生巨大变化，母婴市场迎来高速发展。据易观数据显示，2016 年中国母婴行业市场规模达 2.3247 万亿元，同比增长 15.1%。随着居民生活水平的提高，育儿成本逐年上升，中国母婴产业保持高增长态势，预计 2017 年中国母婴行业市场规模将接近 2.7 万亿元（见图 32.27）。

图32.27　2011—2018年中国母婴网络信息服务市场规模

中国互联网母婴市场产品服务形态主要包括：一是内容服务，以母婴知识、问答、专家在线咨询医疗健康等形式进行孕育知识的科普及传播，以社区/社群为载体，妈妈之间进行孕育经验的交流分享互动。二是工具服务，包括产检提醒、宝宝生长曲线测评、疫苗时间表、宝宝喂养记录、宝宝过敏测试等多种工具形态。三是电商服务，随着电子商务的发展，85 后、90 后年轻妈妈育儿理念及消费行为的升级，越来越多的年轻父母选择跨境购买母婴产品。四是 O2O 服务，包括教育、医疗健康、摄影、亲子活动、亲子旅游、孕产护理、产后瘦身等多种细分领域拓展。艾媒咨询数据显示，有 58.9%的移动母婴用户曾经或正在使用母婴社区社交类应用，排名第二的是母婴电商购物类应用，占 48.6%，紧随其后的是占 35.4%的记录工具类，医疗健康类和胎教早教类分别以 31.7%、28.1%分列其后。中国母婴网络信息服务生态图谱如图 32.28 所示。

图32.28　中国母婴网络信息服务生态图谱

此外，2016 年，互联网母婴行业均打出"内容为王"、"内容生态建设"的营销升级路线。妈妈网大力打造微网红经济，率先正式提出红人"W 计划"，并于 2016 年全力推进微网红孵化以及营销模式升级，建立妈妈网微网红矩阵；宝宝知道推出专家直播频道，通过直播的方式打造医生红人，进行内容生态建设；蜜芽推出育儿头条频道，通过推荐、视频、美容、瘦身、时尚等细分内容增加用户黏性，并进行购物推荐。在获客成本越来越高，流量越来越分散的当下，母婴用户的特质决定了互联网母婴行业以"内容为王"的营销升级为大势所趋。

32.7.2　网站情况

根据《2016 年氪估值排行榜 TOP200》报告，母婴领域依次排名为蜜芽、贝贝网、宝宝树，三家估值均达到 100 亿元，而在 TOP200 的排名中不再有其他 TMT 行业母婴属性的公司。自经过了 2015 年母婴行业的火热，2016 年麦乐购、辣妈商城、荷花亲子等的示弱或离开，线上母婴领域形成了贝贝网、蜜芽、宝宝树三个主流玩家。

随着中国互联网母婴社区全面向移动端迁徙，母婴 APP 成为用户获取育儿知识、分享交流经验、购买母婴商品的重要渠道。2016 年 10 月，中国母婴类 APP（包括母婴综合社区、孕育工具助手、母婴电商细分领域）用户渗透率为 1.76%。艾媒咨询数据显示，贝贝网、妈妈网、宝宝树孕育分别以 43.2%、39.0%、34.0% 位列移动母婴应用知名度前三名，辣妈帮、蜜芽、孕育管家等则分列其后。从整体上看，移动母婴应用的知名度相对较为分散，母婴用户对母婴社区类应用关注程度更高，其中以妈妈网和宝宝树孕育为主，可以在一定程度上说明，母婴用户的社交需求相对较为强烈。

根据易观千帆统计数据显示，母婴类 APP 中，以宝宝树、孕育管家（妈妈网旗下）等为代表的母婴综合社区类用户规模领先于其他如母婴电商、孕育工具助手、母婴健康等细分领域。9 月，宝宝树以近 1000 万人次数量占据 9 月母婴市场 APP 活跃人数排行榜首位，孕育管家（700 余万人次）、贝贝网及宝宝知道（500 余万人次）等紧随其后（见图 32.29）。9 月，孕育管家 APP 人均单日启动 5 次，占据 9 月母婴市场 APP 人均启动次数排行榜首位，妈妈社区、亲宝宝及妈妈帮以 4～4.5 次紧随其后。

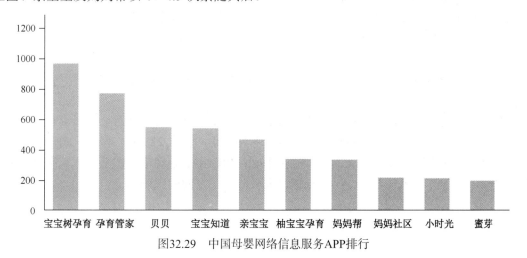

图32.29　中国母婴网络信息服务APP排行

32.7.3 用户情况

艾媒咨询数据显示，2016 年移动母婴用户规模为 0.62 亿人，增长率为 51.2%。未来两年，移动母婴用户规模仍将保持较高速度增长，2018 年市场整体用户规模预计将达到 1.47 亿人。在移动母婴用户中，有 59.8%的用户是妈妈，34.5%的用户是爸爸，而其他家长则在用户构成中占 5.7%。妈妈无疑是移动母婴应用的主要用户群体，但奶爸群体正在逐渐成为移动母婴应用的用户构成中重要的一员。

艾媒咨询数据显示，移动母婴用户相对年轻化。年龄在 26~30 岁的用户占比最高，为 41.8%，其次是 31~35 岁的用户，占 24.4%，而 18~25 岁的 90 后则占 18.5%。移动母婴用户整体上相对年轻化，用户年龄主要以适婚适育年龄为主，随着 90 后妈妈的逐渐增多，90 后将成为移动母婴应用的主要用户群。移动母婴用户的收入水平相对较高。33.3%的移动母婴用户月收入为 5001~8000 元之间，而月收入为 3001~5000 元之间的用户则占 29.7%，8000 元以上的用户占比总和为 21.7%，3000 元以下用户占 15.3%。从整体上看，移动母婴用户的月收入水平相对较高，超过 50%的用户收入在 5000 元以上。

32.8 网络文学服务发展情况

32.8.1 市场情况

2016 年，网络文学市场快速发展。据中国著名数字阅读平台阅文集团发布的"2016 网络文学发展报告"称，中国网络文学已成为移动互联网核心内容和中国最大的 UGC（用户原创内容）文化产品。截至 2016 年年底，网络文学用户规模达 3.33 亿人，网络文学年产值已达 90 亿元。

网络文学厚积薄发，成为 IP 内容孵化器，创造了诸多明星 IP，如《欢乐颂》、《微微一笑很倾城》、《翻译官》、《鬼吹灯》等 2016 年一系列热门作品的涌现使中国网络文学日益受到关注。根据 IP 改编的网络剧迎来爆发期。据易观智库统计，2016 年在互联网平台播出的 IP 网络剧达 108 部，较 2015 年数量（31 部）大幅增长，增长率达 248%。

网络文学不仅在国内大放异彩，伴随中国网文海外翻译热潮，"网文出海"也已成为一种文化现象。中国网络文学的影响力已经覆盖泰国、日本、韩国，乃至美国、英国、法国等 20 多个国家和地区。中国网文正在发力全球市场，有望在全球文创领域扮演更具分量的角色。

在当今社会快节奏、碎片化的生活模式下，移动阅读已成为一种新型消费形态及国民阅读的新趋势，移动阅读覆盖人数在 2016 年呈递增趋势（见图 32.30）。移动风潮还覆盖了网文创作领域，手机写作在"作家助手"等技术平台的助推下呈现增长态势，每年有近 70 万人在"作家助手"上更新作品，网文创作已突破时间、空间的限制。

单位：亿人

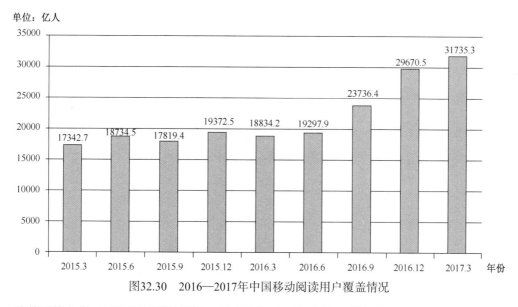

图32.30 2016—2017年中国移动阅读用户覆盖情况

随着网络文学 IP 跨界到影视领域，极大地推动了都市类、科幻类、灵异类网文作品的大众化。网络文学的 IP 化发展趋势，直接开拓了跨界授权以及合作营销的新领域，为大众创造了新的娱乐内容，也刺激了周边衍生产品的消费；同时，这样的充分借助"粉丝经济"的发展路径使得更多不同类型作品的价值被发掘出来，反过来也促进了网络文学作品类型的丰富以及内容质量的提高，激发出内容生产者的创作热情。经过近两年行业内的大规模并购重组，目前已经形成了较为清晰的市场格局，而随着版权正规化和产业生态化，网络文学有望迎来新一轮繁荣。

32.8.2 网站情况

在 PC 端方面，据艾瑞统计数据显示，2016 年 9 月，垂直文学网站日均覆盖人数 994.3 万人。其中，起点中文网日均覆盖人数达 151 万人，网民到达率达 0.6%，位居第一；晋江原创网日均覆盖人数达 139 万人，网民到达率达 0.6%，位居第二；17k 日均覆盖人数达 58 万人，网民到达率达 0.2%，位居第三（见图 32.31）。

排名	网站	日均覆盖人数（万人）	日均网民到达率	排名变化
1	起点中文网	151	0.6%	→
2	晋江原创网	139	0.6%	→
3	17k	58	0.2%	→
4	纵横中文网	54	0.2%	→
5	中国散文网	40	0.2%	↑
6	散文吧	32	0.1%	↑
7	潇湘书院	30	0.1%	↓
8	起点女生网	28	0.1%	↓
9	有妖气	19	0.1%	↓
10	吾读小说网	15	0.1%	→

注：日均网民到达率=该网站日均覆盖人数/所有网站总日均覆盖人数

资料来源：iUserTracker.家庭办公版2016.9，基于对40万名家庭及办公（不含公共上网地点）样本网络行为的长期监测数据获得。

© 2016.10 iResearch Inc.   www.iresearch.com.cn

图32.31 2016年中国网络文学网站覆盖人数情况

艾瑞统计数据显示，2016 年 9 月，垂直文学网站有效浏览时间达 1.7 亿小时。其中，潇湘书院有效浏览时间达 1589 万小时，占总有效浏览时间的 9.5%，位居第一；起点中文网有效浏览时间达 1447 万小时，占总有效浏览时间的 8.7%，位居第二；我听评书网有效浏览时间达 1233 万小时，占总有效浏览时间的 7.4%，位居第三（见图 32.32）。

排名	网站	月度有效浏览时间（万小时）	月度有效浏览时间比例	排名变化
1	潇湘书院	1589	9.5%	↑
2	起点中文网	1447	8.7%	↓
3	我听评书网	1233	7.4%	↓
4	晋江原创网	909	5.4%	↑
5	吾读小说网	586	3.5%	↑
6	纵横中文网	490	2.9%	↓
7	17k	424	2.5%	→
8	有妖气	284	1.7%	→
9	品书网	219	1.3%	↑
10	就爱网	191	1.1%	→

注：月度有效浏览时间比例=该网站月度有效浏览时间/该类别所有网站总月度有效浏览时间

资料来源：iUserTracker.家庭办公版2016.9，基于对40万名家庭及办公（不含公共上网地点）样本网络行为的长期监测数据获得。

© 2016.10 iReseorch Inc.　　　　　　　　　　　　　　　　www.ireseorch.com.cn

图32.32　2016年中国网络文学网站浏览时长情况

在移动端方面，根据速途数据，截至 2016 年年底，QQ 阅读的市场份额进一步提升，市场占比超过 1/3（占 34.36%），稳居榜首；掌阅 iReader 市场份额进一步缩减至 22.8%；塔读文学继续以 6.12%排在第三位，2016 年整体格局基本变化不大，预计 2017 年格局之战将进入尾声。剩余的 1/3 市场则被书旗小说、咪咕阅读、天翼阅读等其他众多移动阅读应用分食（见图 32.33）。

32.8.3　用户情况

2016 年，网络文学 IP 小说在成功影视化、动画化的同时，为网络文学市场带来了更多的读者，进一步提高了用户规模。根据 CNNIC 统计数据，截至 2016 年年底，我国网络文学用户规模为 3.33 亿人，较 2015 年年底增长 3645 万人，年增长率为 12.28%。网络文学使用率为 45.6%，较 2015 年年底增长了 2.5 个百分点。另据艾瑞咨询数据，2016 年 PC 端网络文学的覆盖人数变化不大，用户规模约 2.17 亿人，人口红利已经用尽；而移动端的覆盖人数则成增长态势，用户规模约 2.65 亿人。

据掌阅文学的数据显示，网络文学的受众在男女比例方面相差无几，男性读者略多于女性读者。从年龄分布上来看，网络文学受众普遍年轻化，21 岁以下的读者占 39%，22～29 岁之间的读者占 38%，29～39 岁之间的读者有 13%，39 岁以上的读者占比 10%。29 岁及以下的读者占了整个网络文学受众的 77%，绝大部分受众集中在 90 后与 00 后之中。地域分布方面，在掌阅公布的"最爱看网络文学的 TOP10"当中，广东、山东、江苏分别位于前三。

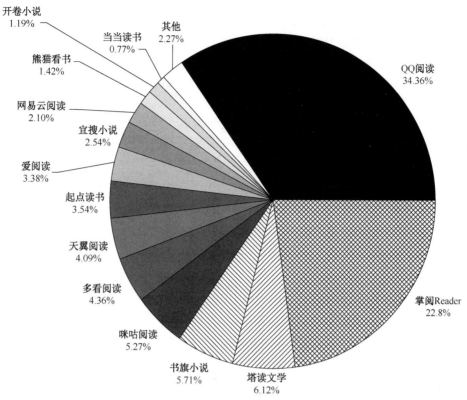

图32.33　2016年中国移动阅读市场份额

　　用户版权意识显著提升。与 2015 年相比，2016 年只看正版网络文学的用户比例有所提升，只看盗版的用户比例基本维持不变，因此在用户层面，2016 年盗版网络文学传播蔓延受到初步抑制，停止了疯狂增长的势头（见图 32.34）。

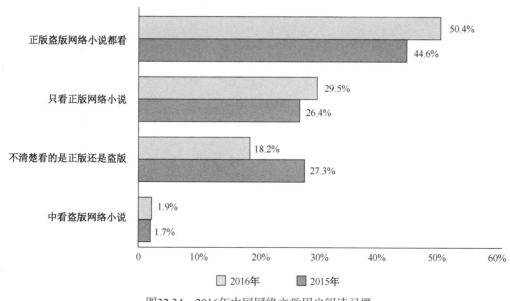

图32.34　2016年中国网络文学用户阅读习惯

　　用户付费市场从量变到质变，进入发展快车道。据艾瑞咨询数据，网络文学用户中，愿意订阅付费章节内容的比例为 45.7%，愿意购买道具、打赏作者的比例为 37.5%；用户在精品头部内容上的订阅、打赏消费意愿均在 4 成左右。正版网络文学付费呈现稳步上升的趋势。2016 年，在正版网络文学上的花费相对过去增多的用户占比为 37.1%，只有 6% 左右的用户花费减少。无话费和低花费（月花费低于 20 元）的用户占比减少，中高花费（月花费在 20～100 元）的用户占比增加，整体用户付费结构朝两端小、中间大的合理、健康方向发展（见图 32.35）。

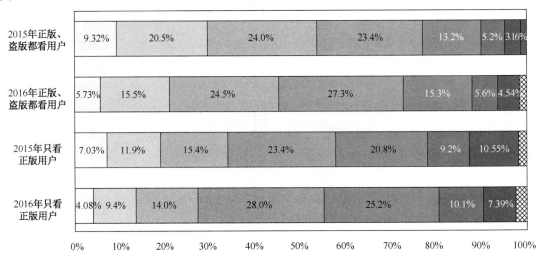

图32.35　2016年中国网络文学用户消费情况

（毕涛、刘树、龙晓蕾）

第四篇

附 录

 2016 年中国互联网产业综述与 2017 年发展趋势

 2016 年影响中国互联网发展的大事件

 2016 年通信运营业统计公报

 2016 年中国网络用户感知概况

 2016 年中国网民权益保护调查报告

附录A 2016年中国互联网产业综述与2017年发展趋势

"让互联网更好造福国家和人民。"

——习近平

2016年是中国互联网产业蓬勃发展、加速融合的一年。习近平主席指出："以互联网为核心的新一轮科技和产业革命蓄势待发，人工智能、虚拟现实等新技术日新月异，虚拟经济与实体经济的结合，将给人们的生产方式和生活方式带来革命性变化。"在这一年里，我国互联网产业在引领经济发展、推动社会进步、促进创新等方面发挥了巨大作用，互联网用户和市场规模庞大、互联网科技成果惠及百姓民生、互联网与传统产业加速融合、互联网国际交流合作日益深化、互联网企业竞争力和影响力持续提升。在这一年里，网络强国战略、制造强国战略、国家大数据战略等重大国家政策不断细化落实，互联网产业发展前景广阔。

2016年中国互联网产业呈现出以下发展态势和特点。

一、互联网基础设施支撑产业快速发展

（一）中国网民互联网普及率过半，4G用户持续爆发式增长

据中国互联网络信息中心有关数据，截至2016年6月，中国网民规模为7.1亿人，互联网普及率达到51.7%，网民数量继续稳居全球首位。移动电话4G用户达到7.14亿人，比2015年同期增长3.86亿人，增幅达到118%，占移动电话用户的比重达到54.1%，仍旧保持高速增长。网民数量的平稳增长与移动互联网用户的快速增加，为各类互联网应用的创新成果惠及百姓民生提供了有力支撑。

（二）"宽带中国"战略进入优化升级阶段，光网城市成为发展热点

伴随着"宽带中国"战略的推进和提速降费措施的落实，宽带提速效果日益显著。电信普遍服务试点的实施，支持全国27个省（区、市）的10万个行政村开展网络光纤到村建设和升级改造，解决了3.1万个建档立卡贫困村网络覆盖建设问题，为网络扶贫、缩小城乡"数字鸿沟"提供了重要手段，为网络强国建设提供了有力支撑。据工业和信息化部有关数据，8Mbps及以上接入速率的宽带用户总数达到2.59亿户，20Mbps及以上宽带用户总数达到2.11亿户，光纤接入FTTH/0用户总数达到2.15亿户，比2015年同期分别增长121%、262%和95%，占宽带用户总数的比重分别达88.1%、71.7%和73%。随着网络带宽的不断提升，建设光网城市成了城市下一步发展方向，并为智慧城市的落地夯实了基础。

（三）移动网络进入"4G+"时代，5G技术试验全面启动

三大运营商全面推进4G移动网络升级，以载波聚合技术为代表的4G+网络加速和以

VoLTE 为代表的 4G+高清语音开始大规模商用，更大的带宽、更高的数据速率可以显著改善用户上网体验。同时，工信部组织成立的 IMT-2020（5G）推进组在 1 月启动了 5G 的技术研发试验，并已完成关键技术验证阶段。

二、互联网技术推动产业创新发展

（一）"大智移云"是互联网产业的重要技术载体和推动力

以大数据、智能化、移动互联网、云计算为代表的新一代信息通信技术与经济社会各领域全面深度融合，催生了很多新产品、新业务、新模式，在整个产业链中的优势不断放大，未来市场潜力巨大。"大智移云"构成了互联网产业的主要技术体系，促进了生产方式、商业模式创新，为整个产业链条的技术支撑和全流程服务提供了理论依据和实践基础。

以大数据为例，通过数据的采集、存储、管理和分析，进而形成智能化决策和评价，应用于大数据相关的各个领域。基于大数据的发展，正在形成上游数据、中游产品、下游服务的产业体系。东兴证券初步估计，2016 年中国通信大数据市场规模达 342 亿元，较 2015 年增长 163%，其中大数据基础设施占比为 60.5%，市场规模为 207 亿元；大数据软件占比为 29.5%，达 101 亿元；大数据应用占比为 10%，达 34 亿元。

在智能化方面，车联网、智慧医疗、智能家居等物联网应用产生海量连接，远远超过人与人之间的通信需求。智能硬件底层传感技术需求持续增加，窄带物联网成为万物互联的重要新兴技术，带来更加丰富的应用场景。

（二）人工智能带来新的变革

2016 年 5 月，国家发展改革委、科技部、工业和信息化部、中央网信办发布《"互联网+"人工智能三年行动实施方案》，培育发展人工智能新兴产业、推进重点领域智能产品创新、提升终端产品智能化水平。人工智能不断突破新的极限，部署新的应用，带来新的变革。Google 子公司 DeepMind 研发的基于深度强化学习网络的 AlphaGo，与人类顶尖棋手李世石进行了一场"世纪对决"，最终赢得比赛，被认为是具有里程碑意义的事件。

2016 年，人工智能成为各大互联网巨头的必争之地，以 BAT 为代表的互联网企业把更多的人工智能技术应用到产品中，并组建专门的研究机构进一步加速技术的发展，通过发展人机交互、深度学习、自然语言理解、机器人等核心技术，全方位布局人工智能产业。根据相关分析机构的数字评估，2016 年中国人工智能市场规模达到 15 亿美元左右。

（三）虚拟现实进入快速成长期

虚拟现实的发展具有划时代的意义，让用户可以在普通电子设备上接收三维动态信息，进而深刻地改变认知世界的方式，提供场景重现的解决方案。通过提升内容体验与交互方式，并扩大资本支持与市场推广，虚拟现实技术正在向游戏、视频、零售、教育、医疗、旅游等领域延伸。

据投中研究院统计，2016 年上半年，中国虚拟现实行业投资案例共 38 起，投资规模为 15.4 亿元，资本涌入非常迅速。同时，投资逐渐从产业链终端向上游内容转移。从投资案例数量来看，相比 29%的硬件设备投资占比，内容制作和分发平台分别占比 50%和 21%；从投资资金规模来看，硬件设备投资占比从 2015 年的 71%减少到 2016 年上半年的 50%，内容制作从 16%上升到 37%。

三、互联网与传统产业加速融合发展

（一）制造业与互联网加速融合

制造业与互联网的融合发展，成为新一轮科技革命和产业变革的重大趋势和主要特征。2016 年 5 月，国务院印发《关于深化制造业与互联网融合发展的指导意见》，协同推进《中国制造 2025》和"互联网+"行动，加快制造强国建设。通过互联网与制造业的全面融合和深度应用，消除各环节的信息不对称，在研发、生产、交易、流通、融资等各个环节进行网络渗透，有利于提升生产效率，节约能源，降低生产成本，扩大市场份额，打通融资渠道。

《中国制造 2025》由文件发布进入全面实施新阶段。基于互联网的"双创"平台快速成长，智能控制与感知、工业核心软件、工业互联网、工业云和工业大数据平台等新型基础设施快速发展，网络化协同制造、个性化定制、服务型制造新模式不断涌现。工业和信息化部通过出台促进智能硬件、大数据、人工智能等产业发展的政策和行动计划，协同研发、服务型制造、智能网联汽车、工业设计等新业态、新模式快速发展。一批重大标志性项目推进实施，高端装备发展取得系列重大突破，一连串发展瓶颈问题得以解决。我国数字化研发设计工具普及率、工业企业数字化生产设备联网率分别达到 61.8% 和 38.2%，制造业数字化、网络化、智能化发展水平不断提高。

（二）互联网构建新型农业生产经营体系

2016 年的中央一号文件《关于落实发展新理念加快农业现代化 实现全面小康目标的若干意见》强调：大力推进"互联网+"现代农业，应用物联网、云计算、大数据、移动互联等现代信息技术，推动农业全产业链改造升级。农业与互联网融合走上快速发展轨道，通过运用互联网技术打造智能农业信息监控系统、建立质量安全追溯体系、开展智能化精确饲喂等，实现自动化、精准化生产，最高效率利用各种农业资源，降低农业能耗及成本，促进智慧农业发展。

2016 年，全国农产品电子商务持续呈现快速增长态势。中央和地方政府纷纷出台扶持政策，电商企业积极布局，为传统农产品营销注入现代元素，在减少农产品流通环节、促进产销衔接和公平交易、增加农民收入等方面优势明显。全国农产品电商平台已逾 3000 家，农产品生产、加工、流通等各类市场主体都看好网络销售，农产品网上交易量迅猛增长，并通过实践积累了很多经验。

四、互联网应用服务产业繁荣发展

（一）打通线上线下，实体商店与互联网电商平台紧密联合

除了传统的"双 11"电商狂欢节，互联网电商平台也开始寻找实体商户合作。2016 年 12 月 12 日（"双 12"），互联网电商平台累计联合 200 多个城市的 30 多万名线下商家——覆盖餐饮、超市、便利店、外卖、商圈、机场、美容美发、电影院等生活场景——总共吸引超过上亿名消费者共同参与实体店消费。越来越多的线下零售店、服务提供商通过与互联网公司合作提升经营业绩。网络支付广泛普及，移动支付比例进一步提升。

（二）"互联网+"医疗发挥鲇鱼效应

通过支付宝、微信等互联网企业产品进入医疗领域，全国 700 家大中型医院加入"未来医院"，通过手机实现挂号、缴费、查报告等全流程移动就诊服务，平均节省患者就诊时间 50%，提升了就医体验，改善了门诊秩序。同时，互联网企业与医院联合创新，推出了"先

诊疗后付费"的信用诊疗模式、"电子社保卡+医保移动支付"模式、反欺诈防黄牛服务等。

（三）网络教育积极探索新的市场空间

在政策允许的范围内，互联网企业积极发展新型的教育服务模式，在职业技能教育、资格考试培训等领域提供个性化教育服务。互联网企业与教育机构合作，发展在线开放课程，探索建立网络学习、扩大优质教育资源的新途径。与此同时，传统教育机构也在探索利用互联网手段改善教学方式、提升教学质量、探索公共教育新方式，如整合数字教育资源、探索网络化教育新模式、对接线上线下教育资源。例如，在雾霾红色预警期间，北京各个学校利用互联网、4G、视频、微信等技术方式实现"停课不停学"。

（四）分享经济影响广泛，新模式、新业态不断涌现

分享经济充分利用社会闲置资源和资金、劳动力、知识等生产要素，重构了原有的生产关系。平台拥有者与使用者享受分成收益而非原有的雇佣关系，给人们带来了多元化的"身份"。

2016年我国分享经济快速发展，在交通出行、房屋租赁、家政服务、办公、酒店、餐饮、旅游等领域，涌现出摩拜单车、小猪短租、爱大厨、纳什空间、途家等一批有影响力的本土企业。以网约车为例，截至2016年7月，合并后的滴滴快的平台日订单突破1400万，平台服务了近3亿名用户和1500万名司机。按照相关的就业标准，在该平台上面实现个人直接就业的司机超过了100万人，带动相关就业产业的机会数百万个。

（五）互联网创新政务服务

随着2016年9月29日国务院发布《关于加快推进"互联网+政务服务"工作的指导意见》，各地加快推进"互联网+政务服务"工作，切实提高政务服务质量与实效。互联网企业和大型传统基础服务部门纷纷推出网络应用程序，提供城市政务服务，涉及政务办事、车主服务、医疗服务、充值缴费、交通出行、气象环保中的一个或多个板块。比较典型的有阿里支付宝、腾讯微信、中国移动和包、国家电网e充电。

基于实名制的认证推广，城市居民可以在手机上办理生活缴费、查询公积金账单、车辆违章查询、交罚单、出入境进度查询、法律咨询、图书馆服务等多项线上便民服务。据统计，300多个城市推出互联网政务服务，服务用户过亿人，给居民的生活带来了极大的便利。

五、网络安全治理促进产业有序发展

（一）网络安全产业高速发展，产品种类不断丰富

在国家法律政策和行业需求的大力推动下，网络安全产业进入高速发展时期，网络安全产品种类不断丰富，数据传输安全、网络安全、数据安全、应用安全、计算机安全及云安全等产品持续更新。信息安全企业的竞争力进一步增强，防火墙、防病毒、入侵检测和漏洞扫描等传统安全产品逐步具备替代能力。从安全芯片、网络与边界安全产品到安全服务的信息安全产业链不断趋于完善。

（二）传统网络威胁向工控系统扩散，智能应用安全问题日益突出

随着新一代信息通信技术普及发展，国家关键基础设施与工业生产从单机走向互联，从封闭走向开放，从自动化走向智能化。面对传统网络威胁向工控系统扩散的问题，工业和信息化部印发《工业控制系统信息安全防护指南》等规定，指导工业企业开展工控安全防护工作，促进安全与发展同步建设。

同时，智能应用安全问题日益突出，移动设备和支付安全问题凸显。随着移动互联网的

迅猛发展，智能应用中数据和个人信息遭受攻击，数据信息可能通过数据线连接、在应用软件中安装恶意代码、发送网站链接等方式被获取。

（三）互联网领域法治化不断推进，网络安全责任主体得以明确

我国网络领域的基础性法律《中华人民共和国网络安全法》正式通过，立法明确了网络空间主权的原则、网络产品和服务提供者的安全义务、网络运营者的安全义务，完善个人信息保护规则，建立关键信息基础设施安全保护制度，确立关键信息基础设施重要数据跨境传输的规则。

此外，《互联网信息搜索服务管理规定》、《互联网直播服务管理规定》、《网络预约出租汽车经营服务管理暂行办法》等规定的出台，有效推进互联网领域法治化进行，及时回应社会公众的关切，有效引导和督促企业及时履行义务。

（四）网络治理问题受到关注，主管部门依法打击泄露个人信息的犯罪案件

在第三届世界互联网大会上，习近平主席通过视频发表讲话，强调推动全球互联网治理朝着更加公正合理的方向迈进，推动网络空间实现平等尊重、创新发展、开放共享、安全有序的目标。互联网产业发展过程中的数据保护与开放、平台治理、数字内容知识产权、分享经济、金融科技以及网络空间国际规则等领域的治理问题受到各界关注，政府、行业组织、企业之间的多方协作治理机制逐步完善。

同时，最高人民法院、工信部等六部门联合发布《防范和打击电信网络诈骗犯罪的通告》，有效防范与精准打击相关犯罪行为，工业和信息化部组织电信企业依法依规开展电话用户实名登记工作，加强用户登记信息保护。

2017年，中国互联网产业发展有如下趋势值得关注。

一、新一代信息基础设施成为网络强国战略的关键支撑

在电信普遍服务试点等项目的支持下，加强农村网络基础设施建设，提升农村宽带网络覆盖水平，将让广大农民分享宽带红利。光网城市建设受到重视。随着宽带中国战略的推进，"光进铜退"成为地方光网城市的重要手段。光网城市的建设将大幅度提高城市的服务能力，一系列试点城市将会陆续出现，发挥示范引领作用。

4G网络覆盖进一步扩大，5G研发试验和商用进一步推进，5G频谱规划工作取得进展，5G产业链企业的研发、运营能力进一步提升，下一代互联网商用部署加快实施。物联网成为5G主要应用场景之一，将大大拓展物联网的应用，促进物联网和移动互联网深度融合，开始进入以企业为主体的应用时代。技术先进、高速畅通、安全可靠、覆盖城乡、服务便捷的宽带网络基础设施体系进一步完善。

二、互联网技术成为创新发展的强劲动力

一是数字化、智能化服务技术蓬勃发展。人工智能将在未来发挥越来越大的作用，使一些长期以来需要人力劳动的任务实现自动化，变革现有的经济体系。2017年，包括第5代移动通信网络、物联网、云计算、信息安全等面向消费者和企业服务的数字化应用场景进一步拓展，并且与人工智能、深度学习、大数据、嵌入式系统等技术深入融合，赋予物理设备（机器人、汽车、飞行器、消费电子产品）以及应用和服务类产品的智能功能，从而产生新一类的智能应用和物件，以及可广泛应用的嵌入式智能。

二是增强信用与安全的技术将进一步丰富。例如，区块链等在不可信环境中增加信任的

技术将进一步丰富，应用范围与应用场景都将进一步扩大，涵盖被动式数据记录到动态预置行为等领域。该类技术将提升重要数据和事件不可更改的记录，例如，货币交易、财产登记或其他有价资产等。此外，自适应安全架构技术将进一步加强，包括持续分析用户和实体行为等领域。

三是企业信息化与云端迁移技术将释放更大影响力。促进企业信息化与云端迁移的技术将进一步提升，云平台的优势将获得企业界更广泛的关注，进而加速应用和服务的开发和部署，减少业务缺陷和资源浪费。云交付模式的最大优势在于它们能够为企业提供最出色的基础设施环境，推动企业开展自己的技术创新和数字化转型。

四是物理和数字世界互动技术应用范围进一步扩大。交互类技术进一步发展，在更大范围内推动沉浸式消费、商业内容和应用程序的格局巨变。虚拟现实和增强现实功能将进一步与数字网络融合，相关设备的成本进一步降低，技术生态更加完善，应用服务范围进一步扩大。互动技术将与移动网络、可穿戴设备和物联网一起实现大范围的应用服务协同，构建跨越物理世界与数字世界之间的信息流。

五是制造技术与信息网络技术融合塑造新的生产模式。提升速度和效率的支持类信息网络技术将进一步发展，尤其在制造业领域。以物联网、工业数据分析、人机协作为代表的支持类技术将获得更深应用，进而塑造新的生产模式，如通过改变机器、人员和业务流程之间的信息流，来提高工厂之间的连接灵活性。工厂流程将更多地依赖数据搜集与分析，人机交互性能也将大幅提升，生产过程的敏捷性、智能性、灵活性将大大提高。

三、产业融合成为振兴实体经济的重要体现

2016年12月举行的中央经济工作会议强调，以推进供给侧结构性改革为主线，着力振兴实体经济。互联网与传统产业的融合，将在培育壮大新动能、提振产业发展方面发挥不可替代的作用。

智能制造成为产业转型升级的关键领域。《智能制造发展规划（2016—2020年）》指出，加快发展智能制造，是培育我国经济增长新动能的必由之路，是抢占未来经济和科技发展制高点的战略选择，对于推动我国制造业供给侧结构性改革，打造我国制造业竞争新优势，实现制造强国具有重要战略意义。制造业与互联网的融合，将更多地瞄准制造业发展重大需求，依托现有制造业的产业基础，从供给侧改革入手，集聚创新要素、激活创新元素、转化创新成果，为效率提升和价值创造带来新的机遇。互联网推进制造业向基于互联网的个性化、网络化、柔性化制造模式和服务化转型，提升制造业企业价值链。数字化生产、个性化定制、网络化协同、服务化制造等"互联网+"协同制造新模式将取得明显进展，拓展产品全生命周期管理服务，促进消费品行业产品创新和质量追溯保证，推动装备制造业从生产型制造向服务型制造迈进，完善原材料制造业供应链管理。

农业供给侧结构性改革将进一步深化。现代信息技术在农业生产、经营、管理、服务各环节和农村经济社会各领域深度融合，农产品需求结构升级与有效供给不足的结构性矛盾将得到缓解，互联网与农业生产经营管理服务进一步融合，引领驱动农业现代化加快发展，改造传统农业的基础设施、技术装备、经营模式、组织形态与产业生态。

四、应用与服务成为惠及民生的创新举措

一是国内分享经济领域将继续拓展，在营销策划、餐饮住宿、物流快递、交通出行、生

活服务等领域进一步渗透。同时，教育和医疗可能成为分享经济发展的新领域，通过分享经济突破传统资源约束，开展供需对接，较低成本地解决就医难、教育不公平等问题。平台企业的数量将不断上升，有望形成一批初具规模、各具特色、有一定竞争力的代表性企业。同时，诸多领域的分享经济都处于探索阶段和发展初期，其服务和产品的安全性、质量保障体系、用户数据保护等方面将引起重视。

二是互联网与政府公共服务体系的深度融合将加快。大数据等现代信息技术的运用，有助于推动公共数据资源开放，促进公共服务创新供给和服务资源整合，构建面向公众的一体化在线公共服务体系，提升公共服务整体效能。政府信息公开方面，重点领域（如食品药品安全类、环境保护类、安全生产类等）政府信息公开的力度将加大；政府网站在线办事方面，将会在服务深度、服务质量和服务水平上加强；政府在线服务方面，互动交流水平持续提升，并建立较完善的政务咨询、调查征集类互动渠道等。

三是随着互联网+行动计划的深入，智慧城市建设快速推进，互联网将作为创新要素对智慧城市发展产生全局性影响，公私合营 PPP 模式将成为社会资本参与智慧城市建设的主流模式。产业园区建设开始转向智慧型，提供更多功能，服务更加人性，理念更加先进，模式更加开放。

五、安全与治理成为产业发展的有力保障

一是物联网安全态势感知能力增强，云计算安全更加重要。据 Gartner 预测，到 2018 年超过半数物联网设备制造商将由于薄弱的验证实践方案而无法保障产品安全。为避免物联网遭受更大的攻击与破坏，产业界将积极采取整体措施增强安全态势。2017 年，物联网嵌入式安全得到认真对待，对网络供应链进行检查将会成为一项重点，以物联网为推力的分布式拒绝服务攻击问题得到进一步研究，物联网态势感知成为企业发展追求的更高目标。随着云计算越来越受欢迎，终端用户将会对云服务提供商安全性进行评估。企业将会利用加密、标记或其他解决方案来确保敏感数据或机密信息，强大的身份验证措施将持续发挥作用。

二是安防领域的智能化水平提升。具备自主、个性化、不断进化完善的人工智能技术，将有效解决安防领域日益增加的用户需求，提升整个安防领域的智能化水平，推动安防产业的升级换代，助推国家网络空间战略预警和防御体系不断完善，威胁发现和态势感知预警、重大安全事件应急处置和追踪溯源等协作机制将会逐渐建立。

三是互联网治理的方式与手段进一步创新。随着互联网与经济社会各领域的深度融合，产业发展呈现融合化、区域化、生态化的发展特点，分享经济、区块链等新技术与旧制度的碰撞仍在继续，无人驾驶汽车、人工智能应用面临的法律问题日益凸显，区块链、云计算、大数据等新兴技术将会不断创新互联网治理的方式与手段，多元协同共治的需求将更加强烈。

四是中国在网络空间的国际影响力增强。全球互联网进入多利益相关方治理新时代，构建"多边、民主、透明"的国际互联网治理体系成为共识，中国在互联网治理论坛、国际电信联盟、亚太经合组织、上海合作组织、中国—东盟合作框架等有关活动中的影响力将继续增强。我国企业、研究机构、行业组织更加积极地参与国际网络安全交流等活动，围绕全球网络空间新秩序的研究会进一步深入。

（苗权）

附录 B　2016 年影响中国互联网发展的大事件

一、习近平总书记指出"让互联网更好造福国家和人民"

4 月 19 日，习近平主持召开网络安全和信息化工作座谈会，强调按照创新、协调、绿色、开放、共享的发展理念推动我国经济社会发展，是当前和今后一个时期我国发展的总要求和大趋势，推进网络强国建设，推动我国网信事业发展，让互联网更好造福国家和人民。10 月 9 日，中共中央政治局就实施网络强国战略进行第三十六次集体学习。习近平主持学习时强调，要加快推进网络信息技术的自主创新，加快数字经济对经济发展的推动，加快提高网络管理水平，加快增强网络空间安全防御能力，加快用网络信息技术推进社会治理，加快提升我国对网络空间的国际话语权和规则制定权，朝着建设网络强国目标不懈努力。

二、《网络安全法》和《国家网络空间安全战略》陆续发布

7 月，十二届全国人大常委会第二十四次会议表决通过了《中华人民共和国网络安全法》。这是我国第一部网络安全的专门性综合性立法，提出了应对网络安全挑战这一全球性问题的中国方案，网络安全将有法可依，信息安全行业将由合规性驱动过渡到合规性和强制性驱动并重，具有里程碑式的意义。12 月，经中央网络安全和信息化领导小组批准，国家互联网信息办公室发布了《国家网络空间安全战略》（以下简称《战略》）。作为我国首部关于国家网络安全工作的纲领性文件，《战略》阐明了中国关于网络空间发展和安全的重大立场和主张，明确了战略方针和主要任务。

三、宽带网络提速降费全面推进

伴随着"宽带中国"战略的实施，网络提速降费措施全面推进，宽带基础设施规模持续提升。三大运营商通过升级套餐等方式逐步推动全国手机漫游费取消，4G 网络和宽带基础设施水平进一步提升。截至 2016 年 11 月，固定宽带的平均接入速率达 48Mbps，比 2015 年年底提升了 135%；实现光纤覆盖的城市超过 100 个，光纤用户占比达 75%，达到了世界先进水平；新建的 4G 基站 72.7 万个，总数接近 250 万个铁塔基站；新增 4G 用户超过 3.78 亿户，总数达到了 7.34 亿户；11 月移动互联网户均接入流量达 976M；2016 年 9 月完成了 5G 的一阶段测试，互联网演进不断提速。

四、工业和信息化部大力推动电话用户实名登记

2016 年 5 月，工业和信息化部大力推动电话用户实名登记工作。10 月，国家六部委联合印发《关于防范和打击电信网络诈骗犯罪的通告》，要求 2016 年年底前电话用户实名率达

到 100%。从 12 月 1 日起，三家基础电信企业依法对非实名手机号实行双向停机，督促和强制非实名用户补登记。工业和信息化部提出"从严从快全面落实电话用户实名制、大力整顿和规范重点电信业务、坚决整治网络改号问题"等硬性要求，组成督导组开展督导检查，通信运营企业积极加强重点业务整顿，提高技术防范能力，防范打击通信信息诈骗专项行动取得了阶段性成效。

五、制造业与互联网融合迈上新台阶

2016 年 5 月，国务院印发《关于深化制造业与互联网融合发展的指导意见》，协同推进《中国制造 2025》和"互联网+"行动，组织实施制造业与互联网融合发展试点示范、智能制造试点示范和智能制造专项，加快制造强国建设。

与此同时，智能终端设备行业快速发展，智能汽车研制持续推进。互联网与传统制造业融合步伐不断加快，对制造业生产手段、生产模式和生产组织等方面带来革命性影响，在培养发展新动能、推进供给侧结构性改革等方面初现成效，成为我国加快向制造强国迈进的核心驱动力。新一代信息技术与先进制造技术相结合，将信息连接对象由人扩大到有自我感知和执行能力的智能物体，支撑工业全流程智能化。此外，工业和信息化部指导成立了工业互联网产业发展联盟，意在推动相关领域进一步发展。

六、分享经济新业态拉动经济增长

分享经济借助互联网技术实现供需资源的高效精准配置，创新出多方参与的新业态提升资源共享效率，进而拉动消费和生产领域经济增长。目前在出行、饮食、家政和住宿等领域形成了众多的新商业模式，涌现出小猪短租、猪八戒、摩拜单车、WiFi 万能钥匙等多家现象级企业。

分享经济的快速发展，引发了一些新问题、新情况：如何尊重消费者知情权和选择权、保护用户人身安全与财产安全、保护用户个人信息安全、保护平台从业者人身安全与财产安全、保护平台从业者信息安全、不正当竞争等。针对这些问题，2016 年行业监管体系正在逐步建立，从行业自律到行业规范均有了重要提升，以点带面加强对行业新经济的调控和保障。例如，2016 年 6 月 21 日，中国互联网协会在京发布《中国互联网分享经济服务自律公约》（以下简称《公约》），41 家分享经济企业共同签署了《公约》。《公约》倡导诚实信用、公平竞争、自主创新、优化服务四项基本原则，涵盖了分享经济领域的新问题，细化了协商、调解、测评与裁定相结合的签约企业间争议和纠纷解决机制。2016 年 7 月，交通部联合公安部等 7 部门联合发布了《网络预约出租汽车经营服务管理暂行管理办法》，明确了网约车合法身份，明确了私家车准入门槛、管理权限等细节做出规定。北京、上海、深圳、广州、兰州等地也相继发布了网约车管理细则。

七、中央经济工作会议提出深入实施创新驱动发展战略

中央经济工作会议提出，要坚持以提高质量和核心竞争力为中心，坚持创新驱动发展，扩大高质量产品和服务供给。实施创新驱动发展战略，既要推动战略性新兴产业蓬勃发展，也要注重用新技术、新业态全面改造提升传统产业。会议强调，深入实施创新驱动发展战略，广泛开展大众创业、万众创新，促进新动能发展壮大、传统动能焕发生机。

八、互联网市场竞争从用户之争转向平台之争

当互联网用户数量增长放缓，传统互联网应用服务渐趋成熟时，企业之间从原有的用户规模之争，向以知识产权为核心、以内容服务为中心的泛生态体系竞争转移。企业通过有效连接多个创新的产品与服务主体，打造独有的商业价值网络，导致市场竞争中的相互依赖关系更加突出。以电子商务为例，越来越多的线下零售店、服务提供商通过与互联网公司合作提升经营业绩。据统计，2016 年吸引超过 1.1 亿名消费者的电商"双 12"活动，就有 200 多个城市的 30 万线下商家参加，涵盖餐饮、超市、便利店、外卖、商圈、机场、美容美发、电影院等主要生活场景。与此同时，互联网市场竞争的法治化建设稳步推进，《反不正当竞争法》修订受到互联网业界重视，行业主管部门、行业组织、互联网企业、网民共同参与的协同联动互联网市场竞争他律与自律格局已经建立。

九、科技创新助力互联网金融健康发展

大数据、区块链、生物识别、移动互联等新技术成为金融业创新发展的驱动力，在消费金融、互联网征信、风险管理等领域得到进一步应用，区块链技术应用范围已经由数字货币扩展到了金融交易和资信证明等领域。网络支付广泛普及，是互联网金融全业务流量的重要来源。互联网金融风险分析技术平台的建立，实现了对互联网金融总体情况的摸底、实时监测预警企业异常和违规情况等功能，增强了我国互联网金融平台支撑技术能力。2016 年 4 月，国务院办公厅印发《互联网金融风险专项整治工作实施方案》，促进互联网金融规范有序发展。2016 年 8 月，中国银监会、工业和信息化部、公安部、国家互联网信息办公室联合发布《网络借贷信息中介机构业务活动管理暂行办法》，P2P 网贷行业首部业务规范政策正式面世。

十、基于数据支撑跨部门协同监管和联合惩戒机制成为网络诚信建设主流

6 月 27 日，习近平主持召开重要全面深化改革领导小组第二十五次会议强调，加快推进对失信被执行人信用监督、警示和惩戒建设，有利于促使被执行人自觉履行生效法律文书决定的义务，提升司法公信力，推进社会诚信体系建设。要建立健全跨部门协同监管和联合惩戒机制，明确限制项目内容，加强信息公开与共享，提高执行查控能力建设，完善失信被执行人名单制度，完善党政机关支持人民法院执行工作制度，构建"一处失信、处处受限"的信用惩戒大格局，让失信者寸步难行。发改委、工业和信息化部、公安部、国家工商总局等政府部门深入推进中小企业诚信体系建设、网站主体诚信体系建设、互联网金融领域诚信体系建设、网络经营者诚信体系建设。统一社会信用代码制度有效支撑了商事制度改革，互联网领域成为实名登记制度的重要领域，全国信用信息共享平台汇集信用信息近 7 亿条，中国互联网协会有效联合政府部门、互联网企业、社会组织和广大网民共建共治的信用格局雏形显现，数据支撑跨部门协同监管和联合惩戒机制成为主流。

（王朔）

附录 C　2016 年通信运营业统计公报

2016 年，我国通信运营业认真贯彻落实中央各项政策措施，继续推进"提速降费"行动，提升 4G 网络和宽带基础设施水平，积极发展移动互联网、IPTV 等新型消费，全面服务国民经济和社会发展，全行业保持健康发展。

一、综合

（一）行业平稳运行，业务总量与收入增速差距扩大

经初步核算[1]，2016 年电信业务收入完成 11893 亿元，同比增长 5.6%，比上年回升 7.6 个百分点。电信业务总量完成 35948 亿元[2]，同比增长 54.2%，比上年提高 25.5 个百分点（见图 C.1）。

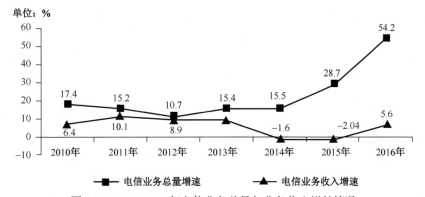

图C.1　2010—2016年电信业务总量与业务收入增长情况

（二）行业转型步伐加快，用户和收入结构日趋优化

2016 年，电信业务收入结构继续向互联网接入和移动流量业务倾斜。非语音业务收入占比由上年的 69.5% 提高至 75.0%；移动数据及互联网业务收入占电信业务收入的比重从上年的 26.9% 提高至 36.4%（见图 C.2）。移动宽带（3G/4G）用户占比大幅提高，光纤接入成为固定互联网宽带接入的主流。移动宽带用户在移动用户中的渗透率达到 71.2%，比 2015 年提高 15.6 个百分点；8Mbps 以上宽带用户占比达 91.0%，光纤接入（FTTH/0）用户占宽带用户的比重超过 3/4。融合业务发展渐成规模，截至 12 月末，IPTV 用户达 8673 万户。

1　2015 年及以前的数据为年报最终核算数，2016 年的数据为 12 月快报初步核算数。下同。

2　按照 2014 年微调的 2010 年不变单价计算。

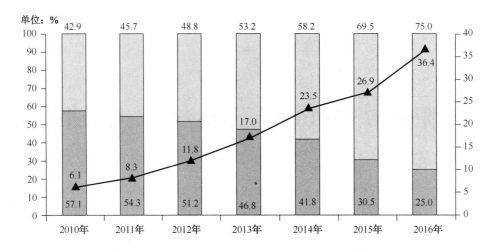

图C.2　2010—2016年语音业务和非语音业务收入占比变化情况

二、用户规模

（一）电话用户规模继续扩大

2016年，全国电话用户净增2617万户，总数达到15.3亿户，同比增长1.7%。其中，移动电话用户净增5054万户，总数达13.2亿户，移动电话用户普及率达96.2部/百人，比2015年提高3.7部/百人（见图C.3）。全国共有10个省市的移动电话普及率超过100部/百人，分别为北京、广东、上海、浙江、福建、宁夏、海南、江苏、辽宁和陕西（见图C.4）。固定电话用户总数2.07亿户，比2015年减少2437万户。

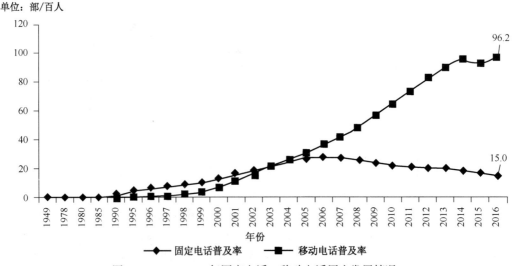

图C.3　1949—2016年固定电话、移动电话用户发展情况

单位：部/百人

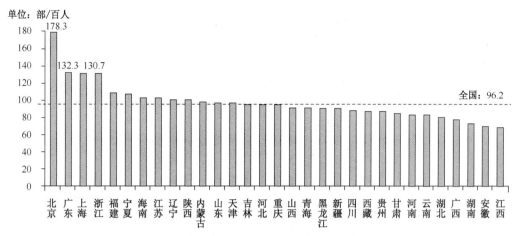

图C.4 2016年移动电话普及率各省发展情况

（二）4G移动电话用户占比接近六成

2016年，4G用户数呈爆发式增长，全年新增3.4亿户，总数达到7.7亿户，在移动电话用户中的渗透率达到58.2%。2G移动电话用户减少1.84亿户，占移动电话用户的比重由2015年的44.5%下降至28.8%（见图C.5）。2010—2016年3G/4G用户发展情况如图C.6所示。

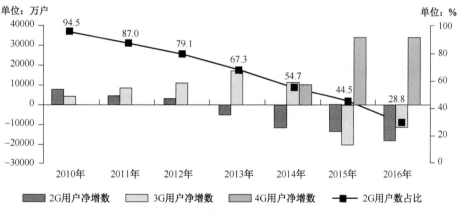

图C.5 2010—2016年各制式移动电话用户发展情况

图C.6 2010—2016年3G/4G用户发展情况

（三）光纤接入用户占比明显提升

2016 年，三家基础电信企业固定互联网宽带接入用户净增 3774 万户，总数达到 2.97 亿户。宽带城市建设继续推动光纤接入的普及，光纤接入（FTTH/0）用户净增 7941 万户，总数达 2.28 亿户，占宽带用户总数的比重比 2015 年提高 19.5 个百分点，达到 76.6%。8Mbps 以上、20Mbps 以上宽带用户总数占宽带用户总数的比重分别达 91.0%、77.8%，比 2015 年分别提高 21.3 个、46.6 个百分点（见图 C.7）。

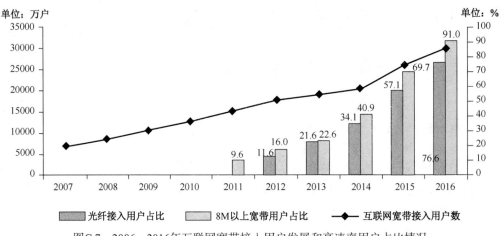

图C.7　2006—2016年互联网宽带接入用户发展和高速率用户占比情况

三、业务使用

（一）移动语音业务量小幅下滑

2016 年，全国移动电话去话通话时长 2.81 万亿分钟，同比下滑 1.4%（见图 C.8）。其中，移动非漫游去话通话时长同比下降 1.6%，移动国际漫游和港澳台漫游通话时长分别下滑 15.6%和 14.5%。移动国内漫游通话去话通话时长同比增长 0.4%。

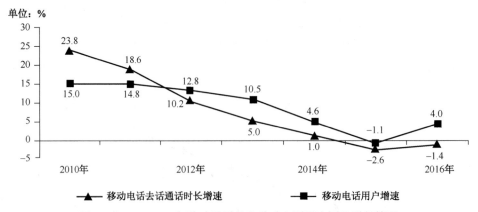

图C.8　2010—2016年移动通话量和移动电话用户同比增长情况

（二）移动短信业务收入降幅超 10%

2016 年，全国移动短信业务量 6671 亿条，同比下降 4.6%，降幅较 2015 年同期缩小 4.3 个百分点（见图 C.9）。彩信业务量 557 亿条，同比下降 9.8%。移动短信业务收入完成 365 亿元，同比下降 10.7%。

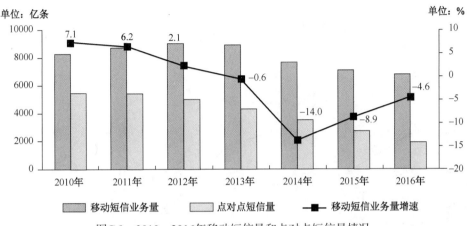

图C.9　2010—2016年移动短信量和点对点短信量情况

（三）移动互联网流量增速翻倍

2016 年，在 4G 移动电话用户大幅增长、移动互联网应用加快普及的带动下，移动互联网接入流量消费达 93.6 亿 G，同比增长 123.7%，比 2015 年提高 20.7 个百分点。全年月户均移动互联网接入流量达到 772M，同比增长 98.3%（见图 C.10）。其中，通过手机上网的流量达到 84.2 亿 G，同比增长 124.1%，在总流量中的比重达到 90.0%。固定互联网使用量同期保持较快增长，固定宽带接入时长达 57.5 万亿分钟，同比增长 15.0%。

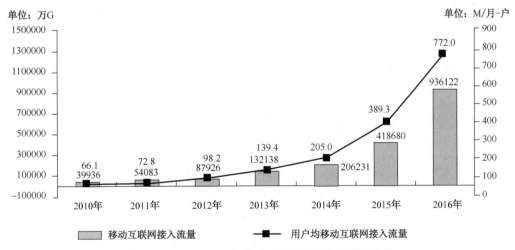

图C.10　2010—2016年移动互联网流量发展情况比较

四、网络基础设施

（一）宽带基础设施日益完善，"光进铜退"趋势明显

2016 年，互联网宽带接入端口数量达到 6.9 亿个，比 2015 年净增 1.14 亿个，同比增长 19.8%。互联网宽带接入端口"光进铜退"趋势更加明显，xDSL 端口比 2015 年减少 6259 万个，总数降至 3733 万个，占互联网接入端口的比重由 2015 年的 17.3% 下降至 5.4%。光纤接入（FTTH/0）端口比 2015 年净增 1.81 亿个，达到 5.22 亿个，占互联网接入端口的比重由 2015 年的 59.3% 提升至 75.6%（见图 C.11 和图 C.12）。

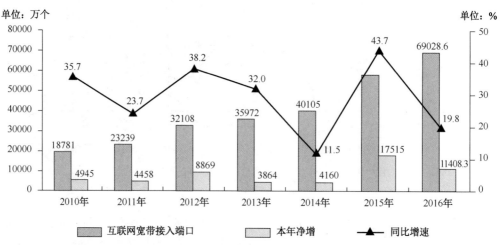

图C.11　2010—2016年互联网宽带接入端口发展情况

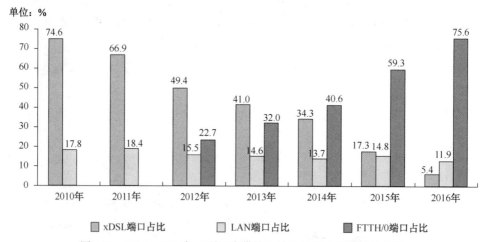

图C.12　2010—2016年互联网宽带接入端口按技术类型占比情况

（二）移动通信设施建设步伐加快，移动基站规模创新高

2016 年，基础电信企业加快了移动网络建设，新增移动通信基站 92.6 万个，总数达 559.4 万个（见图 C.13）。其中 4G 基站新增 86.1 万个，总数达到 263 万个，移动网络覆盖范围和服务能力继续提升。

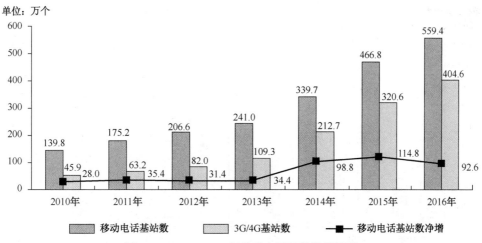

图C.13　2010—2016年移动电话基站发展情况

（三）传输网设施不断完善，本地网光缆规模与增长居首

2016 年，全国新建光缆线路 554 万千米，光缆线路总长度 3041 万千米，同比增长 22.3%，整体保持较快增长态势（见图 C.14）。

图C.14　2010—2016年光缆线路总长度发展情况

全国新建光缆中，接入网光缆、本地网中继光缆和长途光缆线路所占比重分别为 62.4%、34.3% 和 3.3%。其中长途光缆保持小幅扩容，同比增长 3.5%，新建长途光缆长度达 3.32 万千米。2010—2016 年各种光缆线路长度对比情况如图 C.15 所示。

单位：万千米

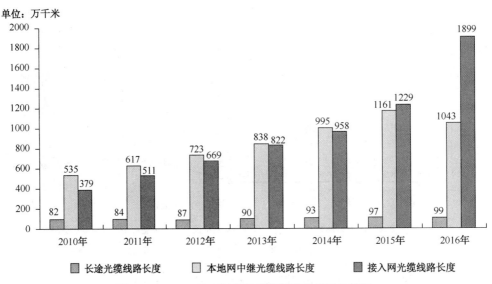

图C.15 2010—2016年各种光缆线路长度对比情况

五、收入结构

（一）移动通信业务收入占比超七成

2016年，移动通信业务实现收入8586亿元，同比增长5.2%，占电信业务收入的比重为72.2%，比2015年提高1.8个百分点（见图C.16）。其中，语音业务收入在移动通信业务收入中占比为30.4%，比2015年下降7.9个百分点。固定通信业务实现收入3306亿元，同比增长6.7%，其中固定语音业务收入在固定通信业务收入中占比为11.0%，比2015年下降0.9个百分点。

单位：%

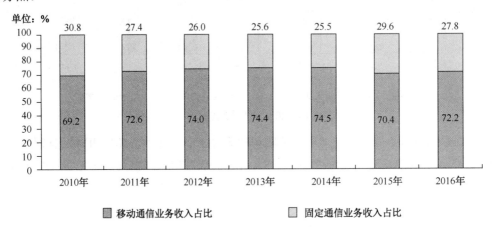

图C.16 2010—2016年电信收入结构（固定和移动）情况

（二）移动数据业务增长贡献突出

2016年，固定数据及互联网业务收入完成1800亿元，同比增长7.0%，比2015年提高4.4个百分点。移动数据及互联网业务收入完成4333亿元，同比增长37.9%，比2015年提高10.7个百分点（见图C.17）。移动数据及互联网业务收入在电信业务收入中占比达到36.4%，比上年提高8.5个百分点，拉动电信业务收入增长10.6个百分点。

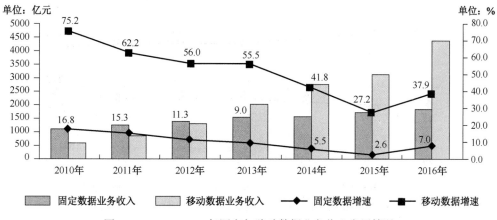

图C.17　2010—2016年固定与移动数据业务收入发展情况

六、固定资产投资

2016 年，全行业固定资产投资规模完成 4350 亿元，其中移动通信投资完成 2355 亿元。

七、区域发展

（一）西部移动宽带用户增速快于东中部

2016 年，西部移动宽带用户增速比东部和中部增速分别高 9.8 个和 1.2 个百分点。东、中、西部移动宽带电话用户占比与 2015 年大体相当，分别为 48.9%、25.5%、25.6%（见图 C.18 和图 C.19）。

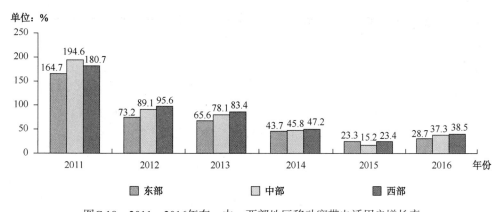

图C.18　2011—2016年东、中、西部地区移动宽带电话用户增长率

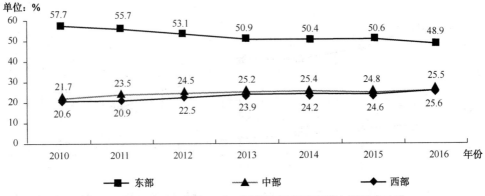

图C.19　2010—2016年东、中、西部地区移动宽带电话用户比重

（二）区域差距进一步缩小

2016年，东部地区实现电信业务收入6671.7亿元，占全国电信业务收入比重为54.0%，同比下降0.2个百分点，自2010年以来占比持续下降。中部地区占比与2015年持平，西部地区占比较2015年小幅提升0.2个百分点，达到23.1%（见图C.20）。

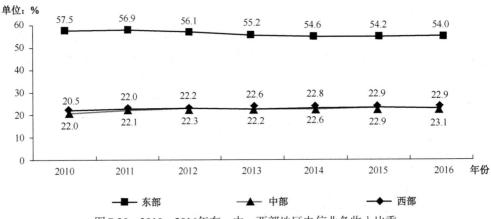

图C.20　2010—2016年东、中、西部地区电信业务收入比重

（王朔）

附录 D 2016 年中国网络用户感知概况

一、中国网络用户感知介绍

随着基础设施建设的不断完善、利好政策的持续出台，以及互联网对于各个行业的渗透，互联网在中国已经完成了从羸弱到健壮的蜕变。中国网民 16 年间增长超过 30 倍，互联网经济在 5 年内增幅达到 6.1 倍。在经历快速发展后，当前互联网网民数量增幅逐渐放缓。同时，随着智能移动终端的普及和移动网络的升级与优化，2016 年，移动互联网网民数量在整体网民中占比已达到 95.1%。

用户感知，是互联网用户体验互联网服务的过程中建立起来的心理感受，是影响用户满意与是否再次使用产品（服务）的重要因素。用户感知监测已成为衡量互联网服务的重要维度。为了能够让网络达到用户体验要求，互联网服务运营主体对网络监控的关注点已经从系统和服务层转变为最终用户的体验层面。互联网服务运营主体通过对网络、应用以及服务的监控来保证产品（服务）的高可用，提升用户感知，满足用户体验效果。同时，我国互联网进入深层次运营阶段，在此背景下，互联网服务运营主体之间的产品同质性加大，导致竞争加剧，用户感知体验成为产品（服务）的重要价值，成为用户在选择互联网服务运营主体时的重要因素。

本部分基于当前国内用户使用互联网行为习惯以及运营商市场覆盖情况，分别从传统互联网和移动互联网两方面，选取用户体验指标和性能指标，从运营商、区域等维度进行分析。

在传统互联网方面，用户体验指标选取了网页浏览体验中的首屏用时[①]、可用性[②]指标。首屏用时根据工信部发布的《宽带速率的测试方法用户上网体验》规范标准中衡量用户上网体验的重要指标。可用性，则直接展现了网络的稳定性。传统互联网的网络性能指标则选取了时延[③]、丢包率[④]，两个指标能够清晰地展现出中国网络的速度和稳定性。另外，随着互联网视频业务的高速发展，本部分还加入了视频浏览过程中的首播时间[⑤]、卡顿次数占比[⑥]两个用户体验指标。首播时间与首屏用时类似，是用户直观感受到观看视频时等待的时间，卡顿次数占比则体现了视频观看时的流畅度。卡顿次数占比越低，视频观看越流畅，用户体验越理想。

在移动互联网方面，与传统互联网指标选取相同，在用户体验指标中选取了首屏用时、可用性；在性能指标中，则选取了网络性能中的时延、丢包率进行分析。通过以上指标，展现用户在 4G 网络环境下的用户感知状况。

二、2016 年传统互联网用户网络感知状况介绍

在 2016 年，传统互联网用户的增长率持续放缓，月度覆盖人数基本保持在 5.2 亿人。传

统互联网业务的竞争不断加剧，一方面企业不断优化自身网站性能，另一方面运营商也在提升基础设施，以希望通过优质的服务，得到用户的青睐。

2016 年，国内传统互联网用户（不含中国港、澳、台地区）访问网站时平均首屏体验耗时 3.01s，平均可用率达到 97.88%；网络质量层面，平均时延为 35.02ms，平均丢包率 0.82%；用户在通过传统互联网观看视频时，平均首播时间为 3.75s，卡顿占比约为 17.44%。

（一）网页浏览体验

2016 年，传统互联网用户访问网站时，在不同运营商环境下平均首屏体验指数及平均可用性数值如下：

运营商	中国电信	中国联通	中国移动
平均首屏体验	2.91s	3.04s	3.22s
平均可用性	98.28%	97.79%	97.03%

作为国内最大的运营商，中国电信平均首屏体验指数上表现最为优秀。网民在通过中国电信进行网页浏览时，其首屏平均打开速度高于中国联通和中国移动，用户体验感最优。在平均可用性方面，三大运营商表现均较为出色，用户进行浏览器访问时顺利打开目标浏览器的概率均达到 97%以上。

由于全国各地区网络发展状况以及运营商覆盖的差异性，不同地区用户通过网络访问浏览器的体验感也不同。

在全国 31 个省市中（不含港、澳、台），宁夏、西藏、广西、贵州、内蒙古五地用户，通过不同运营商访问网站，在打开耗时上存在明显差别。在偏远地区，传统互联网的基础设施部署仍然落后于全国平均水平。其中中国移动的变化最为明显，其他各地区用户在不同运营商网络环境下访问网站时，用户体验没有较大差异。

全国各地用户通过不同运营商访问网站时，用户均能顺利打开网页。31 个省市中，27个省份的用户通过不同运营商访问网页时可用率均在 94%以上。只有青海联通、山西移动、西藏移动、西藏联通、新疆移动、新疆联通四地的用户在访问网站时，可用性均低于 92%。

通过以上数据可以发现，国内用户在网页浏览方面已经能够得到较好的服务质量，用户在不同地区所感知的用户体验没有差别并不明显。传统互联网在西藏、新疆、青海等地的发展仍落后于国内其他地区，当地用户使用传统互联网时的网络感知低于全国平均水平。

（二）网络性能体验

2016 年中，传统互联网用户通过互联网访问网站时，在不同运营商下，平均时延和丢包率如下：

运营商	中国电信	中国联通	中国移动
平均时延	29.04ms	34.29ms	28.60ms
平均丢包率	0.81%	0.78%	0.59%

根据以上数据，中国电信、中国联通和中国移动在平均时延方面均控制在 40ms 以内，平均丢包率均在 1%之内，保证了用户使用互联网时的网络状况，为用户感知优质体验奠定了基础。

不同地区用户在各运营商环境中所感知的网络时延有所不同。虽然全国三大运营商的平均时延均不超过 40ms，但是在各个地区时延表现有较大差别。北京、广东、贵州、海南、湖南、江苏、河北、河南、宁夏、陕西、新疆、浙江 12 个地区的用户，在通过不同运营商访问互联网时，时延所带来的感知变化较小。而其他地区，不同运营商所提供的网络速度则存在较大差异。

各运营商为各地用户提供的互联网服务，丢包率均控制在较低水平。

通过以上数据可以发现，国内用户在访问互联网时，其所感知的网络速度与通畅度均处于较高水平。用户可以体验快速、通畅的互联网服务。

（三）视频浏览体验

2016 年，网络视频用户已经达到 5.45 亿人，通过网络观看视频已经成为人们生活中的常态。2016 年全年用户打开视频时的首播平均用时为 3.75s，平均卡顿率为 17.44%。

其中，中国电信、中国联通、中国移动主要运营商 2016 年在该项指标的表现如下：

运营商	中国电信	中国联通	中国移动
平均首播用时	3.98s	3.60s	3.67s
平均卡顿率	18.24%	17.59%	16.49%

从 2016 年的整体表现中不难看出，平均首播时间最长的是中国电信，卡顿率上也是中国电信的卡顿次数更加明显。

用户在通过中国电信、中国联通、中国移动观看视频时，首播时间缩短。用户在打开视频网页后等待视频播放的时间在 2016 年有了明显的提升，用户不必为了观看视频而等待过长时间。

平均卡顿率在 2016 年的整体趋势与平均首播时间类似，经过长期优化，用户在观看视频时的卡顿率有了明显的降低，用户在观看视频时的感受更为流畅。

从整体上观察，2016 年用户通过互联网观看视频时的体验感趋势明显提升，同时提升的速率逐渐放缓。各运营商及视频网站均通过优化自身服务来提升用户体验感，而优化后的平均卡顿次数和平均首播时间趋于稳定。

三、2016 年移动互联网用户网络体验状况介绍

2016 年，经过各运营商的推广与基础设施建设，4G 网络已成为移动互联网用户的主要接入网络。国内移动互联网用户（不含中国港、澳、台地区）通过 4G 网络进行网页浏览时，平均首屏耗时 2.61s，平均可用率达到 99.44%；移动互联网网络质量层面，平均时延 62.79ms，平均丢包率为 0.41%。

（一）网页浏览体验

2016 年，移动互联网用户访问网站时，在不同运营商环境下网页首屏完全展现平均耗时及平均可用性数值如下：

运营商	中国电信	中国联通	中国移动
平均首屏用时	2.68s	2.66s	2.60s
平均可用性	99.21%	99.47%	99.56%

用户通过移动互联网在各运营商网络环境下进行网站访问时，平均首屏打开时间相差毫秒级，各家运营商为用户提供的体验感知相同。在可用性方面，用户通过移动互联网访问网站时，网站的打开成功率均达到了99%以上，用户通过4G网络可享受到优质的用户体验。

全国各地区用户在不同季度通过不同运营商4G网络访问网站时，首屏平均耗时基本保持在稳定状态。其中，中国移动网络环境下，在第三季度平均首屏耗时出现波动，但在第四季度又回归到第一、第二季度水平。说明国内各家运营商提供的4G网络能够为用户提供优质的网页浏览服务。

通过下表可以看出，用户在各运营商4G网络环境下进行网站访问时，网页可用性均达到了98%以上。同时各个季度数值趋势平缓，没有出现较大波动。

移动互联网用户访问网站时网站平均可用性				
	第一季度	第二季度	第三季度	第四季度
中国电信	99.21%	98.72%	99.68%	99.42%
中国联通	99.03%	99.62%	99.71%	99.13%
中国移动	99.31%	99.63%	99.41%	99.59%

（二）网络性能体验

2016年，移动互联网用户通过互联网访问网站时，在不同运营商下，平均时延和丢包率如下：

运营商	中国电信	中国联通	中国移动
平均时延	45.95ms	55.91ms	74.98ms
平均丢包率	0.7%	0.1%	0.7%

在网络质量方面，三大运营商提供的4G网络环境均能够很好地为用户提供优质网络服务。用户在4G网络使用时，不同的运营商带来的感知体验没有较大差别。

四、名词说明

首屏用时[1]：从输入URL开始到页面已渲染区域高度大于等于指定高度的时间差，平台默认是600像素高。当页面不足600像素高度时，取开始浏览到IE内核抛出Document Completed事件之间的时间差。

可用性[2]：客户端对目标访问的成功率。

时延[3]：一个报文或分组从一个网络的一段传送到另一端所需要的时间。

丢包率[4]：数据包丢失部分与所传数据包总数的比值。

首播时间[5]：从页面开始浏览到播放器第一次开始播放之间的时间间隔。

卡顿次数占比[6]：卡顿的总数／有效观看次数。

五、资料来源

本部分相关数据主要来源于博睿宏远监测数据。

（张校康）

附录 E　2016 年中国网民权益保护调查报告

关于网民权益

网民权益的初步定义：网民因使用互联网产品、服务及相关设备而应该享有的权益。

网民权益与网络安全、净化互联网环境、消费者权益等概念有相似、重合部分，但又都有明显的区别。

网民权益主要包括：

安宁权，即避免骚扰的权利。未经用户请求或许可，不得发送商业性信息，包括电子邮件、短信、电话等。非请自来的广告信息，侵犯了网民的安宁权，对网民形成了骚扰。对于各类商业性信息，网民有拒绝的权利，相关产品和服务应该设置便捷有效的拒绝方式，不得为网民的拒绝设置障碍。

接收真实信息的权利，即避免遭受不实信息诈骗的权利。假冒网站、钓鱼邮件，冒充公众机构的诈骗电话、伪基站短信等，均向网民传递虚假信息，对网民获取真实信息的权利形成了侵害。网站上的下载量、销售量及网友点评情况造假，也是对网民获取真实信息权益的侵犯。

知情权和选择权，指的是网民对自身接收、发出的信息具有知情权和选择权。比如，网民对上网设备上的软件，在安装、卸载、获取、上传信息等情况具有知情权和选择权。"我的手机我做主"，任何人不得代替用户进行选择。静默安装、新手机预装、无法卸载等行为均在一定程度侵害了网民的选择权。

个人信息保护的权利，即避免个人信息泄露的权利。任何组织和个人不得窃取或者以其他非法方式获取公民个人电子信息，不得出售或者非法向他人提供公民个人电子信息。收集、使用公民个人电子信息，应当遵循合法、正当、必要的原则，明示收集、使用信息的目的、方式和范围，并经被收集者同意。网民发觉个人信息泄露之后具有主张的权利，即被遗忘权。

报告摘要

（1）网民受到骚扰的情况。 近半年，网民平均每周收到垃圾邮件 18.9 封[1]、垃圾短信 20.6

---

[1] 2015 年下半年邮箱用户平均每周接收到的垃圾邮件数量为 17.0 封。

条[1]、骚扰电话 21.3 个。"骚扰电话"是网民最反感的骚扰来源,"电脑广告弹窗"和"APP推送信息"紧随其后。

(2)网民收到诈骗信息的情况。76%的网民遇到过"冒充银行、互联网公司、电视台等进行中奖诈骗的网站",排在诈骗信息的第一位;其次是"冒充10086、95533 等伪基站短信息",有 66%的网民曾经收到;55%的网民收到过"冒充公安、卫生局、社保局等公众机构进行电话诈骗"的诈骗信息;收到过"冒充苹果、腾讯等公司进行钓鱼、盗取账号的电子邮件"的网民也有一半以上,占 51%;还有 47%的网民遇到过在"社交软件上冒充亲朋好友进行诈骗"的情况。**本次调查显示:37%的网民因收到上述各类诈骗信息而遭受到钱财损失。**

(3)网民个人信息泄露情况。54%的网民认为个人信息泄露严重,其中 21%的网民认为非常严重。84%的网民亲身感受过由个人信息泄露带来的不良影响。

(4)网民知情权和选择权被侵犯情况。"诱导用户点击"是侵犯网民知情权和选择权的主要现象;其次是"预装软件无法卸载"。"APP 获取个人信息,用户并不知情"的现象排在第三位。其他侵犯网民知情权和选择权的现象依次为"手机、电脑中有些软件不知怎么来的"、"浏览器首页被绑架"、"无法拒收的商业短信"和"无法拒收的商业邮件"等。

(5)估算网民权益被侵犯所造成的经济损失达 915 亿元。近一年,我国网民因为垃圾信息、诈骗信息、个人信息泄露等遭受的经济损失为人均 133 元,比 2015 年增加 9 元,总体经济损失约为 915 亿元(我国网民数量 6.88 亿×网民平均经济损失 133 元≈915 亿元)。其中,9%的网民近一年由于各类权益侵害造成的经济损失在 1000 元以上。

(6)保护网民权益优秀创新&实践案例。近一年,我国互联网企业积极履行社会责任,在保护网民权益方面开展了大量的探索和实践,其中取得较好成果的有:互联网金融一站式电子数据保全解决方案——无忧存证;腾讯守护者计划;华为 Mate8/P9 手机基于麒麟 950/955芯片的防伪基站功能;百度与最高人民法院合作上线失信被执行人查询平台一键查"老赖"名单;锋尚 MAX 双系统;爱路由;域名不良应用治理——净化网络环境、保护网民权益;网络安全战车;联合 58 同城"打击虚假兼职,黑职介";百度安全联手中国移动;中国联通防范骚扰诈骗电话。

第一部分 网民权益认知

一、网民认为最重要的权益

本次调查显示:92%的网民认为"隐私权"是最重要的网民权益;其次是"选择权"和"知情权",分别有 79%和 77%的网民选择(见图 E.1)。"隐私权"越来越受到网民的重视,说明广大网民已经认识到个人信息保护的重要性。"隐私权"能否得到有效的保护,对"安宁权"等其他网民权益的保护也起到至关重要的作用。

---

1 2015 年下半年调查显示,手机用户平均每周收到的垃圾短信息数量为 16.0 条。

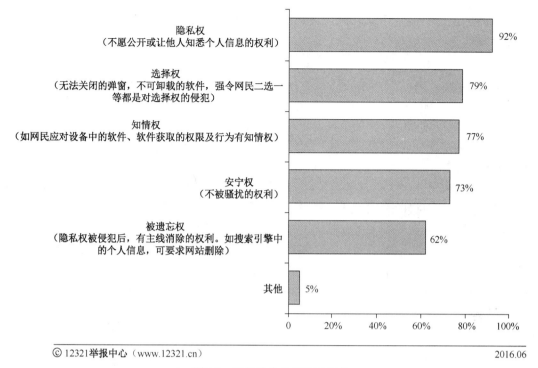

2016.06

图E.1 网民认为最重要的权益

二、安宁权

对网民安宁权的调查显示："骚扰电话"成为网民最反感的骚扰来源，有 40%的网民选择。"电脑广告弹窗"和"APP 推送信息"紧随其后，占比分别为 25%和 13%（见图 E.2）。

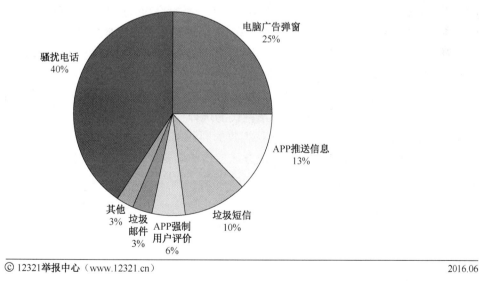

2016.06

图E.2 网民最反感的骚扰来源（安宁权）

2015 年 6 月 30 日《通信短信息服务管理规定》出台后，短信息服务市场得到了进一步的规范，垃圾短信的治理取得了一定的成效。根据 12321 的举报数据显示，近一年基础运营商点对点垃圾短信举报量减少了 25%。垃圾短信泛滥的势头有所遏制。目前垃圾短信的治理难点主要是伪基站短信和部分虚拟运营商管理漏洞发送的垃圾短信。

【提示】

（1）手机中的"APP 推送信息"可以通过设置关闭消息推送功能或设置防打扰时段来有效减少对网民的干扰。

（2）手机用户可以下载安装手机安全软件，屏蔽骚扰电话、垃圾短信的骚扰。

（3）部分手机用户可以设置勿扰模式，选择在特定时间只接收特定联系人的来电。

【法规原文】

（1）《全国人民代表大会常务委员会关于加强网络信息保护的决定》第七条：任何组织和个人未经电子信息接收者同意或者请求，或者电子信息接收者明确表示拒绝的，不得向其固定电话、移动电话或者个人电子邮箱发送商业性电子信息。

（2）新《消费者权益保护法》第二十九条规定：在经营者未经消费者同意或者请求，或者消费者明确表示拒绝的情况下，经营者不得向消费者发送商业性信息。

三、知情权和选择权

调查显示："诱导用户点击"是侵犯网民知情权和选择权的主要现象，有 80% 的网民选择。

其次是"预装软件无法卸载"，占 68%。如何既方便用户体验又不伤害用户利益，合理地为用户提供选择，让用户自己决定要不要安装和卸载，是考验终端制造商的一个命题。

"手机、电脑中有些软件不知怎么来的"占 66%。此类软件往往具有较大的安全隐患，建议对其提高警惕，及时清理。

"APP 获取个人信息，用户并不知情"的现象占 65%。根据 12321 举报中心核查人员对 APP 敏感权限（安卓系统）进行的分析，2016 年第一季度 APP 获取用户信息排名前五位的是：获取用户网络状态、WiFi 状态、访问网络、手机地理位置和读取电话状态这五项权限；另外还有开机自动启动、读取系统日志、读取联系人、修改联系人信息及读取短信内容也是安卓系统获取用户手机敏感权限的主要行为。

"无法关闭广告信息"占 65%，"浏览器首页被绑架"占 53%。这些行为往往伴随着恶意代码或病毒，存在较大的风险，同时侵犯了网民的选择权。

"无法拒收的商业短信"占 54%，"无法拒收的商业邮件"占 46%（见图 E.3）。《通信短信息服务管理规定》和《电子邮件服务管理办法》均明确规定：未经用户同意，不得向用户发送商业性信息。用户明确表示拒绝接收的，应当停止发送。

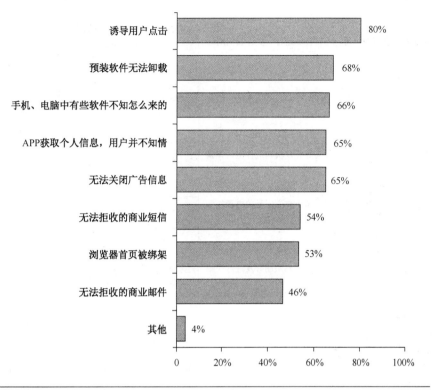

图 E.3　网民知情权和选择权调查情况

【法规原文】

（1）《通信短信息服务管理规定》第二十条：短信息服务提供者、短信息内容提供者向用户发送商业性短信息，应当提供便捷和有效的拒绝接收方式并随短信息告知用户，不得以任何形式对用户拒绝接收短信息设置障碍。

（2）《电子邮件服务管理办法》第十四条：互联网电子邮件接收者明确同意接收包含商业广告内容的互联网电子邮件后，拒绝继续接收的，互联网电子邮件发送者应当停止发送。双方另有约定的除外。互联网电子邮件服务发送者发送包含商业广告内容的互联网电子邮件，应当向接收者提供拒绝继续接收的联系方式，包括发送者的电子邮件地址，并保证所提供的联系方式在 30 日内有效。

四、接收真实信息的权利

获取真实信息，是网民最基本的权利。本次调查列举了五种最常见的诈骗现象，其中"冒充银行、互联网公司、电视台等进行中奖诈骗的网站"的现象最严重，有 76% 的网民遇到过。其次是"冒充 10086、95533 等伪基站短信息"，占 66%。"冒充公安、卫生局、社保局等公众机构进行电话诈骗"的占 55%。"冒充苹果、腾讯等公司进行钓鱼、盗取账号的电子邮件"占 51%。在"社交软件上冒充亲朋好友进行诈骗"的占 47%（见图 E.4）。

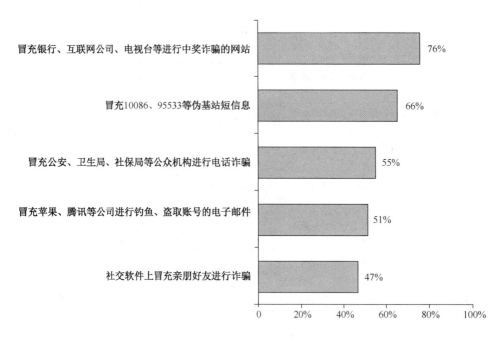

© 12321举报中心（www.12321.cn）　　　　　　　　　　　　　　　　2016.06

图E.4　网民获取真实信息的权利调查情况

调查还显示：37%的网民因收到图 E.5 中的诈骗信息而遭受钱财损失（见图 E.6）。

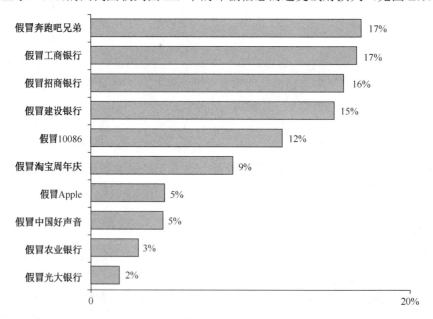

© 12321举报中心（www.12321.cn）　　　　　　　　　　　　　　　　2016.06

图E.5　1—4月钓鱼网站TOP10

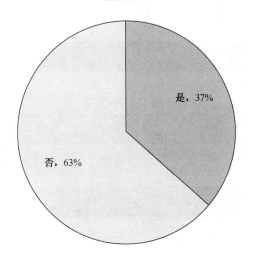

　　　　　　　　　　　　　　2016.06

图E.6　网民是否因收到不实信息而遭受经济损失

【专项整治】

（1）在 2016 年 1—5 月，12321 举报中心、各基础电信运营、互联网企业多方配合，对改号软件采取专项治理工作，打击网络诈骗。各方共同完善改号软件关键词屏蔽库，累计屏蔽搜索结果超过 1 亿条、删除下载和链接信息 14462 条；12321 举报中心联动"安全百店"成员单位（应用分发平台）配合工信部累计下架改号 APP 657 个；联合电商平台发现并下架问题产品 293 个、处理商户 152 家。

（2）2016 年 3—5 月，根据网民举报，12321 举报中心向安全联盟共享了 46541 条恶意短信数据，通过对这些信息进行提取与人工审核，安全联盟已将 16091 条欺诈网址录入恶意网址库，并同步至搜索引擎、浏览器、网络安全软件、社交软件等各互联网企业，向网民提供了 1.83 亿次风险提醒，避免造成财产损失。

五、每周收到垃圾邮件、垃圾短信和骚扰电话的数量

近半年网民平均每周收到垃圾邮件 18.9 封[1]、垃圾短信 20.6 条[2]、骚扰电话 21.3 个（见图 E.7）。

---

1 2015 年下半年邮箱用户平均每周接收到的垃圾邮件数量为 17.0 封。

2 2015 年下半年调查显示，用户平均每周收到的垃圾短信息数量为 16.0 条。

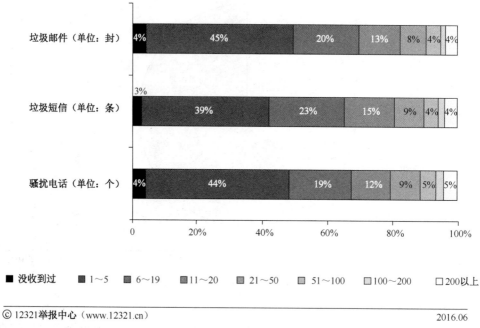

2016.06

图E.7　网民平均每周收到垃圾邮件、垃圾短信、骚扰电话的数量

六、总体经济和时间损失

近一年，我国网民[1]因为垃圾信息、诈骗信息、个人信息泄露等遭受的经济损失人均为133 元，总体经济损失约为 915 亿元（我国网民数量 6.88 亿×网民平均经济损失 133 元≈915 亿元）。9%的网民近一年由于各类权益侵害造成的经济损失在 1000 元以上。

每个网民平均时间损失 3.6 小时（见图 E.8）。

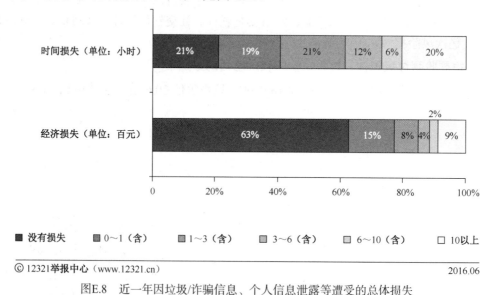

© 12321举报中心（www.12321.cn）   2016.06

图E.8　近一年因垃圾/诈骗信息、个人信息泄露等遭受的总体损失

---

1 根据 CNNIC 发布的第 37 次《中国互联网络发展状况统计报告》，截至 2015 年 12 月，我国网民规模达 6.88 亿人。

第二部分　个人信息认知和保护

一、网民认为最重要的个人信息

在本次调查罗列的二十项个人信息中，网民认为最重要的个人信息是"网络账号和密码"、"身份证号"、"银行卡号"和"手机号码"，占比都超过半数，分别为 82%、80%、69% 和 65%。

事实上，随着互联网和移动网的发展，网民的"网购记录"（占 31%）、"位置信息"（30%）、"IP 地址"（占 28%）、"网站注册记录"（占 27%）、"网站浏览痕迹"（占 25%）、"软件使用痕迹"（占 17%）也是很重要的个人信息，应值得网民重视（见图 E.9）。

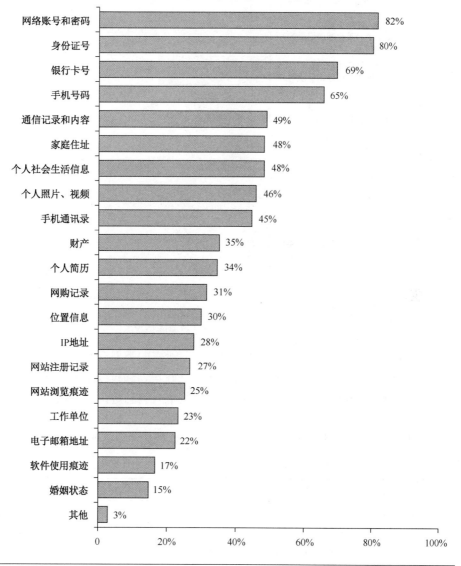

© 12321举报中心（www.12321.cn）　　　　　　　　　　　　　　　　2016.06

图 E.9　网民认为最重要的个人信息

二、个人信息泄露经历

在调查中，网民"个人身份信息"泄露情况最严重，有72%的调查者选择。包括网民的姓名、手机号、电子邮件、学历、住址、身份证号码等信息。

其次是"个人网上活动信息"，占54%。包括通话记录和内容、网购记录、网站浏览痕迹、IP地址、位置信息等内容（见图E.10）。

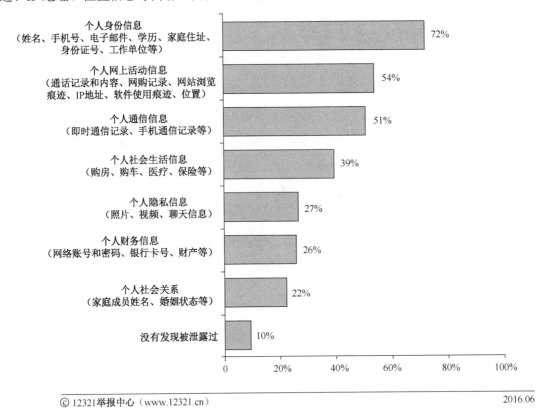

图E.10　网民个人信息被泄露情况

目前我国网络个人信息泄露呈现多样化的特点，泄露的类型有通过破解数据库、恶意代码等技术手段窃取，通过APP、社交软件等程序非法收集，通过线上和线下举办活动收集，甚至有些信息可以通过网络公开查询、下载，还有些个人信息是由于商场、医院、银行、保险等企业疏于管理而被泄露。网络个人信息的泄露非常严重。根据12321的举报数据分析，2016年1—6月网民举报的个人信息泄露主要情况及数量如表E.1所示。

表E.1　2016年1—6月网民举报的个人信息泄露主要情况及数量

网民举报个人信息泄露主要情况	数量
1. 原因不明的个人信息泄露，来电就知道网友本人姓名	9453件次
2. 个人隐私信息在搜索引擎中泄露	4437件次
3. 手机号泄露，遭遇电话炸弹或短信炸弹。（短时间内收到大量电话或短信）	2026件次
4. 日常生活信息（购租房、考试、购车、车险、升学、生子、去世等）泄露后遭遇特定骚扰或诈骗	1894件次
5. 个人邮箱、即时通信工具、微博、苹果ID等各类密码被盗	1779件次

续表

网民举报个人信息泄露主要情况	数量
6. 在二手交易网站留下个人电话后，持续遭遇各类骚扰	1426 件次
7. 网购信息泄露，收到相关交易异常诈骗信息	1418 件次
8. 在钓鱼网站填写个人信息后收到冒充公检法机构的诈骗、恐吓信息	1415 件次
9. 收到针对网友本人的信用卡系统升级、额度提升等诈骗信息	1367 件次
10. 批量个人信息（各类账号、卡号、身份证号、特定人群手机号等）贩卖	1338 件次
11. 购买机票后遭遇航班异常诈骗信息	1251 件次
12. 个人信息被某网站公布了	942 件次
13. 接到调查类电话，感觉是骗取个人信息的	919 件次
14. 注册金融类 APP 后收到大量理财、股票类骚扰电话或短信	425 件次

三、网民认为的个人信息泄露程度

54%的网民认为个人信息泄露严重。其中，21%的网民认为非常严重，33%的网民认为严重，46%的网民觉得一般（见图 E.11）。

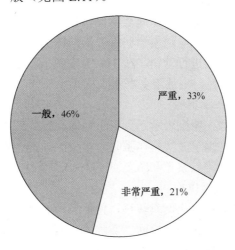

© 12321举报中心（www.12321.cn）　　　　　　　　　　　　　2016.06

图E.11　网民认为的个人信息泄露程度

四、个人信息泄露带来的不良影响

84%的网民亲身感受到了个人信息泄露带来的不良影响，16%的网民无明显感受（见图 E.12）。

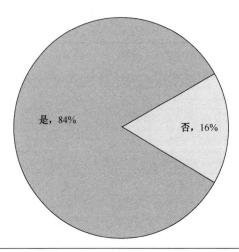

© 12321举报中心（www.12321.cn）　　　　　　　　　　　　　　　　　　2016.06

图E.12　个人信息泄露带来的不良影响

个人信息泄露有可能给网民带来以下不良影响。

1. 个人信息泄露导致垃圾信息泛滥

不少网民反映，一些从未接触过的商家向其发送垃圾短信和垃圾邮件，这些网民的个人信息可能已被泄露。而一些商家通过非法渠道获得大量网民的电话号码和电子邮件地址，并向其推送广告信息，甚至拨打电话进行营销。在 12321 接到举报中，遭受骚扰的案例占比达到 59.6%，少数网民遭遇短信炸弹，生活遭受严重干扰。

2. 个人信息泄露导致非法诈骗猖獗

根据 12321 的举报数据，网民明确表示遇到骗子、欺骗行为或者事后意识到被骗的情况占网民举报总量的 16.2%。一些骗子在实施诈骗时，对受骗人的个人信息了如指掌，从而有针对性地设计精准的骗局，令人难以察觉和防范。

3. 个人信息泄露造成的损失难以挽回

个人信息泄露之后，可能会被多次倒卖转移，使信息所有者受到进一步的骚扰和侵害，其造成的后果难以撤销，带来的损失难以挽回。实际上，网络的开放性使信息的监管成本大幅增加，而一些跨境犯罪行为的信息更加难以追踪。

第三部分　典型应用的侵权现象及防护措施

一、电子邮件

● 网民使用电子邮件的过程中遇到的侵权现象

"收到不良内容（病毒、欺诈、违法等）的邮件"是邮箱使用过程中遇到的最严重的侵权现象，有 71% 的网民遇到过。

"收到未经订阅的商业邮件"（占 65%）和"商业邮件无法退订"（占 41%）、"商业邮件退订不成功"（占 36%）等不规范的商业邮件发送行为仍然经常在电子邮件使用过程中遇到。

"正常邮件被当成垃圾邮件"过滤掉的，占 44%（见图 E.13）。建议网民定期浏览垃圾邮件箱中的邮件，以免由于正常邮件被误判为垃圾邮件，从而对工作和生活造成影响。

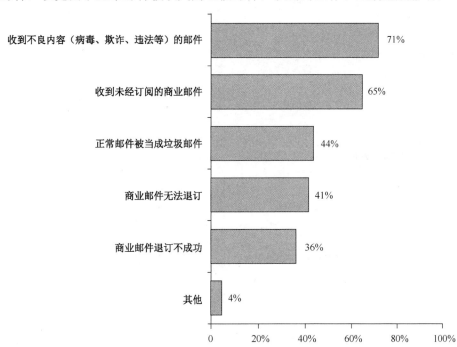

图E.13 网民使用电子邮件的过程中碰到的侵权现象

【提示】

对于邮箱中的垃圾邮件，建议不要轻易点击查看，以免被垃圾邮件发送者当作活跃用户，继续受到垃圾邮件的骚扰。

● **邮件服务提供商保护网民权益的措施**

"垃圾邮件自动过滤"和"账号安全提醒"两项措施的认可度较高，分别占 70% 和 69%。

"为用户提供发件人黑名单"占 63%。该项措施虽然认可度较高，但由于垃圾邮件发件人的邮箱地址极易伪造，因此实际效果并不明显。

"垃圾邮件箱定期提供垃圾邮件报告（避免错拦）"占 55%（见图 E.14）。该措施可以帮助网民纠正正常邮件被错拦的情况，与网民的工作生活相关性较大，建议邮件服务提供商普及该项措施。

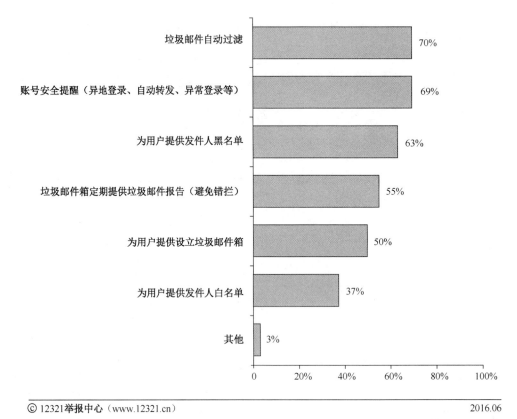

© 12321举报中心（www.12321.cn）　　　　　　　　　　　　　　　　2016.06

图E.14　邮件服务商在保护网民权益方面做的措施

二、手机 APP

● 使用手机 APP 的过程中遇到的侵权现象

"推送广告或欺诈信息"和"给用户发送垃圾信息"是手机 APP 在使用过程中最常见的侵权现象，占 72%和 65%。其次是"窃取用户信息"和"擅自使用付费业务"，分别占 56%和 49%（见图 E.15）。

● 防范恶意 APP 的保障措施

在防范恶意 APP 的措施中，76%的网民认为"不下载来历不明的 APP"是最有效的防范措施。"不扫描来历不明的二维码"占 69%。"不连接来历不明的 WiFi"占 65%。"尽量不开启 root 权限"占 45%。"不随意刷机更换系统"占 38%。除了网民养成良好的使用习惯外，加强"举报、联动处置机制"也很重要，占 69%。另外，51%的网民认为"安装手机安全软件"比较有效（见图 E.16）。

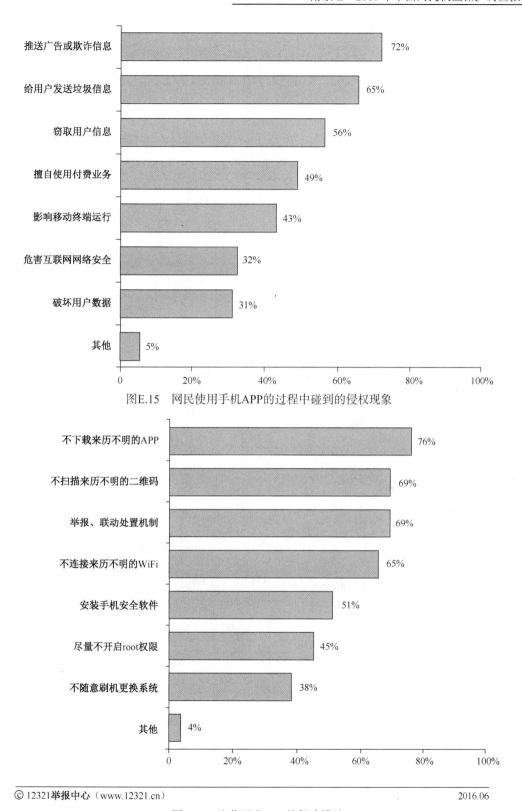

图E.15   网民使用手机APP的过程中碰到的侵权现象

图E.16   防范恶意APP的保障措施

【专项整治】

为治理恶意手机应用软件，发挥 12321 举报中心的公众监督职能，从下载源头开展对恶意 APP 进行治理的探索与实践，规范 APP 及其下载服务，12321 举报中心发起手机软件"安全百店"行动，通过联合广大手机应用商店，建立"一键举报、百家联动"的公众监督和治理机制。

12321 举报中心受理网民举报不良 APP，对网民举报并经核查存在问题的不良 APP 予以问题告知、约谈、下架、提交至相关部门四种处理方式；约谈的 APP 企业要根据自身的责任情况进行整改，在限期内提交整改报告并完成整改，完成整改的 APP 将恢复上架。对于无法联系或不进行有效整改工作的，12321 举报中心联动"安全百店"成员单位（移动应用分发平台）对涉及 APP 予以下架处理。2016 年 1—5 月，12321 举报中心共接到手机应用软件（APP）举报 320605 件次，下架 APP 1166 款。

三、搜索引擎

● 使用搜索引擎时遇到的侵权现象

网民使用搜索引擎时，"搜索结果不是我想要的"（占 69%）的侵权现象排在第一位，略高于"搜到假冒网站/诈骗网站"（占 66%）和"竞价排名和推广破坏了搜索引擎的准确性"（占 65%）。"搜到的网站有淫秽色情信息或附带木马病毒"占 60%。"搜索条件所匹配的官方网站位置靠后"占 57%（见图 E.17）。

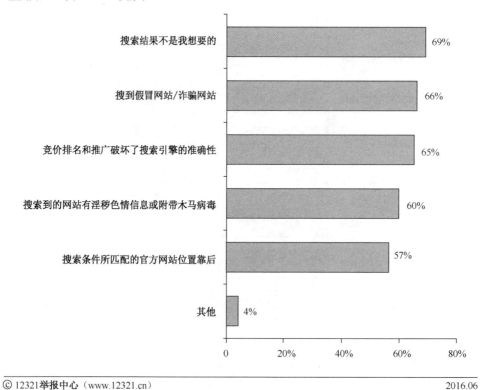

图 E.17　网民使用搜索引擎时碰到的侵权现象

● **搜索引擎在保护网民权益上所做的最有效的保护措施**

网民认为搜索引擎给网站增加"网站标识"是保护网民权益最有效的措施，占 72%；其次是"提示风险网站"，占 71%；"提供个人信息保护服务，应网友请求可对个人信息进行删除"，占 67%。"搜索结果中增加举报标识"占 62%。"屏蔽色情网站，保护未成年人"占 59%（见图 E.18）。

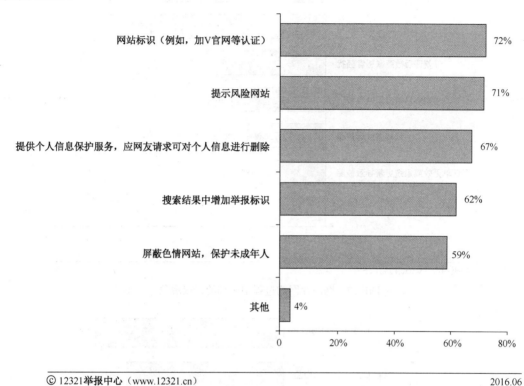

© 12321举报中心（www.12321.cn）　　　　　　　　　　　　2016.06

图E.18　搜索引擎在保护网民权益方面的有效措施

四、网络购物

● **网民在网络购物的时候遇到的侵权现象**

"网络水军/虚假评价"是网民在网购过程遇到的最严重的侵权现象，调查显示占比 67%。其次是网购买到"假冒伪劣商品"的现象占 58%。"个人信息被泄露"和"假冒网站/诈骗网站"分别占 51% 和 50%。

"差评后被商家恶意骚扰"占 33%，排第五位（见图 E.19）。虽然该项占比不高，但对网民的侵害程度强，危害极大，严重影响了网民的正常生活。另外，由于网民频遭恶意骚扰，导致网购之后不愿、不敢打差评，影响了网购的总体评价环境，对其他网民的知情权也是一种损害。

● **网购渠道存在的风险**

78% 的网民认为"不明来源的购物 APP"是风险最大的购物渠道。其次是"网页广告展示的商品"，占 65%。"社交网站/聊天好友/微商等朋友圈推荐的网购渠道"排在第三位，占 57%（见图 E.20）。

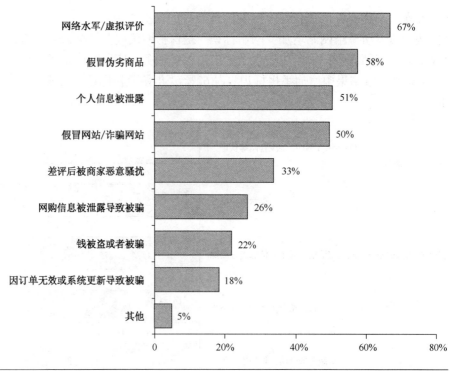

2016.06

图E.19　网民在网购过程中碰到的侵权现象

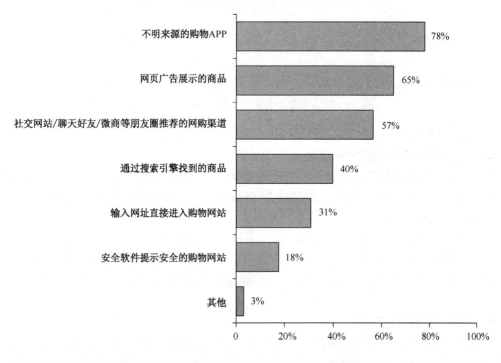

2016.06

图E.20　网购渠道存在的风险情况

【提示】

"不明来源的购物 APP"往往是钓鱼网站窃取用户信息的工具，隐藏着极大的风险。建议网民通过正规渠道、在正规的应用商店下载购物 APP。

通过微博、微信等渠道购买商品很多都是"熟人交易"，并无相关营业资质，网民要足够谨慎，不要轻易盲目下单。

- 网购平台在保护网民权益上所做的措施

在网购平台保护网民权益的措施上，"买卖双方实名认证"和"商户信息真实性保障措施"的占比比较接近，分别为 77% 和 75%。其次是"一定期限内无理由退换"和"畅通举报渠道"，分别占 68% 和 67%。"信用等级评价"和"物流信息跟踪"分别占 58% 和 57%（见图 E.21）。

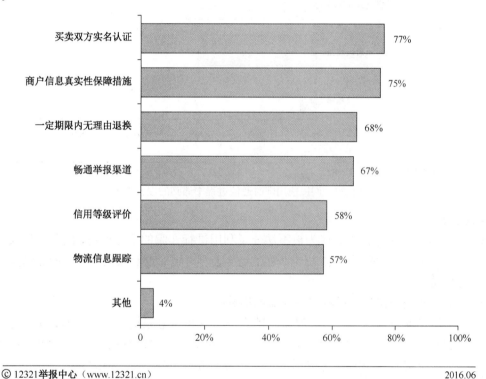

© 12321举报中心（www.12321.cn）　　　　　　　　　　　　　　　2016.06

图 E.21　网购平台在保护网民权益方面做的措施

五、即时通信

- 网民使用即时通信过程中遇到的侵权现象

即时通信作为基础的互联网应用，已与网民的日常生活密不可分。而在使用的过程中，63% 的网民会遇到"收到假冒、诈骗网站/网址"的现象；61% 的网民会"收到商业信息"；59% 的网民遇到过"收到带有木马/病毒的链接"；"冒充好友诈骗"占 45%；"账号或密码被盗"占 39%（见图 E.22）。

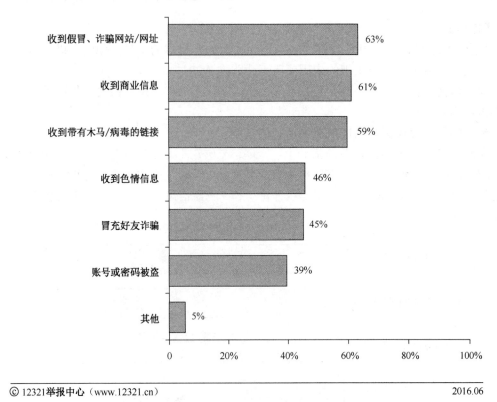

© 12321举报中心（www.12321.cn） 2016.06

图E.22　网民使用即时通信过程中遇到的侵权现象

【提示】

QQ、微信等即时通信工具成为被不法分子利用进行诈骗的重要渠道，因此不建议点击陌生人发来的链接或压缩包等信息。即使是好友发送的信息，也要谨慎判断，避免因好友账号被盗而遭受损失。

● **即时通信在保护网民权益方面做的措施**

即时通信目前所做的保障网民权益的措施中，"非正常登录提醒"的认可度最高，占72%。其次是"实名认证"，占 67%。"个人信誉记录"（61%）、"提供举报方式"（61%）和"对网址网站进行安全提示"（60%）紧随其后，认可度均超过 60%（见图 E.23）。

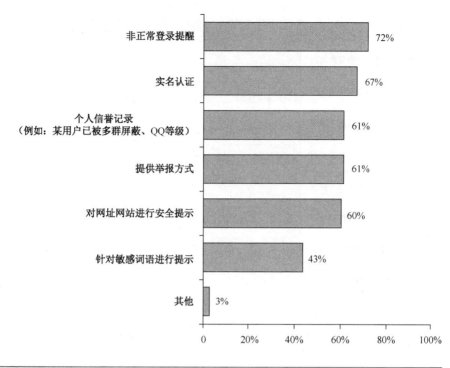

图 E.23　即时通信软件在保护网民权益方面的措施

六、网络游戏

● 网民玩游戏的过程中碰到的侵权现象

"广告太多"远超其他侵权现象，占 71%。其次是"遭遇不文明言语攻击"，占 52%。

其他的侵权现象可以归为两类：玩家待遇不公平和玩家信息不安全。

"其他玩家使用外挂"（占比 47%）、"厂商安排托高价卖装备"（占比 31%）、"账号无故被锁或者降级"（31%）、"点卡没有用完就被停了"（占 21%）是在玩游戏的时候遇到的不公平现象。

"个人信息被泄露"（占 36%）、"游戏账号被盗造成损失"（占 29%）、"游戏安装软件带木马或者病毒"（占 41%）是在玩游戏的时候存在的不安全现象（见图 E.24）。

七、交友/社交网站/APP

● 网民在交友/社交网站/APP 的使用过程中遇到的侵权现象

在交友/社交网站/APP 使用中的侵权现象排名前三位的是："广告信息多"占 71%；"打色情擦边球"占 54%；"交友对象信息虚假"、"诱骗用户缴纳会员费"并列第三，占 50%（见图 E.25）。

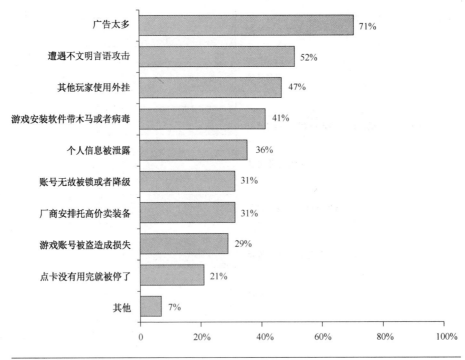

© 12321举报中心（www.12321.cn）   2016.06

图E.24　网民在玩网络游戏时碰到的侵权现象

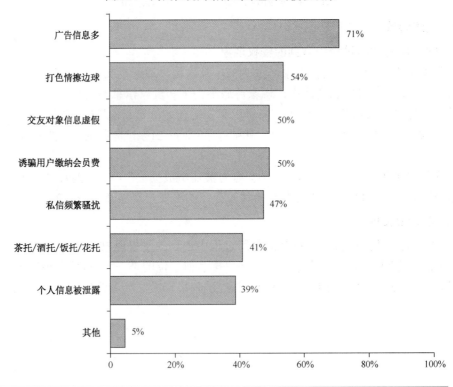

© 12321举报中心（www.12321.cn）   2016.06

图E.25　网民在使用交友/社交网站/APP的过程中碰到的侵权现象

● **交友/社交网站/APP 保障网民权益的措施**

交友/社交网站/APP 所做的保障网民权益的措施，认可度都比较高，所占比例比较接近。排名依次为："实名认证"（占 77%）、"不良信用记录共享"（占 73%）、"投诉举报机制"（占 73%）、"对网站上传信息的审查机制"（占 71%），如图 E.26 所示。

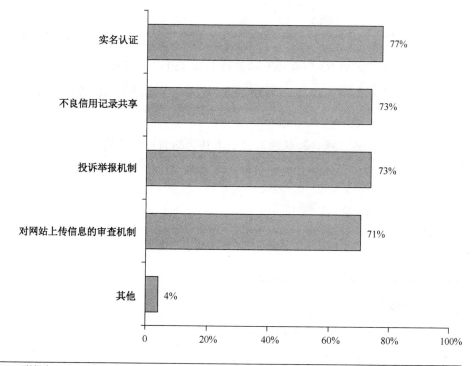

© 12321举报中心（www.12321.cn）   2016.06

图E.26   交友/社交网站/APP在保障网民权益方面做的有效措施

（张宏宾）

鸣　谢

《中国互联网发展报告 2017》的组织编撰工作得到了政府、科研机构、互联网企业等社会各界的支持与关心，共有 93 位业界专家参与了本《报告》的编写工作，这些专家文章中的分析和观点，增强了本《报告》的准确性和权威性，也使得本《报告》更具参考价值，对我国社会各界更具指导意义。

在此，谨向那些为本《报告》的编写付出辛勤劳动的各位撰稿人，向支持本《报告》编写出版工作的各有关单位和社会各界表示衷心的感谢。

中国信息通信研究院

艾瑞咨询集团

国家计算机网络应急技术处理协调中心

北京奇虎科技有限公司

友盟同欣（北京）科技有限公司

中国科学院计算机网络信息中心（广州）

广东中科南海岸车联网技术有限公司

北京搜狗信息服务有限公司

工业和信息化部信息中心工业经济研究所

中国互联网协会分享经济工作委员会

中国知识产权报社

中国互联网电子数据研究院

北京易观智库网络科技有限公司

北京农信互联科技有限公司

盈世信息科技（北京）有限公司

互联网教育研究院

"互联网+"研究咨询中心

西南大学

北京博睿宏远数据科技股份有限公司